“十三五”江苏省高等学校重点教材（编号：2017-2-036）
“十三五”普通高等教育规划教材

控制工程基础

朱孝勇　傅海军　等编著
王万良　主审

机 械 工 业 出 版 社

本书是“十三五”江苏省高等学校重点教材。

本书较全面、系统地介绍了“控制工程基础”课程的基本内容，并注重对基本理论、基本概念和基本分析方法的阐述。内容包括绪论、线性控制系统的运动方程及模型、线性系统的时域和频域分析方法、闭环控制系统的稳定性分析、闭环控制系统的误差分析、自动控制系统的校正、控制系统实例、拉普拉斯变换、MATLAB 在控制系统中的应用等。

全书内容丰富，层次分明，能满足理工科高等院校相关专业的教学需要。教材内容理论联系实际，叙述重点突出，说理深入浅出，文字简练流畅，易于自学。重要知识点配有视频（可扫描二维码获取），旨在帮助学生加深对基本概念的理解和提高分析、综合问题的能力。

本书可作为高等院校本科机械、电子、计算机、通信、化工、仪器仪表、建筑环境、汽车等非自动化类专业学生的“控制工程基础”课程教材，同时也可作为自动控制专业经典控制理论课程的相应教材，也可供从事控制工程的科技人员参考。

图书在版编目（CIP）数据

控制工程基础/朱孝勇等编著.—北京：机械工业出版社，2018.6
(2023.8 重印)
“十三五”普通高等教育规划教材
ISBN 978-7-111-59427-7

Ⅰ.①控… Ⅱ.①朱… Ⅲ.①自动控制理论-高等学校-教材
Ⅳ.①TP13

中国版本图书馆 CIP 数据核字（2018）第 048185 号

机械工业出版社（北京市百万庄大街 22 号 邮政编码 100037）
策划编辑：时 静 责任编辑：时 静
责任校对：张艳霞 责任印制：郜 敏
北京富资园科技发展有限公司印刷

2023 年 8 月第 1 版·第 2 次印刷
184mm×260mm·18.25 印张·440 千字
标准书号：ISBN 978-7-111-59427-7
定价：53.00 元

凡购本书，如有缺页、倒页、脱页，由本社发行部调换
电话服务
服务咨询热线：(010)88379833
读者购书热线：(010)88379649

网络服务
机 工 官 网：www.cmpbook.com
机 工 官 博：weibo.com/cmp1952
教育服务网：www.cmpedu.com
金 书 网：www.golden-book.com

前　言

本书是“十三五”江苏省高等学校重点教材。

自动控制理论作为一门科学，自它诞生之日起就显示出了强大的生命力。科学技术日新月异的发展，为自动控制理论的广泛应用提供了完备和有效的技术手段，使自动控制理论不断展现出新的活力和生机。在国家实施以信息化带动工业化，走新型工业化道路的战略，实现制造业数字化、网络化、智能化的过程中，以自动控制理论为理论指导的自动化技术无疑将起着重要的桥梁和纽带作用。

本书主要面向机械、电子、计算机、通信、化工、仪器仪表、建筑环境、汽车等非自动化类专业学生，从应用角度深入浅出地介绍自动控制的基本原理，沿着自动控制理论发展的历程进行介绍。本书是在汲取国内外同类教材的优点并结合编者多年的教学实践基础上编写的。

本书主要有三个方面的特点：

（1）章节结构体系。以时域分析法、根轨迹法、频率分析法为主线，将三种分析方法独立成章；将判断稳定性的各类判据合为一章；集中介绍软件应用，将“MATLAB 在控制系统中的应用”在附录中作为专题论述，便于读者查阅。本书知识构成和结构体系合理，便于学习和阅读。

（2）工程实例。除了有与工程应用紧密结合、具有代表性的例题和习题外，增设一章“控制系统实例”，涉及电气、暖通、生物等各个方面，便于相关专业的学生进一步了解。

（3）网络应用。为适应学时减少、内容不减但基础知识需加强带来的教学困惑，本书将部分重要的知识点、例题、习题制成小视频并结合二维码以便学生扫码学习。

本书由江苏大学“控制工程基础”教学团队组织编写，由朱孝勇、傅海军、凌智勇、陈汇龙、吉奕、王博负责编写，并由朱孝勇、傅海军任主编，并负责全书的统稿。在本书的内容策划与撰写过程中，浙江工业大学国家级教学名师王万良教授等给予了热情的支持与帮助，并提出了许多宝贵的意见，在此表示衷心的感谢。

本书是江苏省高等教育教改研究课题（2017JSJG）和江苏大学高等教育教改研究课题（2017JGYB045）的研究成果之一，并受到江苏高校优势学科建设工程项目（PADA）的资助。

在本书的编写过程中，机械工业出版社、江苏大学给予了大力支持和帮助在此深表谢意。

限于编者水平，书中难免存在问题和不足之处，恳请广大读者批评指正。联系邮箱为 hjfu21@126.com。

编　者

目　　录

第1章 绪 论

1.1 自动控制理论的发展概述

当前，自动控制技术几乎渗透到国民经济的各个应用领域及社会生活的各个方面，在工农业生产、交通运输、国防建设、航空航天工程、家用电器等许多领域获得了越来越广泛的应用。应用自动控制方法来控制各种机械设备是人类发展史上的一大创举。由于自动控制的引入，使各种机械装置能够在无人或用人很少的情况下连续工作，并使各种机械设备能够更有效、更安全地运行，生产出来的产品质量明显提高，同时也大大降低了人们的劳动强度。

自动控制和反馈是自动控制系统中的重要概念。自动控制是指在没有人的干预下，通过检测装置和执行装置，使被控对象或过程按照预定的条件运行；反馈是指通过检测装置将系统的输出返回到系统的输入端，与设定值进行比较，产生偏差信号作为控制器的输入量。

最早的自动控制装置出现于两千多年以前，早在我国西汉（公元前206年—公元25年）以前，劳动人民就发明了指南车，它是按扰动原理构成的开环自动调节系统。北宋年间（公元1068~1089年），苏颂和韩公廉制成了一座水运仪象台，这是对东汉时张衡制造的铜壶滴漏装置的改进，是一个依照被调节量偏差进行调节的闭环非线性自动调节系统。中国古代科学技术发展的历史表明，自动控制的思想是很早就形成的。

工业生产和军事技术的需要，促进了经典自动控制理论和技术的产生和发展。控制理论的主要发展及简要应用历程如下：

1788年，英国人瓦特（James Watt）发明了蒸汽发动机离心式调速机构，标志着英国工业革命的开始（在蒸汽机控制中，人们总希望转速恒定，因此设计稳定可靠的调节器成为当时重要的工程任务）。

1868年，麦克斯韦发表了“论调节器”一文，文中利用线性微分方程对离心式调速机构的动态性能进行了分析和研究，建立了基于飞球调节器的蒸汽机控制系统的数学模型，解释了蒸汽机调速机构存在不稳定现象，指出了避免这种现象的调速器的设计原则，并提出了一种不直接求解微分方程、适用于低阶微分方程描述的系统的稳定性代数判据。

1877年，劳斯和赫尔维茨把上述思想扩展到用高阶微分方程描述的更为复杂的系统，他们独立地发现了两种著名的代数判据，用于判断由任意阶线性常微分方程所描述的系统的稳定性。

1927年，布莱克发明了电子反馈放大器，在对系统的分析过程中引入了反馈的概念，使人们对自动控制系统中的反馈控制有了更深入的理解。

1932年，奈奎斯特提出了根据系统开环传递函数或频率响应曲线判定系统稳定性的方法，即著名的奈奎斯特稳定判据。

1942年，齐格勒（Ziegler）和尼柯尔斯（Nichols）提出了控制器参数的最优整定方法，并将该方法应用于生产过程。

1945 年，伯德根据奈奎斯特稳定判据，提出了用对数频率特性曲线分析反馈控制系统的方法。上述研究成果一方面满足了在当时条件下系统分析和研究的需要，另一方面为控制论作为一门独立学科的建立和发展奠定了基础。

1946 年，美国福特公司的机械工程师哈德最先提出“自动化”一词，描述了发动机气缸的自动传送和加工的过程。

1948 年，伊文思根据反馈系统开环、闭环传递函数之间的内在联系，提出了由开环传递函数寻求闭环特征根（即闭环极点）的根轨迹法。

1950~1959 年，美国数学家卡尔曼（R. Kalman）提出了著名的卡尔曼滤波器。自动调节器和经典控制理论的发展，使自动化进入以单变量自动调节系统为主的局部自动化阶段。

1960~1969 年，卡尔曼提出系统的可控性和可观测性问题，为现代控制理论的发展奠定了基础。随着现代控制理论的发展和电子计算机的推广应用，自动控制与信息处理结合起来，使自动化进入到生产过程的最优控制与过程信息管理的综合自动化阶段。

1970~1979 年，针对大规模的工业生产过程、复杂的工程和非工程系统，运用一般控制理论已难以解决复杂的控制问题。对这些问题的研究，促进了自动控制理论和控制技术的发展，出现了大系统控制、自适应控制、智能控制等。

1980 年至今，单片微处理机（单片机）的出现对控制技术产生了重大影响，使综合自动化和集成自动化成为现实。综合利用计算机技术、通信技术、系统工程和人工智能控制技术，研制成功的一体化集成系统有 DCS 系统、FCS 系统、柔性制造系统、计算机集成制造系统、办公自动化系统、智能机器人、协同控制系统等。

近年来，控制理论的应用范围已经扩展到生物、医学、环境、经济管理和其他许多领域，自动控制技术已经成为现代化社会不可缺少的组成部分。微处理器、单片机及微型计算机的应用和发展，大大促进了自动控制理论的发展进程。控制理论在与其他学科的互相渗透与促进之中必将导致新的发明和创造。计算机技术的迅猛发展，对控制系统的设计和应用起到了很大的推动作用。使用诸如 MATLAB 这样的软件，能够为分析自动控制系统的性能提供便利的工具。微型计算机以其更高的性价比，使得自动控制的应用从没有像现在这样活跃……自动控制正为社会的发展、人类进步做着不懈的贡献。

1.2 控制系统工作原理

所谓自动控制，就是利用各种自动控制装置和仪表（包括工业控制计算机）代替人的操作，使生产过程或机器设备自动地按预定的规律运行，或使它的某些参数（如温度、压力、流量、成分、电流、电压、转速等）按预定要求变化或在一定的精度范围内保持恒定。自动控制可以说是对人工操作的模仿和发展。下面以一个温度控制系统为例，说明自动控制系统的构成和一些基本概念。

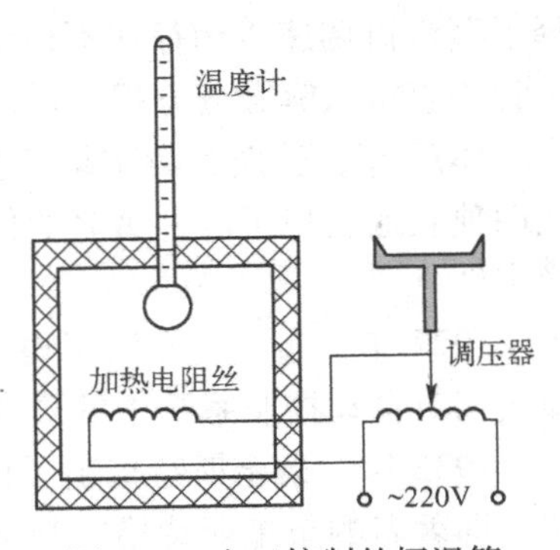

图 1-1　人工控制的恒温箱

图 1-1 所示为人工控制的恒温箱示意图。人工控制的任务是克服外界干扰（如电源电压波动、环境温度变化等），

保持箱内温度恒定，以满足物体对温度的要求。操作者移动调压器触头以改变通过加热电阻丝的电流来控制温度。箱内温度由温度计测量。人工调节过程可归结如下：

1）观察由测量元件（温度计）测出的恒温箱内的温度（被控量）。

2）与要求的温度值（给定值）进行比较，得出偏差的大小和方向。

3）根据偏差的大小和方向再进行控制。当恒温箱内温度高于所要求的给定温度值时，调整调压器减小电流，使温度降到正常范围内。若温度低于给定的值，则调整调压器，将电流增大，使温度升到正常范围。

可见，上述人工控制的过程就是测量、求偏差、再控制以纠正偏差的过程。

这种人工控制要求操作者随时观察箱内温度的变化情况，随时进行调节。对于此类简单的控制形式，可以用一个控制器来代替人的职能，把人工控制变成一个自动控制系统。

图 1-2 所示是一个自动控制系统。其中，恒温箱所需的温度由电压信号 u_1 给定。当外界因素引起箱内温度变化时，热电偶（测量元件）把测得的温度转换成对应的电压信号 u_2 反馈至比较器，并与给定信号 u_1 相比较，所得结果为温度的偏差信号 $\Delta u = u_1 - u_2$。经过电压、功率放大后，进一步控制执行电动机的转速和方向，并通过传动装置移动调压器触头。当温度偏高时，触头向着减小电压的方向运动，反之加大电压，直到温度达到给定值为止。即只有在偏差信号 $\Delta u = 0$ 时，电动机才停转。上述这些器件组成了一个自动控制系统，也完成了所要求的控制任务。

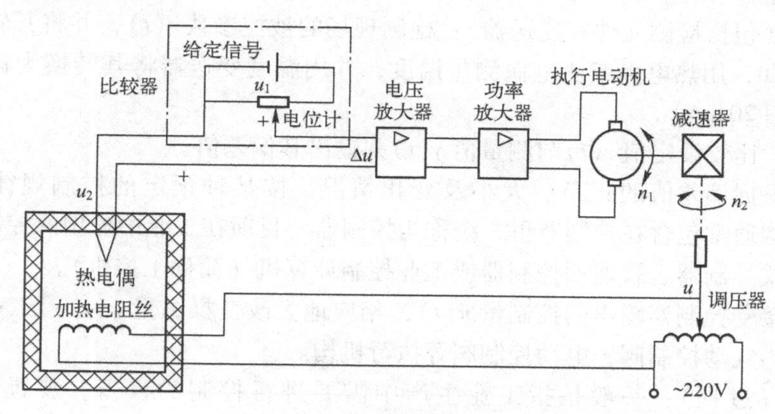

图 1-2　恒温箱的自动控制系统

分析上述恒温箱的两种工作过程可以看出，自动控制系统和人工控制系统非常相似。自动控制系统中，测量装置相当于人的眼睛，控制器类似于人脑，执行机构相当于人手。它们的共同特点都是要检测偏差，并用检测到的偏差去纠正偏差，可以说没有偏差就不会有控制调节过程。

在控制系统中，给定量又称为系统的输入量，被控量又称为系统的输出量。输出量的返回过程称为反馈，它表示输出量通过测量装置将信号的全部或一部分返回输入端，使之与输入量进行比较。比较产生的结果称为偏差。在人工控制中，这一偏差是通过人眼观测后，由人脑判断、决策得出的；而在自动控制中，偏差则是通过反馈，由控制器进行比较、计算产生的。因此，可以归纳出上述控制系统的工作原理如下：

1）检测输出量的实际值。

2）将实际值与给定值（输入量）进行比较得出偏差值。

3）用偏差值产生控制调节作用去消除偏差。

这种基于反馈原理的控制系统称为反馈控制系统。可见，作为反馈控制系统至少应具备检测、比较（或计算）和执行三个基本功能。

要实现对恒温箱内温度的自动控制，至少必须有检测元件和变送器、控制（调节）器、控制（调节）阀、恒温箱等四个部分，它们组成一个简单的自动控制系统。常规的自动控制系统由被控对象、测量装置、控制器以及执行器组成，如图 1-3 所示。

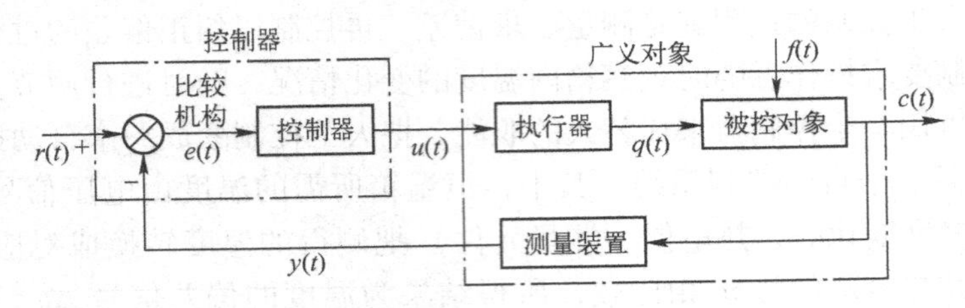

图 1-3　自动控制系统的组成

$r(t)$—设定值　$c(t)$—被控参数（实际值）　$e(t)$—偏差，$e(t)=r(t)-y(t)$

$u(t)$—控制量（控制器输出）　$y(t)$—被控参数（测量值）　$q(t)$—操纵量　$f(t)$—扰动

下面说明控制系统中常用的一些术语。

测量装置（包括检测元件和变送器）：检测现场的被控参数 $c(t)$，并将其转化为标准测量值 $y(t)$。例如，用热电阻或热电偶测量温度，并用温度变送器将其转换为标准直流信号（0~10 mA 或 4~20 mA）。

比较机构：比较设定值 $r(t)$ 与测量值 $y(t)$ 并输出其偏差值。

控制器：根据偏差值的正负、大小及变化情况，按某种预定的控制规律给出控制量 $u(t)$。比较机构通常包含在控制器里，统称为控制器。目前在工业中应用的控制器有气动式控制器或电动式控制器、智能型控制器或工业控制计算机（简称工控机）。

执行器：接受控制器输出的控制量 $u(t)$，相应地去改变操纵量 $q(t)$。工业生产过程中应用的执行器为气动控制阀、电动控制阀等执行机构。

被控对象（过程）：一般是指工业生产中需要进行控制的设备、装置或生产过程。图 1-2所示的恒温箱的自动控制系统中，恒温箱就是被控对象。

被控参数：在被控对象中要求按预定规律变化的物理量，即被控制的物理量，又称被调参数。图 1-2 所示的恒温箱的自动控制系统中，箱内的温度就是被控参数。

控制量：也称调节量，是控制（调节）器的输出，它通过执行器（例如控制阀）改变作用在被控对象上的控制作用大小（例如出口流量），从而对被控对象实现控制。

扰动（干扰）：在自动控制系统中，干扰又称扰动。除控制量以外引起被控参数变化的所有作用因素都可视为干扰。如在恒温箱的控制系统中，电压的变化是扰动作用。又如在蒸汽加热的温度控制系统中，冷流体流量的变化、蒸汽压力的变化等都是扰动因素。

设定（给定）值：指与被控参数工艺规定值相对应的信号值，又称控制目标值，是控制系统的输入变量。

偏差值：指设定值与被控参数测量值之差，在自动控制系统中，一般规定偏差值 $e(t)=r(t)-y(t)$。

广义对象：在系统中，控制器以外的各部分组合在一起，即被控对象、执行器、检测装置的组合称为广义对象。

1.3 自动控制系统的类型

自动控制系统有多种分类方法。例如，按控制方式可分为开环控制、闭环控制、复合控制等；按元件类型可分为机械系统、电气系统、机电系统、液压系统、气动系统、生物系统等；按系统功用可分为温度控制系统、压力控制系统、位置控制系统等。这些就不一一列举了，在此根据后面的分析需要介绍几种常见的分类方法。

1.3.1 按信号流向划分

1. 开环控制系统

开环控制系统原理框图如图 1-4 所示。信号由输入端到输出端单向流动。输入端与输出端之间只有信号的前向通道而不存在由输出端到输入端的反馈通路。

2. 闭环控制系统

若控制系统中信号除从输入端到输出端外，还有从输出端到输入端的反馈信号，则构成闭环控制系统，也称反馈控制系统，闭环控制系统框图如图 1-5 所示。

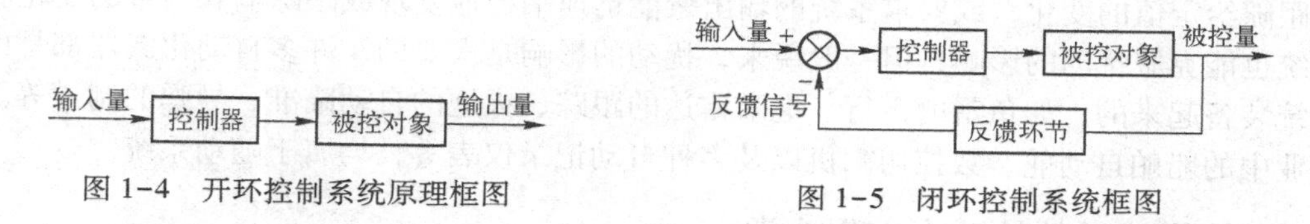

图 1-4　开环控制系统原理框图

图 1-5　闭环控制系统框图

开环控制系统精度不高，适应性不强，主要原因是缺少从系统输出到输入的反馈回路。若要提高控制精度，就必须把输出量的信息反馈到输入端，通过比较输入值与输出值，产生偏差信号，该偏差信号以一定的控制规律产生控制作用，逐步减小以至消除这一偏差，从而实现所要求的控制性能。

必须指出，在系统主反馈通道中，只有采用负反馈才能达到控制的目的。若采用正反馈，将使偏差越来越大，导致系统发散而无法工作。

闭环控制系统工作的本质机理是将系统的输出信号引回到输入端，与输入信号相比较，利用所得的偏差信号对系统进行调节，达到减小偏差或消除偏差的目的。这就是负反馈控制原理，它是构成闭环控制系统的核心。

一般来说，开环控制系统结构比较简单，成本较低。开环控制系统的缺点是控制精度不高，抑制干扰能力差，而且对系统参数变化比较敏感，一般用于可以不考虑外界影响或精度要求不高的场合，如洗衣机、步进电机控制及水位调节等。

在闭环控制系统中，不论是输入信号的变化，或者干扰的影响，还是系统内部的变化，只要被控量偏离了规定值，都会产生相应的作用去消除偏差。因此，闭环控制抑制干扰能力强，与开环控制相比，系统对参数变化不敏感，可以选用不太精密的元件构成较为精密的控制系统，获得满意的动态特性和控制精度。但是采用反馈装置需要添加元部件，造价较高，同时也增加了系统的复杂性。如果系统的结构参数选取不适当，控制过程则可能变得很差，甚至出现振荡或发散等不稳定的情况。因此，如何分析系统、合理选择系统的结构参数，从而获得满意的系统性能，是自动控制理论必须研究解决的问题。

1.3.2 按输入信号的特征分类

1. 恒值控制系统

这类系统的特点是输入量为某个恒定的常量，系统的基本任务是尽量排除各种干扰因素的影响，使被控量保持在一个给定的期望值上。由于扰动的出现，将使被控量偏离期望值而出现偏差，恒值系统能根据偏差的性质产生控制作用，使被控量以一定的精度回复到期望值附近。例如前面介绍的恒温控制系统即恒值控制系统。

2. 程序控制系统

这类系统的输入量不是常值，而是事先确定的运动规律，编成程序装在输入装置中，即控制输入信号是事先确定的程序信号，控制的目的是使被控对象的被控量按照要求的程序动作。如热处理炉温控制系统中的升温、保温、降温等过程，都是按照预先设定的规律进行控制的。又如机械加工中的数控机床、加工中心均是典型的例子。

3. 随动系统

这类系统的输入量是预先无法确定的任意变化的量。控制系统能使被控量以尽可能高的精度跟随给定值的变化，或要求系统的输出量能迅速平稳地复现或跟踪输入信号的变化。随动系统也能克服扰动的影响，但一般说来，扰动的影响是次要的。许多自动化武器都是由随动系统装备起来的，如鱼雷的飞行、炮瞄雷达的跟踪、火炮的自动瞄准、导弹的制导等。民用工业中的船舶自动舵、数控切割机以及多种自动记录仪表等，均属于随动系统。

1.3.3 按描述元件的动态方程分类

1. 线性系统

线性系统的特点在于组成系统的全部元件都是线性元件，它们的输入输出静特性均为线性特性。这类系统的运动过程可用线性微分方程或线性差分方程来描述。线性系统满足叠加原理，即初始条件为零时，几个输入信号同时作用在系统上所产生的总的输出信号，等于各输入信号单独作用时所产生的输出之和。线性系统的主要特征是具有齐次性和叠加性。

2. 非线性系统

非线性系统的特点在于系统中含有一个或多个非线性元件。非线性元件的输入输出静特性是非线性特性。例如饱和限幅特性、死区特性、继电特性以及传动间隙等。凡含有非线性元件的系统均属非线性系统，这种系统不满足叠加原理，其运动过程需用非线性微分方程或非线性差分方程来描述。非线性系统还没有一种完整、成熟、统一的分析方法。通常对于非线性程度不很严重或做近似分析时，均可用线性系统的理论和方法来处理。

1.3.4 按信号的传递是否连续分类

1. 连续系统

若系统各环节间的信号均为时间 t 的连续函数，信号的大小均是可任意取值的模拟量，则这类系统称为连续系统。连续系统的运动规律可用微分方程描述。

2. 离散系统

离散系统是指系统中有一处或多处的信号是脉冲序列或数码。若系统中采用了采样开关，将连续信号转变为离散的脉冲形式的信号，此类系统称为采样控制系统或脉冲控制系统。若采用数字计算机或数字控制器，其离散信号是以数码形式传递的，此类系统称为数字控制系统。在这种控制系统中，一般被控对象的输入/输出是连续变化的信号，控制装置中的执行部件也常常是模拟式的，但控制器是用数字计算机实现的，所以系统中必须有信号变换装置，如模数转换器（A-D 转换器）和数模转换器（D-A 转换器）。离散系统的运动规律可用差分方程描述。计算机控制系统将是今后控制系统的主要发展方向。

1.3.5 按系统的参数是否随时间变化分类

1. 定常系统

如果描述系统特性的微分方程中各项系数都是与时间无关的常数，即系统中的参数不随时间变化，则这类系统称为定常系统。该类系统只要输入信号的形式不变，在不同时间输入下的输出响应形式是相同的。实践中遇到的大部分系统都是属于这类系统，或者可以合理地、近似地看成这类系统。

2. 时变系统

描述系统特性的微分方程中只要有一项系数是时间 t 的函数，则这类系统称为时变系统。

1.4 自动控制系统的基本要求

在自动控制理论中，对控制系统性能的要求主要是稳定性、动态性能和稳态性能几个方面。

1.4.1 稳定性

稳定性是控制系统最基本的要求。所谓稳定性是指控制系统受到干扰偏离平衡状态后，能自动恢复或接近平衡状态的能力。控制系统的稳定性是一个衡量系统对外界干扰的抑制能力的性能指标。

当系统受到扰动后，其状态偏离了平衡状态，当此扰动消除后，如果系统的输出响应在随后所有时间内能够最终回到原先的平衡状态，则系统是稳定的；反之，如果系统的输出响应逐渐增加趋于无穷，或者进入振荡状态，则系统是不稳定的。

当受到干扰的系统的解与未受干扰的系统的解在经历一段时间后，其差别限制在一个很小的范围内，这类控制系统可以称为是“稳定”的。相反，在某些情况下，即使扰动因素十分小，但是经过足够长的时间后，受到干扰的系统的解和未受到干扰的系统的解差别可以很大，这类系统可以称为是“不稳定的”。如果系统不稳定，则系统在受到干扰后越来越偏离预定的工作状态，最后导致系统的运动状态发散或产生某些严重的振荡而使系统损坏或崩溃。

1.4.2 快速性

快速性是指当系统的输出量与输入量之间产生偏差时，消除这种偏差的快慢程度。快速性好的系统消除偏差的过渡时间就短，就能复现快速变化的输入信号，因而具有较好的动态性能。

对于稳定的系统，虽然理论上能够到达平衡状态，但还要求能够快速到达，而且在调节过程中，要求系统输出超过给定的稳态值的最大偏差不要太大，要求调节的时间比较短，这些性能称为暂态性能。系统的超调量刻画了系统的振荡程度，它反映了系统的相对稳定性。超调量大的系统容易不稳定，所以相对稳定性差，而超调量小的系统的相对稳定性较好。

1.4.3 稳态性能

当动态过程结束、系统达到新的稳态时，要求系统的输出等于系统给定值所期望的值，但实际上可能存在误差。在自动控制理论中，系统稳态输出与期望值的误差称为稳态误差。系统的稳态误差衡量了系统的稳态性能。由于系统一般工作在稳态，稳态精度直接影响到产品的质量，例如，普通数控机床的加工误差小于0.02mm，一般恒速、恒温控制系统的稳态误差都在给定值的1%以内，所以，稳态性能是控制系统最重要的性能之一。

系统的暂态性能和稳态性能常常是矛盾的。由于控制系统的功能要求不同，所以对系统暂态性能和稳态性能的要求往往有所侧重。例如，对于恒温控制、调速系统等定值调节系统，主要侧重于系统的稳态性能；而对于随动系统则侧重于暂态性能，要求能够快速调节，跟上输入量的变化。

由于控制对象的具体情况不同，各种系统对稳定、精确、快速这三方面的要求是各有侧重的。例如，调速系统对稳定性要求较严格，而随动系统则对快速性提出了较高的要求。

即使对于同一个系统，稳、准、快三个指标也是相互制约的。提高快速性，可能会引起强烈振荡；改善了稳定性，控制过程又可能过于迟缓，甚至精度也会变差。分析和解决这些矛盾，是本书所要讨论的主要内容之一。

对于实际的控制系统，除了上述要求以外，还有鲁棒性（Robustness）等要求。如果系统的参数或者结构在一定范围内变化时，系统仍然保持某个性能，则称系统的这个性能是鲁棒的。如果系统的参数或者结构在一定范围内变化时，系统仍然保持稳定，则称系统是鲁棒稳定的。

1.5 小结

本章简要介绍了自动控制理论的发展历史，叙述了自动控制原理的基本内涵、基本概念及有关术语，并对自动控制系统进行了基本分类。同时，本章介绍了开环控制系统和闭环控制系统、定值控制系统、随动控制系统、程序控制系统、连续控制系统和离散控制系统等概念，以使读者对自动控制系统的基本结构、控制原理、基本术语以及控制类型有较深入的理解。

1.6 习题

1-1 水箱液面高度控制系统的三种原理方案如图 1-6 所示。在运行中，希望液面高度 H 维持不变。试

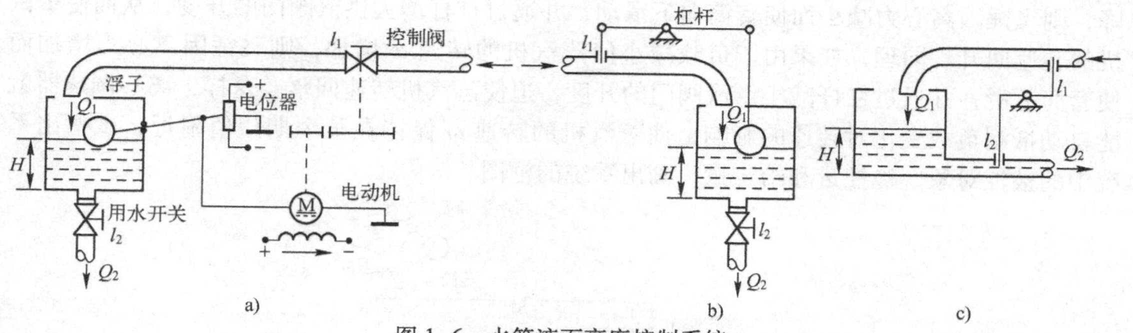

图 1-6 水箱液面高度控制系统

（1）说明各系统的工作原理。

（2）画出各系统的框图，并指出被控对象、被控量、给定值、干扰量。

（3）说明各系统属于哪种控制方式。

1-2 仓库大门自动控制系统的原理图如图 1-7 所示。试说明自动控制大门开启和关闭的工作原理，并画出系统的框图。

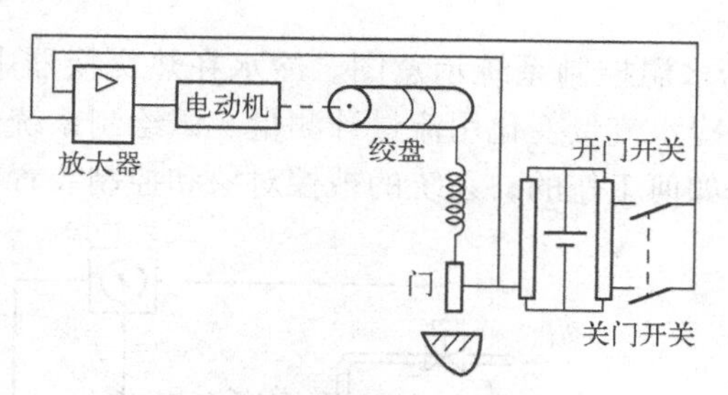

图 1-7 仓库大门自动控制系统

1-3 图 1-8 所示为工业炉温自动控制系统的工作原理图。试分析系统的工作原理，并指出被控对象、被控量和给定量，画出系统框图。

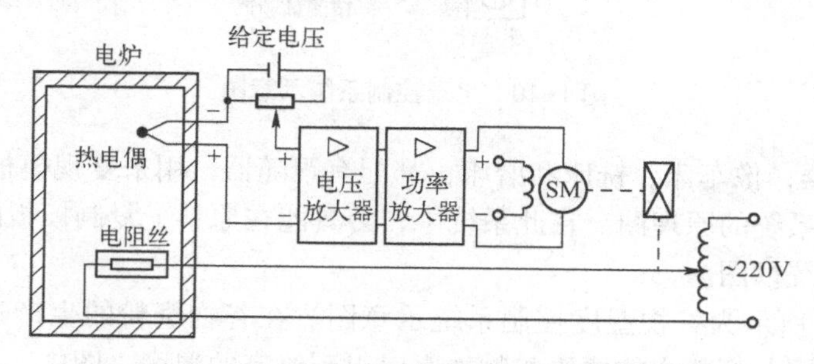

图 1-8 工业炉温自动控制系统工作原理图

1-4　采用离心调速器的蒸汽机转速自动控制系统如图 1-9 所示。其工作原理是：蒸汽机在带动负载转动的同时，通过锥齿轮带动一对飞锤作水平旋转。飞锤通过铰链可带动套筒上、下滑动，套筒内装有平衡弹簧，套筒上、下滑动时可拨动杠杆，杠杆另一端通过连杆调节供汽阀门的开度。在蒸汽机正常运行时，飞锤旋转所产生的离心力与弹簧的反弹力相平衡，套筒保持某个高度，使阀门处于一个平衡位置。如果由于负载增大使蒸汽机转速 ω 下降，则飞锤因离心力减小而使套筒向下滑动，并通过杠杆增大供汽阀门的开度，从而使蒸汽机的转速回升。同理，如果由于负载减小使蒸汽机的转速 ω 增加，则飞锤因离心力增加而使套筒上滑，并通过杠杆减小供汽阀门的开度，迫使蒸汽机转速回落。这样，离心调速器就能自动抵制负载变化对转速的影响，使蒸汽机的转速 ω 保持在某个期望值附近。试指出系统中的被控对象、被控量和给定量，画出系统的框图。

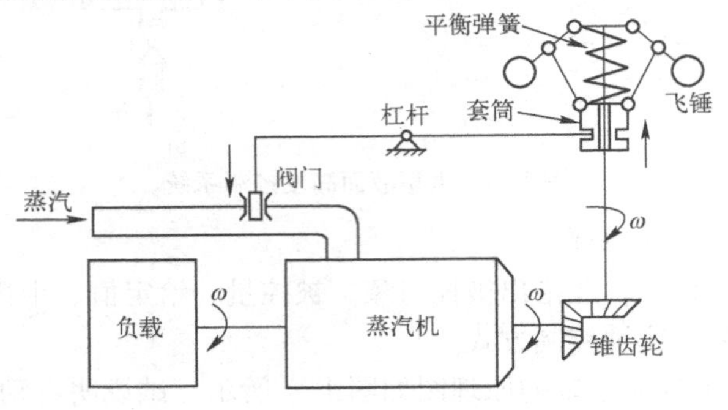

图 1-9　蒸汽机转速自动控制系统

1-5　图 1-10 所示为水温控制系统示意图。冷水在热交换器中由通入的蒸汽加热，从而得到一定温度的热水。冷水流量变化用流量计测量。试绘制系统框图，并说明为了保持热水温度为期望值，系统是如何工作的，系统的被控对象和控制装置各是什么。

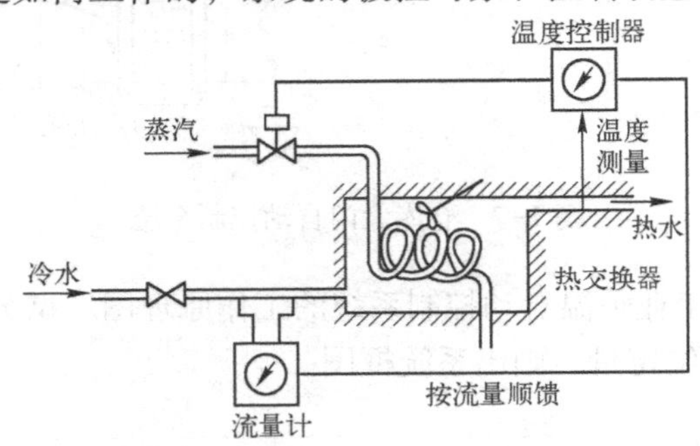

图 1-10　水温控制系统示意图

1-6　许多机器，像车床、铣床和磨床，都配有跟随器，用来复现模板的外形。图 1-11 就是这样一种跟随系统的原理图。在此系统中，刀具能在原料上复制模板的外形。试说明其工作原理，画出系统框图。

1-7　图 1-12 所示为谷物湿度控制系统示意图。在谷物磨粉的生产过程中，达到一定的湿度出粉最多，因此磨粉之前要给谷物加水以得到给定的湿度。图中，谷物用传送装置按一定流量通过加水点，加水量由自动阀门控制。在加水过程中，谷物流量、加水前谷物湿度

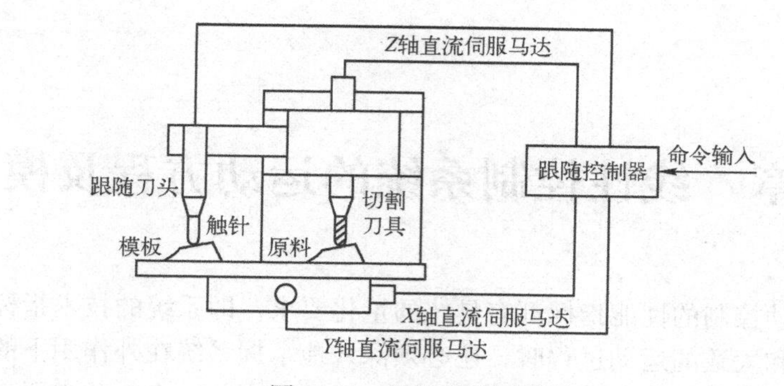

图 1-11　跟随系统原理图

以及水压都是对谷物湿度控制的扰动因素。为了提高控制精度，系统中采用了谷物湿度的顺馈控制。试画出系统框图。

1-8　图 1-13 所示是补偿直流电动机负载扰动的恒速调节系统。试分析系统补偿直流电动机负载扰动的工作原理（当电动机负载增大使转速降低时，系统如何使转速恢复）。为达到补偿目的，电压放大的输出极性应当是怎样的？为什么？

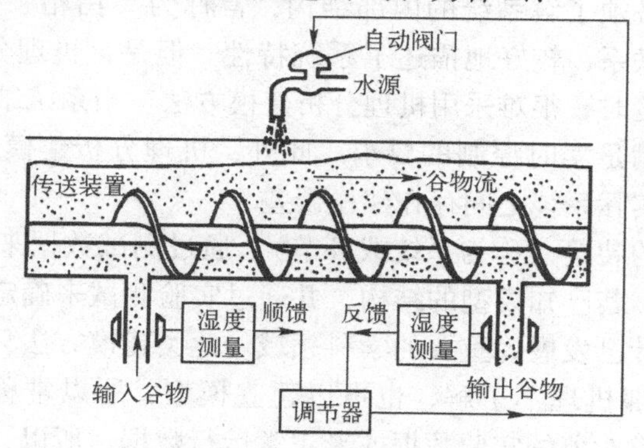

图 1-12　谷物湿度控制系统示意图

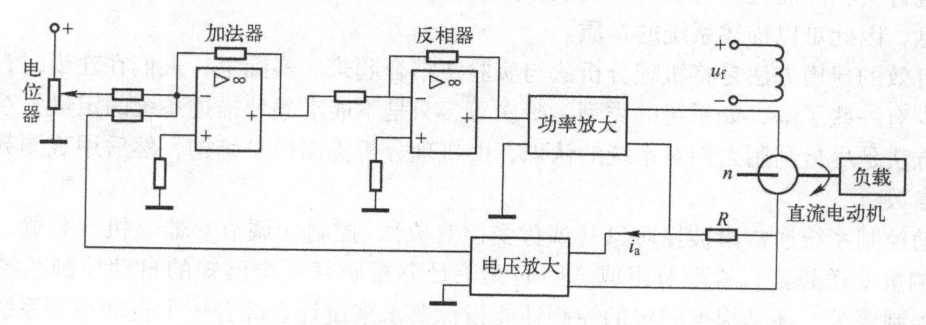

图 1-13　补偿直流电动机负载扰动的恒速调节系统

第2章　线性控制系统的运动方程及模型

工程应用对自动控制的性能指标都有具体的量化要求，即系统的技术指标。在定性地分析系统的工作原理和大致的运动过程时，还必须深入地掌握系统在外作用下的运动规律，并且能够从理论上对系统性能进行定量的分析和计算。要做到这一点，首先要建立系统的数学模型，它是分析和设计系统的依据。

线性控制系统的数学模型有多种表达形式，如微分方程、传递函数、结构图、信号流图、频率特性及状态空间描述等，建立数学模型的方法通常有机理分析法和实验法两种。

机理分析法是在深入了解系统内在机理的基础上，依据系统或环节所遵循的物理规律（如力学、电磁学、运动学、热学等）推导出描述系统运动的数学表达式，从而建立数学模型。采用机理分析建模必须了解系统的内部结构，常称为“白箱”建模方法。机理模型展示了系统的内在结构与联系，较好地描述了系统特性。但是，机理分析建模方法有其局限，当系统内部过程不很清楚时，很难采用机理分析建模方法。当系统结构比较复杂时，机理模型常常比较复杂，难以满足实时控制的要求。此外，机理分析建模总是基于许多简化和假设，所以，机理模型与实际系统之间存在建模误差。

实验法是根据特定的装置（称为系统或环节），通过测试数据来决定其模型的结构和参数，通常称为系统辨识。若已知模型的结构，并通过实验测试来确定其参数，则称为参数估计。系统辨识和参数估计已发展为重要的学科领域。此类建模方法只依赖于系统的输入、输出关系，即使对系统内部机理不了解，也可以建立模型，所以常称为“黑箱”建模方法。由于系统辨识是基于建模对象的实验数据或者正常运行数据，所以，建模对象必须已经存在并能够进行实验。而且，辨识得到的模型只能反映系统输入、输出的特性，不能反映系统的内在信息，因此难以描述系统的本质。

最有效的建模方法是将机理分析法与实验法结合起来。实际上，人们在建模时，通常对系统多少有一些了解，如系统的类型、阶次等，只是不能准确地描述系统的定量关系。实用的建模方法是尽量利用人们对系统的认识，由机理分析提出模型结构，然后用观测数据估计出模型参数。

自动控制系统通常由被控对象（或称受控对象）、控制（调节）器、执行装置、检测装置（或测量变送装置）等环节组成。因而无论是分析研究一个已知的自动控制系统是否满足工艺控制要求，还是根据一定的控制性能指标要求来设计、综合一个自动控制系统，都必须知道控制系统所包含的每个组成环节的特性，即描述其输入和输出之间关系的数学模型。对数学模型的要求是，既要能准确地反映系统的本质特征（是系统固有特性的一种抽象和概括），又要便于分析和计算。

为研究自动控制系统的动态特性，必须了解系统各组成环节的特性，特别是被控对象的动态特性。列写各环节的微分方程，是获得动态特性的一条重要途径。用机理分析法列写系统各环节微分方程的一般步骤如下：

1）根据实际工艺要求，确定对象或环节的输入、输出参数。

2）根据对象或环节所遵循的物理或化学定律，从输出端开始，依次列写出描述变化过程的原始方程式（或方程组）。

通常这类规律有物质守恒定律、能量守恒定律、牛顿第二定律、基尔霍夫定律及其他如分子物理学、热力学、气体动力学等学科领域的基本物理定律或化学定律。在建立对象的数学模型时，原始方程式的推导通常是基于物料平衡关系或能量平衡关系的。

3）消去中间变量，列写只包含输入和输出参数的微分方程，即对象或环节的数学模型。

4）将微分方程写成标准形式。

5）若微分方程是非线性的，则需要考虑可否进行线性化处理。

2.1 控制系统的时域数学模型

2.1.1 线性系统微分方程的建立

为使建立的数学模型既简单又具有较高的精度，在推演系统的数学模型时，必须对系统做全面深入的考察，以求把对系统性能影响较小的那些次要因素略去。用机理分析法推演系统数学模型的前提是对系统的作用原理和系统中各元件的物理属性有着深入的了解。

用这种方法建立系统微分方程的一般步骤如下：

1）确定系统的输入与输出量。

2）从输入端开始，按照信号的传递顺序，根据基本的物理、化学等定律，列写出系统中每一个元件的输入与输出的微分方程式。在列写方程时，要注意元件与相邻元件间的关联影响。

3）消去中间变量，从而求得系统输出与输入间的微分方程式。

4）对所求的微分方程进行标准化处理，把与输入量有关的项写在方程等号的右方，与输出量有关的项写在方程等号的左方，并按降幂排列，最后将系数归一化为具有一定物理意义的形式。

在列写系统各元件的微分方程时，一是应注意信号传送的单向性，即前一个元件的输出是后一个元件的输入，一级一级地单向传送；二是应注意元件与其他元件之间的相互影响，即所谓的负载效应问题。

下面举例说明建立元件和系统的微分方程的步骤和方法。

【例 2-1】 试写出图 2-1 所示的 *RLC* 串联电路输入、输出电压之间的微分方程。

解：1）确定系统的输入、输出量，输入端电压 $u_r(t)$ 为输入量，输出端电压 $u_c(t)$ 为输出量。

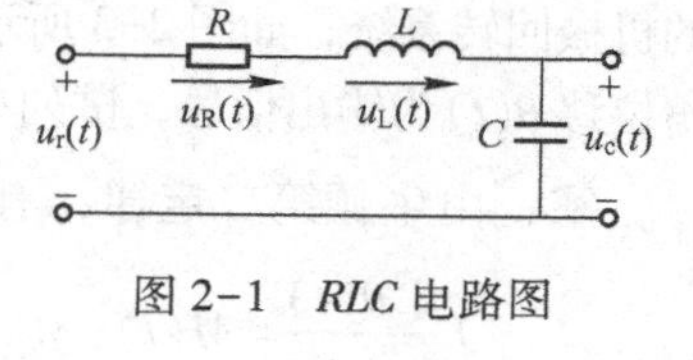

图 2-1 *RLC* 电路图

2）列写微分方程。

设回路电流为 $i(t)$，由基尔霍夫定律可得

$$u_R(t)+u_L(t)+u_c(t)=u_r(t) \tag{2-1}$$

式中，$u_R(t)$、$u_L(t)$、$u_c(t)$ 分别为 *R*、*L*、*C* 的电压。且

$$u_{\mathrm{R}}(t)=Ri(t),\ u_{\mathrm{L}}(t)=L\frac{\mathrm{d}i(t)}{\mathrm{d}t}$$

得

$$L\frac{\mathrm{d}i(t)}{\mathrm{d}t}+Ri(t)+u_{\mathrm{c}}(t)=u_{\mathrm{r}}(t) \tag{2-2}$$

3）消去中间变量，得出系统的微分方程。

考虑根据电容的特性，得

$$i(t)=C\frac{\mathrm{d}u_{\mathrm{c}}(t)}{\mathrm{d}t} \tag{2-3}$$

将式（2-3）代入式（2-2），可得系统的微分方程为

$$LC\frac{\mathrm{d}^2u_{\mathrm{c}}(t)}{\mathrm{d}t^2}+RC\frac{\mathrm{d}u_{\mathrm{c}}(t)}{\mathrm{d}t}+u_{\mathrm{c}}(t)=u_{\mathrm{r}}(t) \tag{2-4}$$

令 $\tau_1=\frac{L}{R}$，$\tau_2=RC$，则式（2-4）可改写为

$$\tau_1\tau_2\frac{\mathrm{d}^2u_{\mathrm{c}}(t)}{\mathrm{d}t^2}+\tau_2\frac{\mathrm{d}u_{\mathrm{c}}(t)}{\mathrm{d}t}+u_{\mathrm{c}}(t)=u_{\mathrm{r}}(t) \tag{2-5}$$

可见，此 *RLC* 无源网络的动态数学模型是一个二阶常系数线性微分方程。

【例 2-2】 设有一由弹簧、质量、阻尼器组成的机械平移系统，如图 2-2 所示。试列写出系统的数学模型。

解： 由牛顿第二定律有 $ma(t)=\sum F(t)$，即

$$m\frac{\mathrm{d}^2y(t)}{\mathrm{d}t^2}=F(t)-F_{\mathrm{f}}(t)-F_{\mathrm{k}}(t)=F(t)-f\frac{\mathrm{d}y(t)}{\mathrm{d}t}-ky(t)$$

整理得

$$\frac{m}{k}\frac{\mathrm{d}^2y(t)}{\mathrm{d}t^2}+\frac{f}{k}\frac{\mathrm{d}y(t)}{\mathrm{d}t}+y(t)=\frac{1}{k}F(t) \tag{2-6}$$

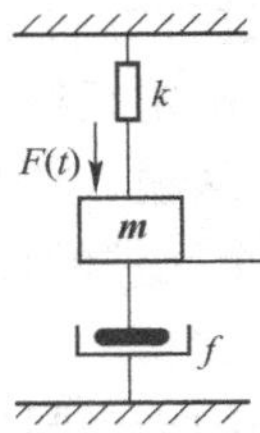

图 2-2　机械平移系统

式中，m 为运动物体质量，单位为 kg；y 为运动物体位移，单位为 m；f 为阻尼器粘性阻尼系数，单位为 N · s/m；$F_{\mathrm{f}}(t)$ 为阻尼器粘滞摩擦阻力，它的大小与物体相对移动的速度成正比，方向与物体移动的方向相反，$F_{\mathrm{f}}(t)=f\frac{\mathrm{d}y(t)}{\mathrm{d}t}$；$k$ 为弹簧刚度，单位为 N/m；$F_{\mathrm{k}}(t)$ 为弹簧的弹性力，与物体位移（弹簧拉伸长度）成正比，$F_{\mathrm{k}}(t)=ky(t)$。

运动方程式（2-6）即为此机械平移系统的数学模型。

【例 2-3】 设有一个由惯性负载和粘性摩擦阻尼器组成的机械回转系统，如图 2-3 所示。外力矩 $M(t)$ 为输入信号，角位移 $\theta(t)$ 为输出信号，试列写出系统的数学模型。

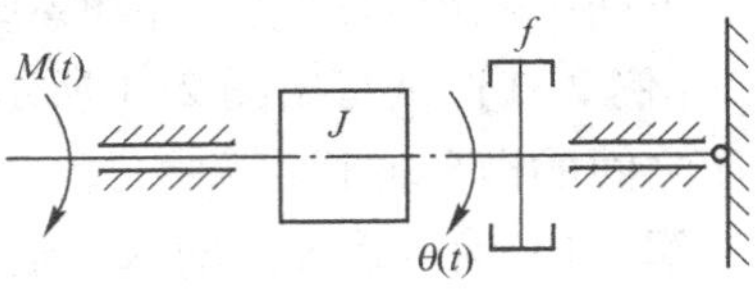

图 2-3　机械回转系统

解： 由牛顿第二定律，有 $J_{\mathrm{e}}(t)=\sum M(t)$，即

$$J\frac{\mathrm{d}^2\theta(t)}{\mathrm{d}t^2}=M(t)-M_{\mathrm{f}}(t)=M(t)-f\frac{\mathrm{d}\theta(t)}{\mathrm{d}t}$$

整理得

$$J\frac{\mathrm{d}^2\theta(t)}{\mathrm{d}t^2}+f\frac{\mathrm{d}\theta(t)}{\mathrm{d}t}=M(t) \tag{2-7}$$

式中，J 为惯性负载的转动惯量，单位为 $\mathrm{kg\cdot m^2}$；θ 为转角，单位为 rad；f 为粘性摩擦阻尼器的粘滞阻尼系数，单位为 N · m · s/rad。

运动方程式（2-7）就是此机械回转系统的数学模型。

【例 2-4】 图 2-4 所示是两个串联单容水槽构成的双容水槽。其输入量为调节阀 1 产生的阀门开度变化 Δu，而输出量为第二个水槽的液位增量 Δh_2，试列写出系统的数学模型。

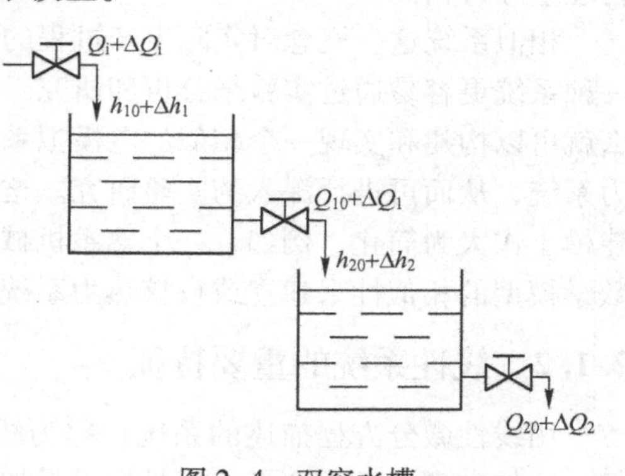

图 2-4　双容水槽

解： 在水流量增量、水槽液位增量及液阻之间，经平衡点线性化后，有

$$\Delta Q_1-\Delta Q_2=C_2\frac{\mathrm{d}\Delta h_2}{\mathrm{d}t}\text{（}C_2\text{ 为水槽容量系数）}\tag{2-8}$$

$$\Delta Q_1=\frac{\Delta h_1}{R_1}\text{（}R_1\text{ 为水槽液阻）}\tag{2-9}$$

$$\Delta Q_2=\frac{\Delta h_2}{R_2}\text{（}R_2\text{ 为水槽液阻）}\tag{2-10}$$

$$\Delta Q_i-\Delta Q_1=C_1\frac{\mathrm{d}\Delta h_1}{\mathrm{d}t}\text{（}C_1\text{ 为水槽容量系数）}\tag{2-11}$$

$$\Delta Q_i=K_u\Delta u\tag{2-12}$$

将式（2-9）、式（2-10）代入式（2-8），得

$$\frac{\Delta h_1}{R_1}-\frac{\Delta h_2}{R_2}=C_2\frac{\mathrm{d}\Delta h_2}{\mathrm{d}t}\tag{2-13}$$

得

$$\Delta h_1=R_1\left(C_2\frac{\mathrm{d}\Delta h_2}{\mathrm{d}t}+\frac{\Delta h_2}{R_2}\right)\tag{2-14}$$

$$\frac{\mathrm{d}\Delta h_1}{\mathrm{d}t}=R_1C_2\frac{\mathrm{d}^2\Delta h_2}{\mathrm{d}t^2}+\frac{R_1}{R_2}\frac{\mathrm{d}\Delta h_2}{\mathrm{d}t}\tag{2-15}$$

将式（2-9）、式（2-10）、式（2-12）代入式（2-11），得

$$C_1\frac{\mathrm{d}\Delta h_1}{\mathrm{d}t}+\frac{\Delta h_1}{R_1}=K_u\Delta u\tag{2-16}$$

分别将式（2-14）和式（2-15）代入式（2-16），整理后可得双容水槽的微分方程为

$$T_1T_2\frac{\mathrm{d}^2\Delta h_2}{\mathrm{d}t^2}+(T_1+T_2)\frac{\mathrm{d}\Delta h_2}{\mathrm{d}t}+\Delta h_2=K_u\Delta u\tag{2-17}$$

式（2-17）中，$T_1=R_1C_1$、$T_2=R_2C_2$ 为水槽的时间常数；K_u 为双容水槽传递系数。

式（2-17）就是此双容水槽的数学模型。

一般来说，方程的解精确地描述了系统的行为。然而当方程的阶次高于 2 次的时候，求解变得很困难。而有时为了了解系统的结构参数变化对系统行为的影响，需进行多次反复的计算，因此利用微分方程直接分析和设计系统往往不太方便。

从以上介绍的不同物理系统的建模过程可以看出，虽然其机理各不相同，应用的基本物理定律也不同，但它们所建立的数学模型却都有相同的结构形式，都是二阶线性常系数微分方程式。这种具有相同数学模型的不同系统称为相似系统，在微分方程式中占据相同位置的物理量称为相似量。

相似系统这一概念对实际生产过程的分析和研究是十分有用的，因为一种系统可能比另一种系统更容易通过实验来分析和研究。例如，电气的或电子的系统更容易构建和实现，那么就可以构建和实现一个相似的电模拟系统来代替所要研究的一个机械系统、液力系统或热力系统，从而可进行深入的实验研究。这里利用物理系统数学模型的相似性，也可以使机理建模工作大为简化。例如，一个熟悉机械系统建模的研究人员可利用热力系统与机械系统的数学模型的相似性来建立或校核热力系统的数学模型。

2.1.2 线性系统的重要特征

用线性微分方程描述的系统，称为线性系统。线性系统的重要性质是可以应用叠加定理。叠加定理有两重含义，即具有可叠加性和均匀性（或齐次性）。

1）叠加性。当系统同时存在几个输入量作用时，其输出量等于各输入量单独作用时所产生的输出量之和。

2）齐次性。当系统的输入量增大若干倍或缩小为原来的若干分之一时，系统输出量也按同一倍数增大。

在线性系统中，根据叠加原理，如果有几个不同的外作用同时作用于系统，则可将它们分别处理，求出在各个外作用单独作用时系统的响应，然后将它们叠加。

2.1.3 非线性微分方程的线性化

严格地说，实际控制系统的元件都含有非线性特性，含有非线性特性的系统可以用非线性微分方程描述，但它的求解通常非常复杂。这时，除了可以用计算机进行数值计算外，有些非线性模型特性还可以在一定工作范围内用线性系统模型近似，称为非线性模型的线性化。常用的方法是将具有弱非线性的元件在一定的条件下视为线性元件。此外，在工程实际中，常常使用切线法或小偏差法，其本质是对于连续变化的非线性函数，在一个很小的范围内，将其非线性特性用一段直线来代替求解。

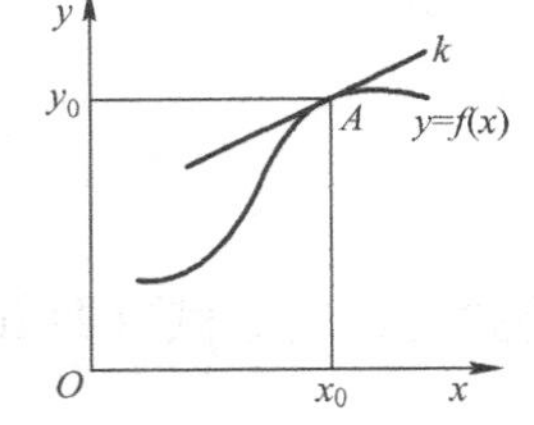

图 2-5 小偏差线性化示意图

设连续变化的非线性函数为 $y=f(x)$，如图 2-5 所示。取某平衡状态 $A(x_0,y_0)$ 为工作点。当 $x=x_0+\Delta x$ 时，有 $y=y_0+\Delta y$。设函数 $y=f(x)$ 在 (x_0, y_0) 点连续可微，则将它在该点附近进行泰勒级数展开为

$$y=f(x)=f(x_0)+\left.\frac{\mathrm{d}f(x)}{\mathrm{d}x}\right|_{x=x_0}(x-x_0)+\frac{1}{2!}\left.\frac{\mathrm{d}^2f(x)}{\mathrm{d}x^2}\right|_{x=x_0}(x-x_0)^2+\cdots \tag{2-18}$$

当增量 $(x-x_0)$ 很小时，略去其高次幂，则有

$$y-y_0=f(x)-f(x_0)=\left.\frac{\mathrm{d}f(x)}{\mathrm{d}x}\right|_{x=x_0}(x-x_0) \tag{2-19}$$

令 $\Delta y=y-y_0$，$\Delta x=x-x_0$，$k=\left.\frac{\mathrm{d}f(x)}{\mathrm{d}x}\right|_{x=x_0}$，则线性化方程可简记为

$$\Delta y = k\Delta x$$

略去增量符号，便得函数 $y=f(x)$ 在工作点 A 附近的线性化方程为

$$y = kx \tag{2-20}$$

式中，$k=\left.\frac{\mathrm{d}f(x)}{\mathrm{d}x}\right|_{x=x_0}$ 是比例系数，它是函数 $f(x)$ 在 A 点的切线斜率。

综上所述，在进行线性化的过程中，要注意以下几点：

1）小偏差方法只适用于不太严重的非线性特性的系统，其非线性函数可以利用泰勒级数展开。

2）线性化方程中的参数与工作点有关。

3）实际运行情况是在某个平衡点（静态工作点）附近，且变量只能在小范围内变化。

4）对于本质非线性系统，例如继电特性，因处处不满足泰勒级数展开的条件，故不能做线性化处理，必须用专门的方法进行分析。

2.1.4 运动的模态

线性微分方程的解由齐次方程的通解和给定信号对应的特解组成。通解反映系统自由运动的规律。如果微分方程的特征根是 λ_1、λ_2、…、λ_n，且无重根，则把函数 $e^{\lambda_1 t}$、$e^{\lambda_2 t}$、…、$e^{\lambda_n t}$称为该微分方程所描述运动的模态，也叫振型。

如果特征根中有多重根 λ，则模态是具有 $te^{\lambda t}$、$t^2e^{\lambda t}$…形式的函数。

如果特征根中有共轭复根 $\lambda=\sigma\pm \mathrm{j}\omega$，则其共轭复模态为 $e^{(\sigma+\mathrm{j}\omega)t}$、$e^{(\sigma-\mathrm{j}\omega)t}$，可写成实函数模态 $e^{\sigma t}\sin\omega t$、$e^{\sigma t}\cos\omega t$。

每一种模态可以看成是线性系统自由响应最基本的运动形态，线性系统的自由响应就是其相应模态的线性组合。

2.2 控制系统的传递函数

控制系统的微分方程是用时域法描述动态系统的数学模型。在给定初始条件的情况下，可以通过求解微分方程直接得到系统的输出响应，但是如果系统的结构改变或某个参数变化时，就要重新列写并求解微分方程，不便于对系统进行分析和设计。

经典控制论的主要研究方法都不是直接利用求解微分方程的方法，而是采用与微分方程有关的另一种数学模型——传递函数。用拉普拉斯变换法（详见附录 A）求解线性微分方程时，将微分方程转化为代数方程，就可得到控制系统的一种关于复变数 s 的数学模型（传递函数）。传递函数是经典控制理论中最基本也是最重要的数学模型，为系统模型的图形化处理创造了条件。在以后的分析中可以看到，利用传递函数不必求解微分方程就可研究初始条件为零的系统在输入信号作用下的动态性能。利用传递函数还可研究系统参数变化或结构变化对动态过程的影响，因而极大地简化了系统分析的过程。另外，还可以把对系统性能的要求转化为对系统传递函数的要求，使综合设计问题易于实现。鉴于传递函数的重要性，本节将对其进行深入的阐述。

2.2.1 传递函数的概念

所谓传递函数，是指线性定常系统在零初始条件下，系统输出量的拉普拉斯变换与输入

量的拉氏变换的比值。图 2-6 所示的框图表示一个具有传递函数 $G(s)$ 的线性系统。图中表明，系统输入量与输出量之间的关系可以用传递函数联系起来。

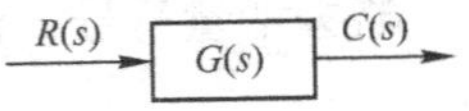

图 2-6　传递函数图示

设线性定常系统由下述 n 阶线性常微分方程描述：

$$a_n \frac{\mathrm{d}^n c(t)}{\mathrm{d}t^n}+a_{n-1}\frac{\mathrm{d}^{n-1} c(t)}{\mathrm{d}t^{n-1}}+\cdots+a_1\frac{\mathrm{d}c(t)}{\mathrm{d}t}+a_0 c(t)$$

$$=b_m \frac{\mathrm{d}^m r(t)}{\mathrm{d}t^m}+b_{m-1}\frac{\mathrm{d}^{m-1} r(t)}{\mathrm{d}t^{m-1}}+\cdots+b_1\frac{\mathrm{d}r(t)}{\mathrm{d}t}+b_0 r(t) \tag{2-21}$$

式中，$c(t)$为系统输出量，$r(t)$为系统输入量。在初始状态为零时，对上式取拉氏变换，得

$$a_n s^n C(s)+a_{n-1}s^{n-1}C(s)+\cdots+a_1 sC(s)+a_0 C(s)$$

$$=b_m s^m R(s)+b_{m-1}s^{m-1}R(s)+\cdots+b_1 sR(s)+b_0 R(s) \tag{2-22}$$

式（2-22）用传递函数可表述为

$$G(s)=\frac{C(s)}{R(s)}=\frac{b_m s^m+b_{m-1}s^{m-1}+\cdots+b_1 s+b_0}{a_n s^n+a_{n-1}s^{n-1}+\cdots+a_1 s+a_0} \tag{2-23}$$

式中，$C(s)$表示输出量的拉氏变换，$R(s)$表示输入量的拉氏变换，$G(s)$表示系统或环节的传递函数。通常情况下，取 $a_n=1$。

【例 2-5】 试求图 2-1 所示的 *RLC* 无源网络的传递函数$\dfrac{U_c(s)}{U_r(s)}$。

解： *RLC* 网络的微分方程式如式（2-4）所示

$$LC\frac{\mathrm{d}^2 u_c}{\mathrm{d}t^2}+RC\frac{\mathrm{d}u_c}{\mathrm{d}t}+u_c=u_r$$

在零初始条件下，对上述方程中左右各项进行拉氏变换，可得关于复变数 s 的代数方程为

$$(LCs^2+RCs+1)U_c(s)=U_r(s)$$

由传递函数定义，可得此无源网络的传递函数为

$$G(s)=\frac{U_c(s)}{U_r(s)}=\frac{1}{LCs^2+RCs+1}$$

由上面的例子可看出，根据传递函数的定义，获取任何系统的传递函数，首先应列出该系统的微分方程组，然后经拉普拉斯变换求出传递函数。然而对于电气网络，如例 2-5，可以不列写微分方程组，而直接用运算阻抗来求传递函数。在电气网络中 *RLC* 对应的运算阻抗分别为 R、sL、$\dfrac{1}{sC}$。若电气元件用运算阻抗表示，将电流 $i(t)$和电压 $u(t)$全换成相应的拉普拉斯变换式 $I(s)$和 $U(s)$，那么从形式上看，在零初始条件下，电气元件的运算阻抗和电流、电压的拉普拉斯变换式 $I(s)$和 $U(s)$之间的关系满足各种电路定律，如欧姆定律、基尔霍夫电流定律和基尔霍夫电压定律。于是，采用普通的电路定律，经过简单的代数运算，就可求解 $I(s)$、$U(s)$及相应的传递函数。

【例 2-6】 试用复阻抗方法求图 2-1 所示的 *RLC* 串联电路的传递函数$\dfrac{U_c(s)}{U_r(s)}$。

解： 令 sL 和 R 这两个运算阻抗串联后的等效阻抗为 Z_1，电容$\dfrac{1}{sC}$的等效阻抗为 Z_2，则等

效电路如图 2-7 所示。如此可求得系统的传递函数为

$$\frac{U_c(s)}{U_r(s)}=\frac{Z_2}{Z_1+Z_2}=\frac{\frac{1}{sC}}{sL+R+\frac{1}{sC}}=\frac{1}{LCs^2+RCs+1}$$

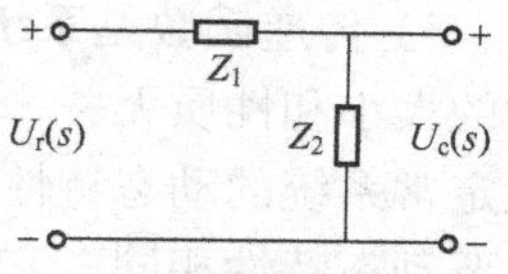

图 2-7 *RLC* 电路的复阻抗等效图

可见所求结果与例 2-5 相同，但方法明显比使用传递函数定义求解简单。

【例 2-7】图 2-8a 中，电压 u_r为输入，电压 u_c为输出，试求传递函数$\frac{U_c(s)}{U_r(s)}$。

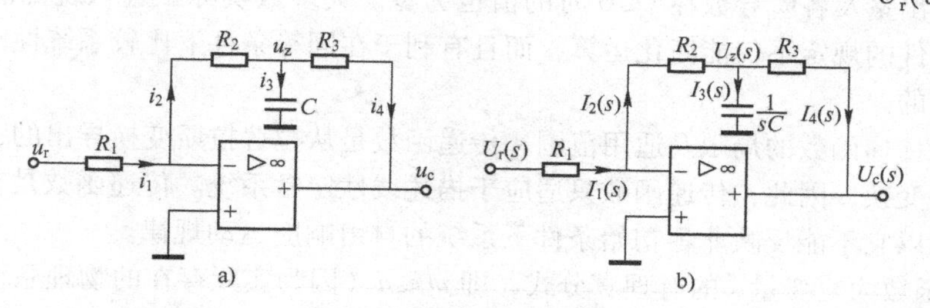

图 2-8 例 2-6 图

解：设有源电路中电流 i_1、i_2、i_3、i_4以及中间电压 u_z如图 2-8b 所示，则根据基尔霍夫电流定律和理想运算放大器虚断原理，得

$$I_1(s)=I_2(s)$$

$$I_2(s)=I_3(s)+I_4(s)$$

再根据理想运算放大器的虚地原理以及欧姆定律，将上式写成电压与阻抗的形式为

$$\frac{U_r(s)-0}{R_1}=\frac{0-U_z(s)}{R_2} \tag{2-24}$$

$$\frac{0-U_z(s)}{R_2}=\frac{U_z(s)}{\frac{1}{sC}}+\frac{U_z(s)-U_c(s)}{R_3} \tag{2-25}$$

将式（2-24）代入式（2-25），消去中间变量 $U_z(s)$，得系统传递函数

$$\frac{U_c(s)}{U_r(s)}=-\frac{R_2R_3Cs+R_2+R_3}{R_1} \tag{2-26}$$

2.2.2 关于传递函数的几点说明

由于传递函数在经典控制理论中是非常重要的概念，故有必要对其性质、适用范围及表示形式等方面做出以下说明：

1）传递函数只适用于线性定常系统，是一种在复频域中描述其运动特性的数学模型，通常只适用于单输入-单输出系统。

2）传递函数和微分方程一样，表征系统的运动特性，是系统数学模型的一种表示形式，它和系统的运动方程是一一对应的。传递函数分子多项式系数及分母多项式系数，分别与相应微分方程的右端及左端微分算符多项式系数对应。

3）传递函数是系统本身的一种属性，它只取决于系统的结构和参数，与输入量和输出量的大小和性质无关，也不反映系统内部的任何信息，且传递函数只反映初始条件为零的线性定常系统的动态特性，而不反映系统物理性能上的差异，对于物理性质截然不同的系统，只要动态特性相同，它们的传递函数就具有相同的形式。另一方面，研究某一种传递函数所得到的结论，可以适用于具有这种传递函数的各种系统，无论它们的学科类别和工作机理如何。这就极大地提高了控制领域工作者的工作效率。

零初始条件有两方面含义，一是指输入作用是在 $t=0$ 以后才作用于系统的，因此，系统输入量及其各阶导数在 $t\leqslant 0$ 时均为零；二是指输入作用于系统之前，系统是“相对静止”的，即系统输出量及各阶导数在 $t\leqslant 0$ 时的值也为零。大多数实际工程系统都满足这样的条件。零初始条件的规定不仅能简化运算，而且有利于在同等条件下比较系统性能。所以，这样规定是必要的。

应当注意传递函数的局限及适用范围。传递函数是从拉普拉斯变换导出的，拉普拉斯变换是一种线性变换，因此，传递函数只适应于描述线性定常系统。传递函数是在零初始条件下定义的，所以它不能反映非零初始条件下系统的自由响应运动规律。

4）传递函数为复变量 s 的有理真分式，即 $m\leqslant n$（因为实际存在的物理系统一般都具有惯性，输出信号总是滞后于输入信号，且能源功率有限）且所有系数均为实数（系统中元件参数是实数）。

5）传递函数只是通过系统输入量和输出量之间的关系来描述系统，而对系统内部其他变量的情况却无法得知。特别是某些变量不能由输出变量反映时，传递函数就不能正确表征系统的特征。现代控制理论采用状态空间法描述系统，引入了可控性和可观测性的概念，从而可对控制系统进行全面的了解，可以弥补传递函数的不足。

6）传递函数 $G(s)$ 的拉普拉斯反变换是脉冲响应 $g(t)$。

脉冲响应是指在零初始条件下，线性系统对理想单位脉冲输入信号的输出响应。当输入量 $R(s)=\mathscr{L}[\delta(t)]=1$ 时，有

$$g(t)=\mathscr{L}^{-1}[C(s)]=\mathscr{L}^{-1}[R(s)G(s)]=\mathscr{L}^{-1}[G(s)]$$

7）传递函数的零、极点。式（2-23）的分子分母多项式经因式分解后可写成如下形式

$$G(s)=\frac{b_m(s-z_1)(s-z_2)\cdots(s-z_m)}{a_n(s-p_1)(s-p_2)\cdots(s-p_n)}=K^*\frac{\prod\limits_{i=1}^{m}(s-z_i)}{\prod\limits_{j=1}^{n}(s-p_j)} \tag{2-27}$$

式中，z_i（$i=1$，2，…，m）是分子多项式的根，称为传递函数的零点；p_j（$j=1$，2，…，n）是分母多项式的根，称为传递函数的极点；而 $K^*=\dfrac{b_m}{a_n}$ 为传递函数的传递系数，称为根轨迹增益。这种用零点和极点表示传递函数的方法在根轨迹法中使用较多。

传递函数的零点和极点可同时表示在复平面上，通常用“∘”表示传递函数的零点，用“×”表示传递函数的极点，假设传递函数为

$$G(s)=\frac{K^*(s+2)(s+4)}{s(s+5)^2(s^2+2s+2)}$$

其零、极点分布如图 2-9 所示。

传递函数的极点就是系统的特征根，它们决定了系统响应的模态（响应形式）。传递函数的零点不形成系统运动的模态，不会影响响应形式，但其影响各模态在响应中所占的比重。

在前面给出的传递函数中，不存在与某个极点相同的零点。但是，在由原始运动方程计算传递函数，或者由复杂系统各部件的传递函数求整个系统的传递函数时，可能出现分子多项式和分母多项式具有共同因子的情形，或者说出现极点和零点对消的情形。

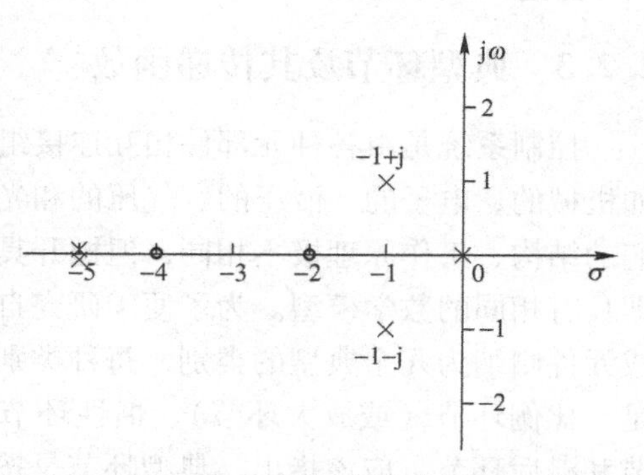

图 2-9　传递函数的零、极点分布图

传递函数是描述对象输入输出关系的模型形式，它是在零初始条件下获得的。如果仅仅是计算对象的传递函数，这种对消是允许的，而且它不影响对输入输出特性的分析。但是，如果是为了求解微分方程，而且初始条件不为零，或者是要研究作为中间变量的各个部件的输出，就必须谨慎地处理对消的情况。

如果给定了对象的传递函数，无论它是否经过极点、零点对消，只要对象的初始条件为零，就可以直接由输出函数的拉普拉斯变换获得时间响应。但是如果对象的初始条件不为零，这样的运算过程就可能无法进行，而且即使能够进行，所得的结果也未必代表真正的响应。

式（2-23）的分子、分母多项式经因式分解后还可表示为

$$G(s)=\frac{b_0}{a_0}\times\frac{d_m s^m+d_{m-1}s^{m-1}+\cdots+d_1 s+1}{c_n s^n+c_{n-1}s^{n-1}+\cdots+c_1 s+1}=K\frac{\prod_{i=1}^{m}(\tau_i s+1)}{\prod_{j=1}^{n}(T_j s+1)} \tag{2-28}$$

式中，τ_i（$i=1, 2, \cdots, m$）为分子各因子的时间常数；T_j（$j=1, 2, \cdots, n$）为分母各因子的时间常数；$K=\dfrac{b_0}{a_0}$称为开环增益。

因为式（2-23）分子、分母多项式的各项系数均为实数，所以传递函数 $G(s)$ 出现复数零点、极点的话，那么复数零点、极点必然是共轭的。

如果传递函数总有 v 个等于 0 的极点，并考虑到既有实数零点、极点，又有共轭复数零点、极点的情况，那么式（2-27）、式（2-28）可改写为一般式

$$G(s)=\frac{K^*}{s^v}\times\frac{\prod_{i=1}^{m_1}(s-z_i)\prod_{k=1}^{m_2}(s^2+2\zeta_k\omega_k s+\omega_k^2)}{\prod_{j=1}^{n_1}(s-p_j)\prod_{l=1}^{n_2}(s^2+2\zeta_l\omega_l s+\omega_l^2)} \tag{2-29}$$

和

$$G(s)=\frac{K}{s^v}\times\frac{\prod_{i=1}^{m_1}(\tau_i s+1)\prod_{k=1}^{m_2}(\tau_k^2 s^2+2\zeta_k\tau_k s+1)}{\prod_{j=1}^{n_1}(T_j s+p_j)\prod_{l=1}^{n_2}(T_l^2 s^2+2\zeta_l T_l s+1)} \tag{2-30}$$

上述两式中，$m_1+2m_2=m$，$v+n_1+2n_2=n$。

2.2.3 典型环节及其传递函数

控制系统是由各种元部件相互连接组成的。虽然不同的控制系统所用的元部件不相同，如机械的、电子的、液压的、气压的和光电的等等，然而，从传递函数的观点来看，尽管它们的结构、工作原理极不相同，但抛开具体结构和物理特点，其运动规律却可以完全相同，即具有相同的数学模型。为了便于研究自动控制系统，通常按数学模型的不同，将系统的组成元件归纳为几个典型的类别，每种类别有相应的传递函数，叫作典型环节。这些典型环节是，比例环节（或放大环节）、惯性环节（或非周期环节）、积分环节、微分环节、振荡环节和滞后环节。应该指出，典型环节是按照数学模型的共性划分的，它和具体元部件不一定是一一对应的。换句话说，典型环节只代表一种特定的运动规律，不一定是一种具体的元部件。此外，还应指出，典型环节的数学模型都是在一定的理想条件下得到的。

线性系统传递函数的普遍形式见式（2-23），该式可变换成式（2-30），它由一些基本因子的乘积所组成。这些基本因子就是典型环节所对应的传递函数，它们是传递函数的最简单、最基本的形式。

1. 比例环节（又称放大环节）

比例环节的特性是输出量与输入量成比例，它能无失真、无延迟地传递信号，其输出量与输入量之间的关系方程（运动方程）为

$$c(t)=Kr(t)$$

传递函数为

$$G(s)=\frac{C(s)}{R(s)}=K \tag{2-31}$$

式中，K 为比例系数或传递系数。若输出、输入的量纲相同，则称为放大系数。

在物理系统中无弹性变形的杠杆、齿轮传动、非线性和时间常数可以忽略不计的电子放大器、传动链的速比、测速发电机的电压与转速的关系都可以认为是比例环节。但是也应指出，完全理想的比例环节在工程中是不存在的。杠杆和传动链中总存在弹性变形，输入信号的频率改变时电子放大器的放大系数也会发生变化，测速发电机电压与转速之间的关系也不完全是线性关系。因此把上述这些环节当作比例环节是一种理想化的方法。在适当的条件下这样做既不影响问题的性质，又能使分析过程简化。但一定要注意理想化的条件和适用范围，以免导致错误的结论。

2. 惯性环节

惯性环节又称非周期环节，其输出量与输入量之间的关系方程（运动方程）为

$$T\frac{\mathrm{d}c(t)}{\mathrm{d}t}+c(t)=Kr(t)$$

传递函数为

$$G(s)=\frac{C(s)}{R(s)}=\frac{K}{Ts+1} \tag{2-32}$$

式中，K 为比例系数；T 为时间常数。

惯性环节的输出量不能立即跟随输入量变化，存在时间上的延迟，这是由于环节的惯性造成的，可以用时间常数 T 来衡量。环节的惯性越大，时间常数越大，延迟的时间也越长。

典型惯性环节的实例有：一阶 RC 低通滤波电路、一阶 RL 励磁电路、简单液面控制系统、温度控制系统等。

3. 积分环节

积分环节的输出量与输入量对时间的积分成正比。当输入信号消失后，其输出端仍保留输入信号消失时的输出，即具有记忆功能，常用来改善系统的稳态性能。其输出量与输入量之间的关系方程（运动方程）为

$$c(t)=\frac{1}{T}\int_{0}^{t}r(t)\mathrm{d}t$$

传递函数为

$$G(s)=\frac{C(s)}{R(s)}=\frac{1}{Ts} \tag{2-33}$$

式中，T 为积分时间常数。

积分环节的特点是它的输出量为输入量对时间的累积。因此，凡是输出量对输入量有储存和累积特点的元件一般都含有积分环节。例如，水箱的水位与水流量，烘箱的温度与热流量（或功率），机械运动中的转速与转矩，位移与加速度，电容的电量与电流等。

在实际物理系统中，积分环节都是在近似条件下取得的。不考虑饱和特性及惯性因素时，由运算放大器构成的积分器可视为积分环节；忽略了弹性变形和间隙等非线性因素时，电动机角速度与角度间的传递函数可视为积分环节；机械系统中的齿轮齿条传动的齿轮输入转速与齿条输出位移的传递函数、液压系统中液压缸输入流量与输出位移的传递函数可视为积分环节。

4. 微分环节

微分环节的特点是输出量与输入量的导数成比例关系。按方程的不同，分纯微分环节、一阶微分环节（也称比例微分环节）和二阶微分环节，分别描述为

$$c(t)=\tau\frac{\mathrm{d}r(t)}{\mathrm{d}t}$$

$$c(t)=\tau\frac{\mathrm{d}r(t)}{\mathrm{d}t}+r(t)$$

$$c(t)=\tau^{2}\frac{\mathrm{d}^{2}r(t)}{\mathrm{d}t^{2}}+2\zeta\tau\frac{\mathrm{d}r(t)}{\mathrm{d}t}+r(t)$$

对应的传递函数为

$$\begin{aligned}&G(s)=\tau s\\&G(s)=\tau s+1\\&G(s)=\tau^{2}s^{2}+2\zeta\tau s+1\quad(0<\zeta<1)\end{aligned} \tag{2-34}$$

式中，τ 为微分时间常数；ζ 为阻尼比。

应强调，纯微分环节实际上是得不到的（它总是与其他环节并存的），因为任何实际物理元件或装置都是具有一定质量和有限的容量（即能够储存和传输的能量是有限的），都不

可能在阶跃信号输入时，于瞬间释放出幅值为无穷大而持续时间仅为零的输出。

同样，单纯的一阶微分环节和二阶微分环节在实际中也是不存在的，包含微分特征的环节必然带有惯性，反映在传递函数上就是带有分母。

虽然实际的微分环节不具有理想微分环节的特性，但仍能在输入跃变时，于极短时间内形成一个较强脉冲的输出。从本质上看，实际微分环节的输出的确包含与输入信号导数成比例的成分。因此，用各种元件和不同原理构成的实际微分环节（尤其是比例微分环节）在实际控制系统中仍然得到了广泛应用。

5. 振荡环节

振荡环节的特点是环节中含有两种不同能量形式的储能元件，两者间不断进行能量交换，致使输出量呈现出振荡的性质。其输出量与输入量之间的关系方程（运动方程）为

$$T^2\frac{\mathrm{d}^2c(t)}{\mathrm{d}t^2}+2\zeta T\frac{\mathrm{d}c(t)}{\mathrm{d}t}+c(t)=r(t)$$

传递函数为

$$G(s)=\frac{1}{T^2s^2+2\zeta Ts+1}=\frac{\omega_n^2}{s^2+2\zeta\omega_ns+\omega_n^2} \tag{2-35}$$

式中，$\omega_n=\frac{1}{T}$为无阻尼自然振荡角频率；ζ 为阻尼比，典型振荡环节的阻尼比 ζ 的取值为$0<\zeta<1$。

在满足一定的条件下，单摆系统、RLC 串联电路等都是二阶振荡环节。

6. 延迟环节（滞后环节或时滞环节）

延迟环节的特点是输出量经历一段延迟时间 τ 后，完全复现输入信号。其输出量与输入量之间的关系方程（运动方程）为

$$c(t)=r(t-\tau)$$

式中，τ 为延迟时间。

传递函数为

$$G(s)=\mathrm{e}^{-\tau s}=\frac{1}{\mathrm{e}^{\tau s}} \tag{2-36}$$

若将 $\mathrm{e}^{\tau s}$按泰勒级数展开，得

$$\mathrm{e}^{\tau s}=1+\tau s+\frac{\tau^2s^2}{2!}+\frac{\tau^3s^3}{3!}+\cdots$$

当 τ 很小时，$\mathrm{e}^{\tau s}\approx 1+\tau s$，于是式（2-36）可近似为

$$G(s)=\frac{1}{\mathrm{e}^{\tau s}}\approx\frac{1}{\tau s+1} \tag{2-37}$$

上式表明，在延迟时间很小时，延迟环节可用一个小惯性环节来代替。

必须说明，延迟环节与惯性环节有明显的区别：惯性环节从输入开始时刻起就已有输出，由于惯性，输出需经一段时间才接近所要求的输出值。而延迟环节从输入开始之初，在 $0\sim\tau$ 时间内并没有输出，但 $t\geqslant\tau$ 之后，输出完全等于输入。

大多数的过程控制系统中都具有延迟环节。例如电厂锅炉燃料的传输，介质压力或热量

在管道中的传播等。电力电子整流装置也可视为延迟环节，当外加控制信号改变时，必须延迟 τ，触发信号才能使晶闸管导通。

近年来，随着网络技术的日益完善和成熟，网络技术与控制系统结合构成的网络化控制系统已成为信息化应用于工业过程的重要标志，在网络化控制中存在信息传输时间延迟（滞后）问题，这种由网络传输引起的延迟，与控制网络的构成密切相关，可能是时变的，甚至是随机的。因此，在网络环境下，如何有效地克服延迟对系统的不利影响已成为研究的热点问题。

控制系统中若包含有延迟环节，则对控制系统的稳定性是不利的，迟延太大，往往会使控制效果恶化，甚至使系统失去稳定性。

以上各环节称为稳定基本环节，下面几个基本环节一般称为不稳定基本环节：

1）不稳定惯性环节：$\dfrac{1}{Ts-1}$。

2）不稳定振荡环节：$\dfrac{1}{T^2s^2-2\zeta Ts+1}$。

3）不稳定一阶微分环节：$\tau s-1$。

4）不稳定二阶微分环节：$\tau^2s^2-2\zeta\tau s+1$。

不稳定惯性、振荡环节确实是不稳定的，因为它们在形式上与惯性、振荡环节相似，所以称为不稳定惯性环节和不稳定振荡环节。但不稳定一阶、二阶微分环节只是为了与一阶、二阶微分环节区别起见，才称为不稳定一阶微分环节和不稳定二阶微分环节，它们实际上是稳定的。

上述分类是从数学角度来划分的，主要是为了简化控制系统的分析与设计。把复杂的物理系统划分为若干典型环节，利用传递函数和框图（或信号流程图）来进行研究，已成为研究控制系统的一种重要的、一般性的研究方法。

2.3 控制系统的结构图（框图）

前面介绍的微分方程和传递函数两种数学模型都是用纯数学表达式来描述系统特性，只能表示系统输入输出信号之间总的传输关系，不能反映系统中各部件对整个系统性能的影响；同时，由微分方程求系统的传递函数时，需要对方程组进行微积分消元或者代数消元的方法，当中间变量比较多时，消元计算是比较麻烦的。

控制系统可以由许多元件和设备组成，为了表明每一个元件在系统中的功能，常常应用结构图（或称框图）的概念。框图表示法是一种图解分析方法，可以清楚地表明系统中信号的传递情况和各种元件间的相互关系，直观地表示多环节的系统构成。“框”是对加到框上的输入信号的一种运算函数关系，运算结果用输出信号表示。元件的传递函数通常写在相应的框中，并且用标明信号流向的箭头将这些框连接起来。这样，控制系统的框图就清楚地表示了系统中各个元件变量间的关系。系统结构图是系统数学模型的图解形式，在控制工程中得到了广泛的应用。

2.3.1 结构图的组成和建立

1. 结构图的组成

控制系统的结构图是由许多进行单向运算的信号方块和一些连线组成的，它包含四种基本单元：

（1）方块。表示元件或环节输入、输出变量的函数关系，指向方块的箭头表示输入信号，从方块出来的箭头表示输出信号，方块内是表示其输入输出关系的传递函数。如图 2-10a所示，此时 $C(s)=G(s)R(s)$。

（2）信号线。用带有箭头的直线表示，箭头方向表示信号的传递方向，信号线旁标记信号的象函数（拉普拉斯变换），如图 2-10b 所示。

（3）信号引出点（分支点）。引出点表示信号引出的位置，从同一位置引出的信号，在数值和性质方面完全相同。如图 2-10c 所示。

（4）比较点（相加点）。对两个或两个以上性质相同的信号进行加减运算。“+”号代表相加，通常省略不画；“-”号代表相减，不可省略不画。比较点有时也称为综合点，如图 2-10d所示。

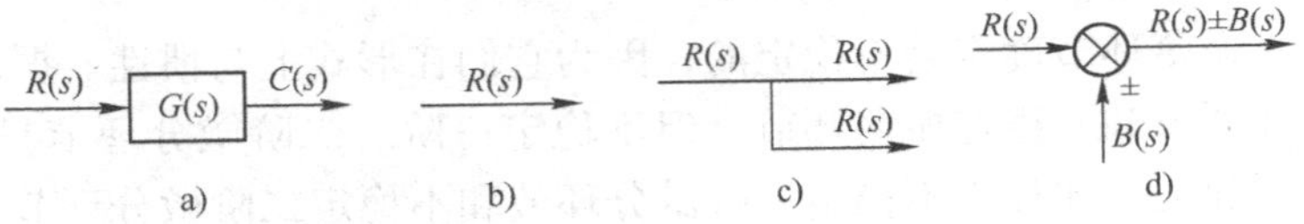

图 2-10 结构图的基本组成单元

2. 系统结构图的建立

建立系统结构图的步骤如下：

1）首先应分别列写系统各元件的微分方程，在建立微分方程时，应分清输入量和输出量，同时应考虑相邻元件之间是否存在负载效应（负载效应是指前一环节的输出量受后面环节的影响）。

2）设初始条件为零时，将各元件的微分方程（组）进行拉普拉斯变换，并做出各元件的结构图（函数方块）。

3）将系统的输入量放在最左边，输出量放在最右边，按照各元件的信号流向，将相同的信号连接起来，便构成系统的结构图。

【例 2-8】 某 *RLC* 电路系统如图 2-11 所示，试绘制以 $u_r(t)$ 为输入，$u_c(t)$ 为输出的系统结构图。

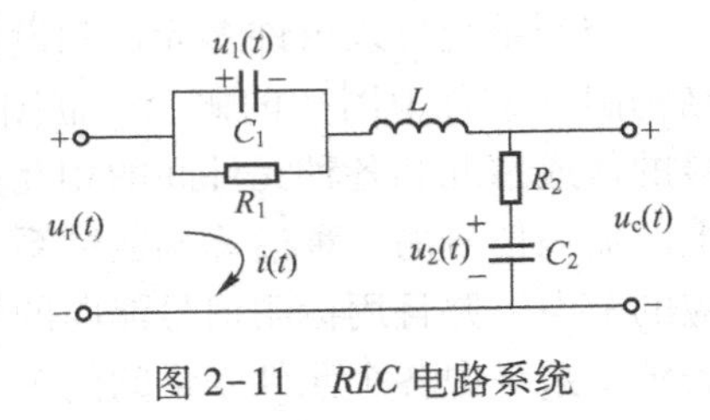

图 2-11 *RLC* 电路系统

解：根据基尔霍夫电压和电流定律，可得该电路系统的微分方程为

$$u_r(t)=u_1(t)+L\frac{di(t)}{dt}+R_2i(t)+u_2(t) \qquad (2-38)$$

$$i(t)=C_1\frac{du_1(t)}{dt}+\frac{u_1(t)}{R_1} \qquad (2-39)$$

$$u_2(t)=\frac{1}{C_2}\int i(t)\,\mathrm{d}t \tag{2-40}$$

$$u_c(t)=R_2 i(t)+u_2(t) \tag{2-41}$$

假设各变量初始条件为零，对上述方程分别进行拉氏变换，得

$$I(s)=\frac{1}{sL+R_2}[U_r(s)-U_1(s)-U_2(s)] \tag{2-42}$$

$$U_1(s)=\frac{R_1}{sR_1C_1+1}I(s) \tag{2-43}$$

$$U_2(s)=\frac{1}{sC_2}I(s) \tag{2-44}$$

$$U_c(s)=R_2I(s)+U_2(s) \tag{2-45}$$

与上述方程对应的各元件的函数方块如图 2-12 所示。按照各变量间的关系将各元件的结构图连接起来，便可得到该电路系统的结构图，如图 2-13 所示。

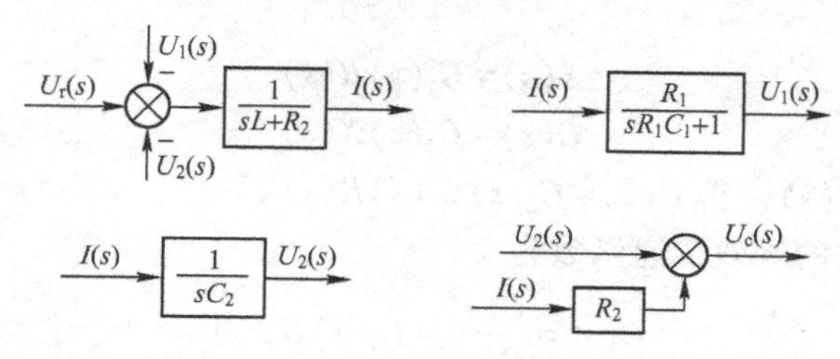

图 2-12　元件结构图

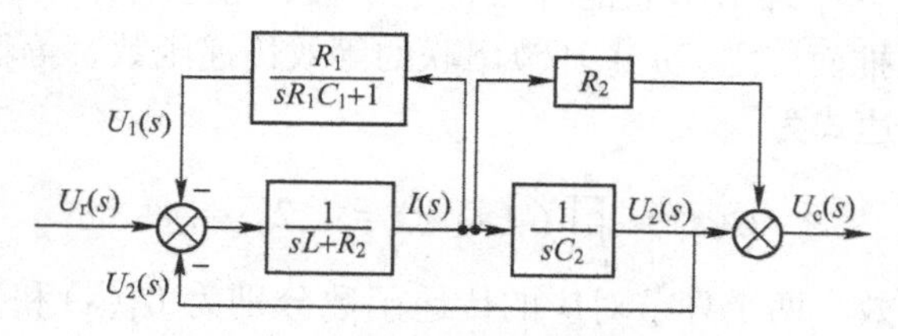

图 2-13　例 2-8 电路系统的结构图

需要注意的是，在由拉普拉斯变换后的代数方程绘制系统结构图时，方程组中的输入量只能在等号右边，输出量及各中间变量必须在等号左边出现且只能出现一次。

应当指出，一个系统可以建立多个结构图，即系统的结构图不唯一。

2.3.2　结构图的等效变换和简化

通过控制系统的结构图，可以方便地获取系统的传递函数。如果系统结构图已知，则系统中各变量的数学关系就一目了然了。但是一个复杂系统的结构图，其连接必然是错综复杂的，可能含有多个反馈回路，甚至出现交叉连接的情况，对于这种类型的结构图，为得到系统的传递函数，就必须利用一些变换规则对结构图进行变换。

如果只讨论结构图所对应的系统的输入、输出特性，而不考虑它的具体结构，则完全可以对其进行必要的变换，当然，这种变换必须是“等效的”，应使变换前、后输入量与输出量之间的传递函数保持不变。

常用的结构图变换方法有两种：一是环节的合并，二是信号分支点或比较点的移动。结构图变换过程中必须遵循的原则是变换前、后的数学关系保持不变，即前后有关部分的输入量、输出量之间的关系不变，所以，结构图变换是一种等效变换。

1. 环节的合并

在系统结构图中，表示各环节的连接方式有串联、并联和反馈连接三种方式。

(1) 串联环节的等效。两个环节对应的传递函数分别为 $G_1(s)$ 和 $G_2(s)$，若前一个环节 $G_1(s)$ 的输出量为后一个环节 $G_2(s)$ 的输入量，则 $G_1(s)$ 和 $G_2(s)$ 称为串联连接，如图 2-14a 所示。注意，$G_1(s)$ 和 $G_2(s)$ 之间不存在负载效应。

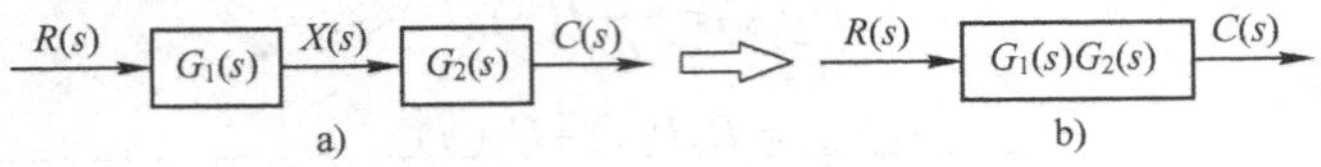

图 2-14　串联环节及其等效

由图 2-14a 可知

$$X(s)=G_1(s)R(s)$$
$$C(s)=G_2(s)X(s)$$

由以上两式消去 $X(s)$，得 $C(s)=G_2(s)G_1(s)R(s)$。

所以两个环节串联的等效传递函数为

$$G(s)=\frac{C(s)}{R(s)}=G_1(s)G_2(s) \tag{2-46}$$

式 (2-46) 表明，两个环节串联的等效传递函数，等于各个串联环节的传递函数的乘积，如图 2-14b 所示。推而广之，n 个环节串联的等效传递函数，等于各个串联环节的传递函数的乘积，其一般表达式为

$$G(s)=\prod_{i=1}^{n}G_i(s)\quad i=1,2,\cdots,n \tag{2-47}$$

(2) 并联环节的等效。两个环节对应的传递函数分别为 $G_1(s)$ 和 $G_2(s)$，如果它们有相同的输入量，而输出量等于两个环节输出量的代数和，则 $G_1(s)$ 和 $G_2(s)$ 称为并联连接，如图 2-15a 所示。

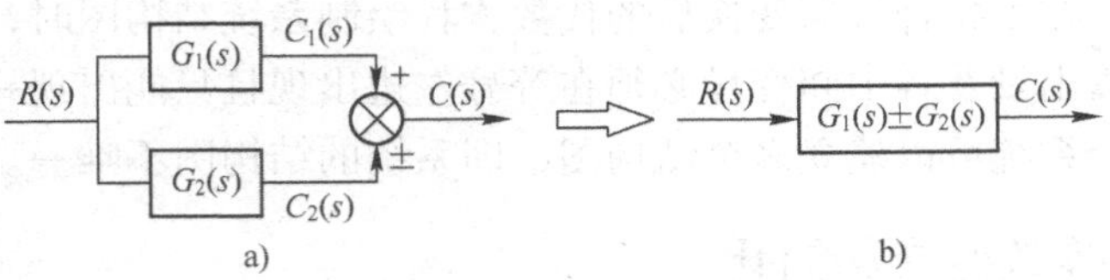

图 2-15　并联环节及其等效

由图 2-15a 可知

$$C_1(s)=G_1(s)R(s)$$
$$C_2(s)=G_2(s)R(s)$$

而 $C(s)=C_1(s)\pm C_2(s)=G_1(s)R(s)\ \pm G_2(s)R(s)$。

所以两个环节并联的等效传递函数为

$$G(s)=\frac{C(s)}{R(s)}=G_1(s)\pm G_2(s) \tag{2-48}$$

由式（2-48）可知，两个并联环节的等效传递函数，等于各个并联环节的传递函数的代数和，如图 2-15b 所示。同理，n 个环节并联的等效传递函数，等于各个并联环节的传递函数的代数和，其一般表达式为

$$G(s)=\sum_{i=1}^{n}G_i(s)\quad i=1,2,\cdots,n \tag{2-49}$$

（3）反馈连接的等效。如果系统或环节的输出信号反馈到输入端，与输入信号进行比较，就构成了反馈连接，其连接方式如图 2-16a 所示。图中，“+”号代表正反馈连接，即输入信号与反馈信号相加；“-”号代表负反馈连接，即输入信号与反馈信号相减。$G(s)$ 为前向通道（从输入到输出所经过的路径）的传递函数。$H(s)$ 为反馈通道（把输出量反馈到输入端所经过的路径）的传递函数。若 $H(s)=1$，则称为单位反馈系统。

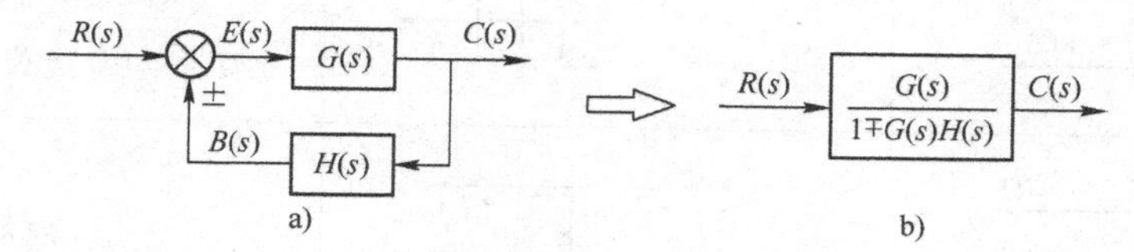

图 2-16　反馈连接及其等效

以负反馈为例，由图 2-16a 可知

$$E(s)=R(s)-B(s)=R(s)-C(s)H(s) \tag{2-50}$$

$$C(s)=E(s)G(s) \tag{2-51}$$

将式（2-50）代入式（2-51），得

$$C(s)=[R(s)-C(s)H(s)]G(s)$$

整理得

$$C(s)[1+G(s)H(s)]=R(s)G(s)$$

从而得到负反馈连接的等效传递函数为

$$\Phi(s)=\frac{C(s)}{R(s)}=\frac{G(s)}{1+G(s)H(s)} \tag{2-52}$$

同理，当采用正反馈连接，其等效传递函数为

$$\Phi(s)=\frac{C(s)}{R(s)}=\frac{G(s)}{1-G(s)H(s)} \tag{2-53}$$

反馈连接的等效传递函数如图 2-16b 所示。式（2-52）称为闭环传递函数，而式中 $G(s)H(s)$，即前向通道传递函数与反馈通道传递函数的乘积则称为闭环系统的开环传递函数，简称“开环传递函数”。

需要注意的是，开环传递函数的概念是针对闭环系统来说的，并非指开环系统的传递函数。闭环系统的开环传递函数在闭环系统的分析中有着重要的作用。

2. 信号分支点和比较点的移动和互换

在系统结构图简化过程中，上述串联、并联、反馈三种连接方式有时会交叉在一起，以致无法使用环节合并的方法来简化结构图，这时，首先应采用移动信号分支点或比较点的方法来消除各种交叉，再使用环节合并方法，从而最终求得整个系统的传递函数。

应注意在移动前后必须保持信号的等效性，即输出信号与输入信号的函数关系保持不变。

（1）信号分支点的移动和互换。具体等效变换规则如表 2-1。

表 2-1　信号分支点的移动和互换规则

原结构图	等效后的结构图	等效运算关系
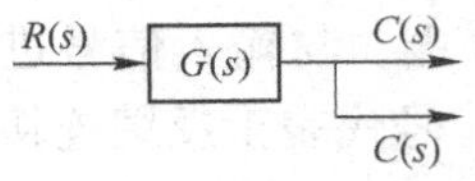 $R(s)$　$G(s)$　$C(s)$　$C(s)$	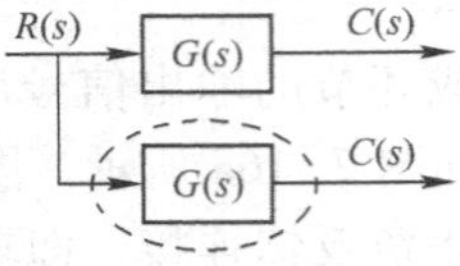 $R(s)$　$G(s)$　$C(s)$　$G(s)$　$C(s)$	（1）分支点前移 $C(s)=R(s)G(s)$
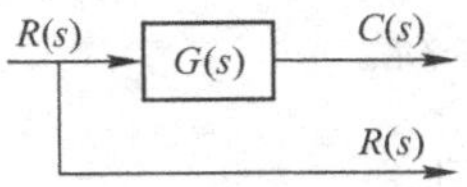 $R(s)$　$G(s)$　$C(s)$　$R(s)$	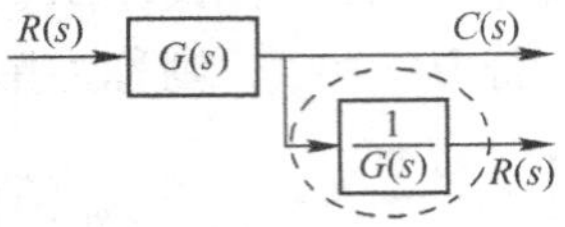 $R(s)$　$G(s)$　$C(s)$　$\frac{1}{G(s)}$　$R(s)$	（2）分支点后移 $R(s)=R(s)G(s)\times\frac{1}{G(s)}$ $C(s)=R(s)G(s)$
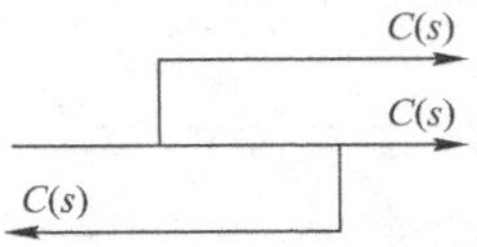 $C(s)$　$C(s)$　$C(s)$	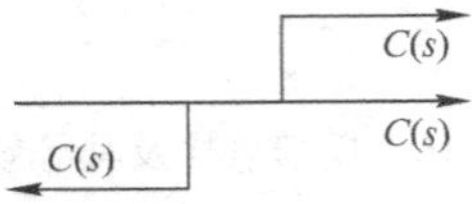 $C(s)$　$C(s)$　$C(s)$	（3）分支点互换 $C(s)=C(s)$

（2）信号比较点的移动和互换。具体等效规则如表 2-2。

表 2-2　信号比较点的移动和互换规则

原结构图	等效后的结构图	等效运算关系
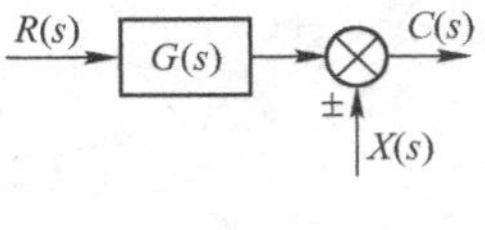 $R(s)$　$G(s)$　$C(s)$　$\pm$　$X(s)$	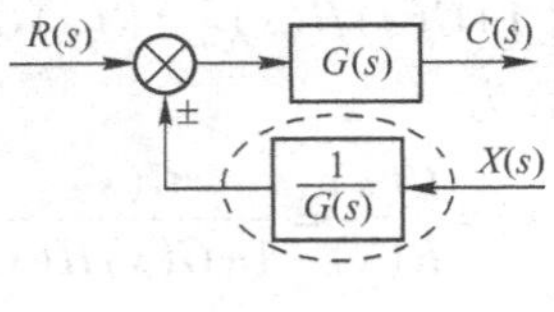 $R(s)$　$G(s)$　$C(s)$　$\pm$　$\frac{1}{G(s)}$　$X(s)$	（1）比较点前移 $C(s)=R(s)G(s)\pm X(s)$ $=\left[R(s)\pm\frac{X(s)}{G(s)}\right]G(s)$
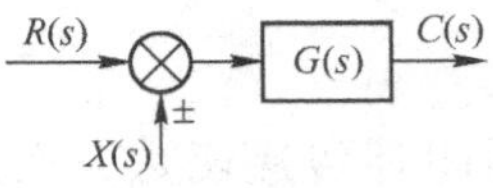 $R(s)$　$G(s)$　$C(s)$　$\pm$　$X(s)$	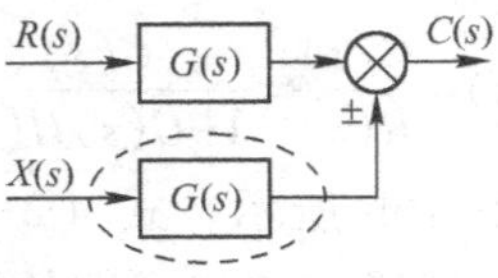 $R(s)$　$G(s)$　$C(s)$　$\pm$　$X(s)$　$G(s)$	（2）比较点后移 $C(s)=[R(s)\pm X(s)]G(s)$ $=R(s)G(s)\pm X(s)G(s)$
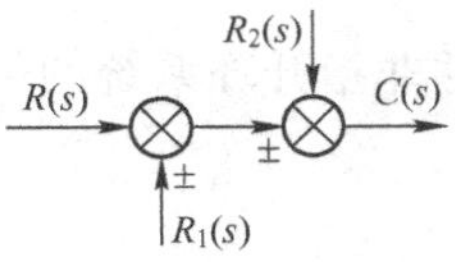 $R_2(s)$　$R(s)$　$C(s)$　$\pm$　$\pm$　$R_1(s)$	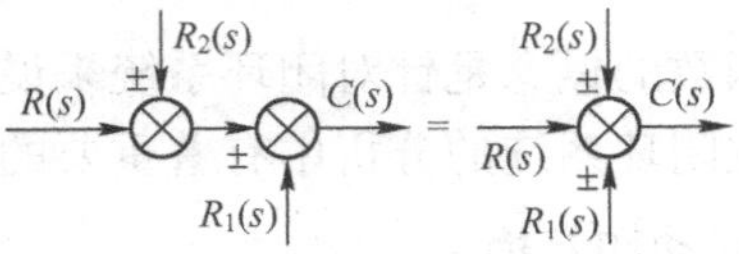 $R_2(s)$　$\pm$　$R(s)$　$C(s)$　$\pm$　$R_1(s)$　=　$R_2(s)$　$\pm$　$C(s)$　$R(s)$　$\pm$　$R_1(s)$	（3）比较点互换或合并 $C(s)=R(s)\pm R_1(s)\pm R_2(s)$ $=R(s)\pm R_2(s)\pm R_1(s)$

另外，在结构图化简的过程中，经常需要将“-”沿着信号线或函数方块移动，注意“-”可以在信号线上越过函数方块，但不能越过比较点和分支点，如图 2-17 所示。

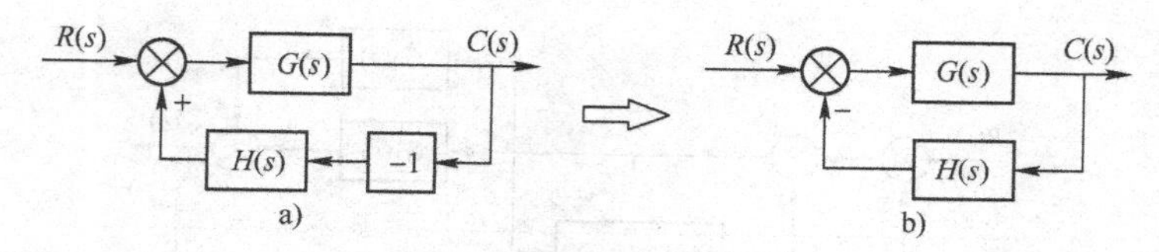

图 2-17 “-”的移动规则

综上所述，可以归纳出简化结构图的步骤为以下几点：

1）确定输入量与输出量，如果作用在系统上的输入量有多个（可以分别作用在系统的不同部位），则必须分别对每个输入量逐个进行结构图化简，求得各自的传递函数。对于多个输出量的情况，也应分别化简。

2）若结构图中有回路与回路之间的交叉，应设法使它们分开，或形成多回路结构，然后再利用相应的环节合并方法得到所求系统的传递函数。

3）解除交叉连接的有效方法是移动比较点和分支点。一般地，结构图上相邻的分支点可以彼此交换，相邻的比较点也可以彼此交换，但相邻的分支点和比较点原则上不能互换。此外，“-”可以在信号线上越过函数方块移动，但不能越过比较点和分支点。

结构图简化时遵循的两条原则为：

1）简化前后各前向通道的传递函数保持不变；

2）简化前后各回路的传递函数保持不变。

3. 结构图简化举例

【例 2-9】 试简化图 2-18 所示的系统结构图，并求系统的传递函数$\dfrac{C(s)}{R(s)}$。

解： 图 2-18 是具有交叉连接的结构图，为了消除交叉，可采取将 b 分支点前移与 a 互换或 a 分支点后移与 b 互换的方法，本例采用前一种方法。步骤如下：

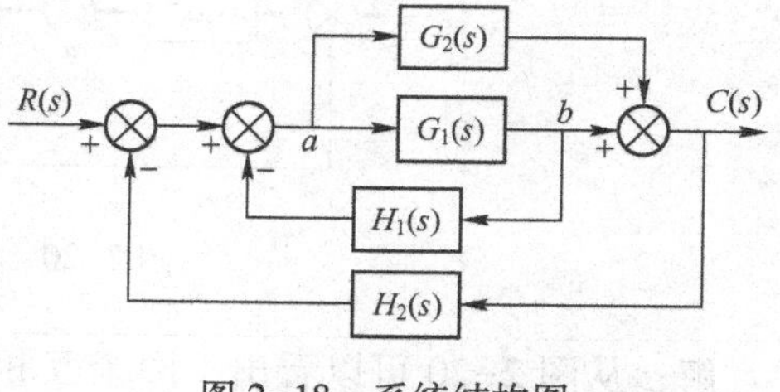

图 2-18 系统结构图

1）将含有 $H_2(s)$ 负反馈支路的分支点 b 前移，则应在反馈支路中串加入 $G_1(s)$ 的环节，如图 2-19a所示。

2）图 2-19a 的前向通道是一个反馈环节和一个并联环节的串联，采用环节合并方法，分别用$\dfrac{1}{1+G_1(s)H_1(s)}$和 $G_1(s)+G_2(s)$ 代替它们，如图 2-19b 所示。

3）图 2-19b 中，前向通道为两个环节串联，化简后的传递函数为$\dfrac{G_1(s)+G_2(s)}{1+G_1(s)H_1(s)}$，如图 2-19c 所示。

4）图 2-19c 是一个负反馈回路，化简如图 2-19d 所示。所以系统的闭环传递函数为

$$\frac{C(s)}{R(s)}=\frac{G_1(s)+G_2(s)}{1+G_1(s)H_1(s)+G_1(s)H_2(s)+G_2(s)H_2(s)}$$

【例 2-10】 图 2-20 所示为一个多回路控制系统的结构图，试对其进行简化，并求系统

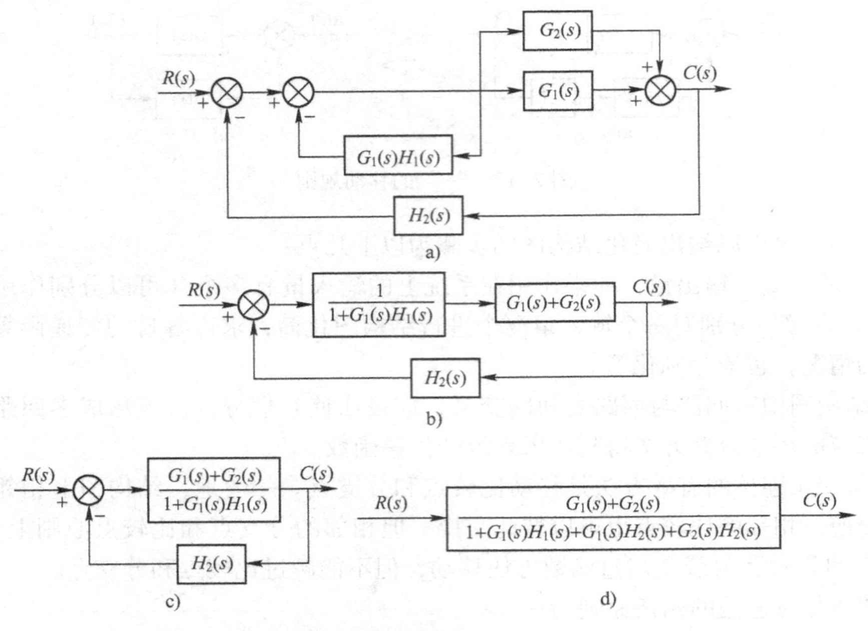

图 2-19　系统结构图的简化

的闭环传递函数$\dfrac{C(s)}{R(s)}$。

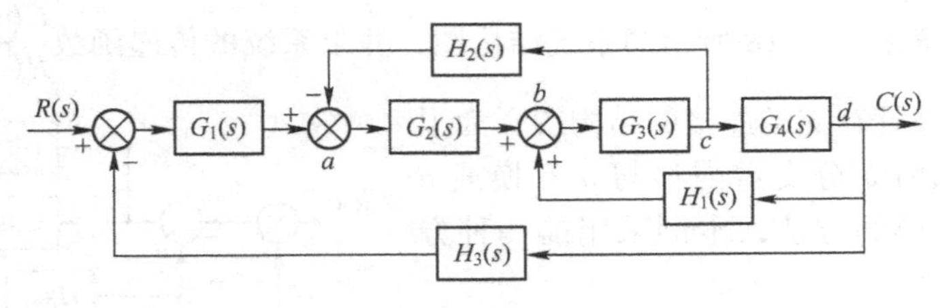

图 2-20　多回路控制系统结构图

解：从图 2-20 可以看出，两个互相交叉的反馈回路包含在外环的反馈回路中，因此，首先解决回路交叉的问题，这里采用将比较点 a 后移与 b 合并的方法来消除交叉。步骤如下：

1）比较点 a 后移与 b 比较点合并，从而形成三个环路陆续包围的情况，如图 2-21a 所示。

2）根据图 2-21a，将前向通道中的串联环节合并，化简最内侧的负反馈回路，如图 2-21b 所示。

3）根据图 2-21b，化简前向通道中的正反馈回路，如图 2-21c 所示。

4）根据图 2-21c，消去含有 $H_3(s)$的负反馈回路，如图 2-21d 所示，得到系统的闭环传递函数为

$$\frac{C(s)}{R(s)}=\frac{G_1(s)G_2(s)G_3(s)G_4(s)}{1+G_2(s)G_3(s)H_2(s)-G_3(s)G_4(s)H_1(s)+G_1(s)G_2(s)G_3(s)G_4(s)H_3(s)}$$

需要说明的是，结构图简化的途径并不是唯一的，如本例中，也可以将比较点 b 前移与

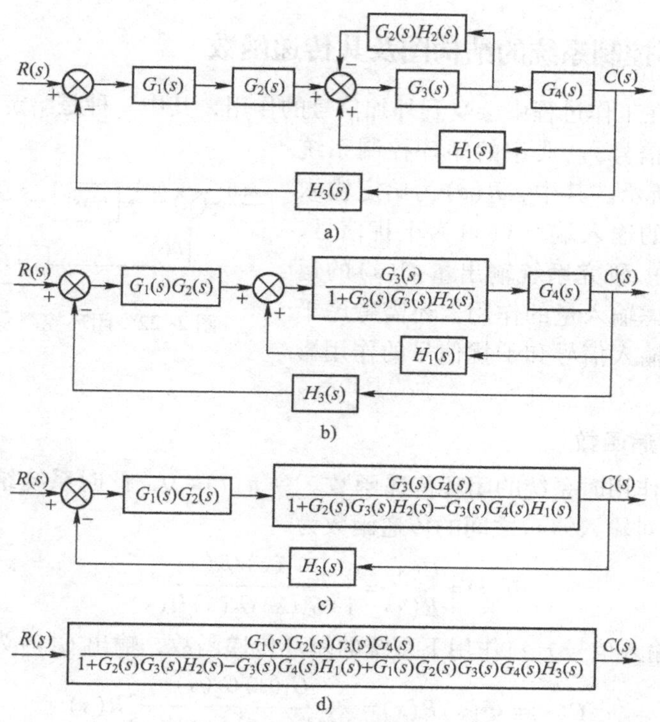

图 2-21　系统结构图的简化

a 合并；还可以将分支点 c 后移或分支点 d 前移，都可以消除交叉的情况，读者应熟练掌握相关技巧，选择最简捷的方法。

上面介绍的简化规则和化简方法可以通用于各种情况，除此之外，对于含有多个局部反馈回路的系统，只要满足两个条件：①从闭环系统结构图的输入到输出只有一条前向通道；②各局部反馈回路之间含有公共的函数方块，均可以直接应用式（2-54）求取等效闭环传递函数。

$$\Phi(s)=\frac{\text{前向通道各串联环节传递函数之积}}{1+\sum_{1}^{n}(\pm\text{每一个反馈回路的开环传递函数})} \tag{2-54}$$

式中，每个反馈回路的开环传递函数前的正负号视反馈的正负而定，正反馈用“-”号，负反馈用“+”号。

如例 2-10 中的结构图满足式（2-54）的条件，可直接得到例 2-10 化简后的传递函数。

在框图变换过程中，特别要注意的是分支点和比较点的差别。可以归纳出基本的变换规律是：分支点前移则函数相乘，分支点后移则函数相除，而比较点前移则函数相除，比较点后移则函数相乘；串联时函数相乘，并联时函数相加（减）；反馈时分子式为前向通道传递函数，分母式则为 1 减或加回路传递函数（正反馈时为减，负反馈时为加）。

在学习框图变换过程中，最容易犯的错误是不加区别地将分支点和比较点互换：做分支点移动时不加处理地越过了比较点，或反之，做比较点移动时不加处理地越过了分支点。比较点互移和分支点互移都不需要加任何处理，但是比较点与分支点的互移所需的变换规则很麻烦，不易记。为此，最好的处理策略是避开比较点与分支点的互换，只用分支点前移或后移及比较点前移或后移的变换处理。

2.3.3 典型闭环控制系统的结构图及其传递函数

自动控制系统在工作过程中会受到外加信号的作用，其中一种是给定输入信号，另一种是干扰信号（扰动信号）。典型的闭环控制系统结构图如图 2-22 所示。其中，$R(s)$为给定输入信号，常加在系统的输入端；$N(s)$为干扰信号，常作用于被控对象。研究系统输出量 $C(s)$的运动规律，不能只考虑输入量的作用，还需考虑干扰的影响，对给定输入信号和干扰信号的作用影响分析如下。

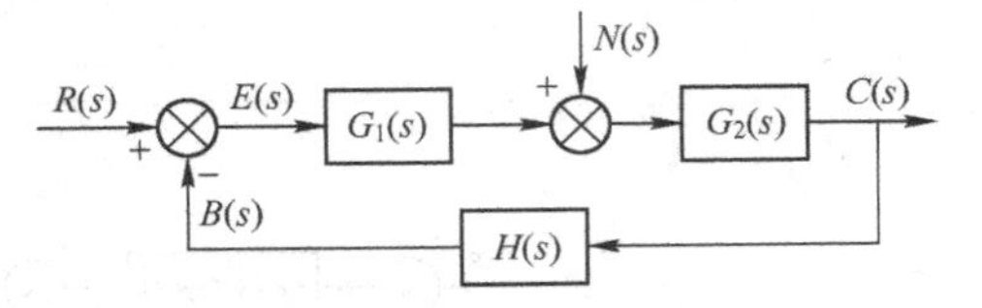

图 2-22 闭环控制系统的典型结构

1. 系统闭环传递函数

（1）只有 $r(t)$作用时系统的闭环传递函数。令 $n(t)=0$，此时系统结构图如图 2-23 所示，得到输出 $c(t)$对输入 $r(t)$之间的传递函数为

$$\Phi(s)=\frac{C(s)}{R(s)}=\frac{G_1(s)G_2(s)}{1+G_1(s)G_2(s)H(s)} \tag{2-55}$$

称 $\Phi(s)$为在给定输入信号 $r(t)$作用下系统的闭环传递函数，输出 $C(s)$为

$$C(s)=\Phi(s)R(s)=\frac{G_1(s)G_2(s)}{1+G_1(s)G_2(s)H(s)}R(s) \tag{2-56}$$

（2）只有 $n(t)$作用时系统的闭环传递函数。令 $r(t)=0$，则图 2-22 简化为图 2-24。

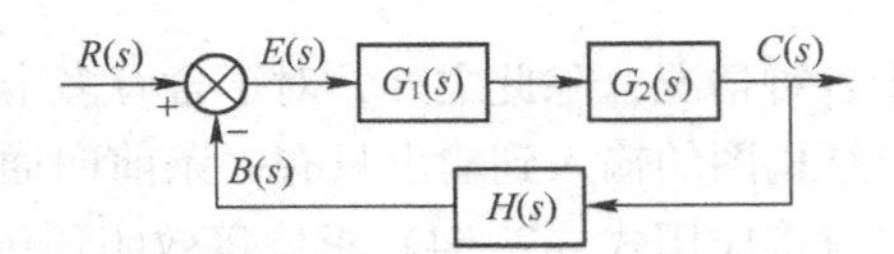

图 2-23 仅 $r(t)$作用下的系统结构图

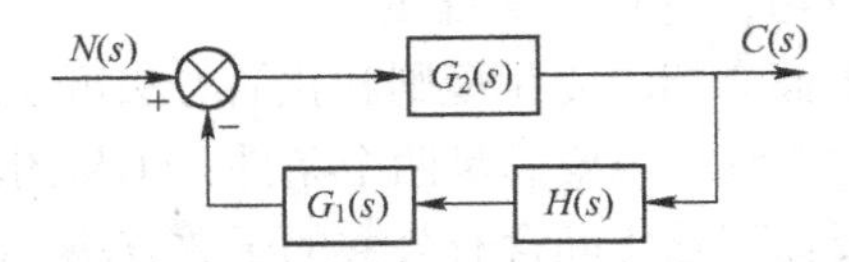

图 2-24 仅 $n(t)$作用下的系统结构图

根据图 2-24，得 $c(t)$对 $n(t)$之间的传递函数为

$$\Phi_N(s)=\frac{C(s)}{N(s)}=\frac{G_2(s)}{1+G_1(s)G_2(s)H(s)} \tag{2-57}$$

$\Phi_N(s)$为在干扰信号 $n(t)$作用下系统的闭环传递函数，此时输出 $C(s)$为

$$C(s)=\Phi_N(s)N(s)=\frac{G_2(s)}{1+G_1(s)G_2(s)H(s)}N(s) \tag{2-58}$$

（3）系统的总输出。当 $r(t)$和 $n(t)$同时作用于系统时，根据线性系统的叠加原理，总输出为

$$C(s)=\Phi(s)R(s)+\Phi_N(s)N(s)=\frac{G_1(s)G_2(s)R(s)}{1+G_1(s)G_2(s)H(s)}+\frac{G_2(s)N(s)}{1+G_1(s)G_2(s)H(s)} \tag{2-59}$$

2. 闭环系统的偏差传递函数

偏差是指给定输入信号 $r(t)$与主反馈信号 $b(t)$的差值，用 $e(t)$表示，其拉普拉斯变换式为

$$E(s)=R(s)-B(s)$$

研究各种输入作用（包括给定输入信号和扰动输入信号）下所引起系统的偏差变化规律，常用到偏差传递函数。

（1）只有 $r(t)$ 作用时系统的偏差传递函数。令 $n(t)=0$，此时系统结构图如图 2-25 所示，得到系统偏差对给定作用的偏差传递函数为

$$\Phi_{\mathrm{E}}(s)=\frac{E(s)}{R(s)}=\frac{1}{1+G_1(s)G_2(s)H(s)} \tag{2-60}$$

由此，在 $r(t)$ 作用下系统的偏差为

$$E(s)=\Phi_{\mathrm{E}}(s)R(s)=\frac{R(s)}{1+G_1(s)G_2(s)H(s)} \tag{2-61}$$

（2）只有 $n(t)$ 作用时系统的偏差传递函数。令 $r(t)=0$，此时系统结构图如图 2-26 所示，得到系统偏差对干扰信号的偏差传递函数为

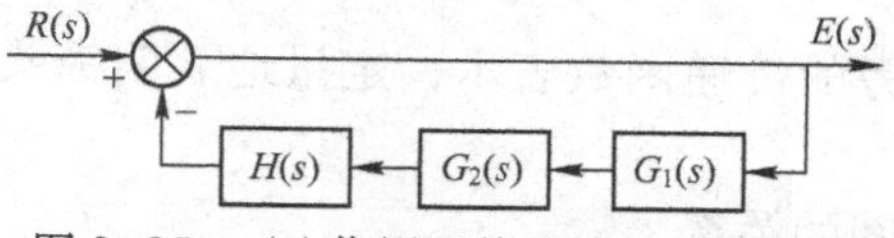

图 2-25　$r(t)$ 作用下偏差输出的结构图

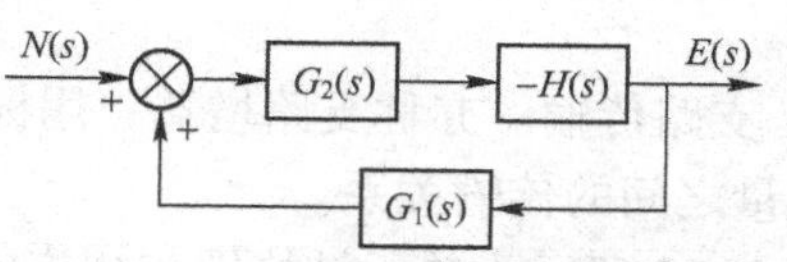

图 2-26　$n(t)$ 作用下偏差输出的结构图

$$\Phi_{\mathrm{EN}}(s)=\frac{E(s)}{N(s)}=\frac{-G_2(s)H(s)}{1+G_1(s)G_2(s)H(s)} \tag{2-62}$$

由此，在 $n(t)$ 作用下系统的偏差为

$$E(s)=\Phi_{\mathrm{EN}}(s)N(s)=\frac{-G_2(s)H(s)}{1+G_1(s)G_2(s)H(s)}N(s) \tag{2-63}$$

（3）系统的总偏差。在 $r(t)$ 和 $n(t)$ 同时作用于系统时，此时系统的总偏差满足叠加定理，即

$$E(s)=\Phi_{\mathrm{E}}(s)R(s)+\Phi_{\mathrm{EN}}(s)N(s) \tag{2-64}$$

观察式(2-55)、式(2-57)、式(2-60)、式(2-62)四个传递函数表达式可以看出，它们虽然各不相同，但分母均为 $1+G_1(s)G_2(s)H(s)$，这是闭环控制系统各种传递函数的规律性，称为闭环特征多项式。

2.4　信号流图

框图法在分析研究控制系统时很有用，但随着系统越来越复杂，系统的回路将增多，用框图法简化时也很烦琐，容易出错。

1940 年，香农（Shannon）提出通过有向图把求解线性方程组的克莱姆法则公式化。1953 年，梅森（Mason）在线性系统分析中首次引进了信号流图，用图形表示线性代数方程组。当这个方程组代表一个物理系统时，正像它的名称的含义一样，信号流图描述了信号从系统上一点到另一点的流动情况。因为信号流图从直观上表示了系统变量间的基本因果关系，所以它是线性系统分析中很有用的工具。1956 年，梅森在他发表的一篇论文中提出的一个增益公式，解决了复杂系统信号流图的化简问题，从而完善了信号流图的方法。利用这个公式，几乎可以通过观察就能得到系统的传递函数。

信号流图是图论的一个重要分支，它已经成功地应用到很多工程领域，在自动控制理论中也获得了广泛的应用，尤其是在计算机辅助分析和设计中非常有用。

2.4.1 信号流图的概念

信号流图和结构图一样，可用以表示系统的结构和变量传递过程中的数学关系，所以，信号流图也是控制系统的一种用图形表示的数学模型。在经典控制理论中，信号流图具有广泛的应用。需要注意的是，信号流图只适用于线性系统，而结构图也可用于非线性系统。

1. 信号流图的组成

组成信号流图的基本图形符号有三种，即节点、支路和支路传输。

1）节点。代表系统中的一个变量（信号），用符号“∘”表示。

2）支路。连接两个节点的定向线段，用符号“—►—”表示，其中的箭头表示信号的传送方向。

3）支路传输。亦称支路增益，用标在支路旁的传递函数表示，定量地表明箭头方向前后两变量之间的传输关系。

图 2-27 所示为单元结构图与相应的信号流图的关系。

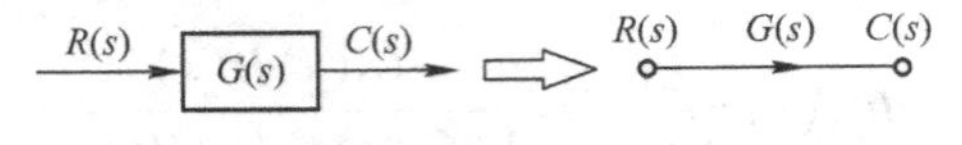

图 2-27 单元结构图与相应的信号流图

2. 信号流图的基本性质

1）信号流图只适用于线性系统。

2）信号流图所依据的方程式，一定为因果函数形式的代数方程。

3）信号只能按箭头表示的方向沿支路传递。

4）节点上可把所有输入支路的信号叠加，并把总和信号传送到所有输出支路。

5）具有输入和输出支路的混合节点，通过增加一个具有单位传输的支路，可把其变为输出节点，即汇节点。

6）对于给定的系统，其信号流图不是唯一的。

3. 信号流图的绘制

在应用过程中，常常根据系统的结构图来绘制信号流图，下面举例说明根据系统结构图绘制信号流图的方法。

【例 2-11】 根据图 2-22 中典型闭环控制系统结构图，绘制相应的信号流图。

解： 首先，将输入信号、输出信号以及各个比较点和分支点按前后顺序用“∘”表示成节点；然后，用支路将每个节点按照结构图中的信号关系对应连接，在每条支路上标出节点间的增益，即为系统的信号流图。值得注意的是，在系统结构图中比较环节处的正负号在信号流图中反映在支路增益的符号上。图 2-22 对应的信号流图可按此方法绘制，如图 2-28 所示。

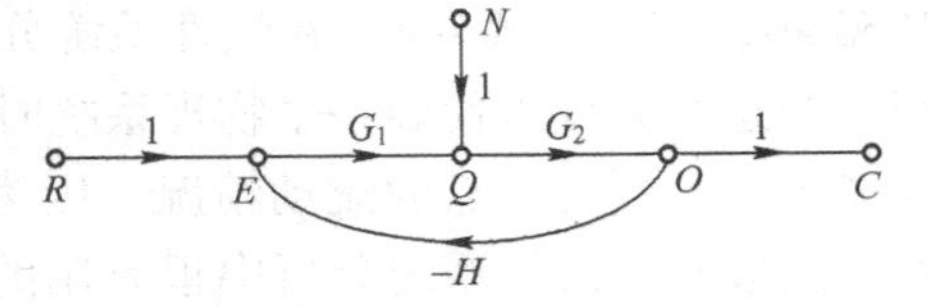

图 2-28 典型闭环控制系统的信号流图

在将系统的结构图转换成信号流图时，当相加点与引出点相邻时，若相加点在前而引出点在后，可合并成一个节点；若引出点在前而相加点在后，不能合并成一个节点。

4. 信号流图的常用术语

为便于描述信号流图的特征，常采用下面的名词术语：

1）源节点（输入节点）。只有输出支路而没有输入支路的节点。它一般表示系统的输入变量，亦称输入节点，如图 2-28 中的节点 R 和 N。

2）阱节点（输出节点）。只有输入支路而没有输出支路的节点，它一般表示系统的输出变量，亦称输出节点，如图 2-28 中的节点 C。

3）混合节点。既有输入支路又有输出支路的节点，如图 2-28 中的节点 E、Q、O。混合节点将所有输入信号求代数和后由输出支路输出。

4）通路。沿着支路箭头的方向顺序穿过各相连支路的路径，如图 2-28 中的 $REQOC$、$NQOC$、QOE 等。

5）前向通路。从源节点出发并且终止于阱节点，与其他节点相交不多于一次的通路称为前向通路，如图 2-28 中的 $REQOC$、$NQOC$。

6）回路。起点和终点在同一个节点，并且与其他节点相交不多于一次的闭合路径，如图 2-28 中的 $EQOHE$。

7）前向通路传输（增益）。前向通路中各支路传输（增益）的乘积。

8）回路传输（增益）。回路中各支路传输（增益）的乘积。

9）不接触回路（互不接触回路）。信号流图中，没有任何公共节点的回路。

5. 信号流图的简化

信号流图的简化规则与结构图等效变换规则一样，具体见表 2-3。

表 2-3 信号流图的简化规则

原信号流图	等效变换后的信号流图	简 化 规 则
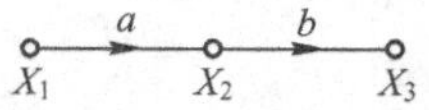 X_1 —a→ X_2 —b→ X_3	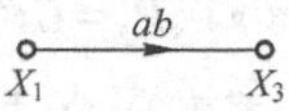 X_1 —ab→ X_3	（1）串联支路 串联支路的总增益等于各支路增益之乘积
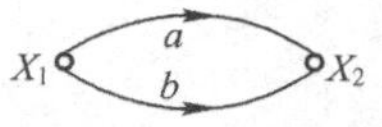 X_1 ⇉ X_2（支路 a、b 并联）	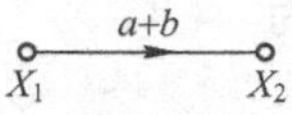 X_1 —$a+b$→ X_2	（2）并联支路 并联支路的总增益等于各支路增益之和
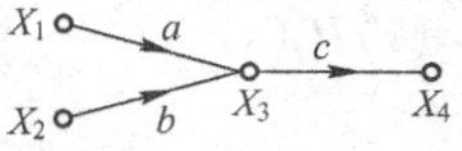 X_1 —a→ X_3，X_2 —b→ X_3，X_3 —c→ X_4	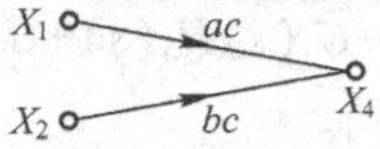 X_1 —ac→ X_4，X_2 —bc→ X_4	（3）混合节点 混合节点可以通过移动支路的方法消去
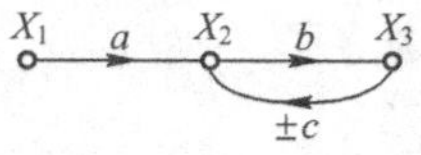 X_1 —a→ X_2 —b→ X_3，X_3 —$\pm c$→ X_2	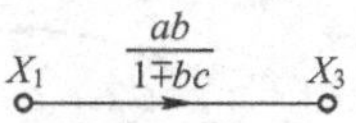 X_1 —$\dfrac{ab}{1\mp bc}$→ X_3	（4）回路 回路可以通过反馈连接的简化方法化为等效支路
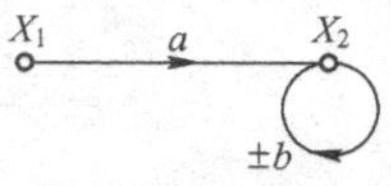 X_1 —a→ X_2，X_2 自回路 $\pm b$	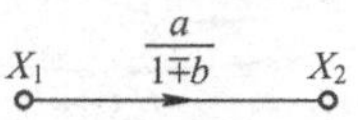 X_1 —$\dfrac{a}{1\mp b}$→ X_2	

利用表 2-3 中的简化规则可以求出任一复杂信号流图中某一阱节点对某一源节点的增益，但上述简化过程同复杂结构图化简一样，比较烦琐，需要反复进行多次才能完成，而使用梅森公式可直接得出结果。

2.4.2 梅森公式

用信号流图代替系统的结构图，其优点在于不简化信号流图的情况下，利用梅森公式直接求得源节点和阱节点之间的总增益。对于动态系统来说，这个总增益就是系统相应的输入和输出间的传递函数。

任意输入节点和输出节点之间传递函数 $G(s)$ 的梅森公式为

$$G(s)=\frac{\sum_{k=1}^{n}P_k\Delta_k}{\Delta} \tag{2-65}$$

式中，Δ 为特征式，其计算公式为

$$\Delta = 1-\sum L_a+\sum L_bL_c-\sum L_dL_eL_f+\cdots \tag{2-66}$$

式中，n 为从输入节点到输出节点间前向通路的条数；P_k 为从输入节点到输出节点间第 k 条前向通路的总增益；$\sum L_a$ 为所有不同回路的回路增益之和；$\sum L_bL_c$ 为所有两两互不接触回路的回路增益乘积之和；$\sum L_dL_eL_f$ 为所有三个互不接触回路的回路增益乘积之和。依此类推，Δ_k 为第 k 条前向通路的余子式，即把与该前向通路接触的回路的回路增益置为 0 后，特征式 Δ 所余下的部分。

【例 2-12】 试用信号流图法求取图 2-18 所示系统的传递函数 $\frac{C(s)}{R(s)}$。

解： 与图 2-18 对应的信号流图如图 2-29 所示。由信号流图可看出：

1）回路共有三条，其增益分别为

$$L_1=-G_1(s)H_1(s)、L_2=-G_1(s)H_2(s)、L_3=-G_2(s)H_2(s)$$

三条回路之间均互相接触，因此特征式为

$$\Delta=1-(L_1+L_2+L_3)=1+G_1(s)H_1(s)+G_1(s)H_2(s)+G_2(s)H_2(s)$$

2）系统共有两条前向通路，其增益分别为

$$P_1=G_1(s)、P_2=G_2(s)$$

因各回路与前向通路 P_1、P_2 均接触，因此余子式 $\Delta_1=\Delta_2=1$。

3）用梅森公式求得系统的传递函数为

$$\frac{C(s)}{R(s)}=\frac{1}{\Delta}(P_1\Delta_1+P_2\Delta_2)=\frac{G_1(s)+G_2(s)}{1+G_1(s)H_1(s)+G_1(s)H_2(s)+G_2(s)H_2(s)}$$

可见所求的结果与结构图化简的结果相同。

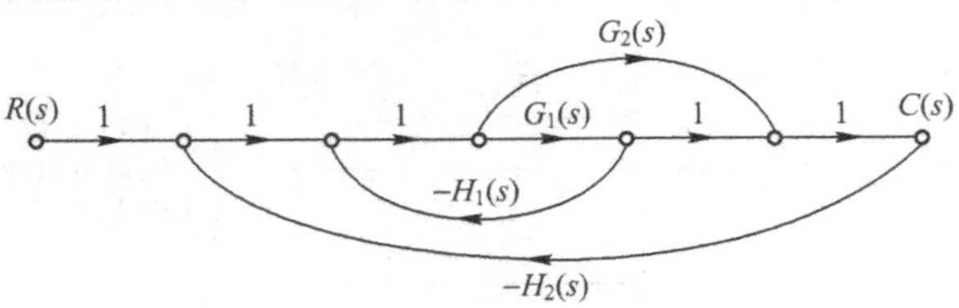

图 2-29　与图 2-18 对应的信号流图

【例 2-13】 根据图 2-30 所示的信号流图，求系统的传递函数 $\frac{C(s)}{R(s)}$。

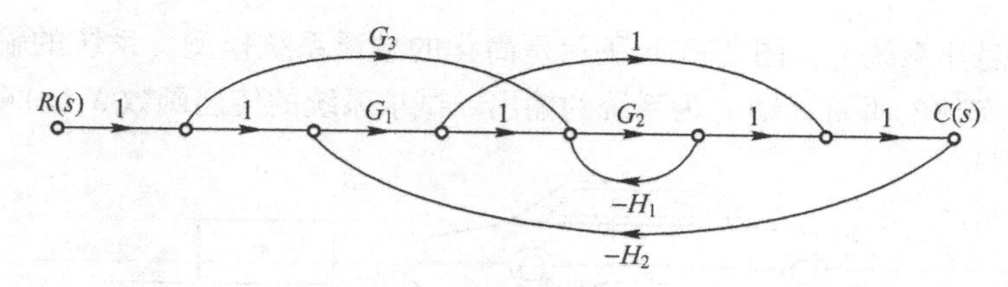

图 2-30　某系统的信号流图

解：1）该图共有三条回路，回路增益分别为

$$L_1=-G_1G_2H_2、L_2=-G_1H_2、L_3=-G_2H_1$$

其中，L_2和L_3不接触，所以系统的特征式为

$$\Delta=1-(L_1+L_2+L_3)+L_2L_3=1+G_1G_2H_2+G_1H_2+G_2H_1+G_1G_2H_1H_2$$

2）该图共有三条前向通路，其增益分别为

$$P_1=G_1G_2、P_2=G_2G_3、P_3=G_1$$

其中，P_1、P_2与所有回路均接触，故余子式$\Delta_1=\Delta_2=1$，而P_3与回路L_3不接触，故余子式$\Delta_3=1+G_2H_1$。

3）系统的传递函数为

$$\frac{C(s)}{R(s)}=\frac{P_1\Delta_1+P_2\Delta_2+P_3\Delta_3}{\Delta}=\frac{G_1G_2+G_2G_3+G_1+G_1G_2H_1}{1+G_1G_2H_2+G_1H_2+G_2H_1+G_1G_2H_1H_2}$$

当求解系统的传递函数时，简单的系统可以直接用结构图运算，既清楚又方便；复杂的系统可以将其看作信号流图后，再利用梅森公式计算。用梅森公式求系统的传递函数虽然方便省时，但对于具有多条前向通路、多个反馈回路的复杂的动态结构图，往往难以发现一些隐藏的回路或通道，使用梅森公式时就很容易出错，故应仔细找出全部前向通路和反馈回路，并正确区分回路之间、回路与前向通路之间是否接触，既不要遗漏，也不要重复。实际上，梅森公式一般用于计算机辅助分析与设计控制系统，而计算机能够搜索到信号流图中所有的回路与通道。

2.5　小结

本章首先介绍了控制系统的时域数学模型，然后介绍不同物理系统（如电气系统、机械系统等）的工作原理，并通过典型实例给出了建立系统或环节运动方程的基本步骤。基于拉普拉斯变换获得系统的传递函数，系统内各元件之间的相互关系可用方块和有向线段的连接关系来表示，由此建立系统的结构图，根据结构图等效变换的基本原则，能够求出较复杂系统的传递函数。信号流图是系统结构的又一种图形表示法，根据梅森增益公式可求取复杂线性系统的传递函数。

2.6　习题

2-1　汽车悬浮系统的简化模型如图 2-31a 所示。汽车行驶时轮子的垂直位移作为一个激励作用在汽车的悬浮系统上。图 2-31b 所示是简化的悬浮系统模型。系统的输入是 P 点（车轮）的位移 x_r，车体的垂直运动 x_c 为系统的输出。试求系统的传递函数 $X_c(s)/X_r(s)$。

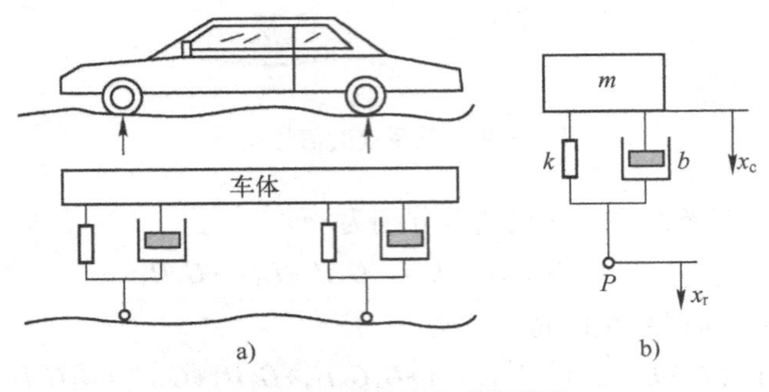

图 2-31　汽车悬浮系统模型

2-2　某仓库大门自动控制系统如图 2-32 所示，试简述该系统的工作原理并绘制系统结构图。

2-3　某电炉恒温箱自动控制系统如图 2-33 所示。试简述该系统的工作原理，指出系统的输入量和输出量，并绘制系统的结构图。

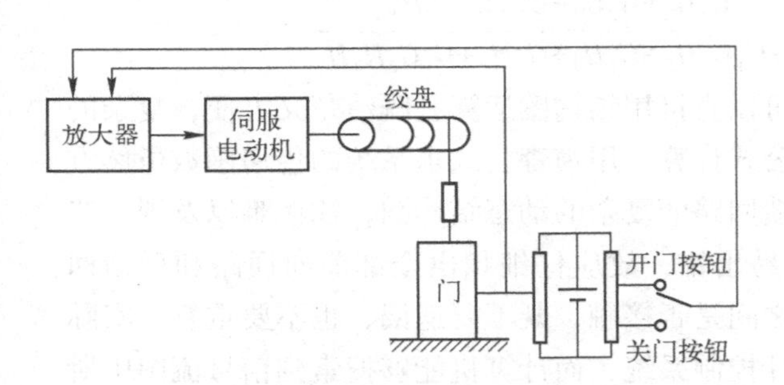

图 2-32　仓库大门自动控制系统

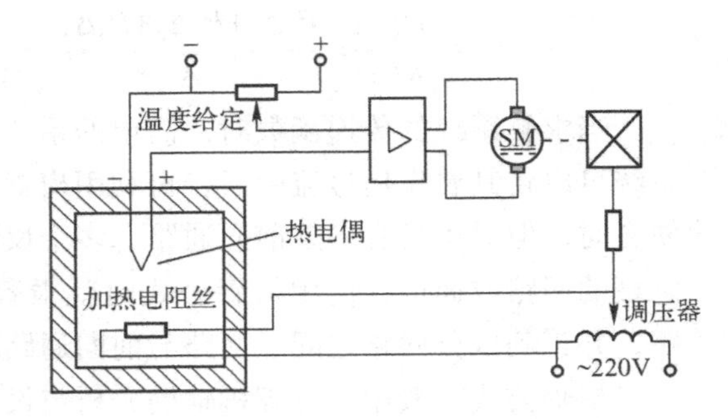

图 2-33　电炉恒温箱自动控制系统

2-4　磁场控制式直流电动机原理图如图 2-34 所示，图中电枢电流 $i_a(t)$ 为常数，R_f 和 L_f 分别是励磁回路的电阻和电感，试列写以励磁电压 $u_f(t)$ 为输入量、电动机转速 $\omega(t)$ 为输出量的直流电动机的微分方程。

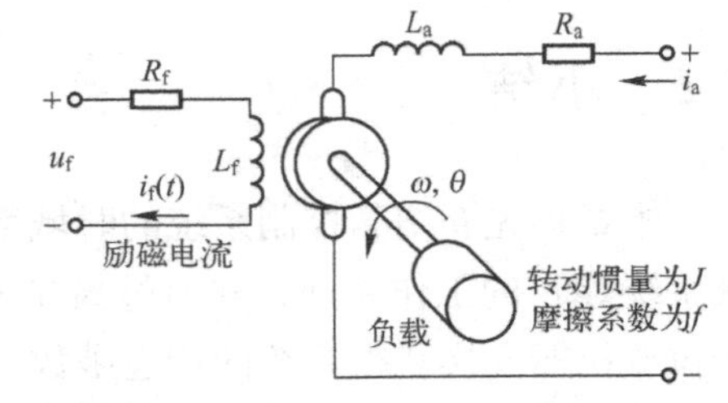

图 2-34　磁场控制式直流电动机原理图

2-5　如图 2-35 所示夹套换热器，利用夹套中的蒸汽加热储罐中的液体，设夹套中的蒸汽温度为 θ_r；输入流体的流量为 Q_1，温度为 θ_1；输出流体的流量为 Q_2，温度为 θ_2；储罐内液体的体积为 V，温度为 θ_c；由于搅拌作用，可认为罐中液体温度均匀，即 $\theta_2=\theta_c$。试求以夹套蒸汽温度 θ_r 的变化为输入量、以储罐内液体 θ_c 的变化为输出量时系统的传递函数。

2-6　如图 2-36 所示弹簧-质量阻尼机械系统，设其输入为 $r(t)$，输出为 $c(t)$。当 $m=10$，$K=1$，$b=0.5$ 时，试求系统传递函数 $C(s)/R(s)$。

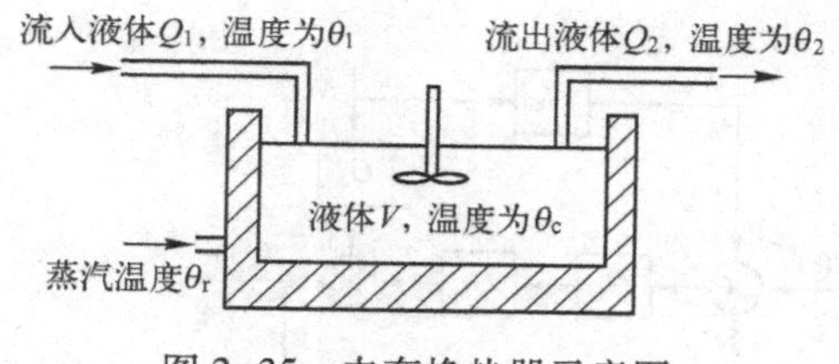

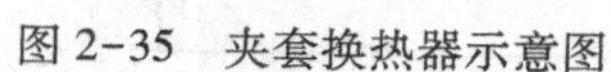

图 2-35　夹套换热器示意图

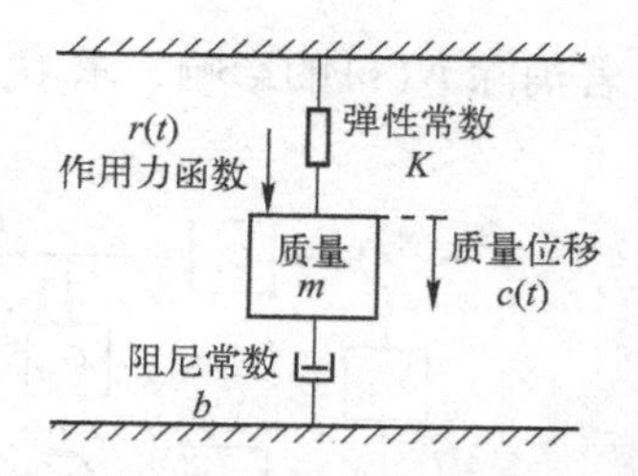

图 2-36　弹簧-质量阻尼机械系统示意图

2-7　试求图 2-37 所示有源网络的传递函数 $U_c(s)/U_r(s)$。

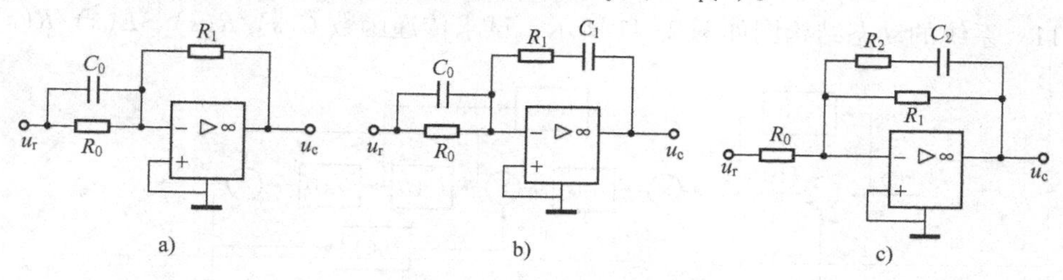

图 2-37　有源网络

2-8　试化简图 2-38 中所示的结构图，并求传递函数 $C(s)/R(s)$。

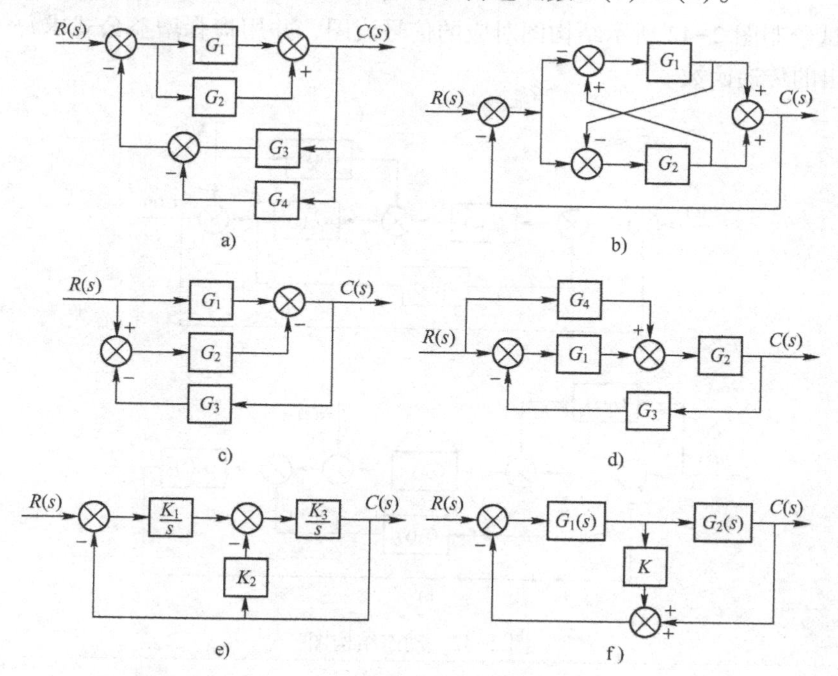

图 2-38　动态结构图

2-9　已知系统结构如图 2-39 所示，试求传递函数 $C_1(s)/R_1(s)$、$C_2(s)/R_2(s)$、$C_1(s)/R_2(s)$、$C_2(s)/R_1(s)$。

2-10　已知系统结构图如图 2-40 所示，试求：

（1）传递函数 $C(s)/R(s)$、$C(s)/N(s)$。

（2）若消除 $N(s)$ 的影响，求 G_4。

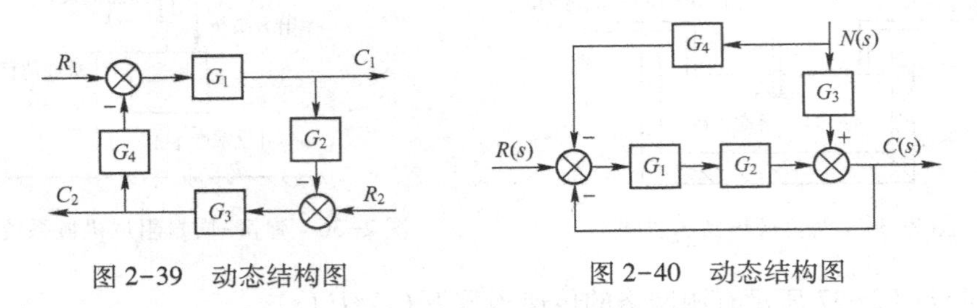

图 2-39 动态结构图　　图 2-40 动态结构图

2-11 系统的动态结构图如图 2-41 所示，试求传递函数 $C(s)/R(s)$、$E(s)/R(s)$。

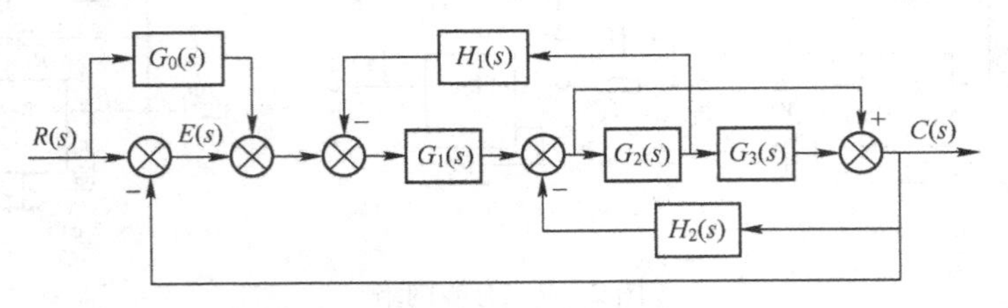

图 2-41 动态结构图

2-12 试绘制图 2-42 所示结构图对应的信号流图，并用梅森增益公式求每一个外作用对每一个输出的传递函数。

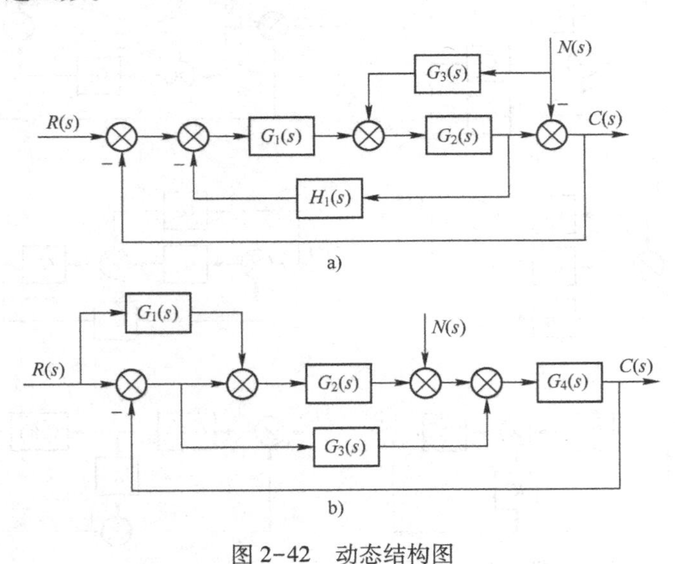

图 2-42 动态结构图

2-13 试用梅森增益公式求图 2-38 中所示的传递函数 $C(s)/R(s)$。

2-14 试用梅森增益公式求图 2-41 中所示的传递函数 $C(s)/R(s)$、$E(s)/R(s)$。

2-15 试用梅森增益公式求图 2-43 中各系统信号流图的传递函数 $C(s)/R(s)$。

2-16 试用梅森增益公式求图 2-44 所示系统的传递函数 $C(s)/R(s)$。

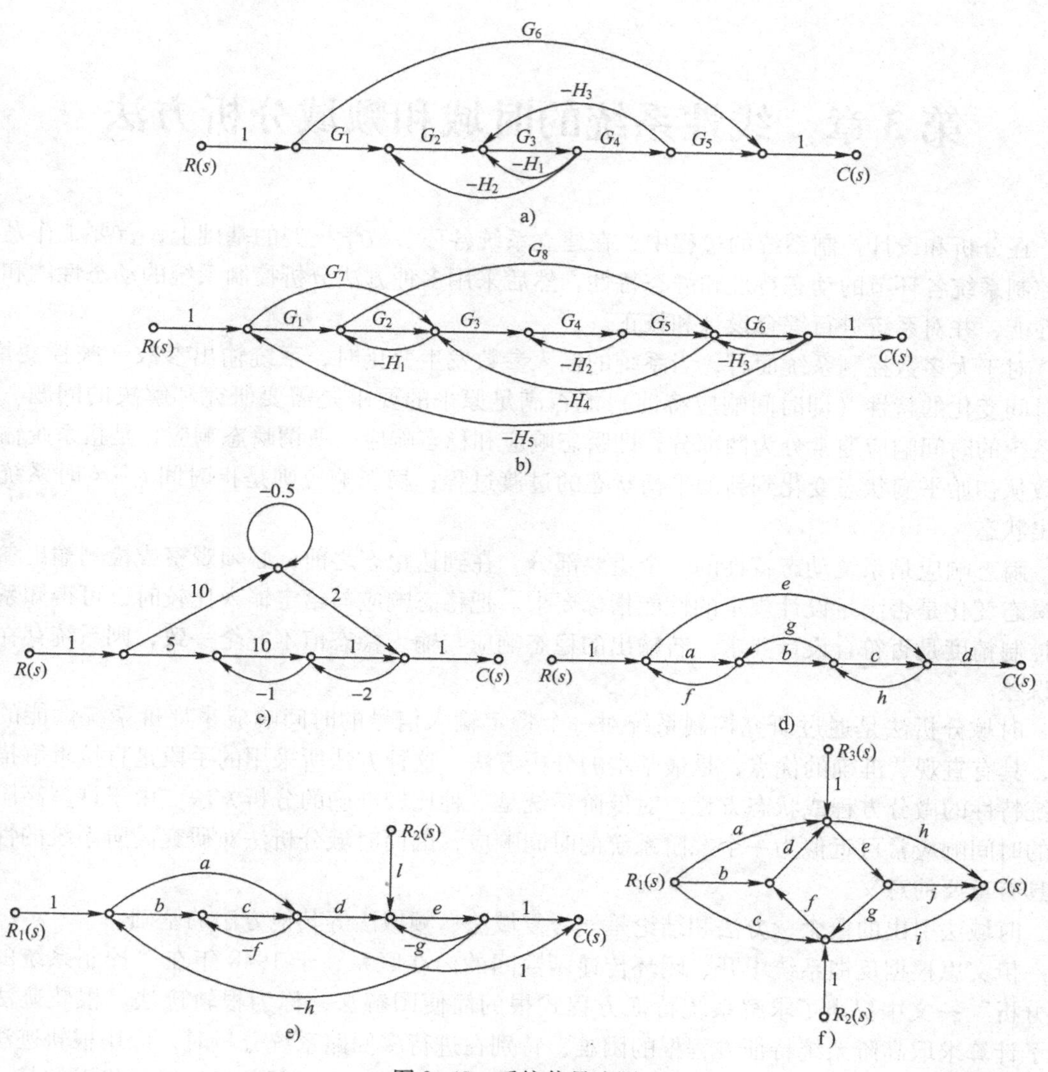

图 2-43　系统信号流图

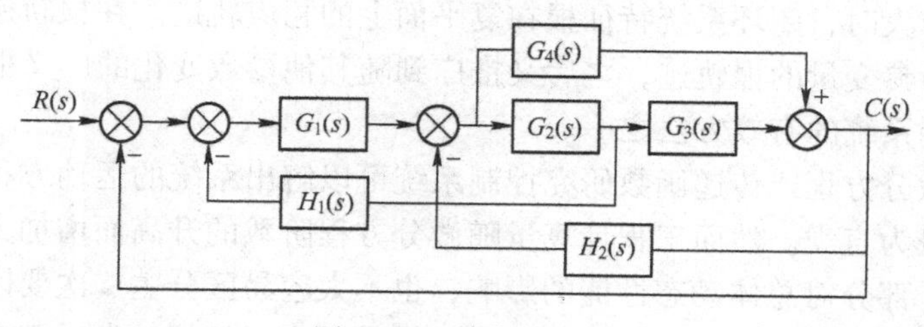

图 2-44　动态结构图

第3章 线性系统的时域和频域分析方法

在分析和设计控制系统的过程中，在建立系统各环节数学模型的基础上，首要工作是了解控制系统各环节的动态特性和静态特性，然后采用多种方法分析控制系统的动态性能和稳态性能，并对系统进行综合设计和校正。

对于大多数控制系统而言，当系统的输入参数发生变化时，系统输出参数（被控变量）随时间变化的特性（即时间响应特性）能否满足原来的要求是需要研究和解决的问题。控制系统的时间响应通常分为两部分，即瞬态响应和稳态响应。所谓瞬态响应，是指系统输出参数从初始平衡状态变化到新的平衡状态的过渡过程；稳态响应则是指时间 $t\to\infty$ 时系统的输出状态。

瞬态响应是系统动态特性的一个重要部分，在到达稳态之前，必须观察或检测输出参数的瞬态变化是否满足设计规定的性能指标要求。把稳态响应与给定输入比较时，可得知系统的控制精度是否符合设计要求。若输出的稳态响应与输入稳态值不完全一致，则系统存在静态误差。

时域分析法是通过研究控制系统对一个特定输入信号的时间响应来评价系统性能的方法，具有直观、准确的优点，是最基本的分析方法。这种方法所采用的手段是直接求解描述系统特性的微分方程或状态方程，对低阶系统是一种比较准确的分析方法。由于许多高阶系统的时间响应常可近似为一个二阶系统的时间响应，因而时域分析法对研究高阶系统的性能也具有重要的意义。

时域法引出的概念、方法和结论是学习复域法、频域法等其他方法的基础。

伊文思根据反馈系统中开、闭环传递函数间的内在联系，于1948年在“控制系统的图解分析”一文中提出了求解系统特征方程式根的简便图解法，称为根轨迹法。根轨迹法避免了计算求取高阶系统特征方程根的困难，特别在进行多回路系统分析时，应用根轨迹法比用其他方法更为方便，从而在控制工程领域获得了广泛的应用。所谓根轨迹是指系统某一参数从零变化到无穷大时，闭环系统特征根在复平面上的相应轨迹。在根轨迹中主要研究的是以系统开环增益为参变量的根轨迹，之后又推广到随其他参数变化的广义根轨迹。根轨迹法是分析和设计控制系统的有效方法之一。

如果直接用微分方程或传递函数研究控制系统可以解出系统的运动方程，则系统的动态性能用时域响应最为直观。然而工程计算量随微分方程阶数的升高而增加太多，并且不太容易分析系统的各个部分对总体动态性能的影响，也不太容易区分主、次要因素，这些问题是用微分方程研究系统带来的困难。因此，有必要借助于在通信领域发展起来的频域分析法对系统进行分析。

控制系统中的信号可以表示为不同频率正弦信号的合成。控制系统的频率特性反映正弦信号作用下系统响应的性能。频率特性法（或频率法）是系统对正弦输入信号的稳态响应，是以频率特性或频率响应为基础对系统进行分析研究的方法。这种方法具有以下特点：

1）频率特性具有明确的物理意义。许多系统和环节的频率特性都可以用实验的方法测定，这对于机理复杂或机理不明确而难以列写动态方程的系统和环节是很有实际意义的。

2）可以采用较为简单的图解分析法，使高阶系统的分析和设计工作大大简化。

3）可以从系统的开环频率特性判断闭环系统的性能，并根据时域和频域性能指标之间的关系，分析系统参数对系统过渡过程性能的影响，从而进一步指出改善系统工作性能的途径。

4）在任何一种系统中总是存在着影响系统整个性能的噪声，应用频率特性法，可以设计出能够抑制这些噪声的系统。

5）频率特性法不仅适用于线性单输入单输出系统，而且可以应用于多输入多输出系统，也可以有条件地推广应用到某些非线性控制系统。

3.1 线性系统的时域分析法

控制系统分析的主要任务是分析系统在外加输入信号下的响应，因此首先要了解系统的输入信号及其特点。一般来说，控制系统的输入信号可以分为两类：确定性信号和随机信号。温控系统、调速系统的输入信号通常为常数，数控机床的输入信号为预定加工轨迹的信号，许多控制系统的输入信号可以表示为一个确定的时间函数，上述信号为确定性信号。雷达跟踪系统、火炮跟踪系统、飞行器导航系统的某些输入信号就可视为随机信号。

经典控制理论中，主要研究确定性信号作用下系统的响应。但实际系统的输入信号常具有不确定性，因而很难用解析方法表达。为了便于分析，通常研究一些典型的输入信号。这是因为在实际的控制系统中会遇到大量典型输入信号，通常系统分析均以这些信号作用于系统的响应特征来衡量系统的性能；控制系统所遇到的复杂信号一般可以分解为这些信号的线性组合，当系统在典型信号作用下具有很好的性能指标时，对于复杂信号的作用，系统的性能一般也是比较好的。

分析控制系统要有一个进行比较的基准，为此，需要用统一的典型输入信号来测试系统的性能。对典型的测试信号的要求是：它们是简单的时间函数，便于进行数学分析和实验研究，系统的实际输入信号可以看成是这些测试信号的组合。常用的典型测试信号主要有：阶跃信号、斜坡（速度）信号、加速度（抛物线）信号、正弦信号、脉冲信号等。

3.1.1 典型输入信号

1. 阶跃信号

阶跃信号是指输入变量有一个突然的定量变化，如图 3-1 所示，其数学表达式为

$$r(t)=\begin{cases}A & t\geqslant 0\\ 0 & t<0\end{cases} \tag{3-1}$$

其中，A 为常数，当 $A=1$ 时，该信号称为单位阶跃信号。

它的拉普拉斯变换是

$$R(s)=\frac{A}{s} \tag{3-2}$$

参考输入的突然增加或减少、负荷的突变、常值干扰的突然出现，室温调节系统、水位调节系统以及工作状态突然改变或突然受到恒定输入作用的控制系统等，都可以用阶跃信号来描述。

用阶跃函数输入信号测取系统或对象动态特性的方法，就是将系统或对象的输入突然作一阶跃变化，随即记录输出参数随时间变化的过渡过程。这种测试方法称为阶跃法，又称反应曲线法。这种方法不需特殊仪器设备，测试工作量不大，是经常采用的一种简单易行的测试方法。但是，由于过渡过程时间较长，测试过程中易受其他干扰因素影响，而且时间响应的终值要偏离正常操作条件，对产品的质量和产量有不同程度的影响，严重时甚至可能破坏系统或对象的正常运行状态，所以，阶跃的幅值不能过大。然而若阶跃幅值过小，输出参数变化也很小，则测量仪表的误差及其他随机干扰的影响就相对增大，故在测试时应根据具体工作条件和精度要求统筹兼顾。

2. 斜坡（速度）信号

斜坡信号是指输入变量是等速度变化的，如图 3-2 所示，其数学表达式为

$$r(t)=\begin{cases}At & t\geqslant 0\\ 0 & t<0\end{cases} \tag{3-3}$$

其中，A 为常数，当 $A=1$ 时，该信号称为单位斜坡信号。

它的拉普拉斯变换是

$$R(s)=\frac{A}{s^{2}} \tag{3-4}$$

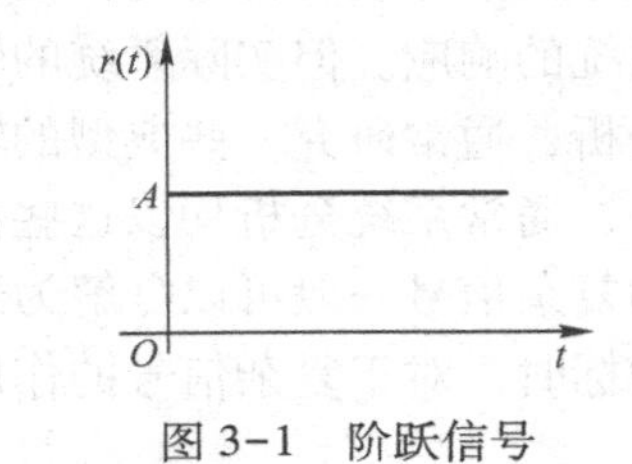

图 3-1　阶跃信号

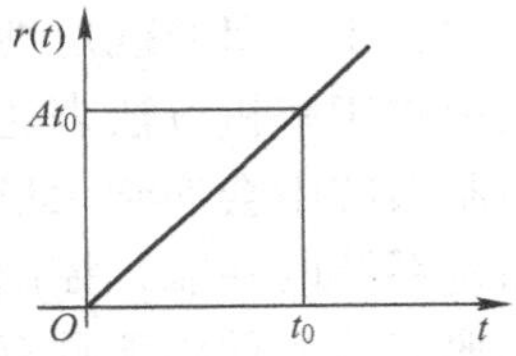

图 3-2　斜坡信号

数控机床加工斜面时的进给指令、跟踪通信卫星的天线控制系统、自动火炮跟踪匀速飞行的飞机等都可以用斜坡信号来描述。

3. 加速度（抛物线）信号

加速度信号（见图 3-3）的数学表达式可表示为

$$r(t)=\begin{cases}\dfrac{1}{2}At^{2} & t\geqslant 0\\ 0 & t<0\end{cases} \tag{3-5}$$

其中，A 为常数，当 $A=1$ 时，该信号称为单位加速度信号。

它的拉普拉斯变换是

$$R(s)=\frac{A}{s^{3}} \tag{3-6}$$

随动系统的输入经常是加速度信号，如自动火炮系统中，飞机常常做加速度运动。电梯的起动、宇宙飞船的控制系统也可以看作加速度信号输入。

4. 正弦信号

正弦信号如图 3-4 所示，其数学表达式为

$$r(t)=\begin{cases}A\sin \omega t & t>0\\0 & t<0\end{cases} \tag{3-7}$$

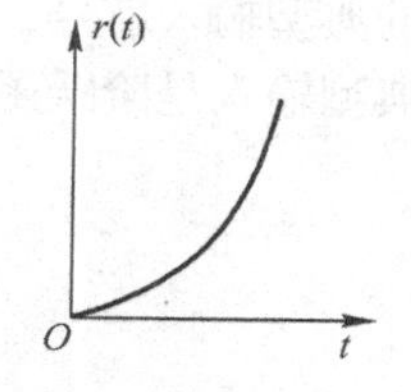

图 3-3　加速度信号

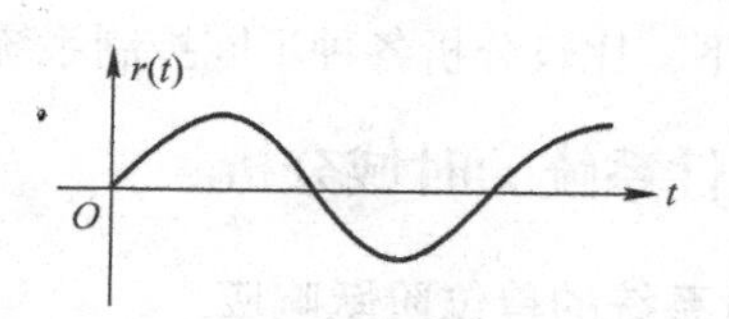

图 3-4　正弦信号

它的拉普拉斯变换是

$$R(s)=\frac{A\omega}{s^2+\omega^2} \tag{3-8}$$

在实际中，航行于海上的船舶由于受到海浪的冲击而摇摆或颠簸，其摆幅随时间的变化规律近似于正弦函数。伺服振动台的输入指令，电源及机械振动的噪声也可以用正弦信号来描述。

5. 脉冲信号

脉冲信号可视为一个持续时间极短的信号，如图 3-5a所示。它的数学表达式为

$$r(t)=\begin{cases}\dfrac{A}{\varepsilon} & 0<t<\varepsilon\\0 & t<0,t>\varepsilon\end{cases}$$

当 $A=1$ 时，记为 $\delta_\varepsilon(t)$。如果令 $\varepsilon\to 0$，则称其为理想单位脉冲函数，如图 3-5b 所示，并用 $\delta(t)$ 表示，即

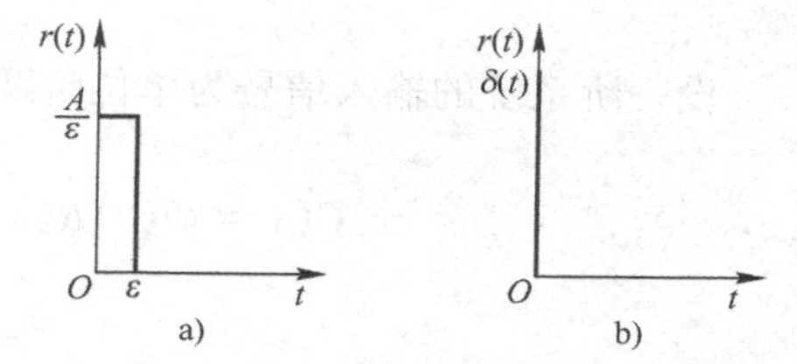

图 3-5　脉冲信号及理想单位脉冲函数

a）脉冲信号　b）理想单位脉冲函数

$$\delta(t)=\lim_{\varepsilon\to 0}\delta_\varepsilon(t) \tag{3-9}$$

它的面积（又称脉冲强度）为

$$\int_{-\infty}^{\infty}\delta(t)\,\mathrm{d}t = 1 \tag{3-10}$$

理想单位脉冲函数的拉普拉斯变换是

$$R(s)=1 \tag{3-11}$$

单位脉冲函数是单位阶跃函数对时间的导数，而单位阶跃函数则是单位脉冲函数对时间的积分。

用脉冲信号测试系统动态特性时，由于理想的单位脉冲不易获得，通常采用矩形脉冲作信号源。将系统或对象的输入参数突然作一个矩形脉冲变化，随即记录输出参数随时间变化的过渡过程。这种方法称为脉冲法，又称矩形脉冲反应曲线法。脉冲信号测试法也是现场经常采用的方法。这种方法也不需附加特殊设备，输出参数偏离原来稳态值的程度比阶跃法小，且终值可以自动复原，但实验数据处理较阶跃法复杂一些。

理想单位脉冲函数 $\delta(t)$ 在现实中是不存在的，它只是某些物理现象经过数学抽象化处理的结果。脉冲电信号、冲击力（火炮的目标跟踪系统在火炮发射时的后坐力）、阵风或大气湍流对飞机的影响等，可近似为脉冲作用。

应该强调的是，虽然对于同一系统，施加不同形式的输入信号，得到的输出响应是不同

的，但从线性控制系统的特点可知，系统的性能只由系统本身的结构及参量决定，即由不同形式输入得到不同的输出响应所表征的系统性能却是一致的。因而在对不同的控制系统进行初步分析和初步设计时，常采用一种易于实现且便于分析和设计的典型输入信号，这样才能在一个统一的标准下，比较分析各种不同控制系统的性能。常用的典型输入是阶跃函数形式的信号。

3.1.2 线性系统的时域分析

1. 一阶系统的单位阶跃响应

实际控制系统往往是高阶的（即阶数 $n\geqslant3$），然而在控制系统中，检测环节、控制系统的执行机构及部分被控对象的模型常常可以表述为一阶系统。一阶系统分析简单，其动态响应的特征可以代表控制系统响应中比较典型的一类响应分量的特点，而且一阶系统的动态响应也反映出线性系统动态响应的某些一般特征，因此一阶系统的分析对于控制系统仍具有实际的意义。

凡以一阶微分方程作为运动方程的控制系统，统称为一阶系统。图 3-6 所示为一阶系统的框图。它的典型形式是一阶惯性环节，即

$$\Phi(s)=\frac{C(s)}{R(s)}=\frac{1}{Ts+1} \tag{3-12}$$

设一阶系统的输入信号为单位阶跃函数 $r(t)=1(t)$，其像函数为 $R(s)=\frac{1}{s}$，则

$$C(s)=\Phi(s)R(s)=\frac{1}{Ts+1}\times\frac{1}{s}=\frac{1}{s}-\frac{T}{Ts+1}=\frac{1}{s}-\frac{1}{s+\frac{1}{T}} \tag{3-13}$$

进行拉普拉斯反变换得

$$c(t)=1-\mathrm{e}^{-\frac{t}{T}} \qquad t\geqslant0 \tag{3-14}$$

由式（3-14）可见，一阶系统的单位阶跃响应是一条初始值为零，以指数规律上升到终值 $c(\infty)=1$ 的曲线，为非周期响应，如图 3-7 所示。

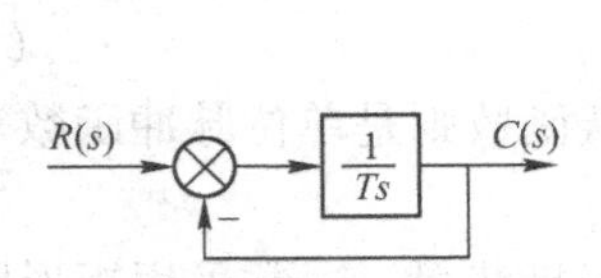

图 3-6　一阶系统框图

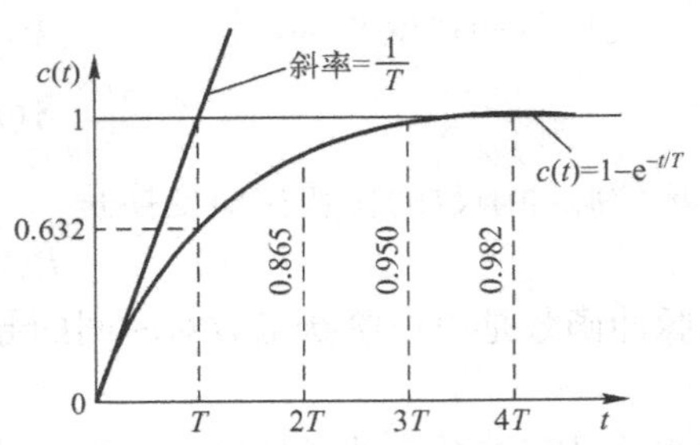

图 3-7　一阶惯性环节的单位阶跃响应曲线

一阶系统阶跃响应随 T 变化的趋势见“二维码 3.1”。

3.1

由图 3-7 可得：

1）一阶系统总是稳定的，无振荡。

2）经过时间 T，响应上升到稳态值的 0.632，反过来，用实验的方法测出响应曲线达到稳态值的 63.2%高度点所用的时间，即是惯性环节的时间常数 T。

3）经过 $3T\sim4T$，响应曲线达到稳态值的 95% ~ 98%，可以认为其调节过程已经完成，故一般取调节时间（见 3.1.3 节）为 $(3\sim4)T$。

4）在 $t=0$ 处，响应曲线的斜率为 $\left.\frac{\mathrm{d}c(t)}{\mathrm{d}t}\right|_{t=0}=\frac{1}{T}$，初始斜率特性也是常用的确定一阶系统时间常数的方法之一。

5）由于时间常数 T 反映系统的惯性，所以一阶系统的惯性越小，其响应过程越快；反之，惯性越大，响应越慢。

在实践中，有一些较为简单的过程控制系统的闭环传递函数有与式（3-14）类似的形式，如恒温箱、室温调节系统及液位调节系统等，在机电系统中则不多见。例如电动机只有在其电枢电路的电磁时间常数远小于机械时间常数，允许忽略不计时，其传递函数才有可能简化为一阶系统。

如果一阶系统的输入信号为理想单位阶跃函数 $r(t)=\delta(t)$，其象函数为 $R(s)=1$，则

$$C(s)=\Phi(s)R(s)=\frac{1}{Ts+1}\times1=\frac{1}{T}\times\frac{1}{s+\frac{1}{T}}$$

进行拉普拉斯反变换得

$$c(t)=\frac{1}{T}\mathrm{e}^{-\frac{t}{T}}\qquad t\geqslant0$$

请读者将式（3-14）求导并与上式比较，可得出什么结论？

一阶系统典型输入响应见“二维码 3.2”。

3.2

2. 二阶系统的瞬态分析

以二阶微分方程作为运动方程的控制系统，称为二阶系统。工程中许多控制系统都可以视为或简化为二阶系统，例如电动机调速系统、弹簧阻尼系统、倒立摆系统、伺服系统等。在分析和设计系统时，二阶系统的响应特性常被视为一种基准。虽然实际系统不尽是二阶系统，但高阶系统在一定条件下可以用二阶系统近似，因此二阶系统的响应对于控制系统的分析具有重要意义。

从物理意义上讲，二阶系统至少包含两个储能元件，能量有可能在两个元件之间交换，从而引起系统具有往复振荡的趋势，当阻尼不够充分大时，系统呈现出振荡的特性。故典型的二阶系统也称为二阶振荡环节。

（1）二阶系统的数学模型

二阶系统的典型传递函数可表示为

$$\Phi(s)=\frac{C(s)}{R(s)}=\frac{\omega_n^2}{s^2+2\zeta\omega_n s+\omega_n^2}\tag{3-15}$$

式中，ζ 为阻尼比，ω_n 为无阻尼自然振荡频率。相应的框图如图 3-8 所示。

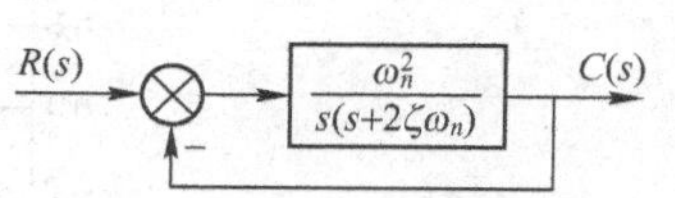

图 3-8　二阶系统框图

令式（3-15）分母的多项式为零，得二阶系统的特征方程

$$s^2+2\zeta\omega_n s+\omega_n^2=0\tag{3-16}$$

其两个根（闭环极点）为

$$\lambda_{1,2}=-\zeta\omega_n\pm\omega_n\sqrt{\zeta^2-1} \tag{3-17}$$

下面将根据式（3-16）对应的数学模型，研究二阶系统时间响应及动态性能指标的求法。

（2）二阶系统的单位阶跃响应

设二阶系统的输入信号为单位阶跃函数 $r(t)=1(t)$，其象函数为 $R(s)=\dfrac{1}{s}$，则

1）当 $0<\zeta<1$ 时，称为欠阻尼。

此时，二阶系统特征方程有一对具有负实部的共轭复根 $\lambda_{1,2}=-\zeta\omega_n\pm \mathrm{j}\omega_n\sqrt{1-\zeta^2}$，$\omega_d=\omega_n\sqrt{1-\zeta^2}$，称为阻尼振荡频率。所以

$$C(s)=\Phi(s)R(s)=\frac{\omega_n^2}{s^2+2\zeta\omega_n s+\omega_n^2}\times\frac{1}{s}=\frac{\omega_n^2}{(s+\zeta\omega_n+\mathrm{j}\omega_\mathrm{d})(s+\zeta\omega_n-\mathrm{j}\omega_\mathrm{d})}\times\frac{1}{s}$$

$$=\frac{1}{s}-\frac{s+\zeta\omega_n}{(s+\zeta\omega_n)^2+\omega_\mathrm{d}^2}-\frac{\zeta\omega_n}{(s+\zeta\omega_n)^2+\omega_\mathrm{d}^2} \tag{3-18}$$

对上式取拉普拉斯反变换，求得单位阶跃响应为

$$c(t)=1-\mathrm{e}^{-\zeta\omega_n t}\cos\omega_\mathrm{d}t-\frac{\zeta}{\sqrt{1-\zeta^2}}\mathrm{e}^{-\zeta\omega_n t}\sin\omega_\mathrm{d}t$$

$$=1-\frac{\mathrm{e}^{-\zeta\omega_n t}}{\sqrt{1-\zeta^2}}\left(\sqrt{1-\zeta^2}\cos\omega_\mathrm{d}t+\zeta\sin\omega_\mathrm{d}t\right)$$

$$=1-\frac{\mathrm{e}^{-\zeta\omega_n t}}{\sqrt{1-\zeta^2}}\sin(\omega_\mathrm{d}t+\beta) \tag{3-19}$$

式中，$\beta=\arctan\dfrac{\sqrt{1-\zeta^2}}{\zeta}$或$\beta=\arccos\zeta$，称为阻尼角。

由式（3-19）可知，当 $0<\zeta<1$ 时，二阶系统的单位阶跃响应是以 ω_d 为角频率的衰减振荡。其响应曲线如图 3-9 所示，由图可见，随着 ζ 的减小，其振幅加大。

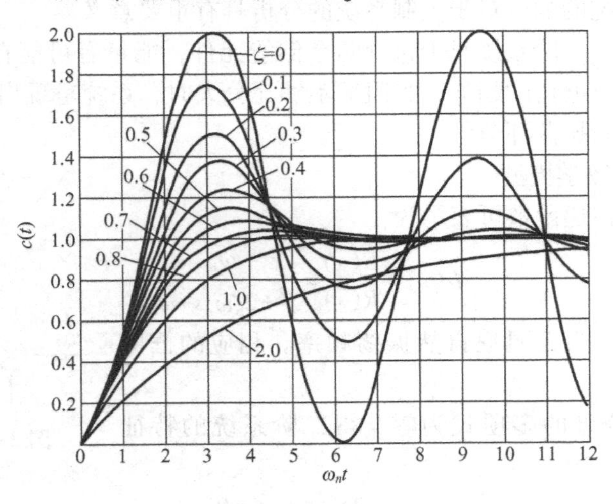

图 3-9　欠阻尼系统的单位阶跃响应曲线

典型二阶欠阻尼系统的单位阶跃响应曲线见“二维码 3.3”。

3.3

对于欠阻尼系统，因为系统响应的快速性较好，如果选择合理的ζ值，可使系统的响应满足：超调量（见 3.1.3 节）$\sigma\%$的大小在给定的要求范围之内；调节时间t_s比较短。

2）当$\zeta=1$时，称为临界阻尼。

此时，二阶系统特征方程有两个相等的负实根：$\lambda_{1,2}=-\omega_n$。所以

$$C(s)=\frac{\omega_n^2}{(s+\omega_n)^2}\cdot\frac{1}{s}=\frac{1}{s}-\frac{\omega_n}{(s+\omega_n)^2}-\frac{1}{s+\omega_n} \tag{3-20}$$

对上式取拉普拉斯反变换，求得单位阶跃响应为

$$c(t)=1-\omega_n t\mathrm{e}^{-\omega_n t}-\mathrm{e}^{-\omega_n t} \tag{3-21}$$

其响应曲线如图 3-10 所示，由图可见，系统没有超调。

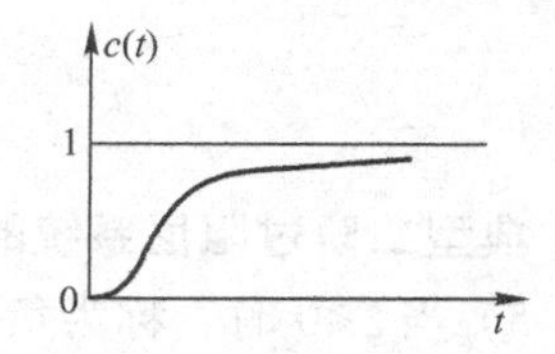

图 3-10　临界阻尼系统的单位阶跃响应曲线

由式（3-21）可知

$$c(0)=0$$

$$\left.\frac{\mathrm{d}c(t)}{\mathrm{d}t}\right|_{t=0}=\omega_n^2 t\mathrm{e}^{-\omega_n t}\Big|_{t=0}=0$$

在$t=0$时，不但响应数值为零，而且响应的导数值也为零。从曲线上看，响应曲线在$t=0$时的切线是水平的，这一点和一阶系统有明显区别。

3）当$\zeta>1$时，称为过阻尼。

此时，二阶系统特征方程有两个不相等的负实根：$\lambda_{1,2}=-\zeta\omega_n\pm\omega_n\sqrt{\zeta^2-1}$。所以

$$C(s)=\frac{\omega_n^2}{s^2+2\zeta\omega_n s+\omega_n^2}\cdot\frac{1}{s}=\frac{\omega_n^2}{(s+\zeta\omega_n+\omega_n\sqrt{\zeta^2-1})(s+\zeta\omega_n-\omega_n\sqrt{\zeta^2-1})}\cdot\frac{1}{s}$$

$$=\frac{1}{s}-\frac{\dfrac{1}{2(-\zeta^2-\zeta\sqrt{\zeta^2-1}+1)}}{s+\zeta\omega_n+\omega_n\sqrt{\zeta^2-1}}-\frac{\dfrac{1}{2(-\zeta^2+\zeta\sqrt{\zeta^2-1}+1)}}{s+\zeta\omega_n-\omega_n\sqrt{\zeta^2-1}} \tag{3-22}$$

对上式取拉普拉斯反变换，求得单位阶跃响应为

$$c(t)=1-\frac{1}{2(-\zeta^2-\zeta\sqrt{\zeta^2-1}+1)}\mathrm{e}^{-(\zeta+\sqrt{\zeta^2-1})\omega_n t}-\frac{1}{2(-\zeta^2+\zeta\sqrt{\zeta^2-1}+1)}\mathrm{e}^{-(\zeta-\sqrt{\zeta^2-1})\omega_n t} \tag{3-23}$$

其响应曲线如图 3-11a 所示。从图中可以看出，此时二阶系统的单位阶跃响应为单调上升曲线，曲线和临界阻尼系统响应曲线在形式上是接近的，但是上升时间和调节时间比临界阻尼系统都要长。

由于过阻尼系统响应缓慢，故通常不希望采用过阻尼系统。但是，这并不排除在某些情况下，譬如在低增益、大惯性的温度控制系统中，需要采用过阻尼系统；另外，在有些不允许时间响应出现超调而又希望响应速度较快的情况下，譬如在指示仪表和记录仪表系统中，需要采用临界阻尼系统。

4）当$\zeta=0$时，称为无阻尼。

此时，二阶系统特征方程有一对纯虚根：$\lambda_{1,2}=\pm\mathrm{j}\omega_n$。所以

$$C(s)=\frac{\omega_n^2}{s^2+\omega_n^2}\cdot\frac{1}{s}=\frac{1}{s}-\frac{s}{s^2+\omega_n^2} \tag{3-24}$$

对上式取拉普拉斯反变换，求得单位阶跃响应为

$$c(t)=1-\cos\omega_n t \tag{3-25}$$

其响应曲线如图 3-11b 所示，由图可见，系统为无阻尼等幅振荡。

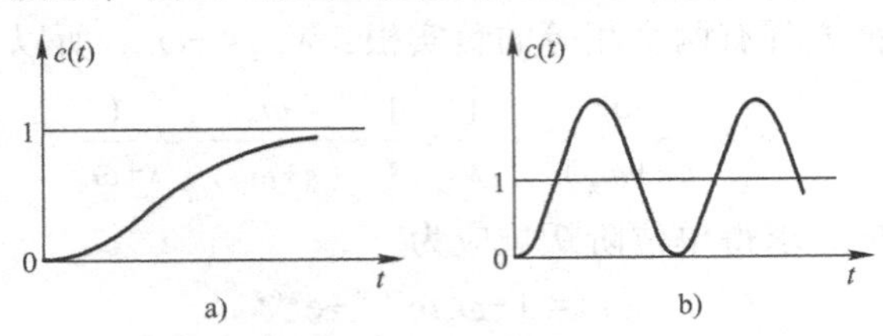

图 3-11　二阶系统的单位阶跃响应曲线

a）过阻尼系统　b）无阻尼系统

典型二阶过阻尼系统的单位阶跃响应曲线见“二维码 3.4”。

3.4

5）当 $\zeta<0$ 时，称为负阻尼。

此时，二阶系统特征方程特征根 $\lambda_{1,2}=-\zeta\omega_n\pm\omega_n\sqrt{\zeta^2-1}$ 将具有正的实部。由于系统时间响应关系式中含有正指数，所以单位阶跃响应 $c(t)$ 是一发散的响应过程，就是说系统的输出参数不能达到稳定状态，而是随着时间的推移发散到无穷大。过渡过程发散的系统是不稳定系统。$\zeta=0$ 时的等幅振荡情况介于稳定和不稳定之间，通常将其划为不稳定的范围。

综上所述，在过阻尼和临界阻尼响应曲线中，临界阻尼响应具有最短的上升时间，响应速度最快；在欠阻尼响应曲线中，阻尼比越小，超调量越大，上升时间越短，一般取 $\zeta=0.4\sim0.8$，此时超调量适度，调节时间较短；若二阶系统具有相同的 ζ 和不同的 ω_n，则其振荡特性相同但响应速度不同，ω_n 越大，则响应速度越快。

请读者自行分析二阶系统的单位脉冲响应（并与单位阶跃响应结果比较）。

图 3-12 给出了二阶系统在 ω_n 一定时，ζ 变化时的闭环系统极点在 s 平面上的分布及对应的单位阶跃响应示意图。

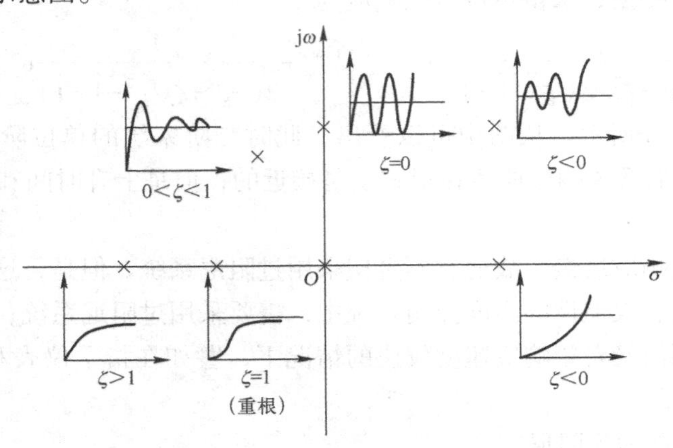

图 3-12　闭环系统极点在 s 平面上的分布图

3.1.3　二阶系统的瞬态性能指标

对于具有储能元件的系统（即大于或等于一阶的系统）受到输入信号激励时，一般不能立即反应，而是表现出一定的过渡过程。时域分析性能指标是由系统对单位阶跃输入的瞬态响应形式给出的，如图 3-13 所示。

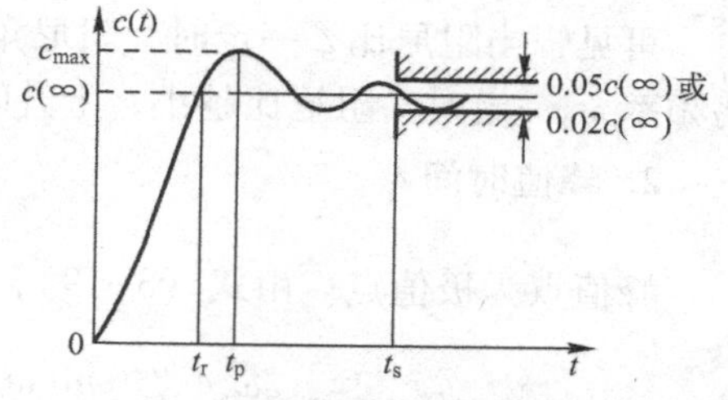

图 3-13　瞬态响应性能指标

瞬态响应性能指标包括：

1）上升时间 t_r。响应曲线从零时刻到首次到达稳态值的时间，即响应曲线从零上升到稳态值所需的时间。有些系统没有超调，理论上到达稳态值时间需要无穷大，因此，也将上升时间定义为响应曲线从稳态值的 10%上升到稳态值的 90%所需的时间。

2）峰值时间 t_p。响应曲线从零时刻到达峰值的时间，即响应曲线从零上升到第一个峰值点所需要的时间。

3）超调量 $\sigma\%$。单位阶跃输入时，响应曲线的最大峰值和稳态值之差与稳态值的比值（用百分数表示）。超调量亦称为最大超调量或百分比超调量。

4）调节时间 t_s。响应曲线达到并一直保持在允许误差范围内的最短时间。理论上，响应曲线 $c(t)$ 要达到稳态值，时间要趋于无穷大。在工程中，当满足给定的误差时就认为达到稳态了。所以，以稳态值为基准设置误差带宽度大小 $\pm\Delta$，则响应曲线 $c(t)$ 进入误差带后再不出去的时间即为调节时间 t_s。

通常，工程实践中往往习惯把二阶系统设计成欠阻尼工作状态。此时，系统调节灵敏，响应快，平稳性也较好。而过阻尼和临界阻尼系统的响应过程，虽然平稳性好，但响应过程缓慢。所以，采用欠阻尼瞬态响应指标来评价二阶系统的响应特性具有较大实际意义。

1. 上升时间 t_r

由式（3-19）知

$$c(t)=1-\frac{e^{-\zeta\omega_n t}}{\sqrt{1-\zeta^2}}\sin(\omega_d t+\beta)$$

由 $c(t_r)=1$ 得

$$1-\frac{e^{-\zeta\omega_n t_r}}{\sqrt{1-\zeta^2}}\sin(\omega_d t_r+\beta)=1$$

因为 $e^{-\zeta\omega_n t_r}\neq 0$，所以

$$\sin(\omega_d t_r+\beta)=0$$

由于上升时间是输出响应首次达到稳态值的时间，故

$$\omega_d t_r+\beta=\pi$$

则

$$t_r=\frac{\pi-\beta}{\omega_d}=\frac{\pi-\beta}{\omega_n\sqrt{1-\zeta^2}} \tag{3-26}$$

可见，当阻尼比ζ一定时，阻尼角β不变，系统的响应速度与ω_n成正比；而当阻尼振荡频率ω_d一定时，阻尼比越小，上升时间越短。

2. 峰值时间 t_p

峰值点为极值点。由式（3-19），令$\frac{dc(t)}{dt}=0$，得

$$\zeta\omega_n e^{-\zeta\omega_n t_p}\sin(\omega_d t_p+\beta)-\omega_d e^{-\zeta\omega_n t_p}\cos(\omega_d t_p+\beta)=0 \tag{3-27}$$

因为$e^{-\zeta\omega_n t_p}\neq 0$，所以

$$\tan(\omega_d t_p+\beta)=\frac{\omega_d}{\zeta\omega_n}=\frac{\sqrt{1-\zeta^2}}{\zeta}$$

又$\tan\beta=\frac{\sqrt{1-\zeta^2}}{\zeta}$，所以上述三角方程的解为$\omega_d t_p=0$、$\pi$、$2\pi$、$3\pi\cdots$。根据峰值时间定义，应取$\omega_d t_p=\pi$，于是峰值时间为

$$t_p=\frac{\pi}{\omega_d}=\frac{\pi}{\omega_n\sqrt{1-\zeta^2}} \tag{3-28}$$

式（3-28）表明，峰值时间与闭环极点的虚部数值成反比，当阻尼比一定时，闭环极点离负实轴的距离越远，系统的峰值时间越短。

3. 超调量 $\sigma\%$

因为超调量发生在峰值时间上，所以将式（3-28）代入式（3-19），得到输出量的最大值为

$$c(t_p)=1-\frac{1}{\sqrt{1-\zeta^2}}e^{-\frac{\zeta}{\sqrt{1-\zeta^2}}\pi}\sin(\pi+\beta) \tag{3-29}$$

由于$\sin(\pi+\beta)=-\sqrt{1-\zeta^2}$，故上式可写为

$$c(t_p)=1+e^{-\frac{\zeta}{\sqrt{1-\zeta^2}}\pi} \tag{3-30}$$

又$c(\infty)=1$，则

$$\sigma\%=\frac{c(t_p)-c(\infty)}{c(\infty)}\times 100\%=e^{-\frac{\zeta}{\sqrt{1-\zeta^2}}\pi}\times 100\% \tag{3-31}$$

式（3-31）表明，超调量$\sigma\%$仅是阻尼比ζ的函数，而与自然振荡频率ω_n无关。超调量与阻尼比的关系曲线如图3-14所示。由图可见，阻尼比越大，超调量越小，反之亦然。一般情况下，当选取$\zeta=0.4\sim0.8$时，$\sigma\%$在1.5%~25.4%之间。

典型欠阻尼二阶系统ζ与$\sigma\%$关系曲线见“二维码3.5”。

3.5

4. 调节时间 t_s

取式（3-19）的包络线如图3-15所示，求其进入误差带的时间即近似为调节时间，即忽略正弦函数的影响（应当注意，这种方法计算出来的调节时间可能比较保守，但是计算相对比较简单。对于实际的工程设计来说，这

种简化的计算是非常有效的）。表达包络线的函数为

$$F(t)=1\pm\frac{e^{-\zeta\omega_n t}}{\sqrt{1-\zeta^2}} \tag{3-32}$$

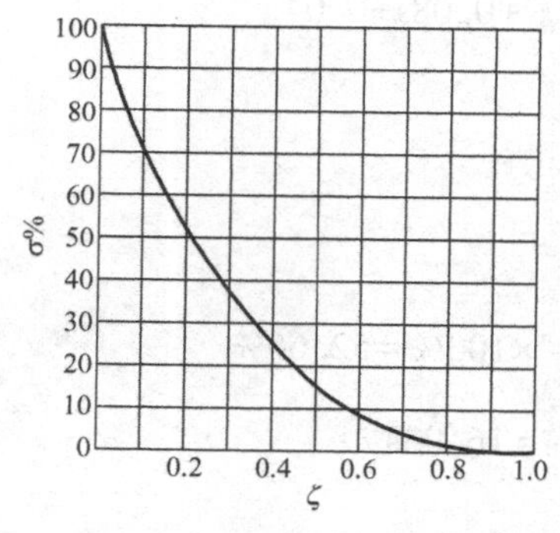

图 3-14　欠阻尼二阶系统 ζ 与 $\sigma\%$ 的关系曲线

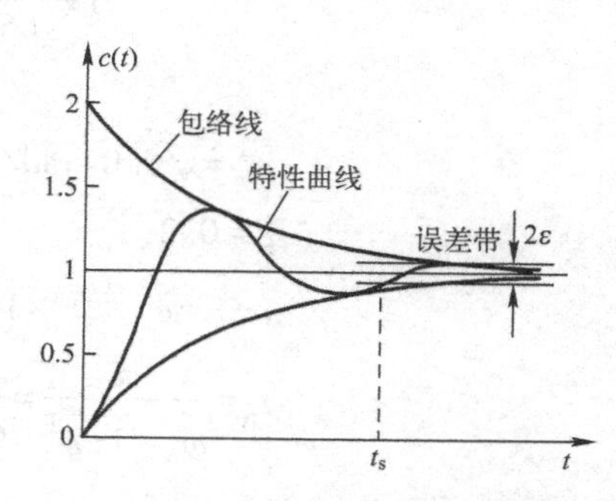

图 3-15　二阶系统阶跃响应包络线

典型二阶欠阻尼系统阶跃响应包络线见"二维码 3.6"。

3.6

以进入 $\Delta=\pm5\%$ 的误差范围为例，得

$$\frac{e^{-\zeta\omega_n t}}{\sqrt{1-\zeta^2}}=5\%$$

得

$$t_s=\frac{-\ln0.05-\ln\sqrt{1-\zeta^2}}{\zeta\omega_n} \tag{3-33}$$

当阻尼比 ζ 较小时，有

$$t_s\approx\frac{3.5}{\zeta\omega_n} \tag{3-34}$$

此时，欠阻尼的二阶系统进入 $\Delta=\pm5\%$ 的误差范围。

若 $\Delta=\pm2\%$，常取

$$t_s\approx\frac{4.4}{\zeta\omega_n}$$

由式（3-33）、式（3-34）可见，调节时间与闭环极点的实部数值成反比。闭环极点与虚轴的距离越远，系统的调节时间越短。由于阻尼比值主要根据对系统超调量的要求来确定，所以调节时间主要由无阻尼自然振荡频率决定。若当阻尼比 ζ 一定时，无阻尼自然振荡角频率 ω_n 越大，则调节时间 t_s 越短，即系统响应越快。

从上述各项动态性能指标的计算式可以看出，各指标之间是有矛盾的。例如，上升时间和超调量，即响应速度和阻尼程度不能同时达到满意的结果。因此，对于既要增强系统的阻尼程度，又要系统具有较快响应速度的二阶控制系统设计，需要采取合理的折中方案或补偿方案，才能达到设计目的。

【例 3-1】 某系统框图如图 3-16 所示，求系统的超调量 $\sigma\%$、峰值时间 t_p、调节时间 t_s（进入±5%的误差带）。

解： 由图 3-16 求得系统传递函数，并化为标准形式，然后通过公式求出各项特征量及

瞬态响应指标。

$$\frac{C(s)}{R(s)}=\frac{\dfrac{100}{s(50s+4)}}{1+\dfrac{100}{s(50s+4)}\times 0.02}=\frac{2}{s^2+0.08s+0.04}$$

所以

$$\omega_n=\sqrt{0.04}\,\text{rad/s}=0.2\text{rad/s}$$

$$\zeta=0.2$$

$$\sigma\%=\mathrm{e}^{-\frac{\zeta}{\sqrt{1-\zeta^2}}\pi}\times 100\%=\mathrm{e}^{-\frac{0.2}{\sqrt{1-0.2^2}}\times\pi}\times 100\%=52.66\%$$

$$t_{\mathrm{p}}=\frac{\pi}{\omega_n\sqrt{1-\zeta^2}}=\frac{\pi}{0.2\times\sqrt{1-0.2^2}}\mathrm{s}=16.03\mathrm{s}$$

$$t_{\mathrm{s}}\approx\frac{3.5}{\zeta\omega_n}=\frac{3.5}{0.2\times 0.2}\mathrm{s}=87.5\mathrm{s}\quad(\Delta=\pm 5\%)$$

【例 3-2】 如图 3-17 所示系统，欲使系统的最大超调量等于 20%，峰值时间等于 1 s，试确定增益 K 和 τ 的数值，并确定在此 K 和 τ 数值下，系统的上升时间 t_r 和调节时间 t_s。

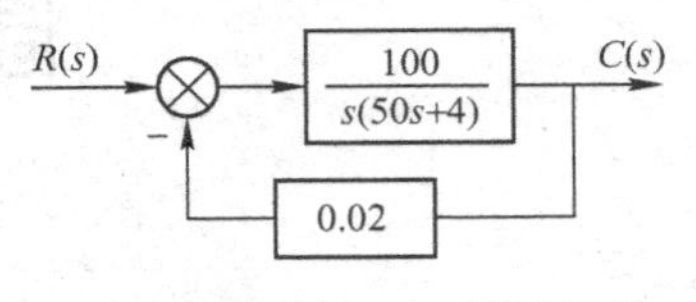

图 3-16　例 3-1 系统框图

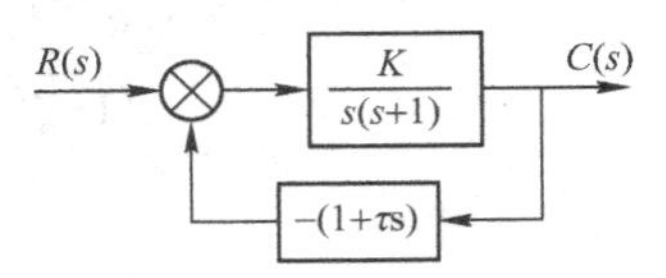

图 3-17　例题 3-2 系统框图

解： 由题意

$$\sigma\%=\mathrm{e}^{-\frac{\pi\zeta}{\sqrt{1-\zeta^2}}}\times 100\%=20\%$$

得

$$\zeta=0.456$$

另有

$$t_{\mathrm{p}}=\frac{\pi}{\omega_n\sqrt{1-\zeta^2}}=1$$

得

$$\omega_n=\frac{\pi}{\sqrt{1-\zeta^2}}=\frac{\pi}{\sqrt{1-0.456^2}}\text{rad/s}=3.53\text{ rad/s}$$

由图 3-17 可知，系统的闭环传递函数为

$$\Phi(s)=\frac{C(s)}{R(s)}=\frac{K}{s^2+(1+K\tau)s+K}$$

与传递函数的标准形式比较，可得

$$\omega_n=\sqrt{K}$$

$$\zeta=\frac{1+K\tau}{2\sqrt{K}}$$

所以

$$K=\omega_n^2=3.53^2=12.46$$

$$\tau=\frac{2\zeta\omega_n-1}{K}=0.178$$

$$t_{\mathrm{r}}=\frac{\pi-\beta}{\omega_{\mathrm{d}}}=\frac{\pi-\arccos\zeta}{\omega_n\sqrt{1-\zeta^2}}=\frac{\pi-\arccos 0.456}{3.53\times\sqrt{1-0.456^2}}\mathrm{s}=0.65\mathrm{s}$$

$$t_{\mathrm{s}}=\frac{3.5}{\zeta\omega_n}=\frac{3.5}{0.456\times 3.53}\mathrm{s}=2.17\mathrm{s}(\Delta=\pm 5\%)$$

若将二阶系统改写为

$$\Phi(s)=\frac{\omega_n^2}{s^2+2\zeta\omega_n s+\omega_n^2}=\frac{K}{T_0 s^2+s+K}$$

式中，$\omega_n=\sqrt{\dfrac{K}{T_0}}$；$\zeta=\dfrac{1}{2}\sqrt{\dfrac{1}{KT_0}}$。

由欠阻尼二阶系统动态性能计算式 $\sigma\%=\mathrm{e}^{-\frac{\zeta}{\sqrt{1-\zeta^2}}\pi}\times 100\%$、$t_{\mathrm{s}}\approx\dfrac{3.5}{\zeta\omega_n}$及极点表达式 $\lambda_{1,2}=-\zeta\omega_n\pm\mathrm{j}\omega_n\sqrt{1-\zeta^2}=\omega_n\angle\arccos\zeta$，可以进一步讨论系统动态性能、系统参数及闭环极点分布的规律。

如果 ω_n不变，ζ 增加（β 减小）时，系统超调量 $\sigma\%$减小；由于极点远离虚轴，$\zeta\omega_n$增加，调节时间 t_{s}减小。

$\omega_n=1$，ζ 改变时典型二阶系统的阶跃响应见“二维码 3.7”。

如果 ζ 不变，ω_n增加时，系统超调量 $\sigma\%$不变；由于极点远离虚轴，$\zeta\omega_n$增加，调节时间 t_{s}减小。

$\zeta=0.5$，ω_n改变时典型二阶系统的阶跃响应见“二维码 3.8”。

一般实际系统中，T_0是系统的固定参数，不能随意改变，而开环增益 K 是各环节总的传递系数，可以调节。若 K 增大，阻尼比 ζ 变小，超调量 $\sigma\%$会增加。

$T_0=1$，K 改变时典型二阶系统的阶跃响应见“二维码 3.9”。

3.7

3.8

3.9

3.2 线性系统的根轨迹分析法

通过 3.1 的讨论可知，闭环系统的动态性能与闭环极点（即特征方程的根）在 s 平面上的位置密切相关，因此，在分析系统性能时，往往要求确定闭环系统极点的分布情况。然而，一个较完善的闭环控制系统，其特征方程一般是高阶的，直接求解比较困难，这就限制了时域分析法在高阶系统中的应用。另一方面，在分析或设计系统时，经常要研究一个或者几个参变量在一定范围内变化时，对闭环系统极点的位置以及系统性能的影响。例如系统的开环增益发生变化时，为了求取闭环极点，需要反复地进行计算，这时采用分解因式的经典方法就显得十分烦琐，难以在实际中应用。

伊文思提出的根轨迹法包括两个部分：首先是求取或绘制闭环系统的根轨迹，其次是利用根轨迹图进行分析和设计。本节讨论的重点是从开环传递函数的极点和零点绘制闭环系统根轨迹的方法，以及调整开环极点和零点使闭环传递函数的极点符合规定的性能指标的途径。由于根轨迹法具有简便、直观等特点，因而已发展为经典控制理论中最基本的方法之一。该方法与下一节介绍的频率法互为补充，成为分析和设计控制系统的有效工具。

随着 MATLAB 等软件的发展，精细绘制中很多规则已经没有必要了，但对于一个控制器的设计者来说，非常有必要了解所设计的动态控制器将如何影响根轨迹，作为设计过程的指导。了解根轨迹的基本知识同样很重要，这有助于检验计算机计算结果的正确性。

3.2.1 根轨迹的概念

所谓根轨迹，是指在已知开环系统零、极点的情况下，当开环增益或某个其他参数由零变化到无穷大时，其对应的闭环系统极点在 s 平面上移动的轨迹。在介绍图解法之前，先用直接求根的方法来说明根轨迹的含义。

【例 3-3】 已知单位反馈系统的结构如图 3-18 所示，试绘制其根轨迹。

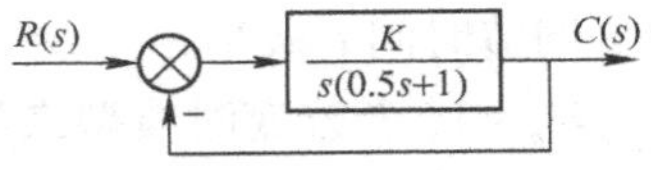

R(s)　−　$\frac{K}{s(0.5s+1)}$　C(s)

图 3-18　二阶系统的结构图

解： 系统的开环传递函数为

$$G(s)=\frac{K}{s(0.5s+1)}=\frac{2K}{s(s+2)}=\frac{K^*}{s(s+2)} \qquad (3-35)$$

其中，K 为系统开环传递系数（亦称为开环增益）；K^* 为开环根轨迹增益，$K^*=2K$。

可见，开环传递函数 $G(s)$ 由原来的时间常数表达式转变成为零、极点表达式［式(3-35)］了。式（3-35）表明，系统有两个开环极点：$p_1=0$ 和 $p_2=-2$，用符号“×”标于图 3-19 的 s 平面上。本例中没有开环零点（若有开环零点，则在 s 平面上用符号“∘”表示）。

系统的闭环系统传递函数为

$$\Phi(s)=\frac{C(s)}{R(s)}=\frac{K^*}{s^2+2s+K^*}$$

则闭环特征方程为

$$s^2+2s+K^*=0 \qquad (3-36)$$

解得闭环特征方程的两个根分别为

$$\lambda_1=-1+\sqrt{1-K^*}、\lambda_2=-1-\sqrt{1-K^*} \qquad (3-37)$$

上式表明，闭环特征根 λ_1 和 λ_2 是参数 K^* 的函数，它们随着 K^* 的变化而变化。若 K^* 由 $0\to\infty$，则 λ_1 和 λ_2 的值见表 3-1。

表 3-1　例 3-3 根的取值表

K^*	0	0.25	0.5	1	2	5	…	∞
λ_1	0	−0.13	−0.29	−1	−1+j	−1+j2	…	−1+j∞
λ_2	−2	−1.866	−1.707	−1	−1−j	−1−j2	…	−1−j∞

当 K^* 由 0 变化到 ∞ 时，将闭环特征根的全部数值标在 s 平面上，并用平滑曲线将其连接起来，如图 3-19 所示，图中粗实线就称为例 3-3 系统的根轨迹。轨迹上的箭头方向表示 K^* 增大时根轨迹变化的方向，而标注的数值则代表与闭环极点位置相应的根轨迹增益 K^* 的数值。

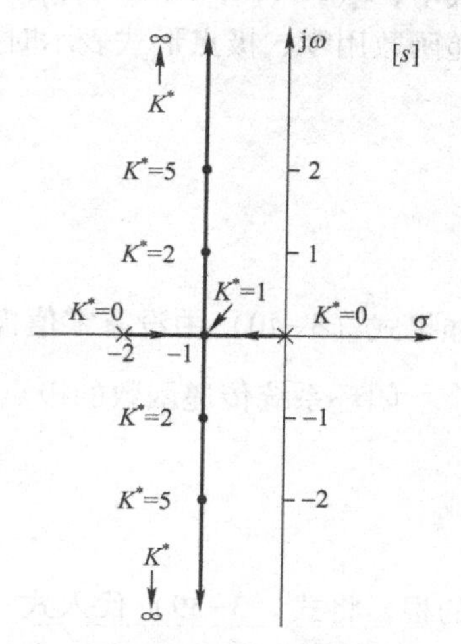

图 3-19　二阶系统的根轨迹

从图 3-19 可知：

1）当 $K^*=0$ 时，闭环系统的两个特征根分别为 $\lambda_1=0$ 以及 $\lambda_2=-2$。此时，闭环极点就是开环极点。

2）当 K^* 由 0→∞ 时，根轨迹均在 s 平面的左半平面，因此，系统对所有的 $K^*>0$ 都是稳定的（稳定性的判断见第 4 章）。

3）当 $0<K^*<1$ 时，两个特征根均位于负实轴上。此时，系统处于过阻尼状态，单位阶跃响应是单调的。

4）当 $K^*=1$ 时，两个特征根汇合于 $\lambda_1=\lambda_2=-1$ 点，此时，系统处于临界阻尼状态，单位阶跃响应仍为单调的。

5）当 $K^*>1$ 时，两个特征根从 $\lambda_1=\lambda_2=-1$ 点分离，变为共轭复根，系统呈欠阻尼状态，单位阶跃响应为衰减振荡过程，并且随着 K^* 值的增加，阻尼系数 ζ 变小，从而导致超调量变大，振荡愈加剧烈。

上述二阶系统的特征根是直接对特征方程求解得到的，进而可以利用其来直接绘制系统的根轨迹。然而对高阶系统而言，直接求解特征根往往是十分困难的。因此，希望能有简便、实用的绘制根轨迹的方法。为此，首先来看 s 平面上的点需要满足哪些条件才能成为根轨迹上的点。

3.2.2　幅值条件和相角条件

在此介绍绘制负反馈系统的根轨迹所需要的条件。

图 3-20 所示是典型的带有负反馈的闭环系统结构图，其闭环传递函数为

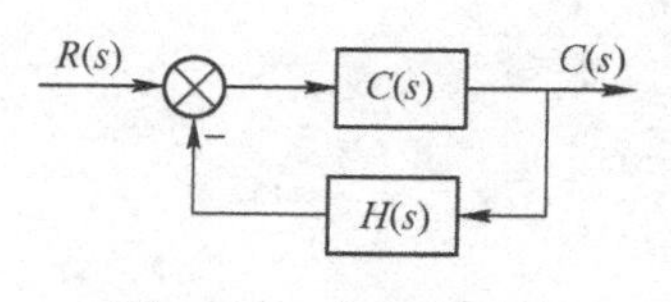

图 3-20　典型负反馈系统结构图

$$\Phi(s)=\frac{G(s)}{1+G(s)H(s)} \tag{3-38}$$

式中，$G(s)H(s)$ 为开环传递函数。绘制闭环系统根轨迹的本质，就是在 s 平面上寻找满足闭环特征方程 $G(s)H(s)+1=0$ 的特征根的位置。

将 $G(s)H(s)$ 写成如下零、极点的表达形式

$$G(s)H(s)=K^*\frac{\prod_{i=1}^{m}(s-z_i)}{\prod_{j=1}^{n}(s-p_j)} \tag{3-39}$$

式中，$z_i(i=1,2,\cdots,m)$ 和 $p_j(j=1,2,\cdots,n)$ 分别为系统的开环零点和开环极点；K^* 为开环传递函数用零、极点形式表示时的系数，称为开环根轨迹增益，它和开环增益 K 的关系为

$$K=K^*\frac{\prod_{i=1}^{m}(-z_i)}{\prod_{j=1}^{n}(-p_j)} \tag{3-40}$$

如果式（3-40）中没有零值极点且 $m=0$ 时，则 $\prod_{i=1}^{m}(-z_i)=1$。

闭环系统传递函数的极点就是闭环系统特征方程

$$G(s)H(s)+1=0 \tag{3-41}$$

或

$$G(s)H(s)=-1 \tag{3-42}$$

的根。将式（3-39）代入式（3-42），有

$$K^*\frac{\prod_{i=1}^{m}(s-z_i)}{\prod_{j=1}^{n}(s-p_j)}=-1 \tag{3-43}$$

系统的根轨迹就是当开环传递函数的开环增益 K（或开环根轨迹增益 K^*）变化时，闭环系统特征方程的根在 s 平面上变化的轨迹。一般称式（3-42）或式（3-43）为根轨迹方程。

根轨迹方程实际上是一个向量方程，由式（3-42）对应的复数方程，得到幅值和相角分别相等的两个方程，即

$$|G(s)H(s)|=1 \tag{3-44}$$

和

$$\angle G(s)H(s)=(2k+1)\pi,k=0,\pm1,\pm2\cdots \tag{3-45}$$

考虑到式（3-43），则有

$$K^*\frac{\prod_{i=1}^{m}|(s-z_i)|}{\prod_{j=1}^{n}|(s-p_j)|}=1 \tag{3-46}$$

和

$$\sum_{i=1}^{m}\angle(s-z_i)-\sum_{j=1}^{n}\angle(s-p_j)=(2k+1)\pi,k=0,\ \pm1,\ \pm2\cdots \tag{3-47}$$

也就是说，在 s 平面上满足式（3-42）或式（3-43）的点，也必然同时满足式（3-44）和式（3-45）［或式（3-46）和式（3-47）］，这些点就是闭环系统特征方程的根。称式（3-44）和式（3-45）［或式（3-46）和式（3-47）］分别为满足根轨迹方程的幅值条件和

相角条件。

在此需要指出的是，幅值条件仅仅是根轨迹的必要条件，即根轨迹上所有的点都应该满足幅值条件，但 s 平面上满足幅值条件的点未必都在根轨迹上。相角条件则是根轨迹应该满足的充分必要条件，即根轨迹上的点都满足相角条件，同时 s 平面中满足相角条件的点都在根轨迹上。因而，绘制根轨迹时，用相角条件确定根轨迹上的点，用幅值条件确定根轨迹某一点所对应的根轨迹增益 K^* 的值。

综上所述，根据开环传递函数以及上述的幅值条件和相角条件，很容易判断 s 平面上任意一点是否是根轨迹上的点。

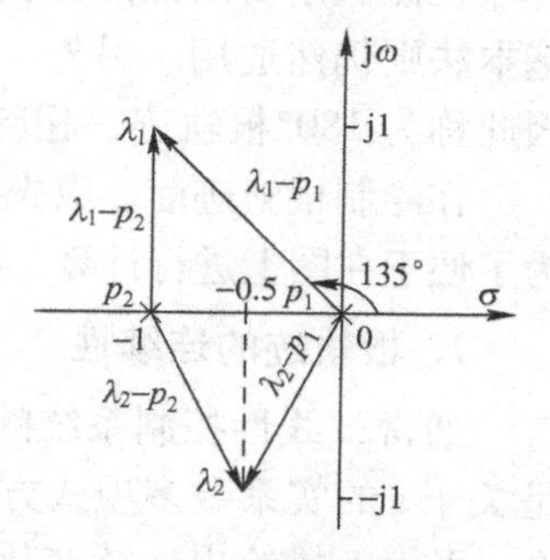

图 3-21　相角条件的试探

【例 3-4】 已知开环传递函数 $G(s)=\dfrac{K^*}{s(s+1)}$，其零、极点分布如图 3-21 所示。试判断 $\lambda_1(-1,\mathrm{j}1)$ 和 $\lambda_2(-0.5,-\mathrm{j}1)$ 这两点是否在根轨迹上。若在根轨迹上，计算出其对应的根轨迹增益。

解： 由开环传递函数可知，系统没有开环零点，有两个开环极点：$p_1=0$、$p_2=-1$。

分别由该两个开环极点向 λ_1 点画向量 $(\lambda_1-p_1)=\lambda_1$ 和 $(\lambda_1-p_2)=(\lambda_1+1)$，如图 3-21 所示。则由 λ_1 点导出的向量相角分别为

$$\angle(\lambda_1-p_1)=\angle\lambda_1=135^\circ$$

$$\angle(\lambda_1-p_2)=\angle(\lambda_1+1)=90^\circ$$

对于点 λ_1，有

$$\sum_{i=1}^{m}\angle(\lambda_1-z_i)-\sum_{j=1}^{n}\angle(\lambda_1-p_j)=0^\circ-[\angle\lambda_1+\angle(\lambda_1+1)]=-225^\circ$$

根据相角条件知 λ_1 点不在根轨迹上，也就是说，λ_1 点不是系统的闭环极点。

同理，由该两个开环极点向 λ_2 点做连线，得到向量 $(\lambda_2-p_1)=\lambda_2$ 和 $(\lambda_2-p_2)=(\lambda_2+1)$，得

$$\angle(\lambda_2-p_1)=\angle\lambda_2=-116.6^\circ$$

$$\angle(\lambda_2-p_2)=\angle(\lambda_2+1)=-63.4^\circ$$

对于点 λ_2，有

$$\sum_{i=1}^{m}\angle(\lambda_2-z_i)-\sum_{j=1}^{n}\angle(\lambda_2-p_j)=0^\circ-[\angle\lambda_2+\angle(\lambda_2+1)]=180^\circ$$

满足相角条件，则 λ_2 点在根轨迹上，是系统的一个闭环极点。

因此，考虑到 λ_2 点在根轨迹上，就可以根据幅值条件计算出相应的根轨迹增益。由幅值条件（3-46）有

$$K^*=\frac{\prod\limits_{j=1}^{n}|(\lambda_2-p_j)|}{\prod\limits_{i=1}^{m}|(\lambda_2-z_i)|}=|\lambda_2-p_1|\times|\lambda_2-p_2|=|-0.5-\mathrm{j}1+0|\times|-0.5-\mathrm{j}1+1|=1.25$$

由上可见，要把根平面上无限个点都试探一遍是不可能的，因而建立在纯试探基础上的根轨迹绘制法是没有实际意义的。但是下面介绍一些可用的绘制根轨迹的分析规则，不仅避

免了无目的、无止境的试探，并且可以比较迅速地描绘出大致的（对局部而言是精确的）根轨迹图来。

3.2.3 绘制根轨迹的基本法则

在3.2.2小节中，介绍了根轨迹的基本概念以及根轨迹上的点所需要满足的幅值条件和相角条件。在本小节中，将依据幅值条件和相角条件，推导出绘制根轨迹的十条基本法则。熟练掌握这些基本法则，对于分析和设计控制系统是非常有益的。

在此假定所研究的变化参数为根轨迹增益 K^*，当可变参数为系统中其他参数时，这些基本法则仍然适用。另外，用这些基本法则绘制出的根轨迹，其相角遵循 $(2k+1)\pi$ 条件，因此称为180°根轨迹，相应的绘制法则称为180°根轨迹的绘制法则。

在绘制根轨迹前，应先把系统的开环传递函数写成零、极点的表达形式，见式（3-39）。为了便于在图上进行计算，根轨迹图的实轴和虚轴应取相同的比例尺。

1. 根轨迹的连续性

通常，线性控制系统的闭环特征方程 $G(s)H(s)+1=0$ 为代数方程。由于系统特征方程是关于 s 的实系数多项式方程，当根轨迹增益 K^* 从 $0\to\infty$ 连续变化时，其特征方程的根必然在 s 平面上描绘出连续变化的曲线。

2. 根轨迹的对称性

对于实际的物理系统而言，线性控制系统的闭环特征方程的系数均为实数，所以系统的特征根只有实根和复根两种，实根位于实轴上，复根必是共轭的，而根轨迹是特征根的集合，因而根轨迹对称于实轴。

根据对称性，只需要做出 s 平面上半部分（包括实轴）的根轨迹即可，然后利用对称关系就可画出 s 平面下半部分的根轨迹。

3. 根轨迹的起点和终点

根轨迹的起点是指根轨迹增益 $K^*=0$ 时闭环极点在 s 平面上的分布情况，而根轨迹的终点则是根轨迹增益 $K^*\to\infty$ 时闭环极点在 s 平面上的分布情况。

由根轨迹方程［式（3-43）］可知

$$\frac{\prod_{i=1}^{m}(s-z_i)}{\prod_{j=1}^{n}(s-p_j)}=-\frac{1}{K^*} \tag{3-48}$$

当 $K^*=0$ 时，上式右边为 ∞，因而只有当 $s=p_j(j=1,2,\cdots,n)$ 时，式（3-48）才能成立。而这里的 $p_j(j=1,2,\cdots,n)$ 是开环传递函数的极点，故根轨迹的起点就是开环极点。

当 $K^*\to\infty$ 时，式（3-48）右边为0，只有当 $s=z_i(i=1、2,\cdots,m)$ 时，才能使得式（3-48）成立，而 $z_i(i=1,2,\cdots,m)$ 是开环传递函数的零点，故根轨迹的终点是系统的开环零点。

通常，对于实际系统而言，系统的开环极点数 n 总是大于或等于开环零点数 m 的。当 $n>m$ 时，由开环极点出发的 n 条根轨迹中，只有 m 条终止在有限零点处。另外 $n-m$ 条根轨迹将终止于无穷远处。实际上，当 $K^*\to\infty$ 时，式（3-48）右边为0，而在 $n>m$ 的情况下，只有当 $s\to\infty$ 时，左边才为0。因此，对式（3-48）两边取模，当 $s\to\infty$ 时，左边可以只保

留分子和分母的最高次项，即

$$\lim_{s\to\infty}\frac{\prod_{i=1}^{m}|s-z_i|}{\prod_{j=1}^{n}|s-p_j|}=\lim_{s\to\infty}|s|^{m-n}=0$$

这表明，当 $K^*\to\infty$ 时，有 $n-m$ 条根轨迹分支趋于无穷远处。这完全可以认为有 $n-m$ 个“隐藏”在无穷远处的零点，将这些无穷远零点考虑在内，系统开环的零、极点数实际上是相等的。因此概括地说，系统 n 条闭环根轨迹起始于各开环极点，而终止于各开环零点（包括无穷远零点）。

4. 根轨迹的分支数

每一个开环极点就是一条根轨迹的起点，因而系统的根轨迹共有 n 条分支。

5. 实轴上的根轨迹

对于实轴上的任意点，如果它右方的开环零、极点数目的总和为奇数，则该点必为根轨迹上的点。

设某系统的开环零、极点分布如图 3-22 所示，其中 p_2、p_3是一对共轭开环极点，z_2、z_3是一对共轭开环零点。在实轴上任取一点 λ_1，观察各开环零、极点对 λ_1点的相角变化。

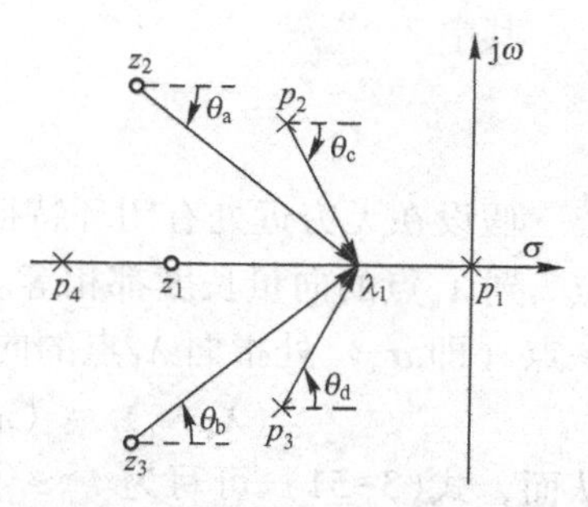

图 3-22　某开环零、极点的分布

首先观察各共轭开环零点和共轭开环极点到 λ_1点的相角，由图 3-22 可见，共轭开环零点 z_2、z_3到实轴上 λ_1点的向量相角（图中的 θ_a、θ_b）之和为 0°；同理，共轭开环极点 p_2、p_3到 λ_1点的向量相角（图中的 θ_c、θ_d）之和也为 0°，说明共轭开环零、极点的存在不影响 λ_1点的相角条件。由 λ_1点的任意性可知，共轭开环零、极点均不对实轴上任意一点的相角条件产生影响。因此，在确定实轴上的根轨迹时，可以不考虑共轭开环零、极点的影响。

可见，实轴上的根轨迹仅仅由落在实轴上的开环零、极点的分布所决定。在实轴上，落在 λ_1点左边的开环零、极点对该点构成的向量的相角为 0°，对相角条件亦无影响，因而也可不予考虑。在 λ_1点右方的每一个开环零、极点均对该点构成 180°的相角。而 180°的奇数倍满足根轨迹方程的相角条件［式（3-45)］。所以，若实轴上某一点（如 λ_1点）右侧的实数开环零、极点的总和为奇数，则该点在根轨迹上。

不难判断，图 3-22 中的$[z_1,p_1]$和$(-\infty,p_2]$两个区段为该系统在实轴上的根轨迹。

6. 根轨迹的渐近线

若系统的开环极点数 n 大于开环零点数 m，在 $K^*\to\infty$ 时，有 $n-m$ 条根轨迹分支沿着与实轴正方向的夹角为 θ、截距为 σ_a的一组渐近线趋向到无穷远处。并且

$$\theta=\frac{(2k+1)\pi}{n-m},k=0,\pm1,\pm2\cdots \tag{3-49}$$

$$\sigma_a=\frac{\sum_{j=1}^{n}p_j-\sum_{i=1}^{m}z_i}{n-m} \tag{3-50}$$

上述结论证明如下。

(1) 式(3-49)的证明。渐近线是 λ 值趋于无穷大时的根轨迹。故假设在无穷远处有闭环特征根 λ_k，则 s 平面上所有开环极点和有限开环零点到 λ_k 的向量所形成的辐角都相同，用 θ 表示，即

$$\angle(\lambda_k - z_i) = \angle(\lambda_k - p_j) = \theta, i=1,2,\cdots,m, j=1,2,\cdots,n$$

将上式代入相角条件[式(3-45)]得

$$m\theta - n\theta = (2k+1)\pi, k=0,\pm1,\pm2\cdots$$

得 θ 如式(3-49)所示。

(2) 式(3-50)的证明。将式(3-42)写成多项式的形式，有

$$G(s)H(s) = \frac{K^* \prod_{i=1}^{m}(s-z_i)}{\prod_{j=1}^{n}(s-p_j)} = \frac{K^*(s^m + b_{m-1}s^{m-1} + \cdots + b_0)}{s^n + a_{n-1}s^{n-1} + \cdots + a_0} = \frac{K^*}{s^{n-m} + (a_{n-1} - b_{m-1})s^{n-m-1} + \cdots} \tag{3-51}$$

其中

$$a_{n-1} = \sum_{j=1}^{n}(-p_j),\ b_{m-1} = \sum_{i=1}^{m}(-z_i)$$

假设在无穷远处有闭环特征根 λ_k。当 $\lambda \to \lambda_k$ 时，s 平面上所有开环极点 p_j 和有限开环零点 z_i 到 λ_k 点的向量长度都相等。于是，可将从各个有限开环零点和极点到 λ_k 点的向量用同一点(即 σ_a)处指向 λ_k 点的向量来代替，即

$$(\lambda_k - z_i) \approx (\lambda_k - p_j) \approx (\lambda_k - \sigma_a), i=1,2,\cdots,m, j=1,2,\cdots,n$$

从而，式(3-51)可写为

$$G(s)H(s) = \frac{K^* \prod_{i=1}^{m}(s-z_i)}{\prod_{j=1}^{n}(s-p_j)} = \frac{K^*}{(s-\sigma_a)^{n-m}} = \frac{K^*}{s^{n-m} - (n-m)\sigma_a s^{n-m-1} + \cdots} \tag{3-52}$$

比较式(3-51)和式(3-52)可知

$$a_{n-1} - b_{m-1} = -(n-m)\sigma_a$$

所以

$$\sigma_a = -\frac{a_{n-1} - b_{m-1}}{n-m} = \frac{\sum_{j=1}^{n} p_j - \sum_{i=1}^{m} z_i}{n-m}$$

当渐近线数目为奇数时，必定有一支辐角为-180°的渐近线；当渐近线数目为偶数时，必定没有辐角为-180°的渐近线。这 $n-m$ 条渐近线将 s 平面以 σ_a 为中心进行等分，即相邻渐近线之间的夹角为 $360°/(n-m)$。

应当注意的是，根轨迹若干渐近线的交点总在实轴上，这是因为根轨迹关于实轴对称，故渐近线也关于实轴对称。在采用式(3-50)计算 σ_a 时，考虑到共轭复数极点、零点的虚部总是相互抵消，故只需把开环零、极点的实部代入计算即可，计算结果也必然为实数。

【例 3-5】设系统的开环传递函数为

$$G(s)H(s)=\frac{K^*(s+1)}{s(s+4)(s^2+2s+2)}$$

试确定渐近线。

解：由已知的开环传递函数可知，系统有 4 个开环极点：$p_1=0$、$p_2=-4$、$p_{3,4}=-1\pm j1$，1 个开环零点：$z_1=-1$。系统有 3 条根轨迹趋于无穷远处。有

$$\sigma_a=\frac{[0+(-1+j1)+(-1-j1)+(-4)]-(-1)}{4-1}=\frac{[(-1)+(-1)+(-4)]-(-1)}{4-1}=-\frac{5}{3}$$

$$\theta=\frac{(2k+1)\pi}{4-1}=\begin{cases}60^\circ & k=0\\180^\circ & k=1\\-60^\circ & k=-1\end{cases}$$

根轨迹中的 2 条渐近线如图 3-23 中虚线所示。

7. 根轨迹的分离点和会合点

若干条根轨迹在 s 平面上的某点相遇，然后又立即分开，该点就称为根轨迹的分离点或会合点。由于根轨迹的共轭对称性，故分离点或会合点必然是实数或共轭复数对，在一般情况下，分离点与会合点多出现在实轴上。

图 3-24 所示为某系统的根轨迹图，由开环极点 p_1 和 p_2 出发的两条根轨迹，随着 K^* 的增大，在实轴上的 a 点会合后即分离进入复平面。当 K^* 继续增大后，根轨迹又在实轴上的 b 点相遇并分离。当 $K^*\to\infty$ 时，一条根轨迹终止于有限开环零点 z_1，另外一条趋于负无穷远处。在此把 a 点称为分离点，b 点称为会合点。

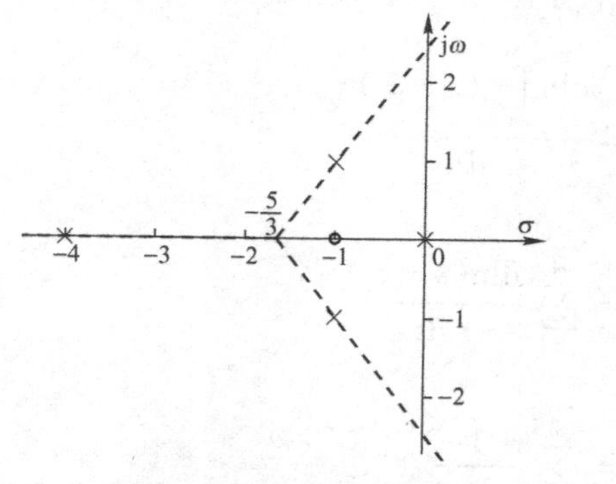

图 3-23　渐近线的确定

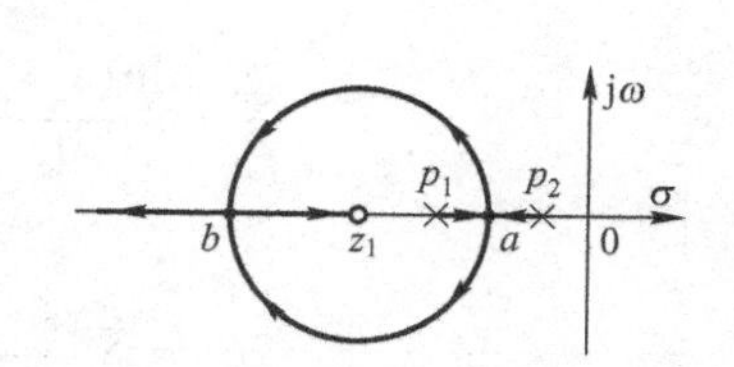

图 3-24　根轨迹的会合和分离

一般而言，如果实轴上两相邻开环极点之间存在根轨迹，则在这两个相邻极点之间必有分离点；如果实轴上两相邻开环零点（其中一个可能是无穷远零点）之间有根轨迹，则在这两相邻零点之间必有会合点；如果实轴上的根轨迹在开环零点和开环极点之间，则它们之间可能既有分离点也有会合点，也可能既无分离点也无会合点。

确定分离点与会合点对于绘制根轨迹图很重要，可以用重根法求分离点与会合点。

根轨迹的分离点和会合点都是闭环特征方程的重根。若代数方程 $f(x)=0$ 有重根 x_1，则必然同时满足 $f(x_1)=0$ 和 $f'(x_1)=0$。

设系统的开环传递函数为

$$G(s)H(s)=K^*\frac{\prod_{i=1}^{m}(s-z_i)}{\prod_{j=1}^{n}(s-p_j)}=K^*\frac{N(s)}{D(s)}$$

其中，$N(s)=\prod_{i=1}^{m}(s-z_i)$、$D(s)=\prod_{j=1}^{n}(s-p_j)$，则闭环系统特征方程为

$$1+K^*\frac{N(s)}{D(s)}=0$$

即

$$D(s)+K^*N(s)=0 \tag{3-53}$$

当特征方程在实轴上有重根时，那么在重根处，必有下列方程组

$$\begin{cases}D(s)+K^*N(s)=0\\D'(s)+K^*N'(s)=0\end{cases} \tag{3-54}$$

消去 K^*，可得

$$N(s)D'(s)-D(s)N'(s)=0 \tag{3-55}$$

即

$$\frac{D'(s)}{D(s)}=\frac{N'(s)}{N(s)}$$

$$\frac{\frac{\mathrm{d}}{\mathrm{d}s}\prod_{j=1}^{n}(s-p_j)}{\prod_{j=1}^{n}(s-p_j)}=\frac{\frac{\mathrm{d}}{\mathrm{d}s}\prod_{i=1}^{m}(s-z_i)}{\prod_{i=1}^{m}(s-z_i)}$$

$$\frac{\mathrm{d}\ln\prod_{j=1}^{n}(s-p_j)}{\mathrm{d}s}=\frac{\mathrm{d}\ln\prod_{i=1}^{m}(s-z_i)}{\mathrm{d}s}$$

有

$$\sum_{j=1}^{n}\frac{\mathrm{d}\ln(s-p_j)}{\mathrm{d}s}=\sum_{i=1}^{m}\frac{\mathrm{d}\ln(s-z_i)}{\mathrm{d}s}$$

则

$$\sum_{j=1}^{n}\frac{1}{s-p_j}=\sum_{i=1}^{m}\frac{1}{s-z_i} \tag{3-56}$$

求解式（3-56）便可得到分离点（或会合点）的坐标 σ_d。将求出的 σ_d 代入方程组(3-54)中的任意一个方程可求得分离点（或会合点）的根轨迹增益 K^*。如果系统无开环零点，则式（3-56）右侧记为0。

【例 3-6】 单位反馈系统的开环传递函数为

$$G(s)H(s)=\frac{K^*(s+1)}{(s+0.1)(s+0.5)}$$

试确定实轴上根轨迹的分离点和会合点的位置以及相应的根轨迹增益值。

解： 由已知的开环传递函数可得，系统有 2 个开环极点：$p_1=-0.1$、$p_2=-0.5$，1 个开环零点：$z_1=-1$。故实轴上的根轨迹位于$(-\infty,-1)$和$[-0.5,-0.1]$区间。根据式(3-56)得

$$\frac{1}{\sigma_d-(-0.1)}+\frac{1}{\sigma_d-(-0.5)}=\frac{1}{\sigma_d-(-1)}$$

整理得

$$\sigma_d^2+2\sigma_d+0.55=0$$

或由式（3-55）得

$$\begin{aligned}&[N(s)D'(s)-D(s)N'(s)]\,|s=\sigma_d\\&=\{(s+1)[(s+0.1)(s+0.5)]'-[(s+0.1)(s+0.5)](s+1)'\}\,|_{s=\sigma_d}\\&=\sigma_d^2+2\sigma_d+0.55=0\end{aligned}$$

解得

$$\sigma_{d1}=-0.329,\ \sigma_{d2}=-1.671\text{（两根均在根轨迹上）}$$

将上述两值代入式（3-46），得

$$K_1^*=\frac{\prod_{j=1}^{n}|(\sigma_{d1}-p_j)|}{\prod_{i=1}^{m}|(\sigma_{d1}-z_i)|}=\frac{|-0.329-(-0.1)|\times|-0.329-(-0.5)|}{|-0.329-(-1)|}=0.058$$

$$K_2^*=\frac{\prod_{j=1}^{n}|(\sigma_{d2}-p_j)|}{\prod_{i=1}^{m}|(\sigma_{d2}-z_i)|}=\frac{|-1.671-(-0.1)|\times|-1.671-(-0.5)|}{|-1.671-(-1)|}=2.74$$

必须指出，规则 7 中用来确定分离点的条件只是必要条件，而不是充分条件。也就是说，所有的分离点必须满足规则 7 的条件，但是满足此条件的所有解却不一定都是分离点。要检查其充分性，即要判断哪些解的确是分离点，还必须满足特征方程或用相应的规则来检验。

8. 根轨迹的出射角和入射角

当开环系统的零、极点位于 s 平面上时，根轨迹离开开环极点处的切线与正实轴的夹角，称为出射角或起始角，用 $\theta_j(j=1,2,\cdots,n)$ 表示；根轨迹进入开环零点处的切线与正实轴的夹角，称为入射角或终止角，用 $\varphi_i(i=1,2,\cdots,m)$ 表示。

设系统开环零、极点的分布如图 3-25 所示。为了求根轨迹离开开环极点 p_1 的出射角，在离开 p_1 点附近的根轨迹上取一点 λ_1，使 λ_1 和 p_1 非常接近，那么这两点之间的直线就可以看成是根轨迹在 p_1 点的切线，图中所示的 θ_1 就是出射角。则除了 p_1 点外，所有的开环零、极点到 λ_1 的向量都可以用这些零、极点到 p_1 点的向量来近似。根据相角条件，应满足

$$\angle(p_1-z_1)-[\theta_1+\angle(p_1-p_2)+\angle(p_1-p_3)+\angle(p_1-p_4)]=(2k+1)\pi,k=0,\pm1,\pm2,\cdots$$

如果系统共有 m 个开环零点和 n 个开环极点，则第 l 个极点 p_l 的出射角 θ_l 满足

$$\sum_{i=1}^{m}\angle(p_l-z_i)-\left[\theta_l+\sum_{\substack{j=1\\j\neq l}}^{n}\angle(p_l-p_j)\right]=(2k+1)\pi,k=0,\ \pm1,\ \pm2,\cdots\quad(3-57)$$

式中，$\angle(p_l-p_j)(j=1,2,\cdots,l-1,l+1,\cdots,n)$ 为开环极点 $p_j(j=1,2,\cdots,l-1,l+1,\cdots,n)$ 对开环极点 p_l 的辐角；$\angle(p_l-z_i)(i=1,2,\cdots,m)$ 是各开环零点 $z_i(i=1,2,\cdots,m)$ 对开环极点 p_l 的辐角。

同理，根轨迹趋于开环零点 z_l 的入射角 φ_l 应满足

$$\left[\varphi_l + \sum_{\substack{i=1 \\ i\neq l}}^{m} \angle(z_l - z_i)\right] - \sum_{j=1}^{n} \angle(z_l - p_j) = (2k+1)\pi, k = 0, \pm 1, \pm 2, \cdots \quad (3-58)$$

【例 3-7】试求图 3-26 所示开环极点 p_1、p_2的出射角。已知 $p_{1,2}=-1\pm j1$、$p_3=0$、$z_1=-1.5$。

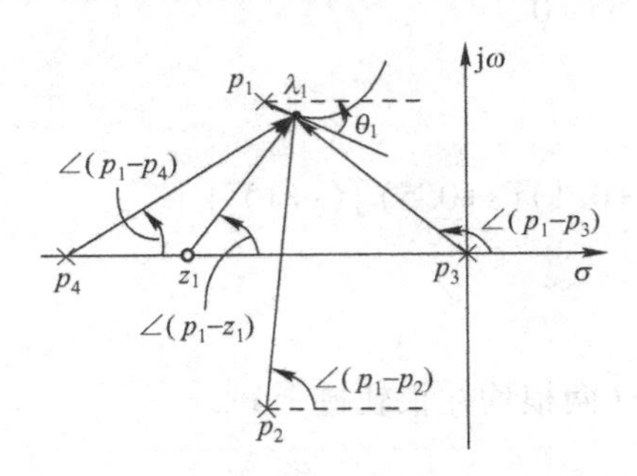

图 3-25　复数极点出射角的求取

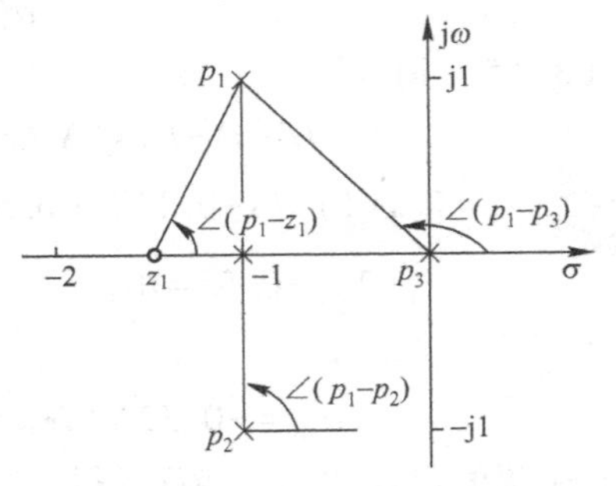

图 3-26　确定出射角

解：根据相角条件式（3-57），有

$$\angle(p_1-z_1)-[\theta_1+\angle(p_1-p_2)+\angle(p_1-p_3)]=(2k+1)\pi, k=0,\pm1,\pm2,\cdots$$

根据图 3-26，可得

$$\angle(p_1-p_2)=90°, \angle(p_1-p_3)=135°, \angle(p_1-z_1)=63.4°$$

所以

$$\theta_1=18.4° \text{（取 } k=-1\text{）}$$

考虑到根轨迹具有对称性，可知在 p_2点的出射角为$-18.4°$。

9. 根轨迹与虚轴的交点及临界根轨迹增益值

当根轨迹增益 K^* 增大到一定数值时，根轨迹可能越过虚轴，进入右半 s 平面，而这表示出现实部为正的特征根，系统将变得不稳定。为了较为精确地绘制虚轴附近的根轨迹，就有必要确定根轨迹和虚轴的交点，并计算出对应的 K^* 的值。

根轨迹与虚轴相交，表明系统正处于临界稳定状态，可由劳斯判据（第 4 章介绍）求出交点坐标以及相应的 K^* 的值。也可在闭环特征方程中令 $s=j\omega$，然后令其实部和虚部分别为零，从而求得交点的坐标以及相应的 K^* 的值。此处的根轨迹增益称为临界根轨迹增益。

【例 3-8】设系统的开环传递函数为

$$G(s)H(s)=\frac{K^*}{s(s+1)(s+2)}$$

试求根轨迹和虚轴的交点，并计算临界根轨迹增益。

解：由开环传递函数可知闭环特征方程为

$$D(s)=s^3+3s^2+2s+K^*=0 \quad (3-59)$$

当根轨迹和虚轴相交时，将 $s=j\omega$ 代入上述特征方程得

$$D(j\omega)=(j\omega)^3+3(j\omega)^2+2(j\omega)+K^*=0$$

把上式分解为实部与虚部，并令其分别等于 0，则

$$\begin{cases}\mathrm{Re}[D(j\omega)]=K^*-3\omega^2=0\\ \mathrm{Im}[D(j\omega)]=2\omega-\omega^3=0\end{cases}$$

解得

$$\begin{cases}\omega=0\\K^*=0\end{cases},\ \begin{cases}\omega=\pm\sqrt{2}\\K^*=6\end{cases}$$

显然第一组为根轨迹的起点，故舍去。当 $K^*=6$ 时，根轨迹与虚轴相交，交点坐标为$\pm j\sqrt{2}$，于是 $K^*=6$ 为临界根轨迹增益。

10. 闭环极点的和与积

设系统的开环传递函数为

$$G(s)H(s)=K^*\frac{\prod_{i=1}^{m}(s-z_i)}{\prod_{j=1}^{n}(s-p_j)}=K^*\frac{s^m+b_{m-1}s^{m-1}+\cdots+b_1s+b_0}{s^n+a_{n-1}s^{n-1}+\cdots+a_1s+a_0}$$

其中

$$b_{m-1}=\sum_{i=1}^{m}(-z_i),\ b_0=\prod_{i=1}^{m}(-z_i),\ a_{n-1}=\sum_{j=1}^{n}(-p_j),\ a_0=\prod_{j=1}^{n}(-p_j)$$

系统的闭环特征方程为

$$D(s)=(s^n+a_{n-1}s^{n-1}+\cdots+a_1s+a_0)+K^*(s^m+b_{m-1}s^{m-1}+\cdots+b_1s+b_0)=0 \quad (3-60)$$

设系统的闭环特征根为 λ_1、λ_2、…、λ_n，则有

$$D(s)=(s-\lambda_1)(s-\lambda_2)\cdots(s-\lambda_n)=s^n-(\lambda_1+\lambda_2+\cdots+\lambda_n)s^{n-1}+\cdots+(-\lambda_1)(-\lambda_2)\cdots(-\lambda_n)=0 \quad (3-61)$$

将式（3-61）与式（3-60）做比较，可得

1）当 $n-m\geqslant 2$ 时，式（3-60）中 s^{n-1} 的系数仍然是 a_{n-1}，则有

$$\sum_{j=1}^{n}(-p_j)=\sum_{j=1}^{n}(-\lambda_j)=a_{n-1} \quad (3-62)$$

式（3-62）表明，当 $n-m\geqslant 2$ 时，闭环系统极点之和等于开环系统极点之和，且为常数。此外，式（3-62）还说明，随着 K^* 的变化，若有些闭环特征根增大，则另外一些特征根必然减小，以保持其代数和为常数。换言之，随着 K^* 的增大（或减小），当有一条根轨迹分支向右移动时，应当有一条根轨迹分支向左移动；当有一条根轨迹分支向上移动时，应当有一条根轨迹分支向下移动。总之，根轨迹曲线的图形将会与实轴对称地平衡发展，始终保持图形的某个重心不变。这个重心常用 $\frac{1}{n}\prod_{j=1}^{n}(-p_j)$ 表示。这里揭示的根轨迹对称地延伸的规律将有助于预测根轨迹的走势，在只知道部分根轨迹信息时就能正确地勾画出根轨迹图形的全貌。

2）比较式（3-60）、式（3-61）的常数项，得到闭环系统极点之积与开环系统零、极点之间的关系为

$$\prod_{j=1}^{n}(-\lambda_j)=\prod_{j=1}^{n}(-p_j)+K^*\prod_{i=1}^{m}(-z_i) \quad (3-63)$$

当开环系统有等于零的极点时［即 $\prod_{j=1}^{n}(-p_j)=0$］，则

$$\prod_{j=1}^{n}(-\lambda_j)=K^*\prod_{i=1}^{m}(-z_i) \quad (3-64)$$

即闭环极点之积与根轨迹增益成正比。

对于某些简单的系统，在已知部分闭环极点的情况下，可以利用式（3-62）、式（3-63）和式（3-64）来确定其余的闭环极点。

【例 3-9】 已知形如例 3-8 中的开环传递函数，根轨迹与虚轴的交点为 $\lambda_{1,2}=\pm j\sqrt{2}$，试确定第三个闭环极点，并求交点处的临界增益。

解： 在本例中，$n-m=3-0\geqslant 2$。由式（3-62），闭环极点之和等于开环极点之和，即

$$\lambda_1+\lambda_2+\lambda_3=0+(-1)+(-2)=-3$$

所以

$$\lambda_3=-3-\lambda_1-\lambda_2=-3-j\sqrt{2}-(-j\sqrt{2})=-3$$

本例中由于在开环极点中包含等于零的极点，可利用式（3-64）来求临界增益。由于开环系统中没有零点，$b_0=\prod\limits_{i=1}^{m}(-z_i)=1$，故有

$$K^*=\prod_{j=1}^{3}(-\lambda_j)=j\sqrt{2}\times(-j\sqrt{2})\times 3=6$$

需要指出的是，根轨迹只能确定闭环系统的极点，而系统的瞬态响应是由闭环极点和零点共同决定的，因此只要系统的闭环极点相同，它们的根轨迹就可能相同，而由于零点并不相同，其动态响应是不同的。

本节介绍了绘制根轨迹的十条法则，牢记这十条法则，就可以方便地绘制出根轨迹的大致形状，从而可以直观地分析系统参数 K^* 的变化对系统性能产生的影响。为了准确地绘制系统的根轨迹，可根据相角条件，采用试探法确定根轨迹上若干点的位置，尤其是靠近虚轴或原点的位置，做相应的修改就从而得到比较精确的根轨迹。

【例 3-10】 已知某单位反馈系统开环传递函数为

$$G(s)=\frac{K^*(s+2)}{s(s+3)(s^2+2s+2)}$$

试绘制根轨迹。

3.10

例 3-10 系统的根轨迹见"二维码 3.10"。

解： 1）做出开环零、极点分布图如图 3-27 所示。

2）因为 $n=4$，因此有四条根轨迹分支。其起点分别为四个开环极点。又因为 $m=1$ 故有一条根轨迹终止于开环零点；$n-m=3$，故有三条根轨迹分支终止于无穷远处。

3）实轴上的根轨迹为$(-\infty,-3]$和$[-2,0]$。

4）渐近线。因为有三条根轨迹分支终止于无穷远处，故有三条渐近线。

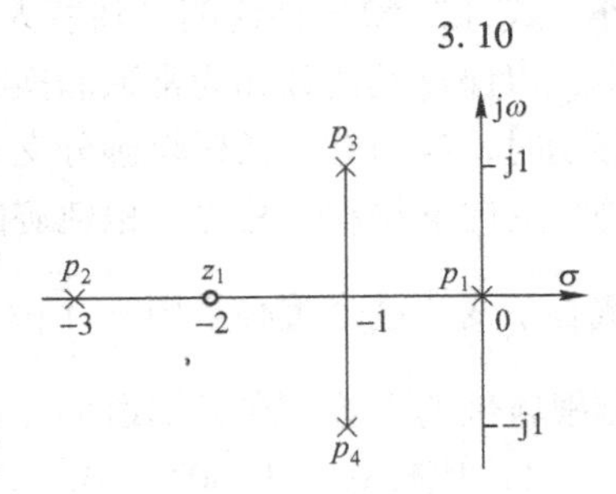

图 3-27　开环零、极点分布图

$$\begin{cases}\sigma_a=\dfrac{-3+(-1+j)+(-1-j)-(-2)}{3}=-1\\[2ex]\theta=\dfrac{(2k+1)\pi}{n-m}=\begin{cases}60^\circ & k=0\\180^\circ & k=1\\-60^\circ & k=-1\end{cases}\end{cases}$$

5）根轨迹与虚轴的交点：把 $s=j\omega$ 代入系统闭环特征方程中，得

$$D(j\omega)=[s(s+3)(s^2+2s+2)+K^*(s+2)]\big|_{s=j\omega}=0$$

分别令上式的实部与虚部等于零，得

$$\begin{cases}\mathrm{Re}[D(\mathrm{j}\omega)]=\omega^4-8\omega^2+2K^*=0\\ \mathrm{Im}[D(\mathrm{j}\omega)]=-5\omega^3+(K^*+6)\omega=0\end{cases}$$

解上述方程组，并舍去无意义值，得

$$\omega=\pm1.614\ \mathrm{rad/s},\ K^*=7.028$$

6）复数极点的出射角：

根据式（3-57），得

$$\angle(p_3-z_1)-[\angle(p_3-p_1)+\angle(p_3-p_2)+\theta_3+\angle(p_3-p_4)]=(2k+1)\pi,k=0,\pm1,\pm2,\cdots$$

其中

$$\angle(p_3-p_1)=135°,\angle(p_3-p_2)=22.6°,\angle(p_3-p_4)=90°,\angle(p_3-z_1)=45°$$

所以

$$\theta_3=-26.6°$$

画出大致根轨迹图，如图 3-28 所示。

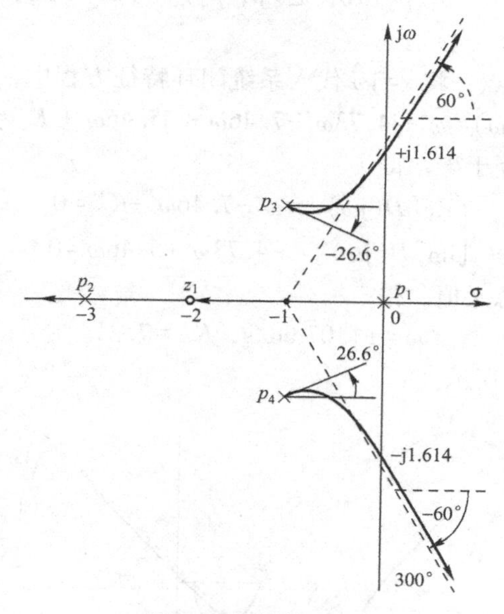

图 3-28　根轨迹图

【例 3-11】某单位负反馈系统开环传递函数为

$$G(s)H(s)=\frac{K^*}{s(s+2.73)(s^2+2s+2)}$$

试绘制系统根轨迹。

例 3-11 系统的根轨迹见“二维码 3.11”。

解：1）系统的特征方程的次数 $n=4$，因此其根轨迹有四个分支。根轨迹的四个分支起始于四个开环极点，即 $p_1=0$、$p_2=-2.73$、$p_{3,4}=-1\pm\mathrm{j}1$，当 $K^*\to\infty$ 时，它们均伸向无穷远（开环零点数 $m=0$）。

3.11

2）做出开环零、极点分布图如图 3-29 所示。实轴上的根轨迹为[-2.73,0]。

3）可由式（3-55）得

$$D(s)=s^4+4.73s^3+7.46s^2+5.46s=0$$

求导，得

$$D'(s)=4s^3+14.19s^2+14.92s+5.46=0$$

解之求得根轨迹与实轴的交点，本题只有分离点，用试探法求得分离点为-2.05。

4）渐近线：

$$\begin{cases}\sigma_a=\dfrac{-2.73+(-1+j)+(-1-j)}{4}=-1.18\\ \theta=\dfrac{(2k+1)\pi}{n-m}=\begin{cases}45^\circ & k=0\\ 135^\circ & k=1\\ -135^\circ & k=-2\\ -45^\circ & k=-1\end{cases}\end{cases}$$

5）计算根轨迹的出射角：

根轨迹离开开环极点的出射角按式（3-57）求，代入相关数据，得

$$0^\circ-[\angle(p_3-p_1)+\angle(p_3-p_2)+\theta_3+\angle(p_3-p_4)]=(2k+1)\pi,k=0,\pm1,\pm2,\cdots$$

求得 $\theta_3=-75^\circ$。

6）根轨迹与虚轴的交点：将 $s=j\omega$ 代入系统闭环特征方程中，得

$$D(j\omega)=\omega^4-j4.73\omega^3-7.46\omega^2+j5.46\omega+K^*=0$$

分别令上式的实部与虚部等于零，得

$$\begin{cases}\mathrm{Re}[D(j\omega)]=\omega^4-7.46\omega^2+K^*=0\\ \mathrm{Im}[D(j\omega)]=-4.73\omega^3+5.46\omega=0\end{cases}$$

解上述方程组，并舍去无意义值，得

$$\omega=\pm1.07\text{rad/s},\ K^*=7.21$$

画出大致根轨迹如图 3-29 所示。

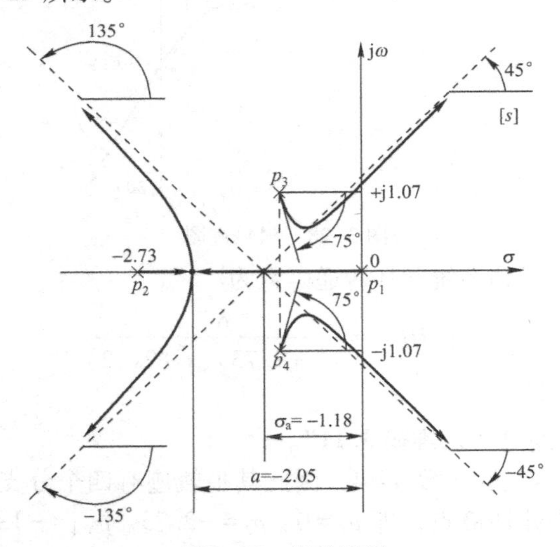

图 3-29　根轨迹图

表3-2 中列出了一些常见的开环零、极点分布及其相应根轨迹大致形状供参考。但做图只是手段，目的是要通过绘制得到的根轨迹图分析系统的开环增益对系统闭环极点分布的影响，而知道了闭环极点和零点的分布（零点的分布一般易得），就可以对系统动态性能进行定性和定量的分析。

表 3-2　开环零、极点分布及其相应的根轨迹

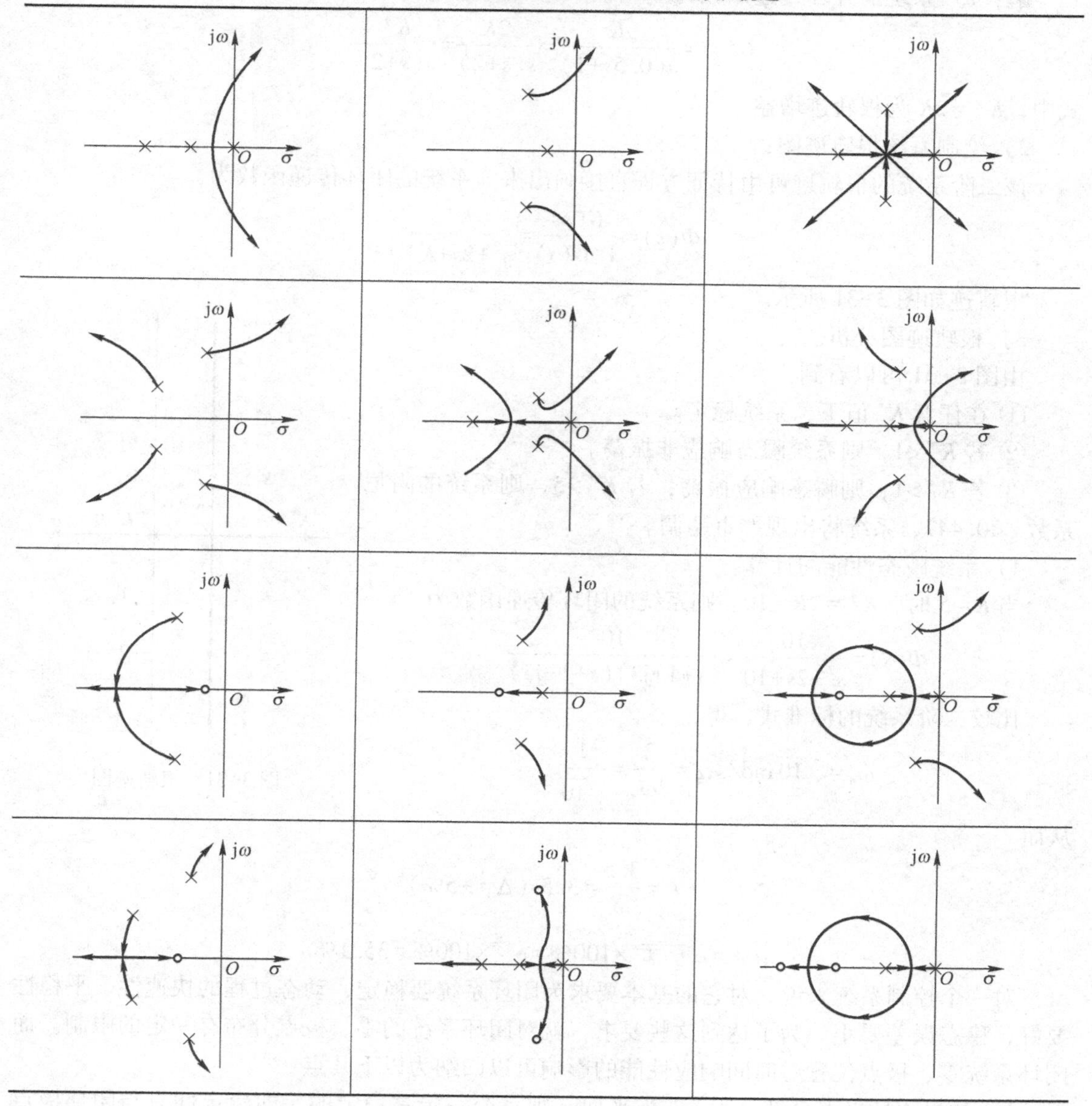

3.2.4　根轨迹法分析系统的性能

在经典控制理论中，对控制系统设计的重要评价取决于系统的各种性能指标。应用根轨迹法可以迅速确定系统在某一开环增益或某一参数值下的闭环零、极点位置，从而确定系统的各种性能指标。

【例 3-12】设某随动系统的框图如图 3-30 所示。试分析参变量 K 对系统性能的影响，并计算 $K=5$ 时系统的性能指标 t_s 和 $\sigma\%$。

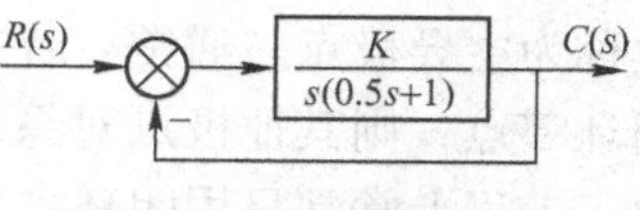

图 3-30　随动系统框图

解：1）系统的开环传递函数为

$$G(s)=\frac{K}{s(0.5s+1)}=\frac{2K}{s(s+2)}=\frac{K^*}{s(s+2)}$$

式中，$K^*=2K$ 为根轨迹增益。

2）绘制系统根轨迹图：

该二阶系统的根轨迹可由特征方程直接画出来。系统的闭环传递函数为

$$\Phi(s)=\frac{G(s)}{1+G(s)}=\frac{K^*}{s^2+2s+K^*}$$

根轨迹如图 3-31 所示。

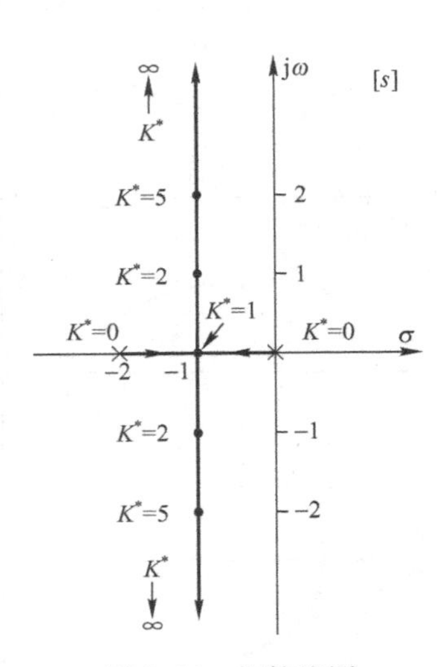

图 3-31　根轨迹图

3）根轨迹图分析。

由图 3-31 可以看到：

① 在任意 K^* 值下，系统稳定。

② 若 $K^*<1$，则系统瞬态响应非振荡。

③ 若 $K^*>1$，则瞬态响应振荡；若 $K^*>5$，则系统的阻尼系数 $\zeta<0.447$，系统将出现严重超调。

4）系统瞬态性能的计算。

当 $K=5$ 时，$K^*=2K=10$。则系统的闭环传递函数为

$$\Phi(s)=\frac{10}{s^2+2s+10}=\frac{10}{(s+1+\mathrm{j}3)(s+1-\mathrm{j}3)}$$

比较二阶系统的标准式，得

$$\omega_n=\sqrt{10}\,\mathrm{rad/s},\zeta=\frac{2}{2\omega_n}=\frac{1}{\sqrt{10}}$$

从而

$$t_s=\frac{3.5}{\zeta\omega_n}=3.5\mathrm{s}(\Delta=\pm5\%)$$

$$\sigma\%=\mathrm{e}^{-\frac{\zeta}{\sqrt{1-\zeta^2}}\pi}\times100\%=\mathrm{e}^{-\frac{\pi}{3}}\times100\%=35.1\%$$

对一个控制系统来说，对它的基本要求为闭环系统要稳定，动态过程的快速性、平稳性要好，稳态误差要小。为了达到这些要求，就对闭环系统的零、极点分布有一定的限制。而闭环系统零、极点位置对时间响应性能的影响可以归纳为以下几点：

1）如果闭环极点全部位于 s 左半平面，则系统一定是稳定的，即稳定性只与闭环极点的位置有关，而与闭环零点的位置无关。另外，要使得系统的平稳性好，则共轭复数极点应位于 $\beta=\pm45°$ 的等阻尼线上，其对应的阻尼比（$\zeta=0.707$）为最佳阻尼比。

2）如果闭环系统无零点，且闭环极点均为实数极点，则时间响应一定是单调的；如果闭环极点均为复数极点，则时间响应一般是振荡的。

3）离虚轴最近的闭环极点对系统的动态过程性能影响最大，起着决定性的主导作用，故称为主导极点。通常，若主导极点的实部比其他极点的实部的 1/5 还小，而且附近又没有闭环零点，则其他极点对系统的影响可以忽略。输入信号极点不在主导极点的选择范围之内。工程上常常只用闭环主导极点来估算系统的性能，即将系统近似地看成是由共轭主导极点构成的二阶系统或由实数主导极点构成的一阶系统。

4）超调量。超调量主要取决于闭环复数主导极点的衰减率$\frac{\sigma\%}{\omega_{\mathrm{d}}}=\frac{\zeta}{\sqrt{1-\zeta^2}}$，并与其他闭环零、极点接近坐标原点的程度有关。

5）调节时间。调节时间主要取决于最靠近虚轴的闭环复数极点的实部绝对值；实数极点若距虚轴最近，且它附近没有实数零点，则调节时间主要取决于该实数极点的模值。

6）实数零、极点影响。零点减小系统阻尼，使峰值时间提前，超调量增大；极点增大系统阻尼，使峰值时间滞后，超调量减小。它们的作用随着其本身接近坐标原点的程度而加强。当某个零点 z_i 与某个极点 p_j 非常接近时，它们便称为一对偶极子。偶极子靠得越近，则 z_i 对 p_j 的抵消作用就越强。只要偶极子不十分接近坐标原点，它们对系统动态性能的影响就甚微，从而可以忽略它们的存在；而接近坐标原点的偶极子对系统动态性能的影响必须考虑。但是不论偶极子接近坐标原点的程度如何，它们并不影响系统主导极点的地位。因而，就使得有可能在系统中人为地引入适当的零点以抵消对动态过程有明显不利影响的极点，进而提高系统的性能指标。

3.2.5 增加开环零极点对根轨迹的影响

考虑到根轨迹是系统特征方程的根随着某个参数变化而在 s 平面上移动的轨迹，则闭环特征根不同，根轨迹的形状就不同，系统的性能就不一样了。在实际中，为了满足系统的性能要求，常常需要对根轨迹进行改造。

从前面的分析可知，系统根轨迹的形状、位置取决于系统的开环零点和极点。因而，可以通过增加开环零、极点的方式来改变系统的性能。下面讨论增加开环零点、极点对系统根轨迹所产生的影响。

1. 增加开环零点对根轨迹的影响

由绘制根轨迹的法则可知，增加一个开环有限零点，对根轨迹的影响如下：

1）改变根轨迹在实轴上的分布。

2）改变根轨迹渐近线的条数、渐近线与正实轴的夹角以及截距。

3）改变根轨迹一条分支的终点位置。

4）如果增加的开环零点和某个极点重合或距离很近，两者构成开环偶极子，则它们的作用相互抵消。因此，可加入一个零点来抵消对系统性能不利的极点。

5）根轨迹曲线将向左偏移，有利于改善系统的动态性能，而且，所增加的零点越靠近虚轴，影响越大。

原系统与增加开环零点后的根轨迹图见“二维码 3.12”。

3.12

2. 增加开环极点对根轨迹的影响

增加一个开环极点，对系统根轨迹的影响如下：

1）改变根轨迹在实轴上的分布。

2）改变根轨迹渐近线的条数、渐近线与正实轴的夹角以及截距。

3）改变根轨迹的分支数。

4）根轨迹曲线将向右偏移，不利于改善系统的动态性能，而且，所增加的极点越靠近虚轴，影响越大。

原系统与增加开环极点后的根轨迹图见“二维码 3.13”。

3.13

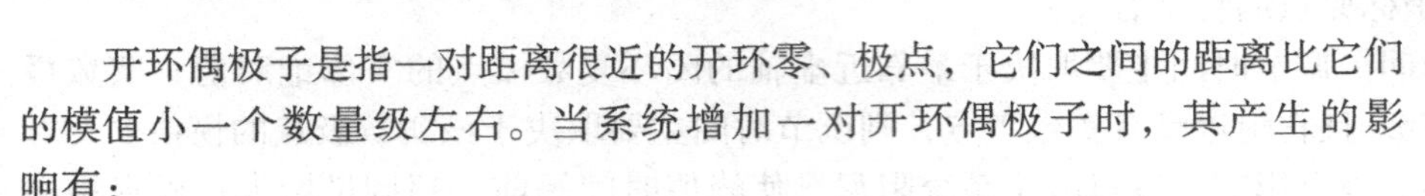

3.2.6 增加开环偶极子对根轨迹的影响

开环偶极子是指一对距离很近的开环零、极点，它们之间的距离比它们的模值小一个数量级左右。当系统增加一对开环偶极子时，其产生的影响有：

1）开环偶极子对离它们较远的根轨迹形状及根轨迹增益 K^* 没有影响，原因是每个偶极子到根轨迹远处某点的向量基本相等，因而它们在幅值条件及相角条件中可以相互抵消。

2）若开环偶极子位于 s 平面原点附近，则由于闭环主导极点离坐标原点较远，故它们对系统主导极点的位置以及增益 K^* 均无影响。但是，开环偶极子将显著地影响系统的稳态误差系数，从而在很大程度上影响系统的静态性能。

设系统开环传递函数用时间常数表示为

$$G(s)H(s)=K\frac{\prod_{i=1}^{m}(\tau_i s+1)}{s^v\prod_{j=v+1}^{n}(T_j s+1)}=K^*\frac{\prod_{i=1}^{m}(s-z_i)}{s^v\prod_{j=v+1}^{n}(s-p_j)}$$

其中，v 是系统的无差度阶数；K 为系统的开环增益，又称开环放大系数，与系统的误差系数 K_p、K_v 以及 K_a 有着密切的关系（详见第 5 章有关部分的讲述）；K^* 为系统的根轨迹增益。由上式可得

$$K=K^*\frac{\prod_{i=1}^{m}(-z_i)}{\prod_{j=v+1}^{n}(-p_j)} \tag{3-65}$$

如果在原系统零、极点的基础上增加一对实数开环偶极子，并且增加的极点比零点更靠近原点，则按式（3-65）求得加入开环偶极子后系统的传递函数为

$$K'=K^*\frac{\prod_{i=1}^{m}(-z_i)}{\prod_{j=v+1}^{n}(-p_j)}\cdot\frac{-z_c}{-p_c}=K\cdot\frac{-z_c}{-p_c} \tag{3-66}$$

其中，z_c、p_c 为偶极子的零、极点；K 为原系统的开环增益。例如增加的开环偶极子为 $z_c=-0.02$、$p_c=-0.002$，它们离坐标原点均很近，但 $\frac{-z_c}{-p_c}=10$。从式（3-66）可知，加入开环偶极子之后，系统的传递系数提高了 10 倍，这对提高静态性能大有好处。

【例 3-13】 已知某系统的开环传递函数为

$$G(s)H(s)=\frac{K^*}{s(s+1)}$$

若给此系统增加一个开环极点 $p_c=-2$，或增加一个开环零点 $z_c=-2$，试分别讨论对系统根轨迹和动态性能的影响。

解：根据绘制根轨迹的法则，绘制已知系统的根轨迹，如图 3-32a 所示。

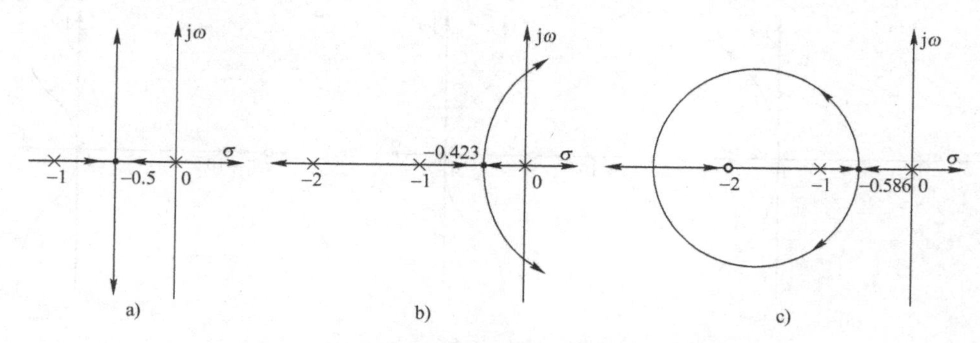

图 3-32　增加零点或极点对根轨迹的影响

a）原系统的根轨迹　b）增加极点后的根轨迹　c）增加零点后的根轨迹

增加开环极点后，开环传递函数为

$$G(s)H(s)=\frac{K^*}{s(s+1)(s+2)}$$

对应的根轨迹如图 3-32b 所示。

增加开环零点后，开环传递函数为

$$G(s)H(s)=\frac{K^*(s+2)}{s(s+1)}$$

对应的根轨迹如图 3-32c 所示。

由图可见，增加开环极点后根轨迹及其分离点都向右偏移；增加开环零点后根轨迹及其分离点都向左偏移。

原来的二阶系统，当 K^* 由 0→∞ 时，系统总是稳定的。增加一个开环极点后，当 K^* 增大到一定程度时，有两条根轨迹分支进入 s 平面的右半平面，系统变得不稳定；另一条根轨迹分支仍在左边。当根轨迹在 s 平面的左半平面时，随着 K^* 的增大，阻尼角增加，ζ 变小，振荡程度加剧。当特征根进一步靠近虚轴时，振荡过程的衰减变得很缓慢，因而，增加开环极点对系统的动态性能是不利的。

而增加开环零点的效应恰恰相反，当 K^* 由 0→∞ 时，根轨迹始终都在 s 平面的左半平面，故系统总是稳定的。随着 K^* 的增大，闭环极点由两个实数变为共轭复数，然后再回到实轴上，相对稳定性比原系统要好，阻尼比 ζ 更大，因此，系统的超调量变小，调节时间变短，系统的动态性能得到了明显的提高。在工程设计中，常常采用增加开环零点的方法对系统进行校正。

【例 3-14】单位反馈系统的开环传递函数为

$$G(s)H(s)=\frac{K^*}{s^2(s+10)}$$

试用根轨迹法讨论增加开环零点对系统稳定性的影响。

解　该系统无开环零点，有 3 个开环极点：$p_{1,2}=0$、$p_3=-10$。根据绘制根轨迹的法则，得出的系统根轨迹如图 3-33a 所示，其中有两条根轨迹分支始终位于 s 平面的右半平面，这

说明无论 K^* 取何值，系统都是不稳定的。这种系统属于结构性不稳定系统。

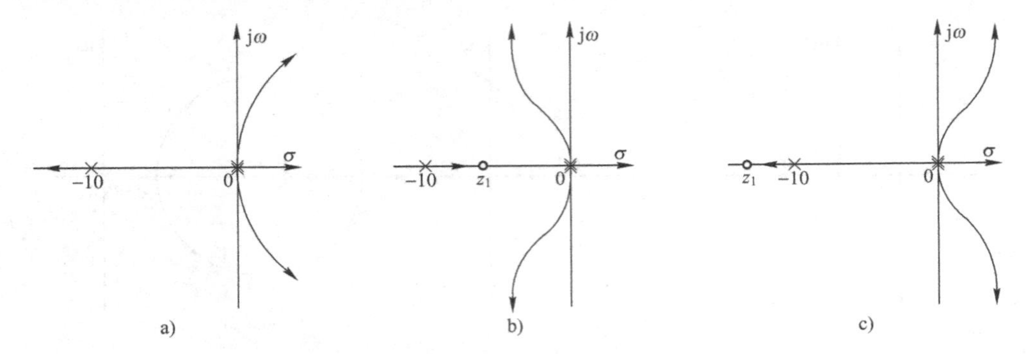

图 3-33　增加开环零点对根轨迹的影响

a）原系统的根轨迹　b）$-10<z_1<0$ 时的根轨迹　c）$z_1<-10$ 时的根轨迹

若在原系统中增加一个负实数的开环零点，则系统的开环传递函数为

$$G(s)H(s)=\frac{K^*(s-z_1)}{s^2(s+10)}$$

如果 $-10<z_1<0$，则增加开环零点后系统的根轨迹如图 3-33b 所示。图形表明，随着 K^* 由 $0\to\infty$，3 条根轨迹分支都落在 s 平面的左半平面，系统总是稳定的。由于闭环特征根包含了共轭复数，故阶跃响应呈衰减振荡形式。

但是如果增加的开环零点 $z_1<-10$，则系统的根轨迹如图 3-33c 所示。此时根轨迹虽然向左偏了一些，但仍有 2 条根轨迹分支始终落在 s 平面的右半平面，系统仍然不稳定，因此，要引入适当的开环零点才能比较显著地改善系统的性能。

3.3　线性系统的频域分析法

前面介绍的控制系统的时域分析法是分析控制系统的直接方法，比较直观、精确。从工程角度考虑，控制系统的性能用时域特性度量最为直观。但是，一个控制系统，特别是高阶系统的时域特性是很难用时域解析法确定的。尤其在系统设计方面，到目前为止还没有直接按时域指标进行系统设计的通用方法。

频率特性分析法简称频率法，是一种图解分析法，是基于系统的频率特性或频率响应对系统进行分析和设计的一种图解方法，它弥补了时域分析法的不足，是一种工程上广为采用的分析和综合系统的间接方法，得到了广泛的应用，它是经典控制理论中的重要内容。

频域分析法依据系统的又一种数学模型——频率特性，对系统的性能，如稳定性、快速性和准确性进行分析。它的特点是可以根据开环频率特性分析闭环系统的性能，并能较方便地分析系统参数对系统性能的影响，从而进一步提出改善系统性能的方法。此外，除了一些超低频的热工系统，频率特性都可以方便地由实验确定。频率特性主要适用于线性定常系统。在线性定常系统中，频率特性与输入正弦信号的幅值和相位无关。另外，这种方法也可以有条件地推广应用到非线性系统中。

3.3.1 频率特性的基本概念

1. 频率特性的定义

首先以图 3-34 所示的 RC 电路为例，建立频率特性的基本概念。设电路的输入电压和输出电压分别为 $u_r(t)$ 和 $u_c(t)$，其相应的拉普拉斯变换分别为 $U_r(s)$ 和 $U_c(s)$。该电路的传递函数为

$$G(s)=\frac{U_c(s)}{U_r(s)}=\frac{\frac{1}{sC}}{R+\frac{1}{sC}}=\frac{1}{sRC+1}=\frac{1}{Ts+1}$$

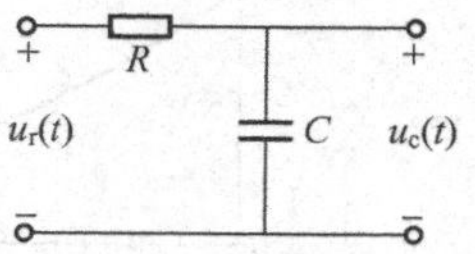

图 3-34　RC 电路

式中，$T=RC$，为电路的时间常数，单位为秒（s）。

取输入信号为正弦信号 $u_r(t)=U_r\sin\omega t$，当初始条件为 0 时，输出电压的拉普拉斯变换为

$$U_c(s)=G(s)U_r(s)=\frac{1}{Ts+1}\times\frac{U_r\omega}{s^2+\omega^2}$$

对上式取拉普拉斯反变换，得出输出时域解为

$$u_c(t)=\frac{U_rT\omega}{1+(T\omega)^2}e^{-\frac{t}{T}}+\frac{U_r}{\sqrt{1+(T\omega)^2}}\sin(\omega t-\arctan T\omega) \tag{3-67}$$

上式的 $u_c(t)$ 由两项组成，第一项是瞬态分量，第二项是稳态分量。电路的稳态输出为

$$u_c(t)\big|_{t\to\infty}=\frac{U_r}{\sqrt{1+(T\omega)^2}}\sin(\omega t-\arctan T\omega)=U_C\sin(\omega t-\varphi) \tag{3-68}$$

式中，$U_c=\dfrac{U_r}{\sqrt{1+(T\omega)^2}}$为输出电压的振幅，$\varphi=\arctan T\omega$ 为 $u_c(t)$ 和 $u_r(t)$ 之间的相位差，单位为弧度(rad)。

式（3-68）表明，RC 电路在输入正弦信号 $U_r\sin\omega t$ 的作用下，在过渡过程结束后，输出的稳态响应仍是一个正弦信号，其频率与输入信号频率相同，幅值却是输入正弦信号幅值的$\dfrac{1}{\sqrt{1+(T\omega)^2}}$倍，相位滞后了 $\arctan T\omega$。

实际上，对于一般的线性系统（或元件），当输入正弦信号 $x(t)=X\sin\omega t$，在 $t\to\infty$ 即稳态情况下，系统的输出信号必为 $y(t)=Y\sin(\omega t+\varphi)$，即稳态的输出也是正弦信号，且 $y(t)$ 与 $x(t)$ 的频率相同，但幅值和相角不一样，Y 和 φ 均是角频率 ω 的函数。

定义$\dfrac{Y}{X}$为系统的幅频特性，用 $A(\omega)$表示。定义相角差 φ 为系统的相频特性，用 $\varphi(\omega)$表示。即

$$A(\omega)=\frac{Y}{X}$$

$$\varphi(\omega)=\varphi$$

对图 3-34 所示的 RC 电路而言，其幅频特性 $A(\omega)$及相频特性 $\varphi(\omega)$分别为

$$A(\omega)=\frac{U_c}{U_r}=\frac{1}{\sqrt{1+(T\omega)^2}}$$

$$\varphi(\omega)=-\arctan T\omega$$

当 ω 取不同数值时，对应的幅频特性图和相频特性图如图 3-35 所示。

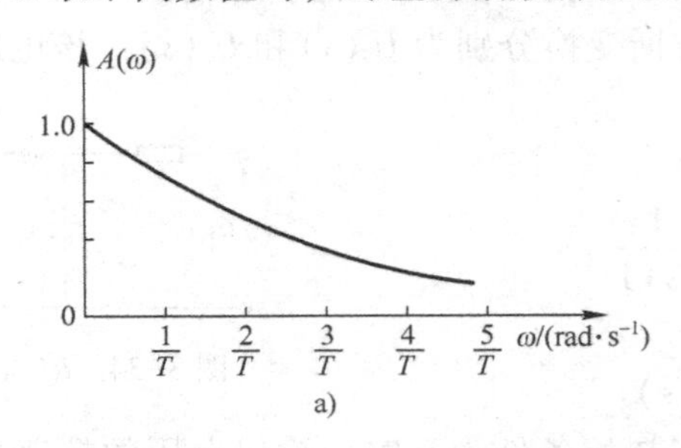

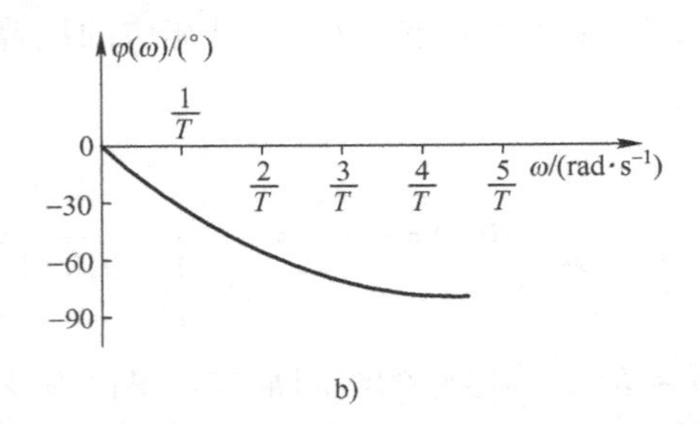

图 3-35 *RC* 电路的频率特性

a）幅频特性 b）相频特点

由于输入、输出信号在稳态时均为正弦函数，故可用电路理论的相量法将其表示为复数形式，即输入为 Xe^{j0}，输出为 $Ye^{j\varphi}$，则输出与输入之比为

$$\frac{Ye^{j\varphi}}{Xe^{j0}}=\frac{Y}{X}e^{j\varphi}=A(\omega)e^{j\varphi(\omega)}$$

它恰好是系统（或元件）的幅频特性和相频特性。通常将幅频特性 $A(\omega)$ 和相频特性 $\varphi(\omega)$ 统称为系统（或元件）的频率特性。

综上所述，可对频率特性的定义作如下表述：线性定常系统（或元件）的频率特性是零初始条件下，稳态输出正弦信号与输入正弦信号的复数比。若用 $G(j\omega)$ 表示，则有

$$G(j\omega)=A(\omega)e^{j\varphi(\omega)}=A(\omega)\angle\varphi(\omega) \tag{3-69}$$

$G(j\omega)$ 称为系统（或元件）的频率特性，它描述了在不同频率下系统（或元件）传递正弦信号的能力。

频率特性可以在复平面上用一个向量 $G(j\omega)$ 表示，向量的长度等于 $A(\omega)$，向量与正实轴之间的夹角为 $\varphi(\omega)$，并规定向量沿逆时针方向转过的夹角为正值夹角，如图 3-36 所示。由于向量的长度 $A(\omega)$ 和夹角 $\varphi(\omega)$ 均随 ω 的变化而变化，因此向量 $G(j\omega)$ 也是频率 ω 的函数。

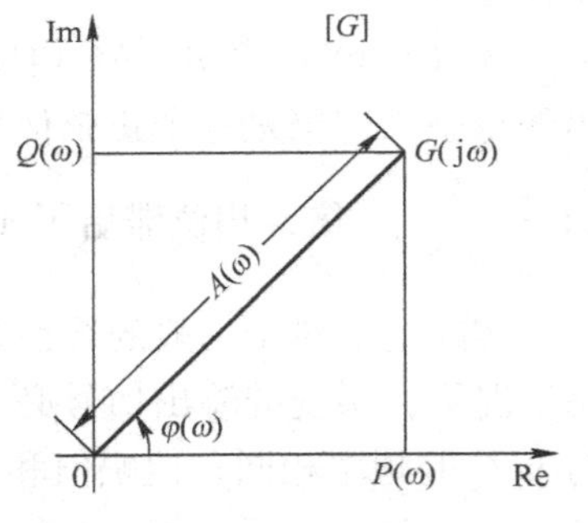

图 3-36 $G(j\omega)$ 在复平面上的表示

频率特性 $G(j\omega)$ 还可用实部部分和虚部部分所组成的复数形式来表示，即

$$G(j\omega)=P(\omega)+jQ(\omega) \tag{3-70}$$

式中，$P(\omega)$ 和 $Q(\omega)$ 分别称为系统（或元件）的实频特性和虚频特性。$A(\omega)$、$\varphi(\omega)$ 和 $P(\omega)$、$Q(\omega)$ 之间的关系为

$$P(\omega)=A(\omega)\cos[\varphi(\omega)]$$

$$Q(\omega)=A(\omega)\sin[\varphi(\omega)]$$

$$A(\omega)=\sqrt{P^2(\omega)+Q^2(\omega)}$$

$$\varphi(\omega)=\arctan\frac{Q(\omega)}{P(\omega)}$$

线性系统（或元件）的频率特性可通过实验方法求得。其具体做法是：根据被测系统（或元件）的特点确定测试的频率范围，并在此范围内足够多的频率点上测取输出与输入的幅值比与相位差，便可绘制系统的对数频率特性曲线，或者应用频率特性分析仪等现代仪器直接测绘出系统的伯德图。

2. 频率特性和传递函数的关系

频率特性和传递函数的关系为

$$G(\mathrm{j}\omega)=G(s)\big|_{s=\mathrm{j}\omega} \tag{3-71}$$

即传递函数的复变量 s 用 $\mathrm{j}\omega$ 代替后，传递函数则变为频率特性。频率特性与第 2 章介绍过的微分方程、传递函数、脉冲响应函数一样，都能表征系统的运动规律。所以，频率特性也是线性控制系统的数学模型。

3.3.2 频率特性的图示方法

在工程分析和设计中，通常把线性系统（或元件）的频率特性画成曲线，再运用图解的方法进行研究。常用的频率特性曲线有以下四种：一般坐标特性曲线（见图 3-34）、幅相频率特性曲线、对数频率特性曲线和对数幅相频率特性曲线（Nichols 图）。

1. 幅相频率特性曲线

幅相频率特性曲线又称奈奎斯特（Nyquist）曲线，由于它是在复平面上以极坐标的形式表示的，故又称为极坐标图或极坐标特性曲线。

对于任一给定的频率 ω_i，频率特性 $G(\mathrm{j}\omega_i)$ 为复数，可以表示为复平面上的一个向量。若将频率特性表示为实频特性和虚频特性的形式，即 $G(\mathrm{j}\omega_i)=P(\omega_i)+\mathrm{j}Q(\omega_i)$，则在复平面上的实部为实频特性 $P(\omega_i)$，虚部为虚频特性 $Q(\omega_i)$。若将频率特性表示为复指数形式，即 $G(\mathrm{j}\omega_i)=A(\omega_i)\mathrm{e}^{\mathrm{j}\varphi(\omega_i)}$，则在复平面上的向量的模为幅频特性 $A(\omega_i)$，辐角为相频特性 $\varphi(\omega_i)$，如图 3-37 所示。

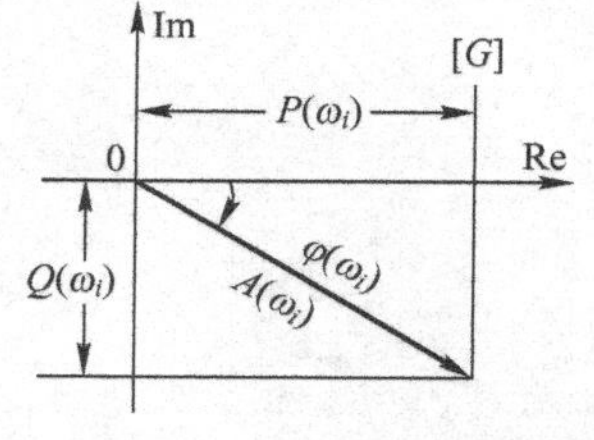

图 3-37 极坐标图的表示方法

当频率从 0 连续变化至∞时，向量 $G(\mathrm{j}\omega_i)$ 将随之连续变化，向量的端点将在复平面上形成一条轨迹，这就是奈奎斯特曲线。习惯上，常把 ω 作为参变量标在曲线上相应点的旁边，并用箭头表示频率增大时轨迹的走向。

图 3-38 用实线表示出 RC 电路当频率 ω 从 0 变至∞时，向量 $G(\mathrm{j}\omega)$ 端点在复平面上扫出的曲线，并以箭头表示当 ω 增大时曲线的走向。这就是图 3-34 所示电路的幅相频率特性曲线，或称为该电路的奈奎斯特曲线。

因为该电路的幅频特性为 ω 的偶函数，相频特性为 ω 的奇函数，所以 ω 从 $-\infty$ 变至 0 与 ω 从 0 变至 $+\infty$ 的幅相频率曲线关于实轴对称。图 3-38 的虚线部分即为 RC 电路当 ω 从 $-\infty$ 变至 0 时的幅相频率特性曲线。

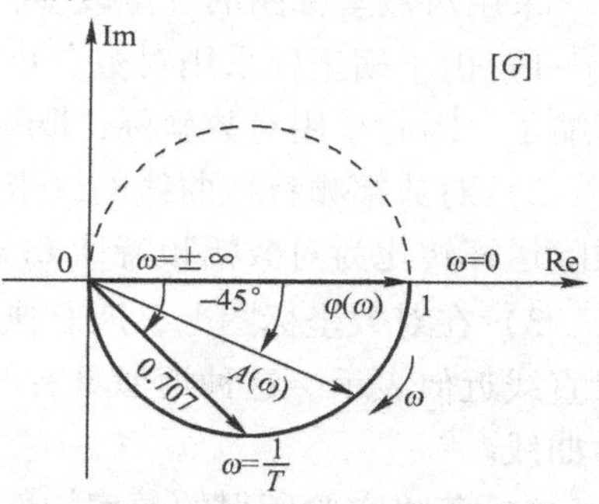

图 3-38 RC 电路的幅相频率特性曲线

2. 对数频率特性曲线

对数频率特性曲线又叫伯德（Bode）曲线。它由对数幅频特性和对数相频特性两条曲线所组成，是工程中广泛使用的一组曲线。伯德图是在半对数坐标纸上绘制出来的。所谓半对数坐标，是指横坐标采用对数分度，而纵坐标则采用线性分度。

伯德图中，对数幅频特性曲线的纵坐标是 $L(\omega)=20\lg|G(j\omega)|=20\lg A(\omega)$，单位是分贝（dB）；对数相频特性曲线的纵坐标是 $\varphi(\omega)$，单位是度(°)。对数幅频特性和对数相频特性的横坐标虽采用对数分度的 $\lg\omega$，但标写的都是 ω 的实际值，单位是弧度/秒（rad/s）。

对数分度和线性分度如图 3-39 所示。

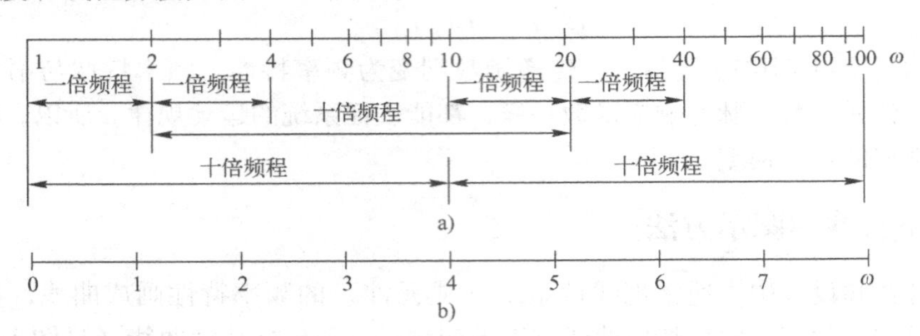

图 3-39 对数分度与线性分度

a）对数分度 b）线性分度

图 3-34 所示 *RC* 电路的对数幅频特性和对数相频特性曲线如图 3-40 所示。

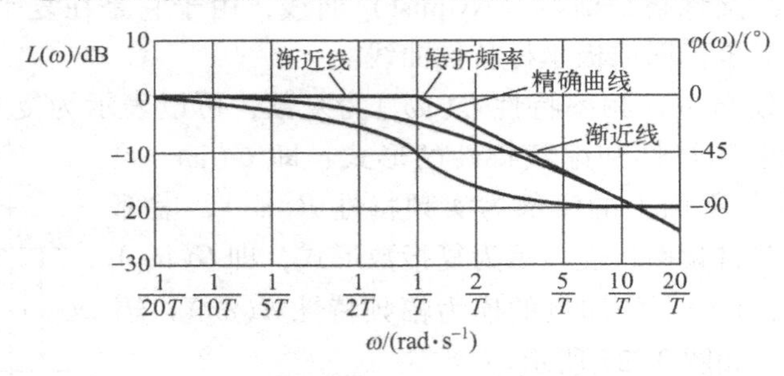

图 3-40 *RC* 电路的对数幅频特性和对数相频特性

***RC* 电路的对数幅频特性和对数相频特性见“二维码 3.14”。**

3.14

采用对数坐标图的优点较多，主要有：

1）由于横坐标采用对数分度，将低频段相对展宽了，而将高频段相对压缩了。因此采用对数坐标，既可以拓宽视野，又便于研究低频段的特性。

2）对数幅频特性曲线的纵坐标采用 $20\lg A(\omega)$，能将幅频特性 $A(\omega)$ 的乘除运算转化为对数幅频特性 $L(\omega)$ 的加减运算，从而简化了画图的过程。

3）在对数坐标图上，所有典型环节的对数幅频特性乃至系统的对数幅频特性均可用分段直线近似表示。这种近似具有一定的精确度。若对分段直线进行修正，即可得到精确的特性曲线。

4）若将实验所得的频率特性数据整理并用分段直线画出对数频率特性，则很容易写出实验对象的频率特性表达式或传递函数。

3. 对数幅相频率特性曲线

将对数幅频特性和相频特性合并为一条曲线，称为对数幅相频率特性曲线。横坐标为相频特性 $\varphi(\omega)$，纵坐标为对数幅频特性 $L(\omega)$，频率 ω 作为参变量标在曲线上相应点的旁边，此曲线又称为尼柯尔斯图。

***RC* 电路的对数幅相特性见"二维码 3.15"。**

3.15

原则上，在上述三种图上都可以对系统进行分析和设计，但各有优点和缺点。例如，在奈氏图上容易分析系统的稳定性，但由于难以精确绘制奈氏图，所以，在奈氏图上分析系统的暂态性能指标和进行系统设计是不合适的；与之相反，由于伯德图能够比较精确地绘制，所以，可以在伯德图上进行系统分析与设计，但是，在伯德图上进行系统稳定性分析，则不及奈氏图直观，尤其是在 $\omega=0$ 附近处理很不方便。所以，一般在奈氏图上分析系统稳定性，在伯德图上分析系统的相对稳定性。此外，在伯德图上较难分析系统的闭环频域指标，而在尼柯尔斯图上分析系统的闭环频域指标较容易，但绘制尼柯尔斯图比较麻烦，而且，在尼柯尔斯图上分析、设计系统也不太方便，所以，很少用尼柯尔斯图分析、设计系统。

3.3.3 典型环节的频率特性

在第二章中曾经述及，控制系统通常由若干环节所组成。根据它们的数学模型的特点，可以划分为几种典型环节。下面介绍这些典型环节的频率特性。

1. 比例环节

比例环节的特点是输出能够无滞后、无失真地复现输入信号。比例环节的传递函数为

$$G(s)=K$$

其频率特性表达式为

$$G(\mathrm{j}\omega)=K \tag{3-72}$$

其幅频和相频频率特性表达式为

$$A(\omega)=K \tag{3-73}$$

$$\varphi(\omega)=0° \tag{3-74}$$

比例环节的幅相频率特性如图 3-41 所示。

其对数频率特性表达式为

$$L(\omega)=20\lg K \tag{3-75}$$

$$\varphi(\omega)=0° \tag{3-76}$$

可见，比例环节的对数幅频特性是一条高度等于 20lg$K$ 分贝的水平线，而对数相频特性为一条与横坐标重合的直线，比例环节的伯德图如图 3-42 所示。

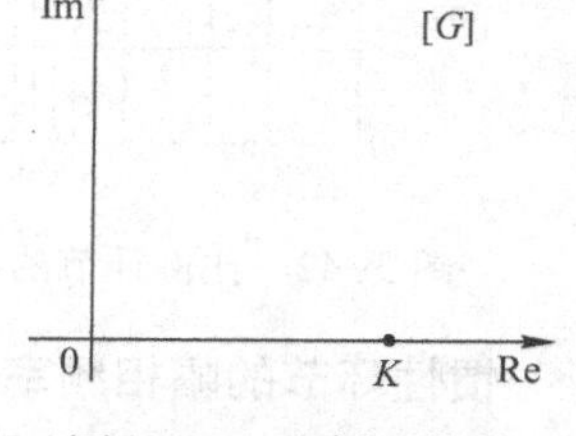

图 3-41 比例环节的幅相频率特性

控制系统中的放大器、减速器等就是比例环节的例子。但是完全理想的比例环节实际上是不存在的。

2. 惯性环节

惯性环节的传递函数为

$$G(s)=\frac{1}{Ts+1}$$

其频率特性表达式为

$$G(\mathrm{j}\omega)=\frac{1}{1+\mathrm{j}T\omega} \tag{3-77}$$

其幅频和相频频率特性表达式为

$$A(\omega)=\frac{1}{\sqrt{1+(T\omega)^2}} \tag{3-78}$$

$$\varphi(\omega)=-\arctan T\omega \tag{3-79}$$

其对数频率特性表达式为

$$L(\omega)=20\lg A(\omega)=20\lg\frac{1}{\sqrt{1+(T\omega)^2}}=-20\lg\sqrt{1+(T\omega)^2} \tag{3-80}$$

$$\varphi(\omega)=-\arctan T\omega \tag{3-81}$$

绘制幅相频率特性图（奈氏图）时，由式（3-78）、式（3-79）知，当 $\omega=0$ 时，$A(\omega)=1$，$\varphi(\omega)=0$；当 $\omega\to\infty$ 时，$A(\omega)\to 0$，而 $\varphi(\omega)\to -90°$；在 $\omega=0$ 到 ∞ 之间，还可以取若干 ω 值，计算其对应的 $A(\omega)$ 和 $\varphi(\omega)$，以供绘制幅相频率特性之用。可以证明，其幅相频率特性曲线是一个以（0.5，j0）为圆心、0.5 为半径的圆，如图 3-43 所示。

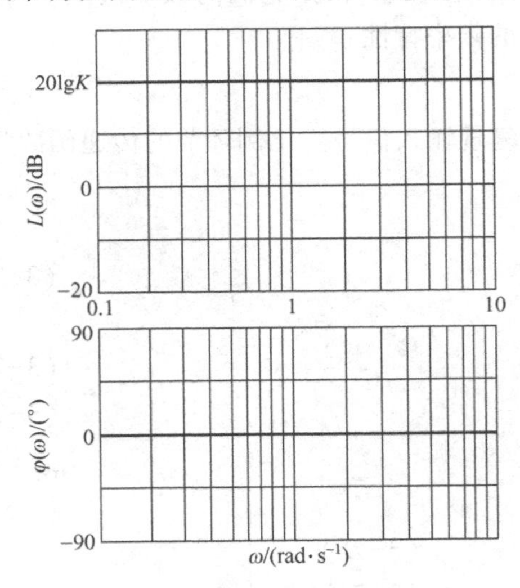

图 3-42　比例环节的伯德图（$K=10$）

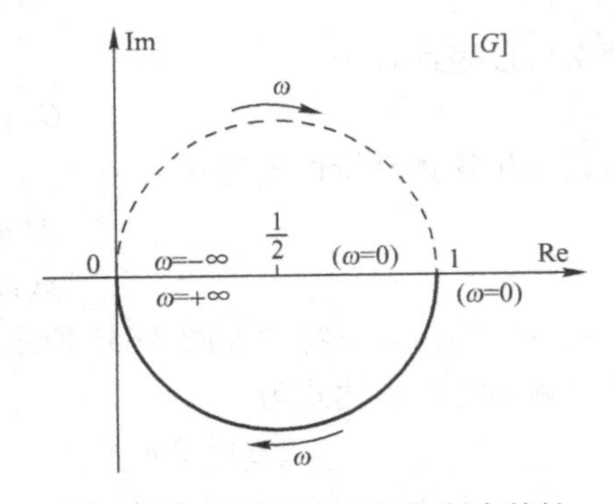

图 3-43　惯性环节的幅相频率特性

惯性环节的幅相频率特性见"二维码 3.16"。

3.16

绘制对数幅频特性图时，可以将 ω 由 0 至无穷取值，计算出相应的 $L(\omega)$ 值，即可绘出惯性环节的对数幅频特性曲线。工程上一般用渐近线分段表示对数幅频特性。

在低频段，ω 很小，由式（3-80）知，当 $T\omega\ll 1$ 时，即 $\omega\ll 1/T$ 时，对数幅频特性可近似为

$$L(\omega)=20\lg 1=0 \tag{3-82}$$

称为低频渐近线。

在高频段，ω 很大，由式（3-80）知，当 $T\omega \gg 1$ 时，即 $\omega \gg 1/T$ 时，对数幅频特性可近似为

$$L(\omega) \approx -20\lg\sqrt{(T\omega)^2} = -20\lg T\omega \tag{3-83}$$

这是一个线性方程，意味着 $\omega \gg 1/T$ 的高频段可用一根斜线来表示，称为高频渐近线。高频渐近线的斜率可以这样求得：当取 $\omega = \omega_1$ 时，得

$$L(\omega_1) = -20\lg T\omega_1 \tag{3-84}$$

再取 $\omega_2 = 10\omega_1$，得

$$\begin{aligned} L(\omega_2) &= -20\lg T\omega_2 = -20\lg T(10\omega_1) \\ &= -20\lg 10 - 20\lg T\omega_1 = -20 + L(\omega_1) \end{aligned} \tag{3-85}$$

$$L(\omega_2) - L(\omega_1) = -20 \tag{3-86}$$

由式（3-86）可知，当频率由 ω_1 增大至 ω_2，即频率增大 10 倍时，$L(\omega)$ 增大了 -20 dB，也就是说，由式（3-83）所描述的高频渐近线具有 -20 dB/10 倍频程的斜率，记为 -20 dB/dec，或简写为 [-20]。

由式（3-83）还可以看出，当 $\omega = 1/T$ 时，$L(\omega) = 0(\mathrm{dB})$，即高频渐近线在频率 $\omega = 1/T$ 时正好与低频渐近线相交，交点处的频率称为转折频率。

根据以上讨论，绘制惯性环节的对数幅频特性就很方便。首先确定转折频率 $\omega = 1/T$，然后在 $\omega \leqslant 1/T$ 的频率段作一条与 0 dB 线重合的水平线；在 $\omega \geqslant 1/T$ 的频率段作一条斜率为 -20 dB/dec 的斜线，该斜线在转折频率处正好与低频渐近线衔接，如图 3-44 所示。

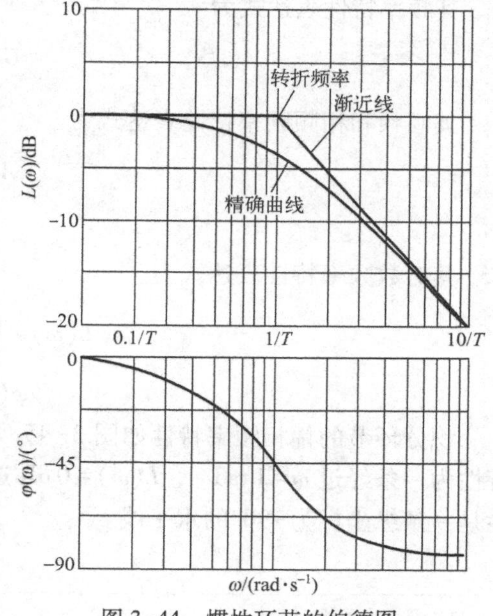

图 3-44　惯性环节的伯德图

用渐近线代替对数幅频特性会带来一些误差，但并不大。可以证明，越接近转折频率，误差就越大。最大误差出现在转折频率 $\omega = 1/T$ 处，惯性环节的最大误差为

$$0 - L(\omega) = 0 + 20\lg\sqrt{1+\left(T\times\frac{1}{T}\right)^2} = 20\lg 2\ \mathrm{dB} = 3\ \mathrm{dB} \tag{3-87}$$

3.17

必要时，可以对渐近线进行修正。渐近线和精确曲线在交接频率附近的误差列于表 3-3 中。

表 3-3　惯性环节对数幅频特性曲线渐近线和精确曲线的误差

ωT	0.1	0.2	0.5	1	2	5	10
$\Delta L(\omega)$/dB	-0.04	-0.17	-0.97	-3.01	-0.97	-0.17	-0.04

惯性环节对数幅频特性误差修正曲线见“二维码 3.17”。

为了绘制对数相频特性，只需计算若干点，在对数相频特性图上标出，然后用平滑曲线

将其连接起来。有时也可以采用模板来绘制。惯性环节的对数相频特性图如图 3-44 所示，可以看出它是关于 $\varphi(\omega)=45°$点奇对称的。

顺便指出，惯性环节的对数幅频特性和对数相频特性均是 ω 和 T 乘积的函数。对于具有不同时间常数的惯性环节，其对数幅频特性和对数相频特性曲线会左右移动，但其形状保持不变。

惯性环节是一种低通滤波器，低频信号容易通过，而高频信号通过后幅值衰减较大。

3. 积分环节

积分环节的传递函数为

$$G(s)=\frac{1}{s}$$

其频率特性表达式为

$$G(\mathrm{j}\omega)=\frac{1}{\mathrm{j}\omega} \tag{3-88}$$

其幅频和相频频率特性表达式为

$$A(\omega)=\frac{1}{\omega} \tag{3-89}$$

$$\varphi(\omega)=-90° \tag{3-90}$$

其对数频率特性表达式为

$$L(\omega)=20\lg\frac{1}{\omega}=-20\lg\omega \tag{3-91}$$

$$\varphi(\omega)=-90° \tag{3-92}$$

积分环节的幅相频率特性如图 3-45 所示，相应的伯德图如图 3-46 所示，其对数幅频特性为一条经过 $\omega=1\,\mathrm{rad/s}$，$L(\omega)=0\,\mathrm{dB}$ 这一点且斜率为$-20\,\mathrm{dB/dec}$ 的直线，其对数相频特性是一条纵坐标为$-90°$的水平线。

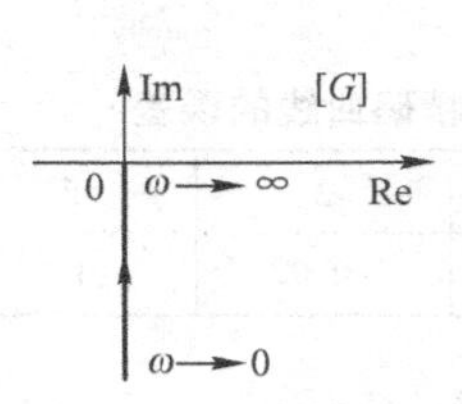

图 3-45　积分环节的幅相频率特性

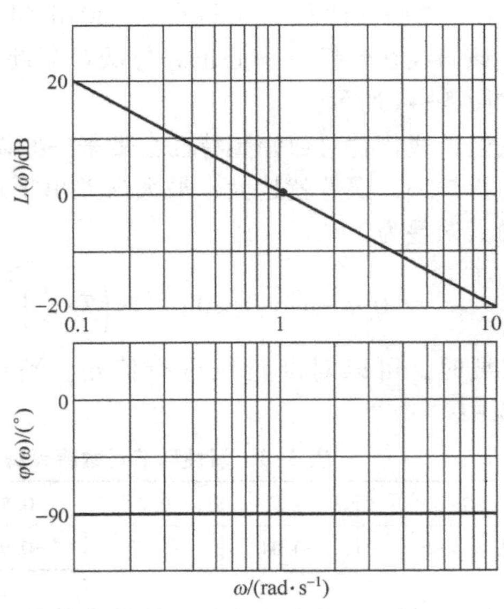

图 3-46　积分环节的伯德图

模拟机的积分器、电动机的角速度与转角之间的传递关系，都是积分环节。

4. 微分环节

(1) 纯微分环节。纯微分环节的传递函数为

$$G(s)=s$$

其频率特性表达式为

$$G(\mathrm{j}\omega)=\mathrm{j}\omega \tag{3-93}$$

其幅频和相频频率特性表达式为

$$A(\omega)=\omega \tag{3-94}$$

$$\varphi(\omega)=90° \tag{3-95}$$

其对数频率特性表达式为

$$L(\omega)=20\lg\omega \tag{3-96}$$

$$\varphi(\omega)=90° \tag{3-97}$$

纯微分环节的幅相频率特性如图 3-47 所示，相应的伯德图如图 3-48 所示，其对数幅频特性为一条经过 $\omega=1$ rad/s，$L(\omega)=0$ dB 这一点且斜率为 20 dB/dec 的直线，其对数相频特性是一条纵坐标为 90°的水平线。

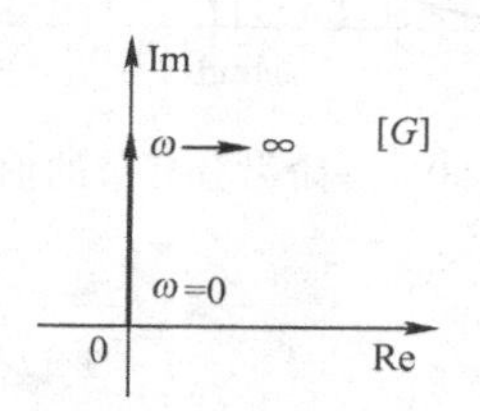

图 3-47 纯微分环节的幅相频率特性

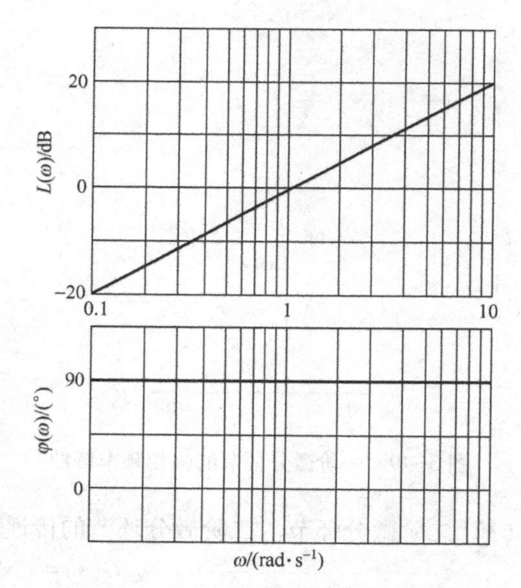

图 3-48 纯微分环节的伯德图

微分环节与积分环节的对数幅频特性曲线以零分贝线互为镜像。

在实际系统中，没有一个元件真正具有微分环节的特性。但是，在主要的频率特性范围内，一些元件可以近似看作微分环节，如速率陀螺仪和测速发电机。

(2) 一阶微分环节。一阶微分环节的传递函数为

$$G(s)=1+\tau s$$

其频率特性表达式为

$$G(j\omega)=1+j\tau\omega \tag{3-98}$$

其幅频和相频频率特性表达式为

$$A(\omega)=\sqrt{1+(\tau\omega)^2} \tag{3-99}$$

$$\varphi(\omega)=\arctan\tau\omega \tag{3-100}$$

其对数频率特性表达式为

$$L(\omega)=20\lg\sqrt{1+(\tau\omega)^2} \tag{3-101}$$

$$\varphi(\omega)=\arctan\tau\omega \tag{3-102}$$

一阶微分环节的幅相频率特性如图 3-49 所示，是由(1,j0)点出发，平行于虚轴而一直向上延伸的一条直线。对比式（3-80）、式（3-81）与式（3-101）、式（3-102），当取 $\tau=T$ 时，一阶微分环节的对数频率特性与惯性环节成相反数。参考惯性环节伯德图的做法，得一阶微分环节的伯德图如图 3-50 所示，其对数幅频特性可用两段渐近线来近似表示：低频渐近线是一条与 0 dB 线重合的水平线，高频渐近线则是一条斜率为 20 dB/dec 的直线，两条渐近线衔接于转折频率 $\omega=1/\tau$ 处。

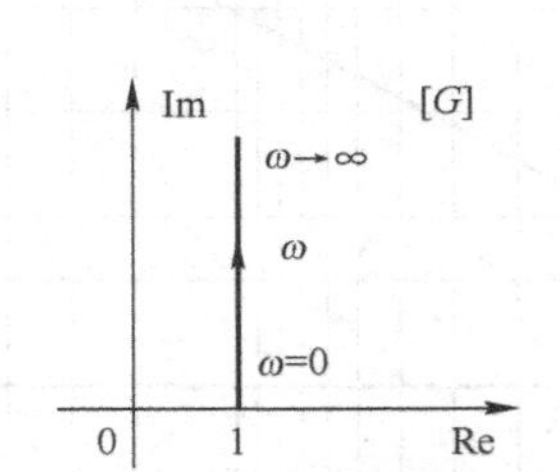

图 3-49　一阶微分环节的幅相频率特性

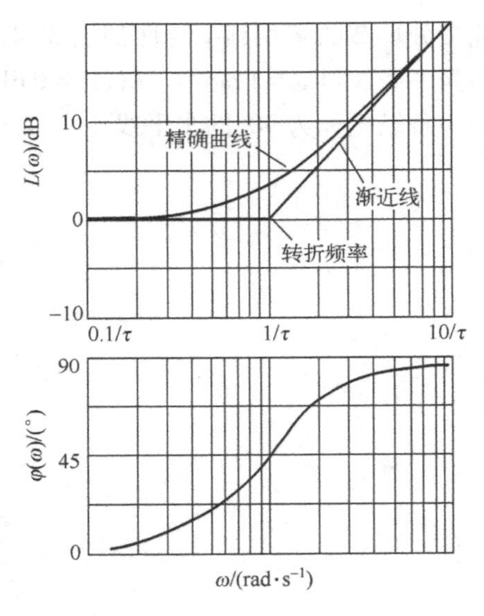

图 3-50　一阶微分环节的伯德图

（3）二阶微分环节。二阶微分环节的传递函数为

$$G(s)=\tau^2 s^2+2\zeta\tau s+1$$

其频率特性表达式为

$$G(s)=\tau^2(j\omega)^2+2\zeta\tau(j\omega)+1=(1-\tau^2\omega^2)+j2\zeta\tau\omega \tag{3-103}$$

其幅频和相频频率特性表达式为

$$A(\omega)=\sqrt{(1-\tau^2\omega^2)^2+(2\zeta\tau\omega)^2} \tag{3-104}$$

$$\varphi(\omega)=\arctan\frac{2\zeta\tau\omega}{1-\tau^2\omega^2} \tag{3-105}$$

其对数频率特性表达式为

$$L(\omega)=20\lg\sqrt{(1-\tau^2\omega^2)^2+(2\zeta\tau\omega)^2} \tag{3-106}$$

$$\varphi(\omega)=\arctan\frac{2\zeta\tau\omega}{1-\tau^2\omega^2} \tag{3-107}$$

二阶微分环节的幅相频率特性如图 3-51 所示，$\zeta=0.707$ 时的二阶微分环节的对数频率特性如图 3-52 所示，其中，相角曲线对 $\varphi(\omega)=90°$ 的弯曲点而言是奇对称的。

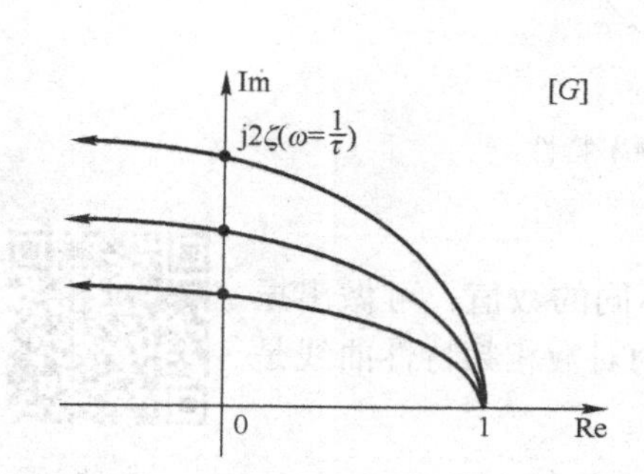

图 3-51　二阶微分环节的幅相频率特性

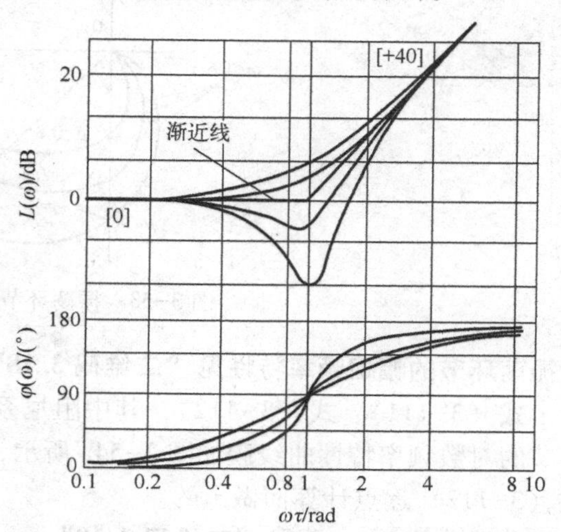

图 3-52　二阶微分环节的对数频率特性

5. 振荡环节

振荡环节的传递函数为

$$G(s)=\frac{1}{T^2s^2+2\zeta Ts+1}=\frac{\omega_n^2}{s^2+2\zeta\omega_n s+\omega_n^2}$$

式中，$\omega_n=1/T$ 为环节的自然振荡角频率；ζ 为阻尼比，$0<\zeta<1$。

其频率特性表达式为

$$G(j\omega)=\frac{\omega_n^2}{(j\omega)^2+2\zeta\omega_n\times(j\omega)+\omega_n^2}=\frac{\omega_n^2}{(\omega_n^2-\omega^2)+j2\zeta\omega_n\omega}$$

$$=\frac{1}{\left[1-\left(\frac{\omega}{\omega_n}\right)^2\right]+j2\zeta\frac{\omega}{\omega_n}}=\frac{1}{[1-(T\omega)^2]+j2\zeta T\omega} \tag{3-108}$$

其幅频和相频频率特性表达式为

$$A(\omega)=\frac{1}{\sqrt{(1-T^2\omega^2)^2+(2\zeta T\omega)^2}} \tag{3-109}$$

$$\varphi(\omega)=-\arctan\frac{2\zeta T\omega}{1-(T\omega)^2} \tag{3-110}$$

其对数频率特性表达式为

$$L(\omega)=-20\lg\sqrt{(1-T^2\omega^2)^2+(2\zeta T\omega)^2} \tag{3-111}$$

$$\varphi(\omega)=-\arctan\frac{2\zeta T\omega}{1-(T\omega)^2} \tag{3-112}$$

由式（3-111）、式（3-112），以阻尼比 ζ 为参变量，频率 ω 由 $0\to\infty$ 取一系列数值，计算出相应的幅值和相角，即可绘出幅相频率特性曲线，如图 3-53 所示。从图中可见，当 $\omega=\omega_n$ 时，$A(\omega_n)=1/(2\zeta)$，$\varphi(\omega_n)=-90°$，特性曲线与负虚轴相交，且阻尼比越小，虚轴上的交点离原点越远。

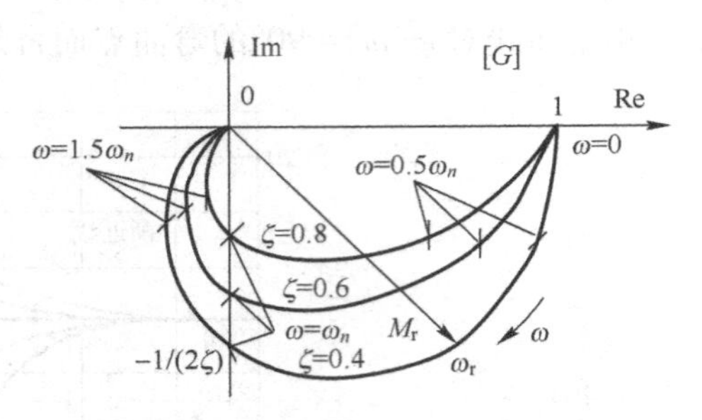

图 3-53　振荡环节的幅相频率特性

振荡环节的幅相频率特性见"二维码 3.18"。

3.18

由式（3-111）、式（3-112），其中阻尼系数取不同的数值，可做出振荡环节的对数频率特性曲线簇如图 3-54a 所示，图中的对数相频特性曲线是按式（3-112）逐点计算而做出的。

振荡环节的 Bode 图见"二维码 3.19"。

3.19

此外，对于不同的 ζ 值的特性曲线都有一个最大幅值 M_r 存在，这个 M_r 称为谐振峰值，对应的频率 ω_r 称为谐振频率。且当 $0<\zeta\leqslant 0.707$ 时，有

$$\omega_r=\omega_n\sqrt{1-2\zeta^2},M_r=\frac{1}{2\zeta\sqrt{1-\zeta^2}}$$

请读者自行证明上式。

在工程上，振荡环节的对数幅频特性曲线也采用分段直线近似法画出。其分析方法与惯性环节相似，可得振荡环节的对数幅频特性渐近线是由低频段的零分贝线和斜率为-40 dB/dec（分贝每十倍频）的斜线交接而成的，转折频率为 $\omega=\omega_n$，如图 3-54 中的粗线所示。

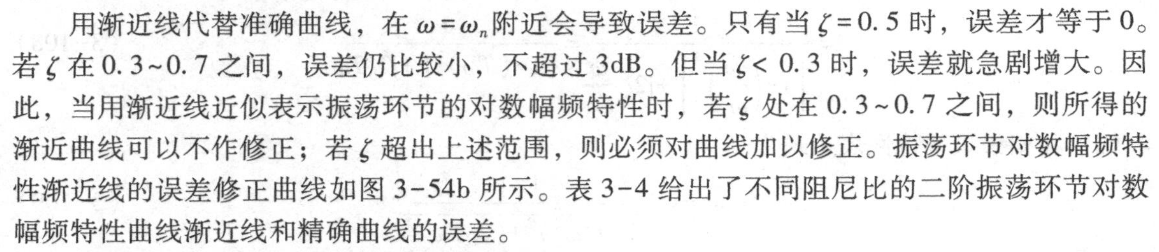

用渐近线代替准确曲线，在 $\omega=\omega_n$ 附近会导致误差。只有当 $\zeta=0.5$ 时，误差才等于 0。若 ζ 在 0.3~0.7 之间，误差仍比较小，不超过 3dB。但当 $\zeta<0.3$ 时，误差就急剧增大。因此，当用渐近线近似表示振荡环节的对数幅频特性时，若 ζ 处在 0.3~0.7 之间，则所得的渐近曲线可以不作修正；若 ζ 超出上述范围，则必须对曲线加以修正。振荡环节对数幅频特性渐近线的误差修正曲线如图 3-54b 所示。表 3-4 给出了不同阻尼比的二阶振荡环节对数幅频特性曲线渐近线和精确曲线的误差。

振荡环节对数幅频特性渐近线的误差修正曲线见"二维码 3.20"。

3.20

6. 延迟环节

延迟环节的传递函数为

$$G(s)=e^{-\tau s}$$

其频率特性表达式为

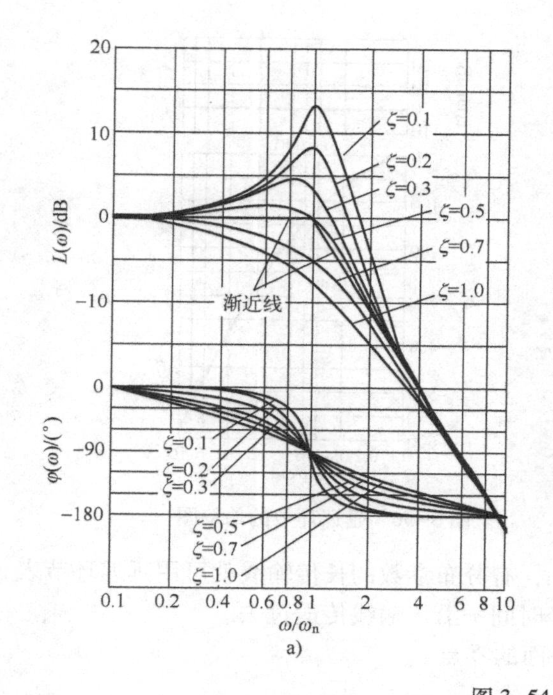

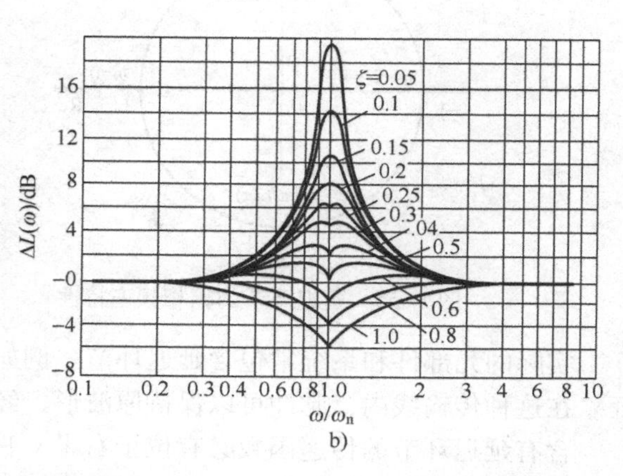

图 3-54 振荡环节

a）Bode 图 b）振荡环节对数幅频特性渐近线的误差修正曲线

表 3-4 二阶振荡环节对数幅频特性曲线渐近线和精确曲线的误差

ζ \ ωT	0.1	0.2	0.4	0.6	0.8	1	1.25	1.66	2.5	5	10
0.1	0.086	0.348	1.48	3.728	8.094	13.98	8.094	3.728	1.48	0.348	0.086
0.2	0.08	0.325	1.36	3.305	6.345	7.96	6.345	3.305	1.36	0.325	0.08
0.3	0.071	0.292	1.179	2.681	4.439	4.439	4.439	2.681	1.179	0.292	0.071
0.5	0.044	0.17	0.627	1.137	1.137	0.00	1.137	1.137	0.627	0.17	0.044
0.7	0.001	0.00	0.08	−0.47	−1.41	−2.92	−1.41	−0.47	0.08	0.00	0.001
1	−0.086	−0.34	−1.29	−2.76	−4.30	−6.20	−4.30	−2.76	−1.29	−0.34	−0.086

$$G(\mathrm{j}\omega)=\mathrm{e}^{-\mathrm{j}\tau\omega} \tag{3-113}$$

其幅频和相频频率特性表达式为

$$A(\omega)=1 \tag{3-114}$$

$$\varphi(\omega)=-\tau\omega(\mathrm{rad}) \tag{3-115}$$

其对数频率特性表达式为

$$L(\omega)=0 \tag{3-116}$$

$$\varphi(\omega)=-\tau\omega(\mathrm{rad})=-57.3\tau\omega(°) \tag{3-117}$$

延迟环节的幅相频率特性如图 3-55 所示，为一个顺时针方向的单位圆。

延迟环节的伯德图如图 3-56 所示，对数幅频特性 $L(\omega)$ 与 0 dB 线重合，对数相频特性从 0°开始，随着 ω 的增大而按线性关系下降。延迟环节的相角总是负值（滞后）的，而且 τ 越大，所导致的相角滞后也越大。延迟环节的这种相角滞后对闭环系统的稳定性是很不利的。

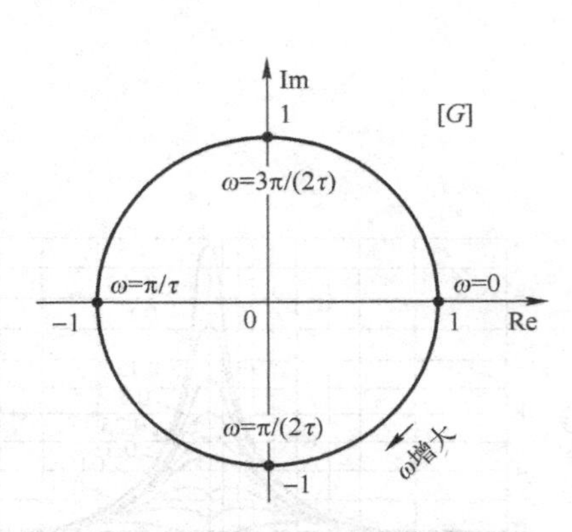

图 3-55　延迟环节的幅相频率特性

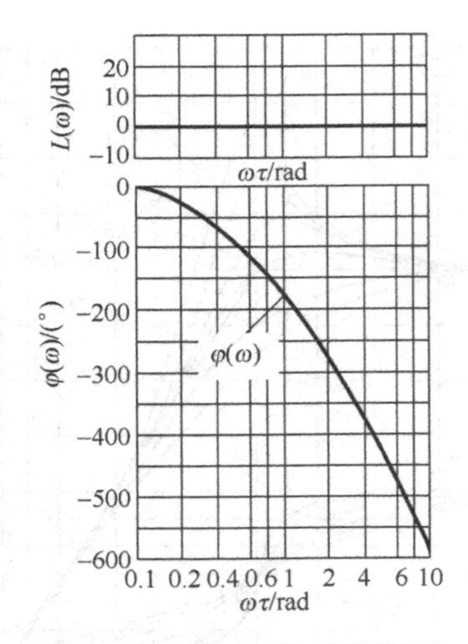

图 3-56　延迟环节的伯德图

实际的元部件和系统常包含延迟环节。例如，有分布参数的长传输线就可用延迟环节表征。在这种传输线内，脉冲可以保持原波形，经时间 τ 沿传输线传送过去。

含有延迟环节的传递函数必有位于右半 s 平面的零点。

3.3.4　系统的开环频率特性

系统的频率特性有两种，其一是开环传递函数 $G(s)H(s)$ 对应的开环频率特性 $G(j\omega)H(j\omega)$，其二是闭环传递函数 $\Phi(s)$ 对应的闭环频率特性 $\Phi(j\omega)$。本节所讨论的是系统的开环频率特性。

1. 系统开环幅相频率特性的绘制

若已知系统的开环传递函数 $G(s)H(s)$，用 $j\omega$ 代替 s 即得到开环频率特性 $G(j\omega)H(j\omega)$。将 $G(j\omega)H(j\omega)$ 写成 $P(\omega)+jQ(\omega)$ 或 $A(\omega)e^{j\varphi(\omega)}$ 的形式，然后在 ω 由 $0\to+\infty$ 的变化范围内选取若干不同的 ω 值，计算出对应的 $P(\omega)$、$Q(\omega)$ 或 $A(\omega)$、$\varphi(\omega)$ 值，在复平面上标出各点并描点成线，即可得到系统的开环奈奎斯特曲线。

【例 3-15】 设某系统的开环传递函数为

$$G(s)H(s)=\frac{K}{(T_1s+1)(T_2s+1)}$$

式中 K、T_1、T_2 等参数均为正数，试绘制系统的开环幅频和相频频率特性图。

解：

系统的开环频率特性为

$$\begin{aligned}G(j\omega)H(j\omega)&=\frac{K}{(1+j\omega T_1)(1+j\omega T_2)}\\&=\frac{K(1-j\omega T_1)(1-j\omega T_2)}{(1+j\omega T_1)(1-j\omega T_1)(1+j\omega T_2)(1-j\omega T_2)}\\&=\frac{K(1-\omega^2T_1T_2)}{(1+\omega^2T_1^2)(1+\omega^2T_2^2)}-j\frac{K\omega(T_1+T_2)}{(1+\omega^2T_1^2)(1+\omega^2T_2^2)}\end{aligned}\tag{3-118}$$

则

$$P(\omega)=\frac{K(1-\omega^2 T_1 T_2)}{(1+\omega^2 T_1^2)(1+\omega^2 T_2^2)} \tag{3-119}$$

$$Q(\omega)=-\frac{K\omega(T_1+T_2)}{(1+\omega^2 T_1^2)(1+\omega^2 T_2^2)} \tag{3-120}$$

或

$$A(\omega)=\frac{K}{\sqrt{1+\omega^2 T_1^2}\sqrt{1+\omega^2 T_2^2}} \tag{3-121}$$

$$\varphi(\omega)=-\arctan\omega T_1-\arctan\omega T_2 \tag{3-122}$$

ω 取 $0\to+\infty$ 间的不同数值，绘制出系统的开环幅频和相频频率特性如图 3-57 所示。

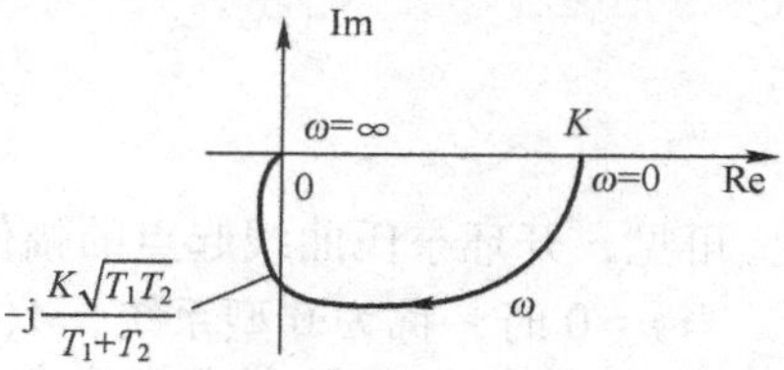

图 3-57　例 3-15 系统的幅频和相频频率特性

【例 3-16】 设某系统的开环传递函数为

$$G(s)H(s)=\frac{K}{s(T_1 s+1)(T_2 s+1)}$$

式中 K、T_1、T_2 等参数均为正数，试绘制系统的开环幅频和相频频率特性图。

解：

系统的开环频率特性为

$$G(\mathrm{j}\omega)H(\mathrm{j}\omega)=\frac{K}{\mathrm{j}\omega(1+\mathrm{j}\omega T_1)(1+\mathrm{j}\omega T_2)} \tag{3-123}$$

经过整理，得

$$P(\omega)=-\frac{K(T_1+T_2)}{(1+\omega^2 T_1^2)(1+\omega^2 T_2^2)} \tag{3-124}$$

$$Q(\omega)=\frac{-K(1-\omega^2 T_1 T_2)}{\omega(1+\omega^2 T_1^2)(1+\omega^2 T_2^2)} \tag{3-125}$$

或

$$A(\omega)=\frac{K}{\omega\sqrt{1+\omega^2 T_1^2}\sqrt{1+\omega^2 T_2^2}} \tag{3-126}$$

$$\varphi(\omega)=-90^\circ-\arctan\omega T_1-\arctan\omega T_2 \tag{3-127}$$

ω 取 $0\to+\infty$ 间的不同数值，绘制出系统的开环幅频和相频频率特性如图 3-58 所示。

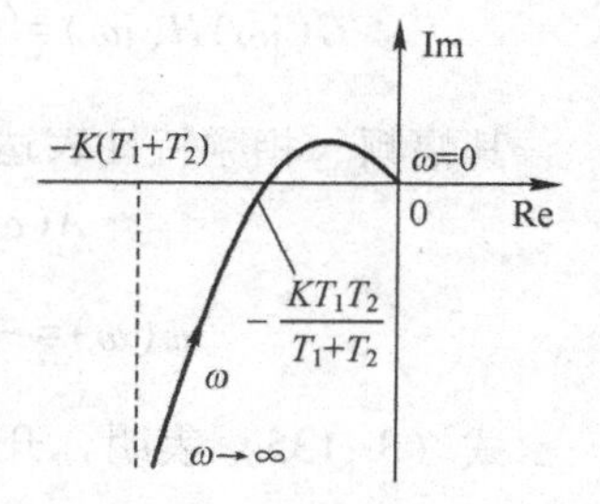

图 3-58　例 3-16 系统的幅频和相频频率特性

例 3-15 和例 3-16 的系统的开环奈奎斯特图存在很大差别。分析这个差别形成的原因，有助于系统开环奈奎斯特图的绘制。

设系统的开环传递函数表达式为

$$G(s)H(s)=\frac{K\prod_{i=1}^{m_1}(\tau_i s+1)\prod_{k=1}^{m_2}(\tau_k^2 s^2+2\zeta_k\tau_k s+1)}{s^\nu\prod_{j=1}^{n_1}(T_j s+1)\prod_{l=1}^{n_2}(T_l^2 s^2+2\zeta_l T_l s+1)} \tag{3-128}$$

式中，$m_1+2m_2=m$，$\nu+n_1+2n_2=n$，$n\geqslant m$。

则系统的开环频率特性表达式为

$$G(\mathrm{j}\omega)H(\mathrm{j}\omega)=\frac{K\prod\limits_{i=1}^{m_1}(\mathrm{j}\omega\tau_i+1)\cdot\prod\limits_{k=1}^{m_2}[\tau_k^2(\mathrm{j}\omega)^2+2\zeta_k\tau_k(\mathrm{j}\omega)+1]}{(\mathrm{j}\omega)^{\nu}\prod\limits_{j=1}^{n_1}(\mathrm{j}\omega T_j+1)\cdot\prod\limits_{l=1}^{n_2}[T_l^2(\mathrm{j}\omega)^2+2\zeta_l T_l(\mathrm{j}\omega)+1]} \tag{3-129}$$

当 $\omega\to0$ 时，$G(\mathrm{j}\omega)H(\mathrm{j}\omega)$ 的起点表达式为

$$G(\mathrm{j}\omega)H(\mathrm{j}\omega)=\frac{K}{(\mathrm{j}\omega)^{\nu}} \tag{3-130}$$

其幅频、相频特性表达式分别为

$$A(\omega)=\frac{K}{\omega^{\nu}} \tag{3-131}$$

$$\varphi(\omega)=-\nu\frac{\pi}{2} \tag{3-132}$$

可见，开环奈氏曲线起点的幅值和相角均与积分环节的个数（即系统型别）ν 有关：

当 $\nu=0$ 时，称为 0 型系统，$A(0)=K$，$\varphi(0)=0$；

当 $\nu=1$ 时，称为Ⅰ型系统，$A(0)=\infty$，$\varphi(\omega)=-\frac{\pi}{2}$；

当 $\nu=2$ 时，称为Ⅱ型系统，$A(0)=\infty$，$\varphi(\omega)=-\pi$；

对于 $\nu(\geqslant3)$ 型系统，$A(0)=\infty$，$\varphi(\omega)=-\nu\frac{\pi}{2}$。

图 3-59 绘出了 0 型、Ⅰ型、Ⅱ型系统的开环幅相频率特性曲线低频部分的一般形状。

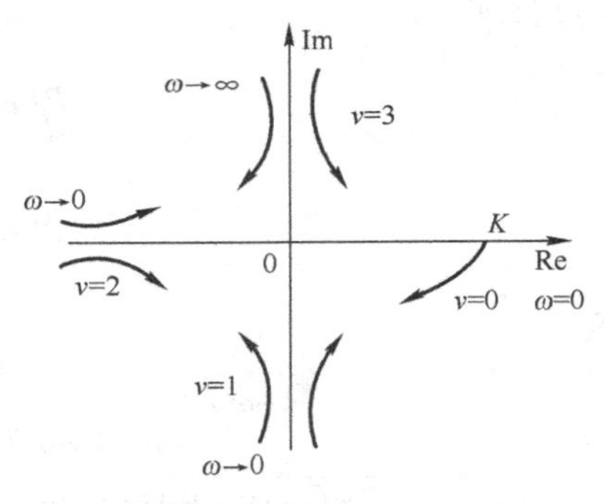

图 3-59　开环奈氏图的低频段

由于实际的物理系统存在 $n>m$，所以 $\omega\to\infty$ 时，$G(\mathrm{j}\omega)H(\mathrm{j}\omega)$ 的表达式为

$$G(\mathrm{j}\omega)H(\mathrm{j}\omega)=\frac{K(\mathrm{j}\omega)^m}{(\mathrm{j}\omega)^n}=\frac{K}{(\mathrm{j}\omega)^{n-m}} \tag{3-133}$$

其幅频、相频特性表达式分别为

$$A(\omega)=0 \tag{3-134}$$

$$\varphi(\omega)=-(n-m)\frac{\pi}{2} \tag{3-135}$$

式（3-135）表明，开环幅相特性曲线在 $\omega\to\infty$ 时的极限角与 $G(\mathrm{j}\omega)H(\mathrm{j}\omega)$ 的 $n-m$ 有关：

当 $n-m=1$ 时，特性曲线沿负虚轴卷向坐标原点；

当 $n-m=2$ 时，特性曲线沿负实轴卷向坐标原点；

当 $n-m=3$ 时，特性曲线沿正虚轴卷向坐标原点；

依此类推。

上述 3 种情况的特性曲线高频部分的一般形状如图 3-60 所示。

在控制工程中，一般只需要画出奈氏图的大致形状和几个关键点的准确位置。

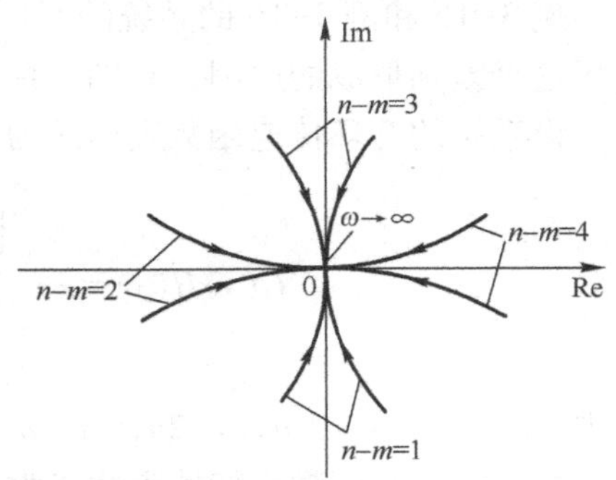

图 3-60　开环奈氏图的高频段

2. 系统开环对数频率特性的绘制

设系统的开环传递函数为

$$G(s)H(s)=G_1(s)G_2(s)\cdots G_n(s)$$

系统的开环频率特性为

$$\begin{aligned}G(\mathrm{j}\omega)H(\mathrm{j}\omega)&=G_1(\mathrm{j}\omega)G_2(\mathrm{j}\omega)\cdots G_n(\mathrm{j}\omega)\\&=A_1(\omega)\mathrm{e}^{\mathrm{j}\varphi_1(\omega)}\times A_2(\omega)\mathrm{e}^{\mathrm{j}\varphi_2(\omega)}\times\cdots\times A_n(\omega)\mathrm{e}^{\mathrm{j}\varphi_n(\omega)}\\&=A_1(\omega)A_2(\omega)\cdots A_n(\omega)\mathrm{e}^{\mathrm{j}[\varphi_1(\omega)+\varphi_2(\omega)+\cdots+\varphi_n(\omega)]}\\&=A(\omega)\mathrm{e}^{\mathrm{j}\varphi(\omega)}\end{aligned}\tag{3-136}$$

则

$$A(\omega)=A_1(\omega)A_2(\omega)\cdots A_n(\omega)\tag{3-137}$$

$$\varphi(\omega)=\varphi_1(\omega)+\varphi_2(\omega)+\cdots+\varphi_n(\omega)\tag{3-138}$$

所以

$$\begin{aligned}L(\omega)&=20\lg A(\omega)=20\lg[A_1(\omega)A_2(\omega)\cdots A_n(\omega)]\\&=20\lg A_1(\omega)+20\lg A_2(\omega)+\cdots+20\lg A_n(\omega)\\&=L_1(\omega)+L_2(\omega)+\cdots+L_n(\omega)\end{aligned}\tag{3-139}$$

$$\varphi(\omega)=\varphi_1(\omega)+\varphi_2(\omega)+\cdots+\varphi_n(\omega)\tag{3-140}$$

可见，只要绘出各环节的对数幅频特性分量，再将各分量的纵坐标相加，就可以得到整个系统的开环对数幅频特性。同理，将各环节的相频特性分量相加，就可得到系统的开环对数相频特性。

系统是由典型环节组合而成的，而典型环节的对数幅频特性渐近线是一些不同斜率的直线或折线，故叠加后得到系统的开环特性曲线仍为不同斜率的线段所组成的折线群。因此，只要能确定低频渐近线的斜率和位置，并确定线段转折处的频率以及转折后线段斜率的变化量，就可以由低频到高频画出整个系统的开环对数幅频特性曲线，无须先画出各个环节的对数幅频特性渐近线，然后再逐点叠加。

（1）低频段渐近线的确定。系统低频段的幅频特性可用式（3-131）表示，则低频段的对数幅频特性为

$$L(\omega)=20\lg A(\omega)=20\lg K-20\nu\lg\omega\tag{3-141}$$

式（3-141）表明，系统低频段的对数幅频特性渐近线是一条经过（或其延长线经过）$\omega=1\ \mathrm{rad/s}$、$L(\omega)=20\lg K$ 这一点，且斜率为 -20ν dB/dec 的直线，如图 3-61 所示。

（2）转折频率及转折后斜率变化量的确定。式（3-128）中各环节的转折频率分别为

$$\omega_{\mathrm{i}}=\frac{1}{\tau_{\mathrm{i}}},\omega_{\mathrm{j}}=\frac{1}{T_{\mathrm{j}}},\omega_{\mathrm{k}}=\frac{1}{\tau_{\mathrm{k}}},\omega_{\mathrm{l}}=\frac{1}{T_{\mathrm{l}}}$$

当曲线经过 ω_{i} 时，斜率的变化量为+20 dB/dec；

当曲线经过 ω_{j} 时，斜率的变化量为−20 dB/dec；

当曲线经过 ω_{k} 时，斜率的变化量为+40 dB/dec；

当曲线经过 ω_{l} 时，斜率的变化量为−40 dB/dec。

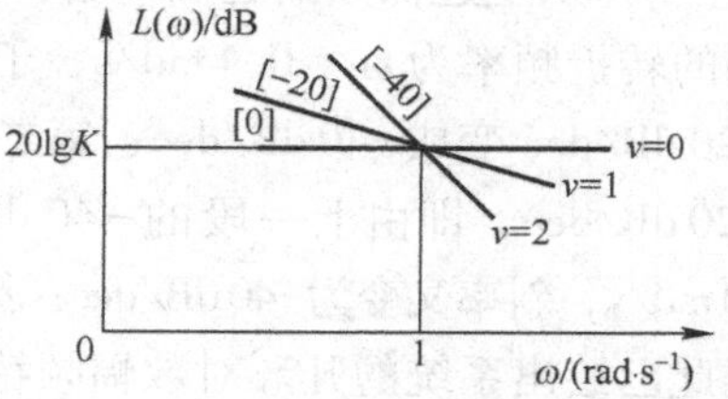

图 3-61　低频段与 K、ν 的关系

综上所述，可将绘制系统对数幅频特性曲线的步骤归纳如下：

1）将系统开环频率特性 $G(j\omega)H(j\omega)$ 写成时间常数表示形式，如式（3-128）所示。

2）求出各环节的转折频率，并从小到大依次标在半对数坐标图的横坐标轴上。

3）通过 $\omega=1\ \mathrm{rad/s}$、$L(\omega)=20\lg K$ 这一点，绘制斜率为 -20ν dB/dec 的低频渐近线。

4）从低频渐近线开始，随着 ω 的增大，每遇到一个典型环节的转折频率，就按上述规律改变一次对数幅频特性曲线的斜率，直至经过全部转折频率为止。

5）必要时可利用误差修正曲线对转折频率附近的曲线进行修正，以求得更精确的对数幅频特性的光滑曲线。

对数相频特性的绘制可以直接利用相频特性表达式逐点计算而得，有时也可以采用模板来绘制。对于式（3-128）所描述的系统，其相频表达式为

$$\varphi(\omega)=\sum_{i=1}^{m_1}\arctan\tau_i\omega+\sum_{k=1}^{m_2}\arctan\frac{2\zeta_k\tau_k\omega}{1-\tau_k^2\omega^2}-\nu\frac{\pi}{2}-\sum_{j=1}^{n_1}\arctan T_j\omega-\sum_{l=1}^{n_2}\frac{2\zeta_l T_l\omega}{1-T_l^2\omega^2} \tag{3-142}$$

及

$$\lim_{\omega\to 0}\varphi(\omega)=-\nu\frac{\pi}{2} \tag{3-143}$$

$$\lim_{\omega\to\infty}\varphi(\omega)=-(n-m)\frac{\pi}{2} \tag{3-144}$$

【例 3-17】 某系统的开环传递函数为

$$G(s)H(s)=\frac{1000(s+2)}{s(s+0.4)(s+10)(s+20)}$$

试绘制系统的开环对数频率特性。

解： 1）将系统的开环传递函数改写成时间常数表示形式，得

$$G(s)H(s)=\frac{25\left(\dfrac{s}{2}+1\right)}{s\left(\dfrac{s}{0.4}+1\right)\left(\dfrac{s}{10}+1\right)\left(\dfrac{s}{20}+1\right)}=\frac{25(0.5s+1)}{s(0.05s+1)(0.1s+1)(2.5s+1)} \tag{3-145}$$

2）求出各环节的转折频率，分别为 0.4 rad/s、2 rad/s、10 rad/s、20 rad/s，标在 ω 轴上。

3）绘制对数幅频特性曲线的低频渐近线。通过 $\omega=1\ \mathrm{rad/s}$、$L(\omega)=20\lg K=20\lg 25\ \mathrm{dB}=28\ \mathrm{dB}$ 的点画一条斜率为 -20×1 dB/dec $=-20$ dB/dec 的直线。

4）从上述低频渐近线开始，由左向右逐段绘制系统的对数幅频特性渐近线。第一个遇到的转折频率为 $\omega_1=0.4\ \mathrm{rad/s}$，于是幅频特性曲线经 ω_1 后斜率变化 -20 dB/dec，即由原来的 -20 dB/dec 变成 -40 dB/dec；第二个遇到的转折频率为 $\omega_2=2\ \mathrm{rad/s}$，于是经 ω_2 后斜率变化 $+20$ dB/dec，即由上一段的 -40 dB/dec 变为 -20dB/dec；第三个遇到的转折频率为 $\omega_3=10\ \mathrm{rad/s}$，斜率又变为 -40 dB/dec；第四个遇到的转折频率为 $\omega_4=20\ \mathrm{rad/s}$，斜率变为 -60 dB/dec，至此已绘出系统的开环对数幅频特性渐近线，如图 3-62a 所示。

系统开环对数相频特性表达式为

$$\varphi(\omega)=\arctan0.5\omega-90°-\arctan0.05\omega-\arctan0.1\omega-\arctan2.5\omega \tag{3-146}$$

对数相频特性的绘制可以利用对数相频特性表达式逐点计算的数据描出，也可绘制出系统的对数相频概略曲线，如图 3-62b 所示。对数幅频特性渐近线由五段折线组成，它们的

斜率分别为−20 dB/dec、−40 dB/dec、−20 dB/dec、−40 dB/dec、−60 dB/dec。与此对应的对数相频曲线的五条渐近线的相角值分别为−90°、−180°、−90°、−180°、−270°，如图 3-62b 中的虚线所示。

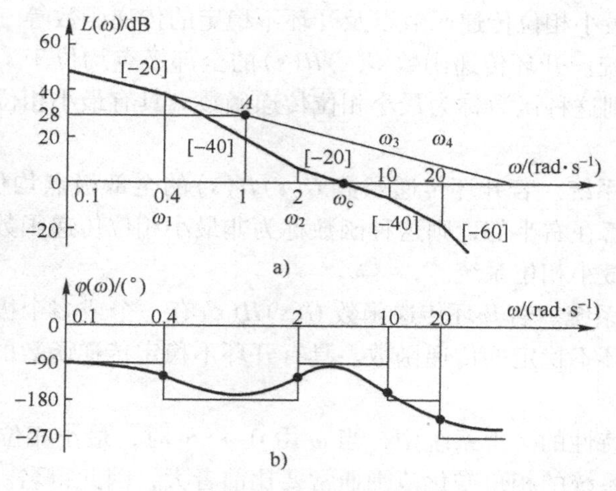

图 3-62 例 3-17 伯德图

由对数相频特性可计算出各个转折频率处的相角值。当 $\omega_1=0.4\ \mathrm{rad/s}$ 时，有

$$
\begin{aligned}
\varphi(0.4)&=\arctan 0.5\times0.4-90^\circ-\arctan 2.5\times0.4-\arctan 0.05\times0.4-\arctan 0.1\times0.4\\
&=-127.1^\circ
\end{aligned}
$$

同理，当 $\omega_2=2\ \mathrm{rad/s}$ 时，$\varphi(2)=-140.71^\circ$；当 $\omega_3=10\ \mathrm{rad/s}$ 时，$\varphi(10)=-170.58^\circ$；当 $\omega_4=20\ \mathrm{rad/s}$ 时，$\varphi(20)=-202.99^\circ$。根据以上各转折频率处的相角值和各组成环节相角特性的特点以及各段相角变化范围的渐近线，可绘制出系统的对数相频概略曲线，如图 3-62b 所示。

$L(\omega)$曲线穿越 ω 轴时的频率称为剪切频率，又称零分贝频率，常用 ω_c表示。对于相频曲线，除了解其大致趋向外，最重要的是剪切频率 ω_c 处的相角。本例中，$\omega_c=5\ \mathrm{rad/s}$，且 $\varphi(\omega_c)=-147.8^\circ$。

ω_c的计算如下：由式（3-145）及 $L(\omega_c)=0$ 得 $|G(\mathrm{j}\omega_c)H(\mathrm{j}\omega_c)|=1$。所以

$$
|G(\mathrm{j}\omega)H(\mathrm{j}\omega)|=\frac{25\times\dfrac{\omega_c}{2}}{\omega_c\times\dfrac{\omega_c}{0.4}\times1\times1}=1
$$

得

$$
\omega_c=5\mathrm{rad/s}
$$

$$
\begin{aligned}
\varphi(\omega_c)&=\arctan\frac{\omega_c}{2}-90^\circ-\arctan\frac{\omega_c}{0.4}-\arctan\frac{\omega_c}{10}-\arctan\frac{\omega_c}{20}\\
&=\arctan\frac{5}{2}-90^\circ-\arctan\frac{5}{0.4}-\arctan\frac{5}{10}-\arctan\frac{5}{20}\\
&=-147.8^\circ
\end{aligned}
$$

3.3.5 最小相位系统、非最小相位系统

根据系统开环零、极点在 s 平面上分布情况的不同，开环传递函数 $G(s)H(s)$ 可分为最小相位传递函数、非最小相位传递函数以及开环不稳定的传递函数等三类，其定义如下：

（1）最小相位系统。开环传递函数 $G(s)H(s)$ 的全部极点均位于 s 平面的左半部，而没有零点落在右半部，则这种函数称为最小相位传递函数。具有最小相位传递函数的系统称为最小相位系统。

（2）非最小相位系统。若开环传递函数 $G(s)H(s)$ 的全部极点均位于 s 平面的左半部，但有一个或多个零点落在右半部，则这种函数称为非最小相位传递函数。具有非最小相位传递函数的系统称为非最小相位系统。

（3）开环不稳定系统。若开环传递函数 $G(s)H(s)$ 有一个或多个极点落在 s 平面的右半部，则该函数称为开环不稳定的传递函数。具有开环不稳定传递函数的系统称为开环不稳定系统。

在具有相同幅频特性的一类系统中，当 ω 由 $0\to+\infty$ 时，最小相位系统的相角变化范围最小，而非最小相位系统的相角变化范围通常要比前者大，因此得名。

对于最小相位系统，一条对数幅频特性曲线只能有一条对数相频特性曲线与之对应。当给定了 $L(\omega)$ 特性后，其对应的 $\varphi(\omega)$ 特性也随之而定，反之亦然。因此，在利用伯德图对系统进行分析、设计时，对于最小相位系统往往只绘出其对数幅频特性 $L(\omega)$ 就够了，只要绘出（或测量出）对数幅频特性，就可根据 $L(\omega)$ 特性的形状写出系统的开环传递函数。

非最小相位系统及开环不稳定系统的 $L(\omega)$ 特性和 $\varphi(\omega)$ 特性之间一般不具有一一对应的关系，故在分析和设计时，必须同时绘制出其对数幅频特性曲线 $L(\omega)$ 和对数相频特性曲线 $\varphi(\omega)$。

如果系统开环传递函数中只包含除延迟环节以外的其他典型环节，且没有局部正反馈回路，则 $G(s)H(s)$ 在 s 平面的右半部既无零点、又无极点，故系统一定是最小相位系统。反之，若系统具有局部正反馈回路，则必有开环极点落在 s 平面右半部，这时系统已变成开环不稳定系统了。若系统含有延迟环节，则必有位于 s 平面右半部的零点，属于非最小相位系统。

3.4 小结

自动控制系统的时域分析法是根据控制系统微分方程（或传递函数）分析系统的稳定性、动态性能和稳态性能的一种方法。系统的稳定性取决于系统自身的结构和参数，线性系统稳定的充要条件是其特征方程的根均位于 s 平面左半部（即系统的特征根全部具有负实部）。微分方程反映了系统的稳定性、动态特性及静态特性。在已知系统开环传递函数的零、极点情况下，可确定闭环系统的极点，并依此分析系统参量发生变化时对闭环极点位置的影响。应用频域分析法不必求解系统的微分方程而可通过频率特性图分析系统的动态和稳态性能。频率特性可以由实验方法求出，这对于分析一些难以列写出动态方程的系统或环节具有重要的工程实用意义。

3.5 习题

3-1 已知二阶系统的单位阶跃响应为

$$h(t)=10-12.5\mathrm{e}^{-1.2t}\sin(1.6t+53.1^{\circ})$$

试求系统的超调量 $\sigma\%$、峰值时间 t_p 和调节时间 t_s。

3-2 设单位反馈系统的开环传递函数为

$$G(s)=\frac{0.4s+1}{s(s+0.6)}$$

试求系统在单位阶跃输入下的动态性能。

3-3 已知控制系统的单位阶跃响应为

$$h(t)=1+0.2\mathrm{e}^{-60t}-1.2\mathrm{e}^{-10t}$$

试确定系统的阻尼比 ζ 和自然频率 ω_n。

3-4 某系统的传递函数未知，对系统施加输入信号 $r(t)=t\ (t\geqslant0)$，当系统的初始条件为零时，系统的输出响应为 $c(t)=1+\sin t+2\mathrm{e}^{-2t}(t\geqslant0)$。试确定系统的传递函数。

3-5 某反馈系统如图 3-63 所示。试

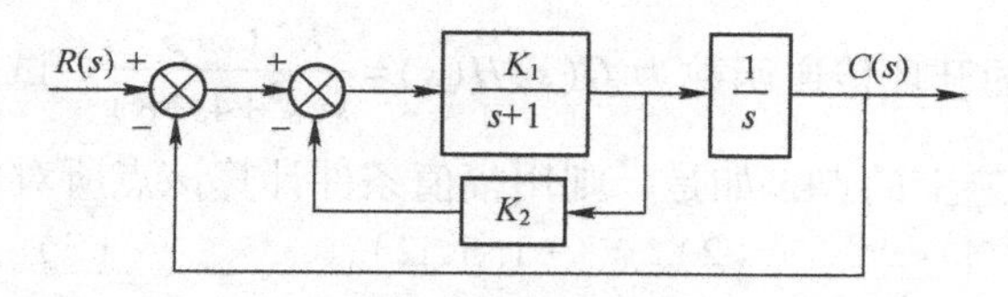

图 3-63 题 3-5 系统图

（1）选择 K_1、K_2，使系统的 $\zeta=0.707$，$\omega_n=2\,\mathrm{rad/s}$；

（2）选择 K_1、K_2，使系统有两个相等的实根 $\lambda=-10$；

（3）求在（1）中的情况下，系统的超调量 $\sigma\%$ 以及调节时间 t_s 和上升时间 t_r。

3-6 考虑图 3-64 描述的系统，其中参数 K 和 F 都是正数。如果要求系统的阻尼比是二阶工程最佳参数，试求它们的取值范围。

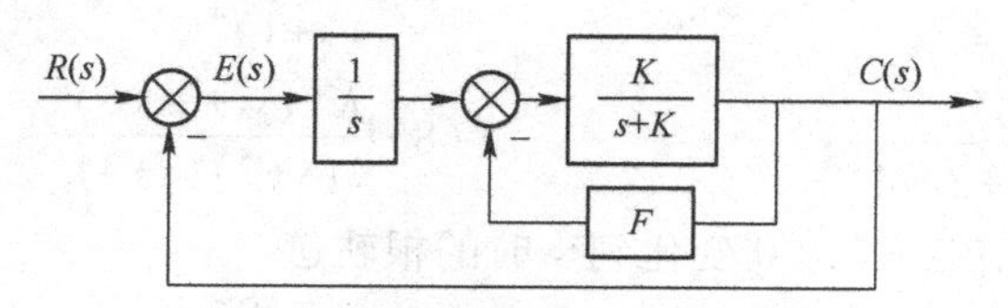

图 3-64 题 3-6 系统图

3-7 图 3-65 中的三个 RC 网络分别是相位超前校正网络（a）、相位滞后校正网络（b）和相位超前-滞后校正网络（c），它们在控制系统的设计中是十分有用的。试

（1）分别推导它们的传递函数；

（2）假定 $R_1=R_2=1\,\mathrm{k\Omega}$，$C=C_1=C_2=1\,\mu\mathrm{F}$，分别画出它们的零、极点在 s 平面上的位置；

（3）分别求在（2）中的参数下，输入 $u_r(t)=1(t)$ 时的网络的输出响应 $u_c(t)$。

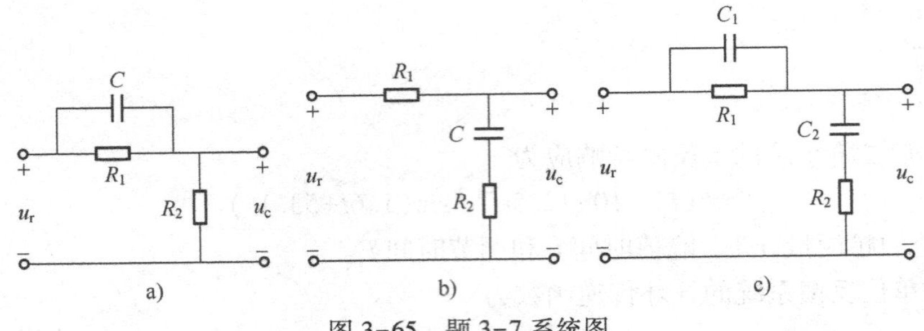

图 3-65　题 3-7 系统图

3-8　试分别求出图 3-66a、b、c 各系统的自然频率和阻尼比，并列表比较其动态性能。

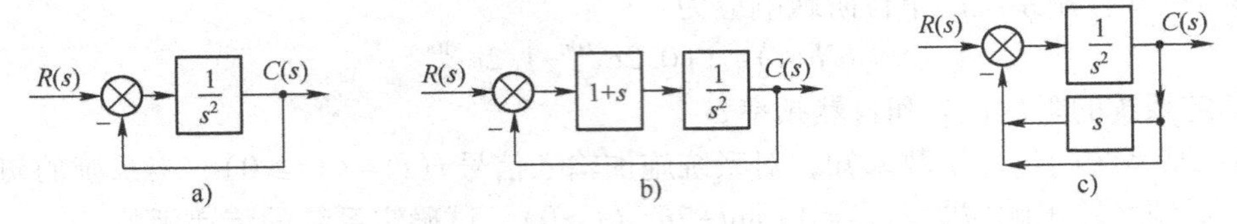

图 3-66　题 3-8 系统图

3-9　设闭环系统的开环传递函数为 $G(s)H(s)=\dfrac{K^*(s+5)}{s(s^2+4s+8)}$。试用辐角条件检验下列 s 平面上的点是不是根轨迹上的点，如是，则用幅值条件计算该点所对应的 K^* 值。

(1) 点(−1,j0)；　(2) 点(−1.5,j2)；　(3) 点(−6,j0)；

(4) 点(−4,j3)；　(5) 点(−1,j2.37)。

3-10　给定如下单位负反馈系统的开环传递函数：

(1) $\dfrac{K^*}{(s-1)(s+5)}$；　(2) $\dfrac{K^*}{(s+1)(s+2)(s+3)}$；

(3) $\dfrac{K^*(s+1)}{s^2(s+2)(s+4)}$；　(4) $\dfrac{K^*(s+0.5)}{s^3+s^2+1}$；

(5) $\dfrac{K^*(s^2+1)}{(s+2)^3}$；　(6) $\dfrac{K^*}{(s+1)^4}$；

(7) $\dfrac{K^*(s+2)}{(s^2+6s+10)(s^2+2s+4)}$；　(8) $\dfrac{K^*(s^2+2s+5)}{s(s+2)(s+3)}$。

试画出上述系统在增益 K^* 由 0 变化到∞时的根轨迹。

3-11　控制系统的开环传递函数为 $G(s)H(s)=\dfrac{K^*}{s(s+2)(s+7)}$，试绘制系统的根轨迹，并确定阻尼比 $\zeta=0.707$ 时的 K^* 值。

3-12　控制系统的开环传递函数为 $G(s)H(s)=\dfrac{K^*(s+2)(s+3)}{s(s+1)}$，试绘制该系统根轨迹，在根轨迹图上标出最小阻尼比时的闭环极点和对应的根轨迹增益 K^*。并说明 K^* 在什么范围内取值时系统为过阻尼系统？K^* 在什么范围内取值时为欠阻尼系统？

3-13　控制系统的开环传递函数为 $G(s)H(s)=\dfrac{K^*}{s(s+4)(s+6)}$，试绘制该系统根轨迹，

求闭环主导极点阻尼比为 $\zeta=0.5$ 时对应的增益，并计算第三个闭环极点。

3-14　已知单位反馈控制系统的开环传递函数为 $G(s)=\dfrac{K^*(s^2+6s+10)}{s^2+2s+10}$，试证明该系统的根轨迹是圆心位于原点、半径为 $\sqrt{10}$ 的圆弧。

3-15　已知单位反馈控制系统的开环传递函数为 $G(s)=\dfrac{K^*}{(s+3)(s^2+2s+2)}$，试绘制该系统根轨迹；要求闭环系统的最大超调量 $\sigma\%\leqslant 25\%$，调节时间 $t_s\leqslant 10\,\text{s}$，试选择 K^* 值。

3-16　已知单位反馈控制系统的开环传递函数为 $G(s)=\dfrac{K^*}{(0.5s+1)^4}$，试绘制该系统根轨迹并计算闭环系统的最大超调量 $\sigma\%=16.3\%$ 的 K^* 值。

3-17　某一位置随动系统，其开环传递函数为 $G(s)=\dfrac{K}{s(5s+1)}$，为了改善系统性能，分别采用在原系统中加比例及微分串联校正和速度反馈两种方案，校正前后的具体结构参数如图 3-67 所示。试

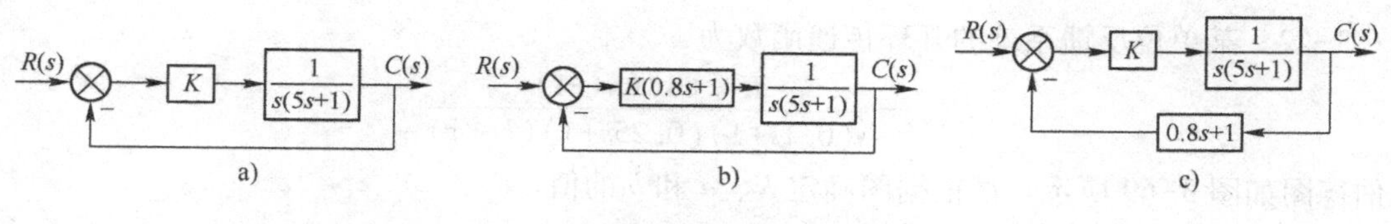

图 3-67　题 3-17 系统图

（1）分别绘制这三个系统 K 从 $0\to\infty$ 的闭环根轨迹图。

（2）比较两种校正对系统阶跃响应的影响。

3-18　直升机静稳定性不好，需要加控制装置改善性能。图 3-68 所示是加入镇定控制回路的直升机俯仰控制系统结构图。直升机的动态特性可用传递函数 $G_0(s)=\dfrac{10(s+0.5)}{(s+1)(s-0.4)^2}$表示。试画出直升机俯仰控制系统的根轨迹。

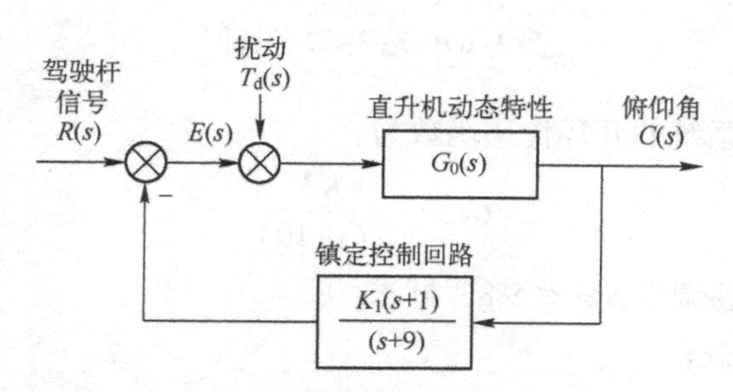

图 3-68　直升机俯仰控制系统结构图

3-19　若系统单位阶跃响应

$$h(t)=1-1.8e^{-4t}+0.8e^{-9t}$$

试确定系统的频率特性。

3-20　绘制下列系统的对数幅频特性图和相频特性图。

(1) $G(s)=\dfrac{1}{s(s+15)}$；

(2) $G(s)=\dfrac{20}{s(s+10)(s+20)}$；

(3) $G(s)=\dfrac{36(s+2)}{s(s^2+6s+12)}$；

(4) $G(s)=\dfrac{5}{s(0.01s^2+0.1s+1)}$；

(5) $G(s)=\dfrac{40(s-10)}{s(s+10)(s+20)}$；

(6) $G(s)=\dfrac{40}{s(s-10)(s+20)}$。

3-21　绘制下列系统的奈氏图。

(1) $G(s)=\dfrac{100}{(s+10)(s+20)}$；

(2) $G(s)=\dfrac{100}{s(s+10)(s+20)}$；

(3) $G(s)=\dfrac{10}{s^2(s+1)(s+10)}$；

(4) $G(s)=\dfrac{10}{s^3(s+1)(s+2)}$；

(5) $G(s)=\dfrac{10}{s(s+1)(s-10)}$；

(6) $G(s)=\dfrac{10(s+1)}{s(s+2)}$；

(7) $G(s)=\dfrac{10(s-1)}{s(s+2)}$。

3-22　某单位反馈系统的开环传递函数为

$$G(s)=\frac{K(s+8)(as+1)}{s(0.1s+1)(0.25s+1)(bs+1)}$$

其伯德图如图 3-69 所示。试依据图确定 K、a 和 b 的值。

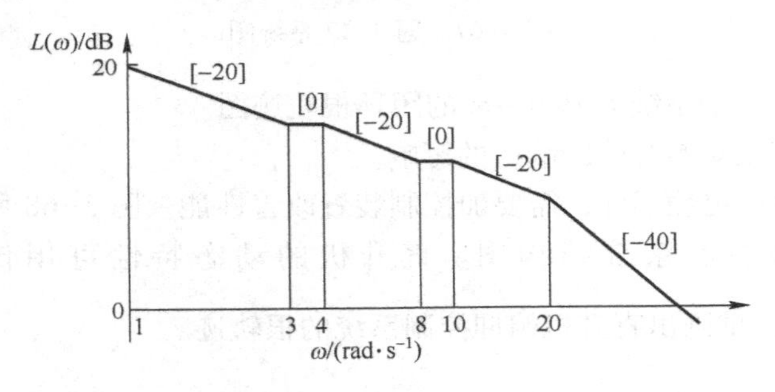

图 3-69　题 3-22 伯德图

3-23　某单位反馈系统的开环传递函数为

$$G(s)=\frac{K^*}{s(s+10)}$$

若要求闭环系统的超调量 $\sigma\%\leqslant5\%$，试求

(1) 系统的开环增益；

(2) 闭环系统的谐振峰值 M_r；

(3) 闭环系统的谐振角频率 ω_r；

(4) 闭环系统的单位阶跃响应。

3-24　已知系统开环传递函数

$$G(s)=\frac{K(\tau s+1)}{s^2(Ts+10)},K、\tau、T>0$$

试分析并绘制 $\tau > T$ 和 $T > \tau$ 情况下的开环幅相曲线。

3-25　已知系统开环传递函数

$$G(s)=\frac{10}{s(s+1)(s^2+1)}$$

试概略绘制系统开环幅相特性曲线和对数频率特性曲线。

3-26　绘制下列传递函数的渐近对数幅频特性曲线。

(1) $G(s)=\dfrac{2}{(2s+1)(8s+1)}$;

(2) $G(s)=\dfrac{200}{s^2(s+1)(10s+1)}$;

(3) $G(s)=\dfrac{40(s+0.5)}{s(s+0.2)(s^2+s+1)}$;

(4) $G(s)=\dfrac{8(s+0.1)}{s(s^2+s+1)(s^2+4s+25)}$;

(5) $G(s)=\dfrac{20(3s+1)}{s^2(6s+1)(s^2+4s+25)(10s+1)}$;

(6) $G(s)=\dfrac{10(s-1)}{s(s+2)}$。

3-27　最小相角系统传递函数的近似对数幅频特性曲线分别如图 3-70 所示。试分别写出对应的传递函数。

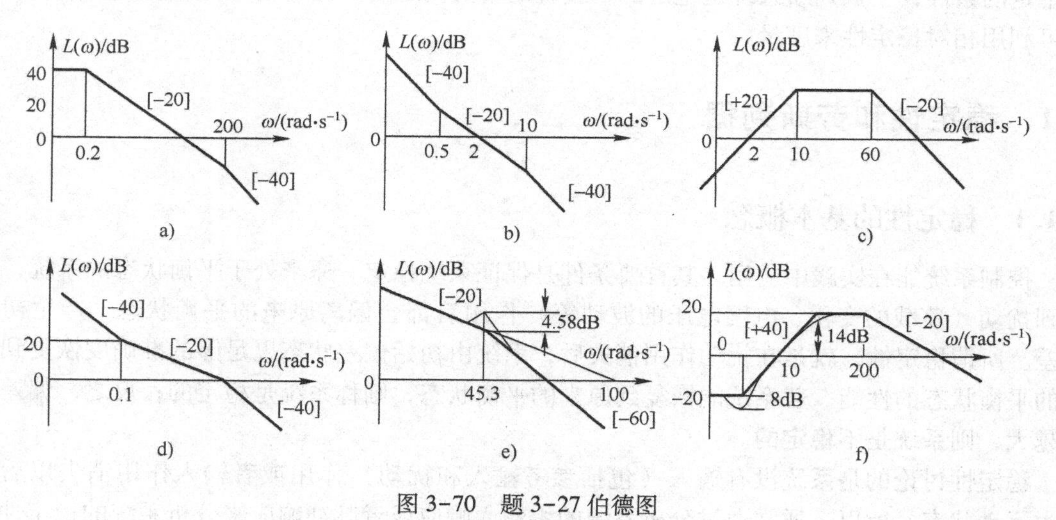

图 3-70　题 3-27 伯德图

第 4 章　闭环控制系统的稳定性分析

设计控制系统时应考虑到多种控制性能指标，但控制系统能否正常运行的先决条件是系统必须稳定，所以稳定性就成为控制理论研究的重要课题之一，成为区分系统是否有用的标志。从实用观点看，可以认为只有稳定系统才有用。当然，像采用临界稳定系统构成的有源正弦波振荡器，则是较为特殊的。

控制系统稳定性的严格定义和理论阐述是由俄国学者李雅普诺夫于 1892 年首先提出的，它主要用于判别时变系统和非线性系统的稳定性。

为进行分析和设计，可将稳定性分为绝对稳定性和相对稳定性。绝对稳定性是指稳定和不稳定的条件，一旦判断系统是稳定的，接着的重要问题是如何确定它的稳定程度，稳定程度可利用相对稳定性来度量。

4.1　稳定性和劳斯判据

4.1.1　稳定性的基本概念

控制系统能在实践中应用，其首要条件是保证系统稳定。原来处于平衡状态的系统，在受到扰动（负载的变化、电网电压的波动等）作用后都会偏离原来的平衡状态，产生初始偏差。所谓稳定性，就是在扰动作用消失后，系统由初始偏差状态以足够的准确度恢复到原来的平衡状态的性能。若系统能恢复到原来的平衡状态，则称系统是稳定的；反之，偏差越来越大，则系统是不稳定的。

稳定性讨论的是系统没有输入（包括参考输入和扰动）作用或者输入作用消失以后的自由运动状态。所以，通常通过分析系统的零输入响应或者脉冲响应来分析系统的稳定性。

4.1.2　线性系统稳定的充要条件

线性定常系统的特性可由线性微分方程来描述，而微分方程的解通常就是系统输出量的时域表达式，包括稳态分量和暂态分量两部分。稳态分量对应微分方程的特解，与外作用形式有关；暂态分量对应微分方程的通解，是系统齐次方程的解，它与系统的结构、参数以及初始条件有关，而与外作用形式无关。由稳定性的概念可知，研究系统的稳定性，就是研究系统输出量中暂态分量的运动形式。这种运动形式完全取决于系统的特征方程式。

对于线性定常系统，其微分方程为

$$a_n\frac{\mathrm{d}^n c(t)}{\mathrm{d}t^n}+a_{n-1}\frac{\mathrm{d}^{n-1}c(t)}{\mathrm{d}t^{n-1}}+\cdots+a_1\frac{\mathrm{d}c(t)}{\mathrm{d}t}+a_0c(t)=b_m\frac{\mathrm{d}^m r(t)}{\mathrm{d}t^m}+b_{m-1}\frac{\mathrm{d}^{m-1}r(t)}{\mathrm{d}t^{m-1}}+\cdots+b_1\frac{\mathrm{d}r(t)}{\mathrm{d}t}+b_0r(t) \tag{4-1}$$

对上式进行拉普拉斯变换（设初始值为零），得

$$(a_n s^n+a_{n-1}s^{n-1}+\cdots+a_1 s+a_0)C(s)=(b_m s^m+b_{m-1}s^{m-1}+\cdots+b_1 s+b_0)R(s) \tag{4-2}$$

令

$$D(s)=a_n s^n+a_{n-1}s^{n-1}+\cdots+a_1 s+a_0 \tag{4-3}$$

$$N(s)=b_m s^m+b_{m-1}s^{m-1}+\cdots+b_1 s+b_0 \tag{4-4}$$

所以

$$C(s)=\frac{N(s)}{D(s)}\cdot R(s)=\frac{b_m s^m+b_{m-1}s^{m-1}+\cdots+b_1 s+b_0}{a_n s^n+a_{n-1}s^{n-1}+\cdots+a_1 s+a_0}\cdot R(s) \tag{4-5}$$

设输入信号为$R(s)=P(s)/Q(s)$，并假设系统特征方程$D(s)=0$具有n个互异实数极点λ_i，而输入信号$R(s)$具有q个互异实数极点s_{rj}，则有

$$C(s)=\frac{N(s)}{D(s)}\cdot\frac{P(s)}{Q(s)}=\sum_{i=1}^{n}\frac{A_i}{s-\lambda_i}+\sum_{j=1}^{q}\frac{B_j}{s-s_{rj}} \tag{4-6}$$

式中，A_i是$C(s)$在闭环极点λ_i处的留数；B_j是$C(s)$在输入极点s_{rj}处的留数。

对式（4-6）求拉普拉斯反变换，有

$$c(t)=\sum_{i=1}^{n}A_i e^{\lambda_i t}+\sum_{j=1}^{q}B_j e^{s_{rj}t} \tag{4-7}$$

根据稳定性的定义，取消扰动后，系统的恢复能力应由暂态分量决定，而与输入无关。所以只要有

$$\lim_{t\to\infty}\sum_{i=1}^{n}A_i e^{\lambda_i t}=0 \tag{4-8}$$

系统就是稳定的。因此，式（4-8）中的各子项必须均趋于零，系统才是稳定的。即

$$\lim_{t\to\infty}e^{\lambda_i t}=0 \tag{4-9}$$

显然，只有系统的闭环极点λ_i全部为负值，系统才是稳定的。

如果系统中存在共轭复数极点，则

$$C(s)=\sum_{i=1}^{n_1}\frac{A_i}{s-\lambda_i}+\sum_{k=1}^{n_2}\frac{B_k(\lambda_k+\xi_k\omega_{nk})e^{s_{rj}t}+C_k\omega_{nk}\sqrt{1-\xi_k^2}}{(\lambda_k+\xi_k\omega_{nk})^2+(\omega_{nk}\sqrt{1-\xi_k^2})^2}+\sum_{j=1}^{q}\frac{B_j}{s-s_{rj}}$$

所以

$$\begin{aligned}c(t)=&\sum_{i=1}^{n_1}A_i e^{\lambda_i t}+\sum_{k=1}^{n_2}B_k e^{-\xi_k\omega_{nk}t}\cos(\omega_{nk}\sqrt{1-\xi_k^2}t)\\&+\sum_{k=1}^{n_2}C_k e^{-\xi_k\omega_{nk}t}\sin(\omega_{nk}\sqrt{1-\xi_k^2}t)+\sum_{j=1}^{q}B_j e^{s_{rj}t}\end{aligned} \tag{4-10}$$

显然，只有式（4-10）中的前三项在$t\to\infty$时均衰减到零，系统才是稳定的。因此，仍然有

$$\lim_{t\to\infty}\sum_{i=1}^{n}A_i e^{\lambda_i t}=0$$

$$\lim_{t\to\infty}\sum_{k=1}^{n_2}B_k e^{-\xi_k\omega_{nk}t}\cos(\omega_{nk}\sqrt{1-\xi_k^2}t)=0$$

$$\lim_{t\to\infty}\sum_{k=1}^{n_2}C_k e^{-\xi_k\omega_{nk}t}\sin(\omega_{nk}\sqrt{1-\xi_k^2}t)=0$$

所以，应有$\lim\limits_{t\to\infty}e^{\lambda_i t}=0$及$\lim\limits_{t\to\infty}e^{-\xi_k\omega_{nk}t}=0$，即只有系统的闭环极点$\lambda_i$全部是负实数或具有负的实

部，系统才是稳定的。

由此可见，线性系统稳定的充分必要条件是：系统特征方程的所有根（即闭环传递函数的极点）均为负实数或具有负的实部。或者说，特征方程的所有根都严格位于 s 左半平面上。

当系统有纯虚根时，系统处于临界稳定状态，脉冲响应呈现等幅振荡。由于系统参数的变化以及扰动是不可避免的，实际控制系统要严格保持临界稳定条件是很困难的，一旦临界稳定条件被破坏，系统即可能变成稳定的或不稳定的系统，因此临界稳定系统只是在理论上存在。另外，从工程实践的角度来看，这类系统也不能正常工作，因此经典控制理论中将临界稳定系统划归到不稳定系统之列。

应该指出，由于所研究的系统实质上都是线性化的系统，在建立系统线性化模型的过程中略去了许多次要因素，同时系统的参数又在不断地发生微小变化，所以临界稳定现象实际上是观察不到的。对于稳定的线性系统而言，当输入信号为有界函数时，由于响应过程中的动态分量随时间推移最终衰减至零，故系统输出必为有界函数；对于不稳定的线性系统而言，在有界输入信号作用下，系统的输出信号将随时间的推移而发散，但也不意味会无限增大，实际控制系统的输出量只能增大到一定的程度，此后，或者受到机械制动装置的限制，或者使系统遭到破坏，或者其运动形态进入非线性工作状态，产生大幅度的等幅振荡。

可见，要判断一个系统是否稳定，需求出系统特征方程的全部根。这对于一阶和二阶系统是容易办到的，但对于三阶及三阶以上的系统，求系统的特征根是比较烦琐的。于是，人们希望寻求一种不需要求解特征根就能判断系统稳定与否的间接方法。劳斯稳定判据就是其中的一种，它利用特征方程的各项系数与根之间的关系，得到全部极点实部为负的条件，以此来判断系统是否稳定。因此，这种判据又称为代数稳定判据。

4.1.3 劳斯稳定判据

设线性系统的特征方程为

$$D(s)=a_n s^n+a_{n-1}s^{n-1}+\cdots+a_1 s+a_0=0$$

将各系数组成如下排列的劳斯表：

$$\begin{array}{lllll}
s^n & a_n & a_{n-2} & a_{n-4} & \cdots \\
s^{n-1} & a_{n-1} & a_{n-3} & a_{n-5} & \cdots \\
s^{n-2} & b_1=\dfrac{a_{n-1}a_{n-2}-a_n a_{n-3}}{a_{n-1}} & b_2=\dfrac{a_{n-1}a_{n-4}-a_n a_{n-5}}{a_{n-1}} & b_3 & \cdots \\
s^{n-3} & c_1=\dfrac{b_1 a_{n-3}-a_{n-1}b_2}{b_1} & c_2=\dfrac{b_1 a_{n-5}-a_{n-1}b_3}{b_1} & c_3 & \cdots \\
s^{n-4} & d_1=\dfrac{c_1 b_2-b_1 c_2}{c_1} & d_1=\dfrac{c_1 b_3-b_1 c_3}{c_1} & d_3 & \\
\vdots & \vdots & \vdots & & \\
s^2 & e_1 & e_2 & & \\
s^1 & f_1 & & & \\
s^0 & a_0 & & &
\end{array}$$

劳斯表的前两行由系统特征方程的系数直接构成，从第三行开始需要进行逐行计算。凡在运算过程中出现的空位，均置零。这种过程一直进行到第 n 行为止。第 $n+1$ 行仅第一列有值，且正好等于特征方程最后一项系数 a_0。表中系数排列呈上三角形。

劳斯稳定判据　线性系统稳定的充分必要条件是：劳斯表中第一列各元素严格为正。反之，如果第一列出现小于或等于零的元素，系统不稳定，且第一列各元素符号的改变次数，代表特征方程正实部根的数目。

【例 4-1】 系统特征方程为 $s^4+2s^3+3s^2+4s+5=0$，试用劳斯判据判别系统是否稳定；若不稳定，确定正实部根的个数。

解： 列劳斯表，即

$$\begin{array}{llll}
s^4 & 1 & 3 & 5 \\
s^3 & 2 & 4 & 0 \\
s^2 & \dfrac{2\times3-1\times4}{2}=1 & \dfrac{2\times5-1\times0}{2}=5 & \\
s^1 & \dfrac{1\times4-2\times5}{1}=-6 & 0 & \\
s^0 & \dfrac{-6\times5-1\times0}{-6}=5 & &
\end{array}$$

例 4-1 特征方程的根见“二维码 4.1”。

4.1

可见，系统是不稳定的，且第一列数字元素有两次变号，故系统有两个正实部的根。

在运用劳斯判据判别系统稳定性时，有时会遇到两种特殊情况，这时必须进行一些相应的数学处理。

（1）劳斯表的某一行中，第一个数字元素为零，而其余各元素不为零或部分不为零。这时可用一个任意小的正数 ε 代替为零的那一项，然后按劳斯表中的计算公式计算下一行的各元素。计算结果若 ε 的上项和下项符号相反，则记作一次符号改变。

【例 4-2】 系统特征方程为 $s^4+2s^3+s^2+2s+1=0$，试判别系统是否稳定。

$$\begin{array}{llll}
s^4 & 1 & 1 & 1 \\
s^3 & 2 & 2 & 0 \\
s^2 & \varepsilon(\approx0) & 1 & \\
s^1 & c_1=2-\dfrac{2}{\varepsilon}(\to-\infty) & & \\
s^0 & 1 & &
\end{array}$$

例 4-2 特征方程的根见“二维码 4.2”。

4.2

可见，系统是不稳定的，且第一列数字元素有两次变号，故系统有两个正实部的根。

（2）劳斯表的某一行各数字元素均为零，这说明特征方程有关于原点对称的根。这时可将数字元素全为零那行的上一行的各项数字元素作为系数构成一个辅助方程。将辅助方程各项对 s 求导得到一个新方程，取此新方程的各项系数代替全为零的那行数字元素继续进行计算。关于原点对称的根可用辅助方程求得。

【例 4-3】 系统特征方程为 $s^5+3s^4+12s^3+20s^2+35s+25=0$，试判别系统是否稳定。

解： 列劳斯表，即

$$
\begin{array}{llll}
s^5 & 1 & 12 & 35 \\
s^4 & 3 & 20 & 25 \\
s^3 & \dfrac{16}{3} & \dfrac{80}{3} & 0 \\
s^2 & 5 & 25 & 0 \\
s^1 & \begin{cases}0 \\ 10\end{cases} & \begin{matrix}0 \\ 0\end{matrix} & \\
s^0 & 25 & 0 &
\end{array}
\qquad
\begin{array}{l}
\begin{cases}\text{辅助方程：} \\ F(s)=5s^2+25=0\end{cases} \\
\\
F'(s)=10s+0=0
\end{array}
$$

例 4-3 特征方程的根见“二维码 4.3”。

4.3

劳斯表第一列系数符号没有改变，所以系统没有在右半 s 平面的根，系统临界稳定。求解辅助方程可以得到系统的一对纯虚根 $\lambda_{1,2}=\pm j\sqrt{5}$。

顺便指出，为了简化计算，用某个正数乘或除劳斯表中任意一行的系数，并不会改变系统稳定性的结论。

劳斯判据主要用于判断系统是否稳定和确定系统参数的允许范围，但不能给出系统稳定的程度，即不能表明特征根距虚轴的远近。如果一个系统负实部的特征根紧靠虚轴，尽管在 s 左半平面，满足稳定条件，但动态过程将具有过于缓慢的响应，有时出现过大的超调，甚至会由于系统内部参数的微小变化，就使特征根转移到右半 s 平面，导致系统不稳定。

4.1.4 劳斯判据的应用

劳斯判据除了可以用来判定系统的稳定性，还可以确定使系统稳定的参数范围。

【例 4-4】 某单位反馈系统的开环零、极点分布如图 4-1 所示，判定系统是否可以稳定。若稳定，请确定相应的开环增益范围；若不稳定，请说明理由。

解： 由开环零、极点分布图可写出系统的开环传递函数

$$G(s)=\frac{K(s-1)}{\left(\dfrac{s}{3}-1\right)^2}=\frac{9K(s-1)}{(s-3)^2}$$

闭环系统特征方程为

$$D(s)=(s-3)^2+9K(s-1)=s^2+(9K-6)s+9(1-K)=0$$

对于二阶系统，特征方程系数全部大于零就可以保证系统稳定。由 $\begin{cases}9K-6>0 \\ 1-K>0\end{cases}$，可确定使系统稳定的 K 值范围为 $\frac{2}{3}<K<1$。

图 4-1　开环零、极点分布

由此例可以看出，闭环系统的稳定性与系统开环是否稳定之间没有直接关系。

应用劳斯判据不但可以判定系统是否稳定，即系统的绝对稳定性，也可检验系统是否具有一定的稳定裕量，即系统的相对稳定性。在处理实际工程问题时，只判断系统是否稳

定是不够的。因为实际系统中，所得到的受控对象数学模型的参数值往往不会很精确，并且有的参数还会随外界环境或条件的变化而变化，这样就给稳定性判断造成误差。为了考虑这些因素带来的误差，往往希望知道系统距离稳定边界有多少裕量，这就是所谓的相对稳定性和稳定裕量。

【例 4-5】 控制系统结构图如图 4-2 所示。

1）确定使系统稳定的开环增益 K 与阻尼比 ξ 的取值范围，并画出相应区域。

2）当 $\zeta=2$ 时，确定使系统极点全部落在直线 $s=-1$ 左边的 K 值范围。

解：1）系统开环传递函数为

$$G(s)=\frac{K_a}{s(s^2+20\zeta s+100)}$$

闭环系统特征方程为

$$D(s)=s^3+20\zeta s^2+100s+K_a=s^3+20\zeta s^2+100s+100K=0$$

列劳斯表：

$$\begin{array}{lccl}
s^3 & 1 & 100 & \\
s^2 & 20\zeta & 100K & \rightarrow\ \zeta>0 \\
s^1 & \dfrac{2000\zeta-100K}{20\zeta} & 0 & \rightarrow\ 20\zeta>K \\
s^0 & 100K & 0 & \rightarrow\ K>0
\end{array}$$

根据稳定条件画出使系统稳定的参数区域如图 4-3 所示。

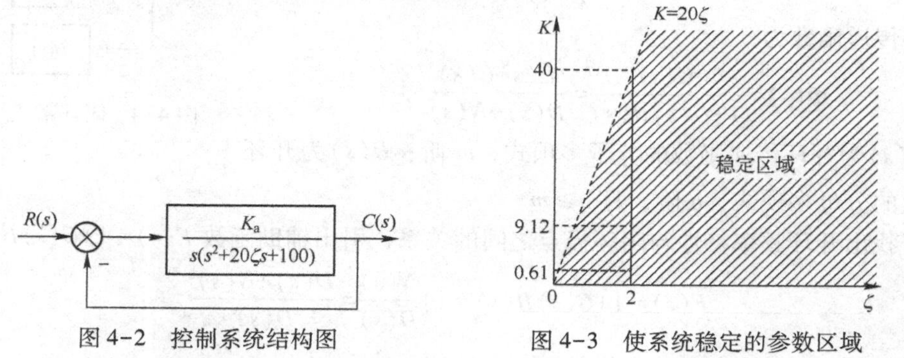

图 4-2 控制系统结构图　　图 4-3 使系统稳定的参数区域

2）令 $s=\hat{s}-1$ 进行坐标平移，使新坐标的虚轴 $\hat{s}=0$，这样就可以在新坐标下用劳斯判据解决问题。令

$$D(\hat{s})=(\hat{s}-1)^3+20\zeta(\hat{s}-1)^2+100(\hat{s}-1)+100K$$

$$\underline{\zeta=2}=\hat{s}^3+37\hat{s}^2+23\hat{s}+(100K-61)$$

列劳斯表：

$$\begin{array}{lccl}
\hat{s}^3 & 1 & 23 & \\
\hat{s}^2 & 37 & 100K-61 & \\
\hat{s}^1 & \dfrac{37\times23+61-100K}{37} & 0 & \rightarrow\ K<9.12 \\
\hat{s}^0 & 100K-61 & 0 & \rightarrow\ K>0.61
\end{array}$$

因此，使系统极点全部落在 s 平面 $s=-1$ 左边的 K 值范围是 $0.61<K<9.12$。

在时域分析中，稳定裕度常用实部最大的特征根和虚轴之间的距离来描述。本例的第（2）问即反映了对系统稳定裕度的要求。

尽管在实际工程中几乎没有单纯的判断系统的稳定性问题，但是上述稳定判据的思想与基本原理却能指导控制系统的设计。

4.2 辐角定理和奈奎斯特稳定判据

奈奎斯特稳定判据是由 H. Nyquist 于 1932 年提出的，在 1940 年后得到了广泛的应用。奈奎斯特稳定判据利用系统的开环频率特性 $G(\mathrm{j}\omega)H(\mathrm{j}\omega)$ 来判断闭环系统的稳定性。利用奈奎斯特稳定判据，不但可以判断系统是否稳定（绝对稳定性），也可以确定系统的稳定程度（相对稳定性），还可以用于分析系统的动态性能并指出改善系统性能指标的途径。因此，奈奎斯特稳定判据是一种极其重要而实用的判据，在工程上获得了广泛的应用。

4.2.1 辐角定理

1. 辅助函数

如图 4-4 所示的闭环系统，其开环传递函数为

$$G(s)H(s)=\frac{N(s)}{D(s)}$$

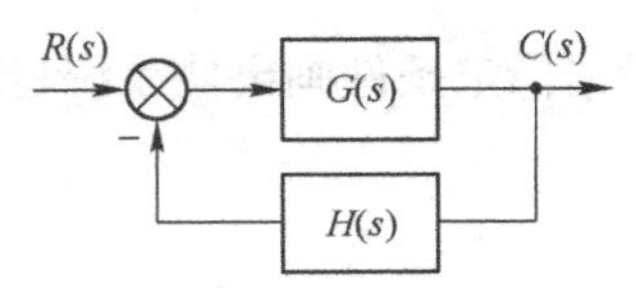

图 4-4　闭环系统结构图

闭环传递函数为

$$\Phi(s)=\frac{G(s)}{1+G(s)H(s)}=\frac{D(s)G(s)}{D(s)+N(s)}$$

式中，$N(s)$ 为开环传递函数的分子多项式，m 阶；$D(s)$ 为开环传递函数的分母多项式，n 阶，且 $n\geqslant m$。

为了找出开环频率特性与闭环极点之间的关系，引出辅助函数 $F(s)=1+G(s)H(s)$，则

$$F(s)=1+G(s)H(s)=1+\frac{N(s)}{D(s)}=\frac{D(s)+N(s)}{D(s)}$$

$$=\frac{(s-z_1)(s-z_2)\cdots(s-z_n)}{(s-p_1)(s-p_2)\cdots(s-p_n)} \tag{4-11}$$

式中，z_1、z_2、…、z_n 和 p_1、p_2、…、p_n 分别为 $F(s)$ 的零、极点。

从式（4-11）可知，辅助函数 $F(s)$ 具有以下特点：$F(s)$ 的极点等于开环传递函数的极点，$F(s)$ 的零点就是闭环传递函数的极点。因此，系统稳定条件可以转化为当 $F(s)$ 的零点分布在右半 s 平面的数目为 0 时，闭环系统稳定。

2. 辐角定理的具体内容

辅助函数 $F(s)$ 是复变量 s 的单值有理复变函数。根据复变函数的理论，如果 $F(s)$ 在 s 平面上指定域内是非奇异的，那么对于此区域内的任一点 d 都可通过 $F(s)$ 的映射关系在 $F(s)$ 平面（以下称为 F 平面）上找到一个相应的点 d'（称 d' 为 d 的像）；对于 s 平面上的任意一条不通过 $F(s)$ 任何奇异点的封闭曲线 Γ，也可通过映射关系在 $F(s)$ 平面上找到一条与

它相对应的封闭曲线 Γ'（称 Γ'为 Γ 的像），如图 4-5 所示。

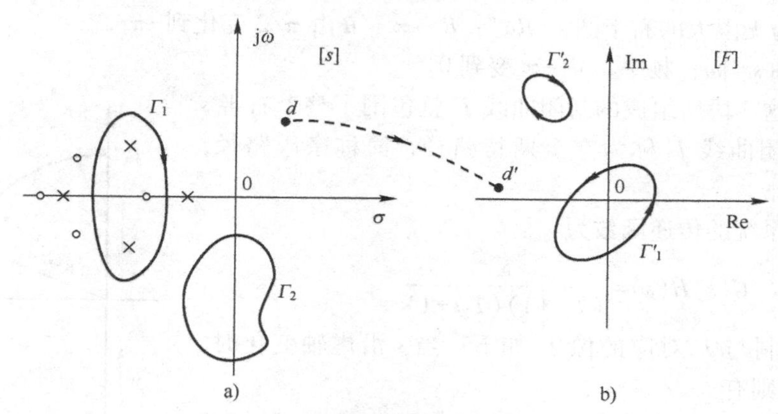

图 4-5　s 平面与 F 平面的映射关系

a) s 平面　b) F 平面

由式（4-11）可知，$F(s)$在 s 平面上的零点对应 $F(s)$平面上的原点，而 $F(s)$在 s 平面上的极点对应 F 平面上的无穷远处。当 s 绕 $F(s)$的零点顺时针旋转一周时，对应在 F 平面上则为绕原点顺时针旋转一周；当 s 绕 $F(s)$的极点顺时针旋转一周时，对应在 F 平面上则是绕无穷远处顺时针旋转一周，而对于原点则为逆时针旋转一周。

如果在 s 平面上有一个封闭曲线包围 $F(s)$的零点 z_i，当 s 在此路径上顺时针旋转一周时，则 $\angle F(s)=-2\pi$，表明在 F 平面上有一条闭合路径绕原点顺时针旋转一周。如果在 s 平面上有一个封闭曲线包围 $F(s)$的极点 p_j，当 s 在此路径上顺时针旋转一周时，则 $\angle F(s)=2\pi$，表明在 F 平面上有一条闭合路径绕原点逆时针旋转一周。

设 s 平面上不通过 $F(s)$任何奇异点的某条封闭曲线 Γ，它包围了 $F(s)$在 s 平面上的 Z 个零点和 P 个极点。当 s 以顺时针方向沿封闭曲线 Γ 移动一周时，则在 F 平面上对应于封闭曲线 Γ 的像 Γ'将以顺时针的方向围绕原点旋转 N 圈。N 与 Z、P 的关系为

$$N=Z-P \tag{4-12}$$

在图 4-5 中，$F(s)$在 s 平面上有 4 个极点和 4 个零点，封闭曲线 Γ_1包围了 1 个零点和 2 个极点，当 s 在 s 平面上以顺时针方向沿 Γ_1 移动一周时，则其对应的像 Γ_1' 以逆时针方向围绕原点 1 圈（$Z_1-P_1=1-2=-1$）。同理，因 Γ_2不包围 $F(s)$的任何零点和极点，当 s 在 s 平面上以顺时针方向沿 Γ_2移动一周时，其对应的像 Γ_2' 将以顺时针方向围绕原点 N_2圈，$N_2=Z_2-P_2=0$(圈)，即 Γ_2' 不绕过原点。

$F(s)$的相角为

$$\angle F(s)=\sum_{i=1}^{m}\angle(s-z_i)-\sum_{j=1}^{n}\angle(s-p_j) \tag{4-13}$$

4.2.2　奈奎斯特稳定判据

由于 $F(s)$的零点等于系统的闭环极点，而系统稳定的充要条件是特征根均位于 s 左半平面上，即 $F(s)$的零点都位于 s 左半平面上。因此，需要检验 $F(s)$是否具有位于右半 s 平面的零点。为此，选择一条包围整个右半 s 平面的按顺时针方向运动的封闭曲线 Γ，称为奈氏回线，如图 4-6 所示。Γ 曲线由以下三段组成：

ⅰ. 正虚轴 $s=\mathrm{j}\omega$：频率 ω 由 0 变到∞。

ⅱ. 半径为无限大的右半圆 $s=Re^{\mathrm{j}\theta}$：$R\to\infty$，θ 由 $\pi/2$ 变化到 $-\pi/2$。

ⅲ. 负虚轴 $s=\mathrm{j}\omega$：频率 ω 由 $-\infty$ 变到 0。

这样，由这 3 段所组成的封闭曲线 Γ 就包围了整个右半 s 平面，这种封闭曲线 Γ 称为奈奎斯特路径，简称奈氏路径，如图 4-6 所示。

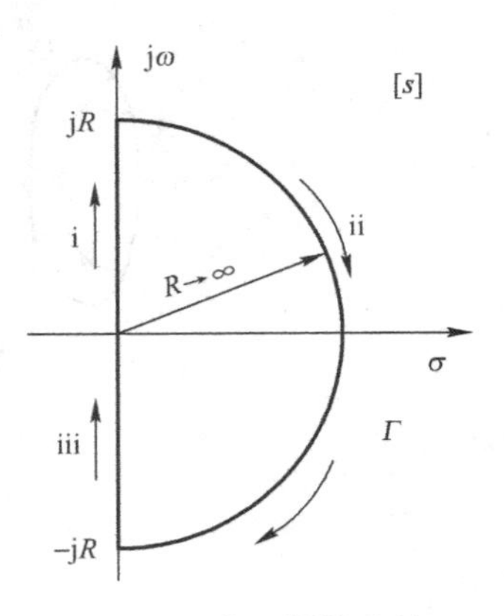

图 4-6　奈奎斯特路径

现设 0 型系统的传递函数为

$$G(s)H(s)=\frac{K}{(T_1s+1)(T_2s+1)}$$

在 F 平面上绘制与 Γ 对应的像 Γ' 如下：当 s 沿虚轴变化时，由式（4-11）则有

$$F(\mathrm{j}\omega)=1+G(\mathrm{j}\omega)H(\mathrm{j}\omega) \tag{4-14}$$

式中，$G(\mathrm{j}\omega)H(\mathrm{j}\omega)$ 为系统的开环频率特性。因而 Γ' 将由下面几段组成：

ⅰ. 与正虚轴对应的是频率特性曲线 $G(\mathrm{j}\omega)H(\mathrm{j}\omega)$ 右移一个单位。

ⅱ. 与半径为无穷大的右半圆对应的辅助函数 $F(s)\to1$。由于 $G(s)H(s)$ 的分母阶数高于分子阶数，当 $s\to\infty$ 时，$G(s)H(s)\to0$，则 $F(s)\to1$。

ⅲ. 与负虚轴对应的是频率特性关于实轴对称的镜像。

图 4-7 绘出了系统开环频率特性曲线 $G(\mathrm{j}\omega)H(\mathrm{j}\omega)$，将曲线右移 1 个单位，并取镜像，则成为 F 平面上的封闭曲线 Γ'，如图 4-8 所示。

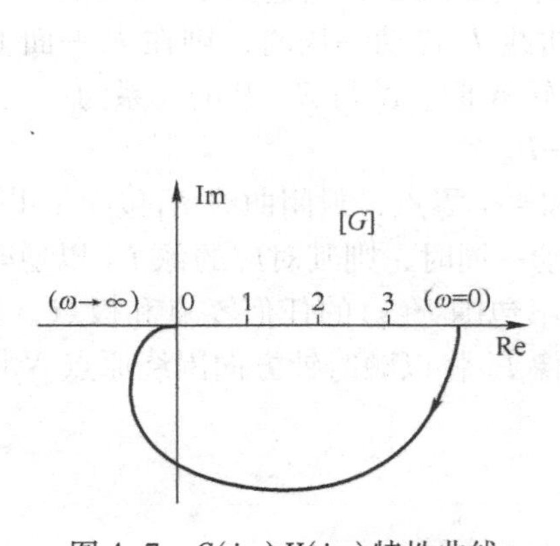

图 4-7　$G(\mathrm{j}\omega)H(\mathrm{j}\omega)$ 特性曲线

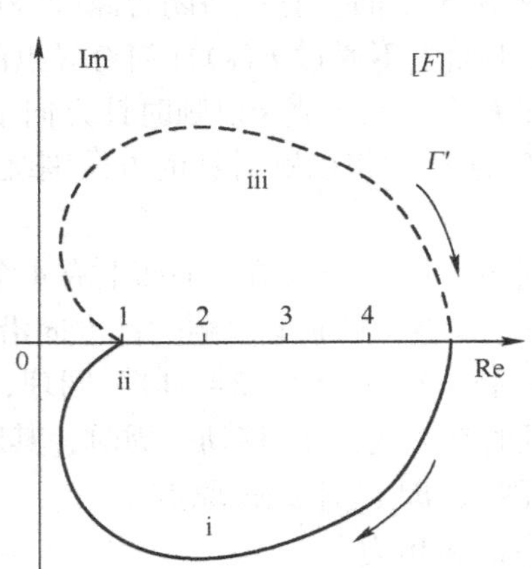

图 4-8　F 平面上的封闭曲线

对于包围了整个右半 s 平面的奈氏路径，式（4-12）中的 Z 和 P 分别为系统在右半 s 平面上的闭环极点数和开环极点数，而 N 可以有二种提法，其一是 F 平面上 Γ' 曲线顺时针围绕原点的圈数；其二是开环奈奎斯特曲线 $G(\mathrm{j}\omega)H(\mathrm{j}\omega)$ 及其镜像顺时针围绕 $(-1,\mathrm{j}0)$ 点的圈数。这两种提法是完全等效的。

由于 $F(s)$ 的零点就是 $\Phi(s)$ 的极点，所以闭环系统稳定的充要条件是 $Z=0$，即

$$N=-P \tag{4-15}$$

综上所述，将奈奎斯特稳定判据（奈氏判据）的内容归纳如下：

设系统开环传递函数 $G(s)H(s)$ 分布在右半 s 平面的极点数为 P，当 ω 从 $-\infty$ 变化到 $+\infty$ 时，开环频率特性 $G(\mathrm{j}\omega)H(\mathrm{j}\omega)$ 曲线及其镜像以顺时针方向包围 $(-1,\mathrm{j}0)$ 点 N 圈。若 $N=-P$，则闭环系统稳定。若闭环系统不稳定，则系统在右半 s 平面上的闭环极点数为

$$Z=N+P \tag{4-16}$$

【例 4-6】 设某单位负反馈系统开环传递函数为

$$G(s)H(s)=\frac{52}{(s+2)(s^2+2s+5)}$$

试用奈氏判据判别闭环系统的稳定性。

解： 系统的传递函数为

$$G(s)H(s)=\frac{5.2}{\left(\frac{1}{2}s+1\right)\left(\frac{1}{5}s^2+\frac{2}{5}s+1\right)}$$

绘出系统的极坐标频率特性曲线如图 4-9 所示，图中虚线部分表示其镜像。随着 ω 从 $-\infty$ 变化到 0 再到 $+\infty$，以顺时针方向包围 $(-1,\mathrm{j}0)$ 点 2 圈，即 $N=2$。而由 $G(s)H(s)$ 表达式可知，分布在右半 s 平面的开环极点数为 0，即 $P=0$。所以 $N\neq P$，按奈氏判据可知，闭环系统是不稳定的。由式（4-16）可求出系统在右半 s 平面上的极点数为 $Z=N+P=2+0=2$。

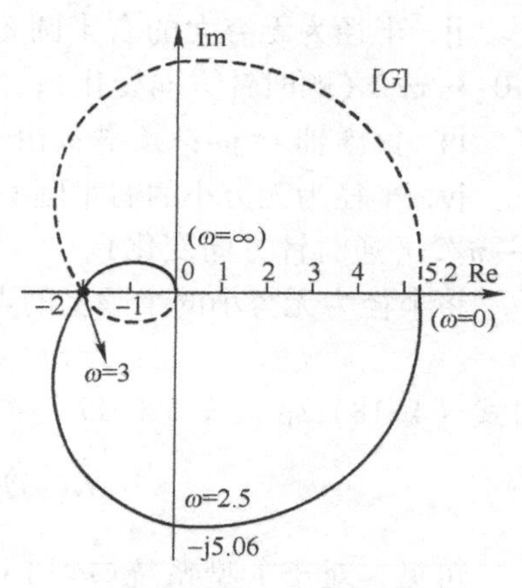

图 4-9　例 4-6 系统的极坐标图及其镜像

例 4-6 系统的极坐标图见“二维码 4.4”。

利用奈氏判据还可讨论开环增益 K 对闭环系统稳定性的影响。当 K 值改变时，在任一频率下将引起幅频特性成比例地变化，而相频特性不受影响。因此，就图 4-9 而言，奈氏曲线与负实轴相交于 $(-2,\mathrm{j}0)$ 点，若 K 缩小一半，即由 5.2 变为 2.6 时，奈氏曲线就正好通过 $(-1,\mathrm{j}0)$ 点，此时系统处于临界稳定状态；若 K 再减小，即 $K<2.6$ 时，奈氏曲线将从 $(-1,\mathrm{j}0)$ 点的右方穿过负实轴，整个奈氏曲线将不再包围 $(-1,\mathrm{j}0)$ 点，这时闭环系统就稳定了。

请读者用劳斯判据判断该系统的稳定性。

例 4-6 系统特征方程的根见“二维码 4.5”。

4.4

4.5

4.2.3　奈奎斯特稳定判据的应用

设系统开环传递函数为

$$G(s)H(s)=\frac{K\prod_{i=1}^{m}(\tau_i s+1)}{s^{\nu}\prod_{j=1}^{n-\nu}(T_j s+1)} \tag{4-17}$$

按照辐角定理的规定，在 s 平面上的奈氏路径 Γ 不能通过 $F(s)$ 的奇异点，所以对于 $\nu\neq0$ 的系统，不能直接应用图 4-6 所示的奈奎斯特路径。

为了应用奈氏判据分析 $\nu=1$（称为Ⅰ型系统）、$\nu=2$（称为Ⅱ型系统）的稳定性，可以按照如图 4-10 所示修改 s 平面上原点附近的奈氏路径 Γ，在图 4-6 的基础上，增加一个以原点为圆心、半径 R' 为无穷小的右半圆，使它既不通过 $s=0$ 处的开环极点而又能包围整个右半 s 平面。修改后的奈氏路径由下列 4 段曲线所组成：

ⅰ. 正虚轴 $s=\mathrm{j}\omega$：频率 ω 由 0_+ 变化到 $+\infty$；

ⅱ. 半径为无穷大的右半圆 $s=R\mathrm{e}^{\mathrm{j}\theta}$：$R\to\infty$，$\theta$ 由 $\pi/2\to0\to-\pi/2$（顺时针方向变化）；

ⅲ. 负虚轴 $s=\mathrm{j}\omega$：频率 ω 由 $-\infty$ 变到 0_-；

ⅳ. 半径为无穷小的右半圆 $s=r\mathrm{e}^{\mathrm{j}\varphi}$：$r\to0$，$\varphi$ 由 $-\pi/2\to0\to\pi/2$（逆时针方向变化）。

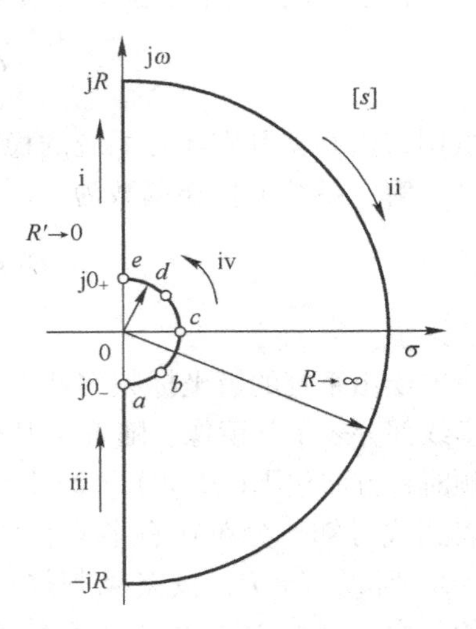

图 4-10　修改后的奈氏路径

将半径为无穷小的半圆上的点表示为

$$s=r\mathrm{e}^{\mathrm{j}\varphi} \tag{4-18}$$

将式（4-18）带入式（4-17）并取极限，得

$$G(s)H(s)\Big|_{s=\lim\limits_{r\to0} r\mathrm{e}^{\mathrm{j}\varphi}}=\lim_{r\to0}\frac{K}{r^{\nu}}\mathrm{e}^{-\mathrm{j}\nu\varphi}=\infty\,\mathrm{e}^{-\mathrm{j}\nu\varphi} \tag{4-19}$$

可见，对于 ν 型系统($\nu\geqslant1$)，当 ω 由 $0_-\to0\to0_+$ 时，可做出对应的奈氏曲线辅助线，辅助线是半径为无穷大的圆弧，辐角由 $\nu\pi/2\to\mathbf{0}\to-\nu\pi/2$。

当 $\nu=1$（即Ⅰ型系统）时，辅助线是半径为无穷大的圆弧，辐角由 $\pi/2\to0\to-\pi/2$，即辅助线是半径为无穷大的顺时针方向的右半个圆周。当 $\nu=2$（即Ⅱ型系统）时，辅助线是半径为无穷大的圆弧，辐角由 $\pi\to0\to-\pi$，即辅助线是半径为无穷大的顺时针方向的一个圆周。

上述分析表明，只要在 s 平面原点附近的奈氏路径增加一个小右半圆，使奈氏路径既避开原点，又包围整个右半 s 平面，对应的奈氏曲线增加一段辅助线，则奈氏稳定判据完全适用于 $\nu\geqslant1$ 的系统。

【例 4-7】 设某Ⅰ型系统的开环频率特性如图 4-11 所示，没有右半 s 平面的开环极点，试用奈氏判据判断系统的稳定性。

解： 因为系统没有右半 s 平面的开环极点，所以 $P=0$。

绘出开环频率特性的镜像，因为是Ⅰ型系统，还需作奈氏曲线的辅助线，如图 4-12 所示。可见，当 ω 由 $-\infty\to0\to+\infty$ 时，奈氏曲线形成封闭曲线，顺时针包围$(-1,\mathrm{j}0)$点 0 圈，则 $N=-P=0$，根据奈氏稳定判据，该Ⅰ型系统是稳定的。

【例 4-8】 某Ⅱ型系统的开环频率特性如图 4-13 中实线所示，已知系统在右半 s 平面无开环极点，试用奈氏判据判断系统的稳定性。

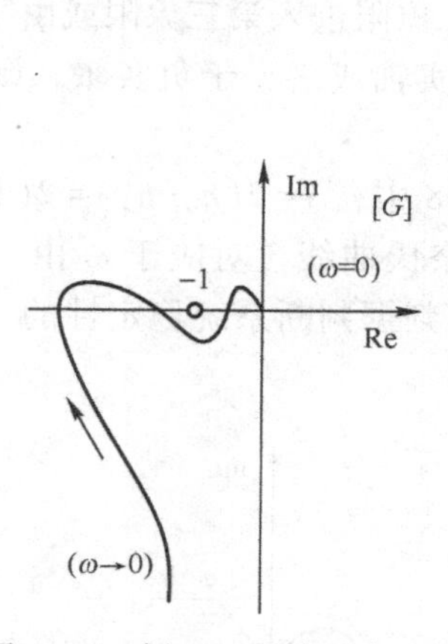

图 4-11　例 4-7 系统的奈氏图

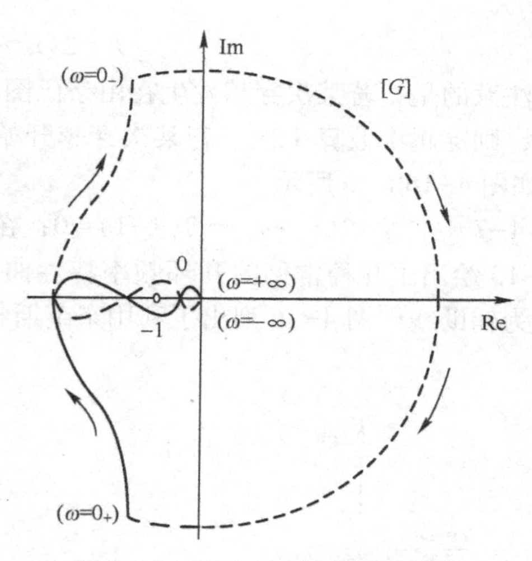

图 4-12　例 4-7 奈氏图及其镜像

解：因为系统在右半 s 平面无开环极点，所以 $P=0$。

绘出开环频率特性的镜像，因为是Ⅱ型系统，还需作奈氏曲线的辅助线，如图 4-13 所示。可见，奈氏曲线形成封闭曲线，顺时针包围（-1，j0）点 2 圈，即 $N=2$，则 $N\neq -P$。由式（4-16）可得，$Z=N+P=2$，即该闭环系统在右半 s 平面有 2 个极点。

在利用奈氏图判别闭环系统的稳定性时，为简便起见，可以只画出 ω 由 $0\to+\infty$ 变化的频率特性曲线（在 $\nu\geqslant1$ 时，含 ω 由 $0\to0_+$ 时作的辅助线）进行判断，此时用一根直线连接 $\omega=0$ 和 $\omega=+\infty$ 两点，形成一个封闭曲线。顺时针包围(-1,j0)点的圈数×2＝N，再根据式（4-15）判断闭环系统的稳定性。如例 4-7 中，$N=0\times2=0$；例 4-8 中，$N=1\times2=2$。

还可以用频率特性曲线的正、负穿越的概念来求出频率特性曲线顺时针包围(-1,j0)点的圈数。

先画出 ω 由 $0\to+\infty$ 变化的频率特性曲线（在 $\nu\geqslant1$ 时，含 ω 由 $0\to0_+$ 时作的辅助线）。随着 ω 的增大，若奈氏曲线 $G(\mathrm{j}\omega)H(\mathrm{j}\omega)$ 穿过负实轴的 $(-\infty,-1)$ 区间，就称发生了穿越。若穿越伴随着相角的增加，称为正穿越，正穿越次数用 n_+ 表示；若穿越伴随着相角的减小，称为负穿越，负穿越次数用 n_- 表示。如图 4-14 所示，则奈氏曲线顺时针包围(-1,j0)点的圈数为

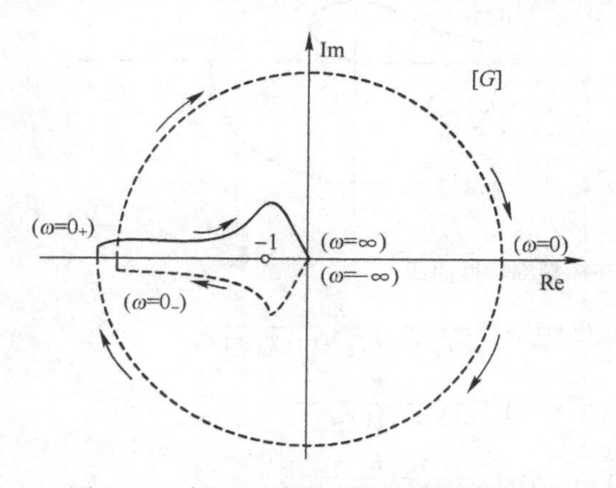

图 4-13　例 4-8 系统的奈氏图及其镜像

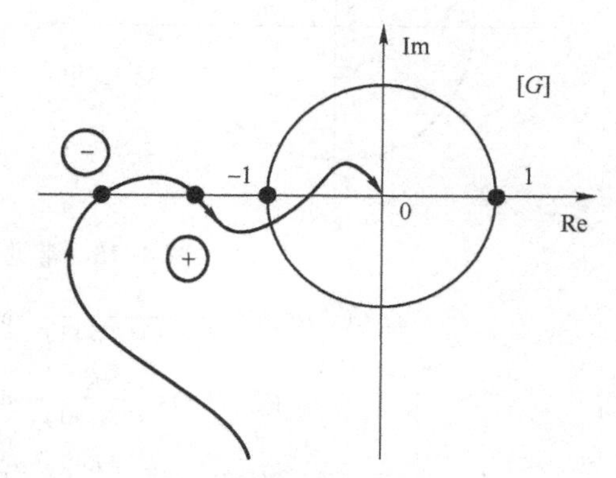

图 4-14　正负穿越的定义

$$N=2(n_{-}-n_{+}) \tag{4-20}$$

需要注意的是，若某次穿越发生在由奈氏图的第二象限进入第三象限或由第三象限进入第二象限，则穿越次数算 1 次。若某次穿越开始于负实轴或终止于负实轴，则穿越次数算 0.5 次。如图 4-16b、e 所示。

在例 4-7 中，$N=2(n_{-}-n_{+})=2(1-1)=0$；在例 4-8 中，$N=2(n_{-}-n_{+})=2(1-0)=2$。

图 4-15 绘出了几种常见的开环频率特性曲线（奈氏曲线，对应于 ω 由 $\omega=0\to+\infty$），图中虚线为辅助线。图 4-16 列出了利用奈奎斯特稳定判据判断系统稳定性的一些例子，供分析参考。

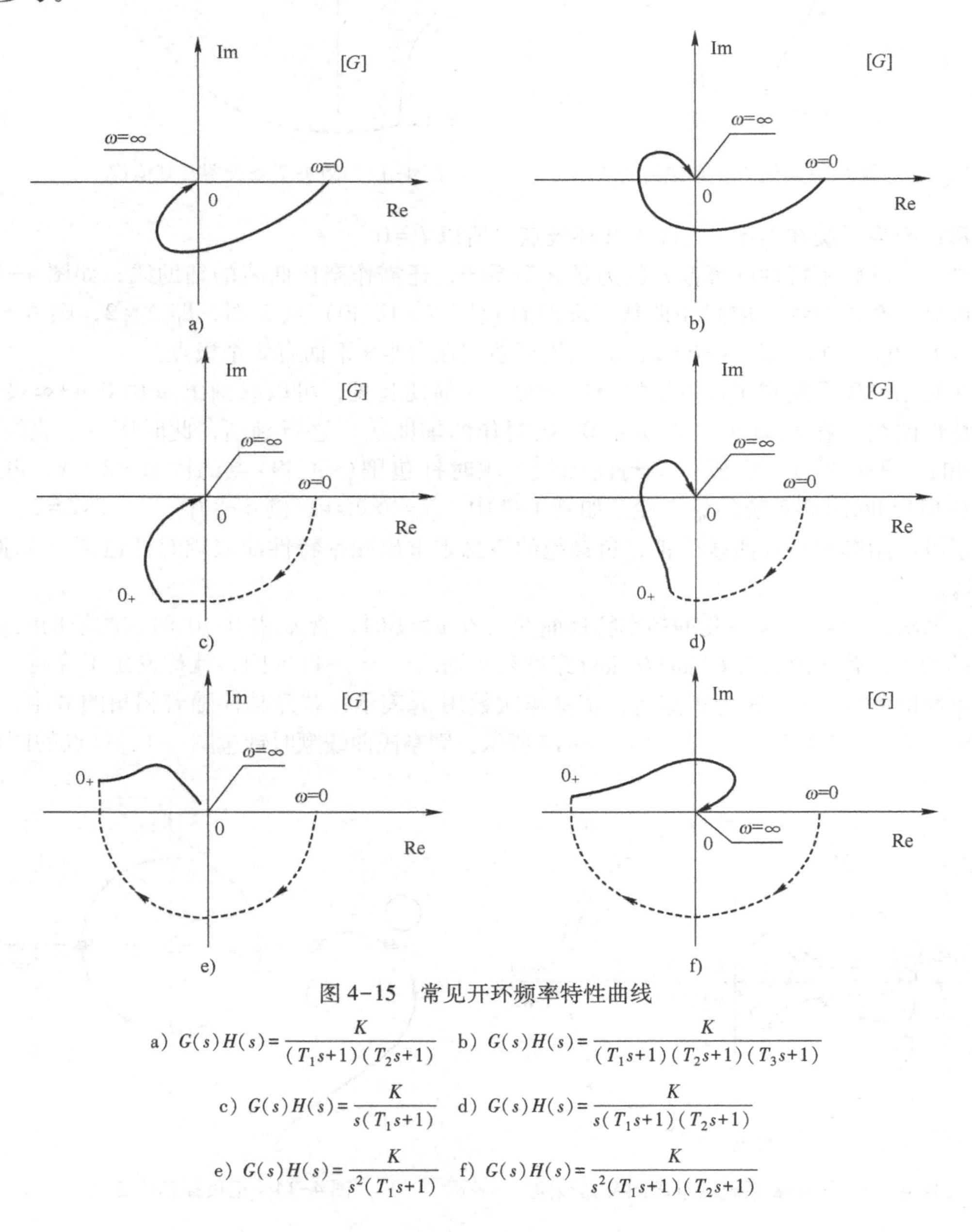

图 4-15　常见开环频率特性曲线

a) $G(s)H(s)=\dfrac{K}{(T_1s+1)(T_2s+1)}$　b) $G(s)H(s)=\dfrac{K}{(T_1s+1)(T_2s+1)(T_3s+1)}$

c) $G(s)H(s)=\dfrac{K}{s(T_1s+1)}$　d) $G(s)H(s)=\dfrac{K}{s(T_1s+1)(T_2s+1)}$

e) $G(s)H(s)=\dfrac{K}{s^2(T_1s+1)}$　f) $G(s)H(s)=\dfrac{K}{s^2(T_1s+1)(T_2s+1)}$

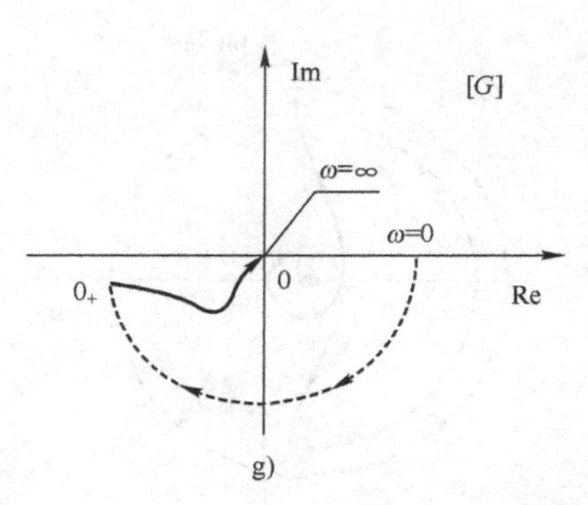

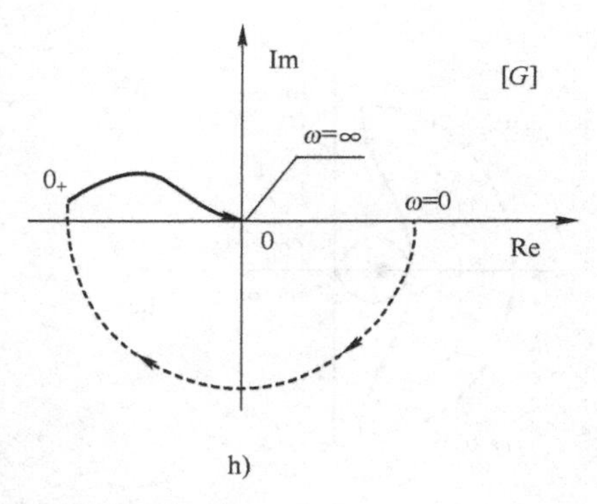

图 4-15　常见开环频率特性曲线（续）

g）$G(s)H(s)=\dfrac{K(T_2s+1)}{s^2(T_1s+1)}(T_2>T_1)$　h）$G(s)H(s)=\dfrac{K(T_2s+1)}{s^2(T_1s+1)}(T_2<T_1)$

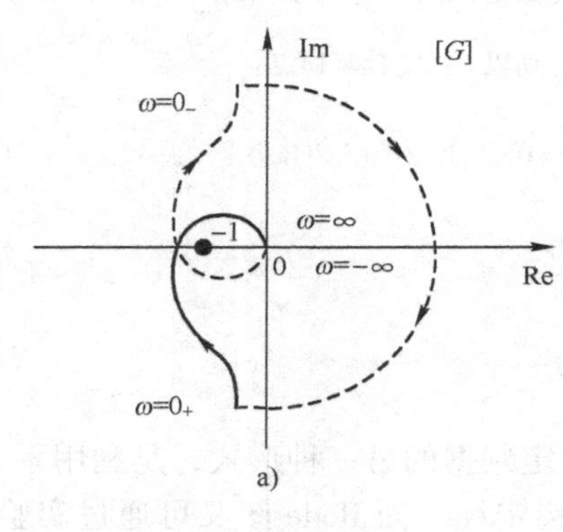

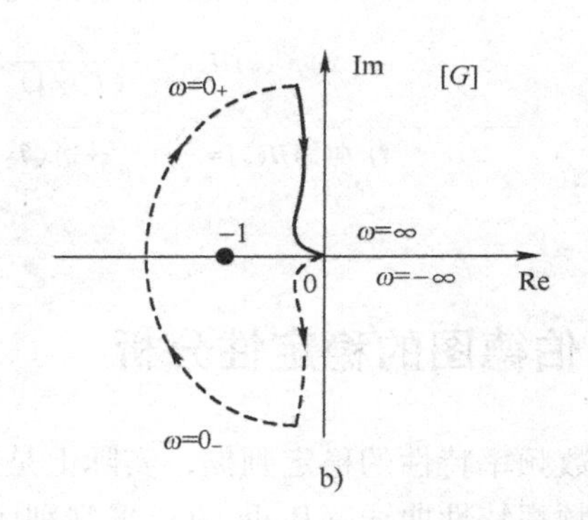

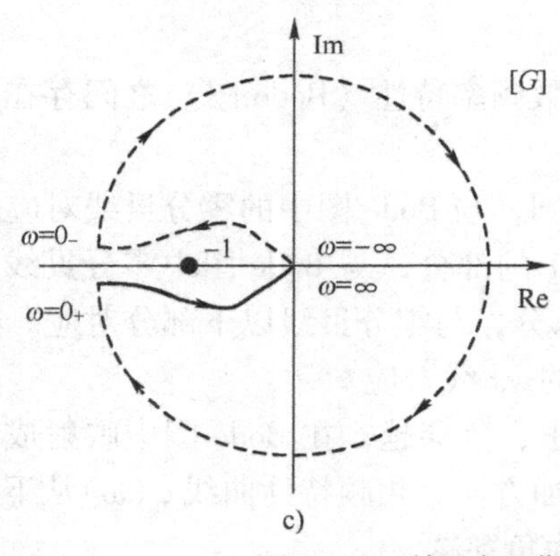

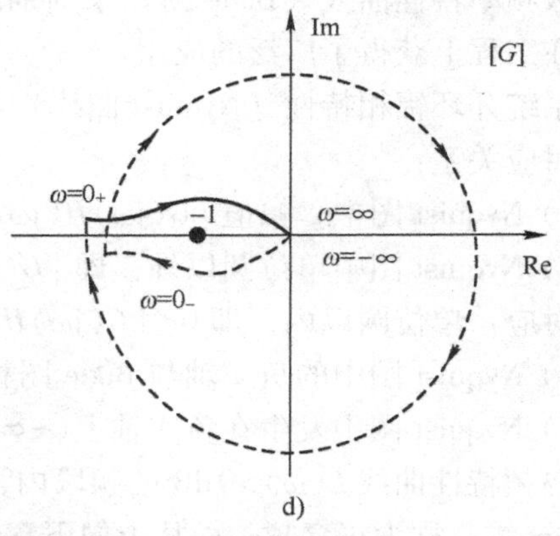

图 4-16　利用奈奎斯特稳定判据判断系统稳定性的一些例子

a）$G(s)H(s)=\dfrac{K}{s(T_1s+1)(T_2s+1)}$，$N=2$，$P=0$，所以 $Z=2$，闭环不稳定

b）$G(s)H(s)=\dfrac{K}{s(Ts-1)}$，$N=1$，$P=1$，所以 $Z=2$，闭环不稳定

c）$G(s)H(s)=\dfrac{K(T_2s+1)}{s^2(T_1s+1)}(T_2>T_1)$，$N=0$，$P=0$，所以 $Z=0$，闭环稳定

d）$G(s)H(s)=\dfrac{K(T_2s+1)}{s^2(T_1s+1)}(T_2<T_1)$，$N=2$，$P=0$，所以 $Z=2$，闭环不稳定

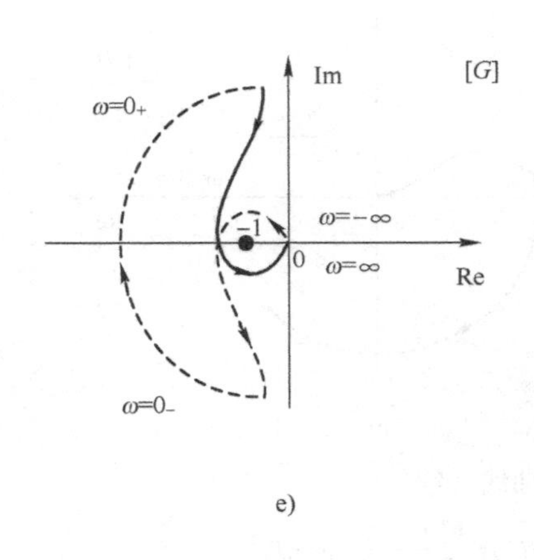

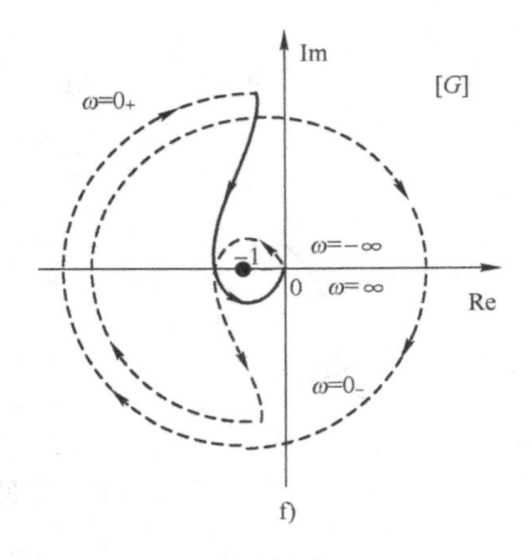

图 4-16　利用奈奎斯特稳定判据判断系统稳定性的一些例子（续）

e) $G(s)H(s)=\dfrac{K(T_2s+1)}{s(T_1s-1)}$，$N=-1$，$P=1$，所以 $Z=0$，闭环稳定

f) $G(s)H(s)=\dfrac{K}{s^3}(T_1s+1)(T_2s+1)$，$N=0$，$P=0$，所以 $Z=0$，闭环稳定

4.3　伯德图的稳定性分析

对数频率特性的稳定判据，实际上是奈奎斯特稳定判据的另一种形式，是利用系统的开环对数频率特性曲线（Bode 图）来判别闭环系统的稳定性。而 Bode 图又可通过实验获得，因此在工程上获得了广泛的应用。

系统开环幅相特性（Nyquist 曲线）与系统开环对数频率特性（Bode 图）之间存在着一定的对应关系：

1）Nyquist 图中，幅值 $|G(j\omega)H(j\omega)|=1$ 的单位圆，与 Bode 图中的零分贝线对应。

2）Nyquist 图中单位圆以外，即 $|G(j\omega)H(j\omega)|>1$ 的部分，与 Bode 图中零分贝线以上部分对应；单位圆以内，即 $0<|G(j\omega)H(j\omega)|<1$ 的部分，与零分贝线以下部分对应。

3）Nyquist 图中的负实轴与 Bode 图相频特性图中的 $-\pi$ 线对应。

4）Nyquist 图中发生在负实轴上 $(-\infty,-1)$ 区段的正、负穿越，在 Bode 图中映射成为在对数幅频特性曲线 $L(\omega)>0\,\text{dB}$ 的频段内，沿频率 ω 增加方向，相频特性曲线 $\varphi(\omega)$ 从下向上穿越 $-\pi$ 线，称为正穿越；而从上向下穿越 $-\pi$ 线，称为负穿越。

图 4-17 绘制了某系统的幅相频率特性曲线及对应的对数频率特性曲线。由图 4-17a 可知，幅相曲线包围 $(-1,j0)$ 点的圈数 $N=0$。此结论也可根据 ω 增加时频率特性曲线正、负穿越的情况得到：$N=2(n_--n_+)$。

图 4-17 所示的伯德图中，因 $P=0$，$N=2(n_--n_+)=2(1-1)=0$，$Z=N+P=0$，闭环系统稳定。

顺便指出，对于图 4-17 中的 A 点则记作半次负穿越。

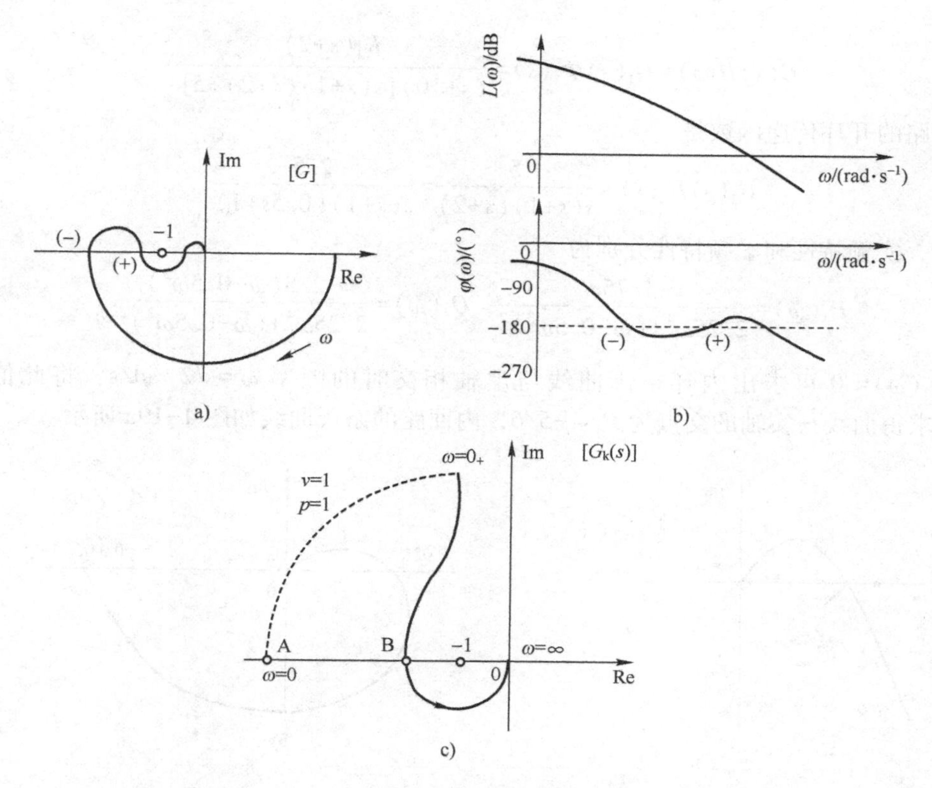

图 4-17　正负穿越的定义

【**例 4-9**】设多回路系统的结构如图 4-18 所示。试用奈氏判据判断当 $K_1=1$ 时系统是否稳定，并计算 K_1 的稳定域。

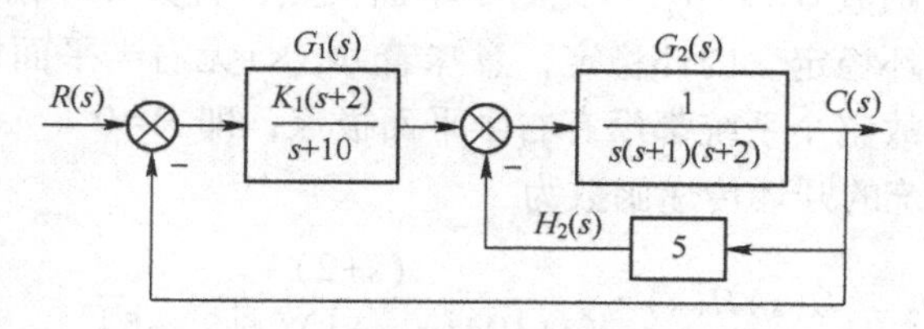

图 4-18　例 4-9 多回路系统结构图

解： 判别多回路系统的稳定性时，首先应判断其局部反馈部分（即内环）的稳定性。如图 4-18 所示的多回路系统中，首先应对内环 $G_2(s)H_2(s)$ 的稳定性作出判断，找出内环部分在右半 s 平面的极点数，再和系统其余开环部分在右半 s 平面的极点数一起考虑，以便判别整个多回路系统的稳定性。一般来说，多回路控制系统需多次利用奈氏判据才能最终确定整个闭环系统是否稳定。

局部反馈回路的小闭环传递函数为

$$\Phi_1(s)=\frac{G_2(s)}{1+G_2(s)H_2(s)}=\frac{1}{s(s+1)(s+2)+5}$$

故全系统的开环传递函数为

$$G(s)H(s)=G_1(s)\Phi_1(s)=\frac{K_1(s+2)}{(s+10)[s(s+1)(s+2)+5]}$$

内回路的开环传递函数是

$$G_2(s)H_2(s)=\frac{5}{s(s+1)(s+2)}=\frac{2.5}{s(s+1)(0.5s+1)}$$

式中，实频特性和虚频特性分别为

$$P_1(\omega)=\frac{-3.75\omega^2}{2.25\omega^4+(\omega-0.5\omega^3)^2},\ Q_1(\omega)=\frac{-2.5(\omega-0.5\omega^3)}{2.25\omega^4+(\omega-0.5\omega^3)^2}$$

令 $Q_1(\omega)=0$ 可求出内环奈氏曲线与虚轴相交时的频率 $\omega=\sqrt{2}$ rad/s，将此值代回 $P_1(\omega)$，求得曲线与实轴的交点为 $P_1=-5/6$，内回路的奈氏曲线如图 4-19a 所示。

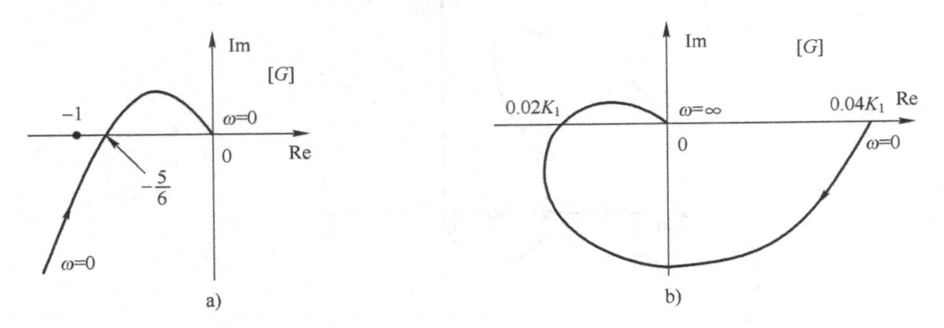

图 4-19　例 4-9 多回路系统的极坐标图

a）内回路的开环极坐标图　b）系统的开环极坐标图

因内回路开环传递函数 $G_2(s)H_2(s)$ 无右半平面极点，且其开环幅相特性未包围$(-1,j0)$点，根据奈氏判据知内环稳定。内环稳定，意味着 $\Phi_1(s)$ 无右半平面极点，考虑到 $G_1(s)$ 亦无右半平面零、极点，故整个系统都没有右半平面极点，即 $P=0$。

当 $K_1=1$ 时，全系统的开环传递函数为

$$G(s)H(s)=\frac{(s+2)}{(s+10)[s(s+1)(s+2)+5]}$$

相应的开环频率特性表达式为

$$G(j\omega)H(j\omega)=\frac{(2+j\omega)}{(10+j\omega)[j\omega(1+j\omega)(2+j\omega)+5]}=P(\omega)+jQ(\omega)$$

其中，全系统的开环实频特性 $P(\omega)$ 和虚频特性 $Q(\omega)$ 分别为

$$P(\omega)=\frac{100-39\omega^2-11\omega^4}{(\omega^4-32\omega^2+50)^2+(13\omega^3-25\omega)^2}$$

$$Q(\omega)=\frac{\omega^3(\omega^2-6)}{(\omega^4-32\omega^2+50)^2+(13\omega^3-25\omega)^2}$$

同理，令 $Q(\omega)=0$，可求得 $\omega=\sqrt{6}$ rad/s 时开环幅相特性曲线与实轴相交，交点为 $P=-0.02$。系统的奈氏曲线如图 4-19b 所示。因 ω 由 $0\to\infty$ 变化时曲线未包围$(-1,j0)$点，故当 $K_1=1$

时整个闭环系统稳定。

图 4-19b 表明由于曲线与实轴的交点 $P=-0.02$，该交点距离$(-1, \mathrm{j}0)$点很远，故闭环系统充分稳定。只有当 K_1 值增大 50 倍时曲线才与$(-1, \mathrm{j}0)$点相交，系统才进入稳定的临界状态。可见，K_1 值的稳定域为 $0<K_1<50$。

分别取 $K_1=1$、$K_1=50$、$K_1=70$，做 Bode 图如图 4-20 所示，请读者分析其稳定性。

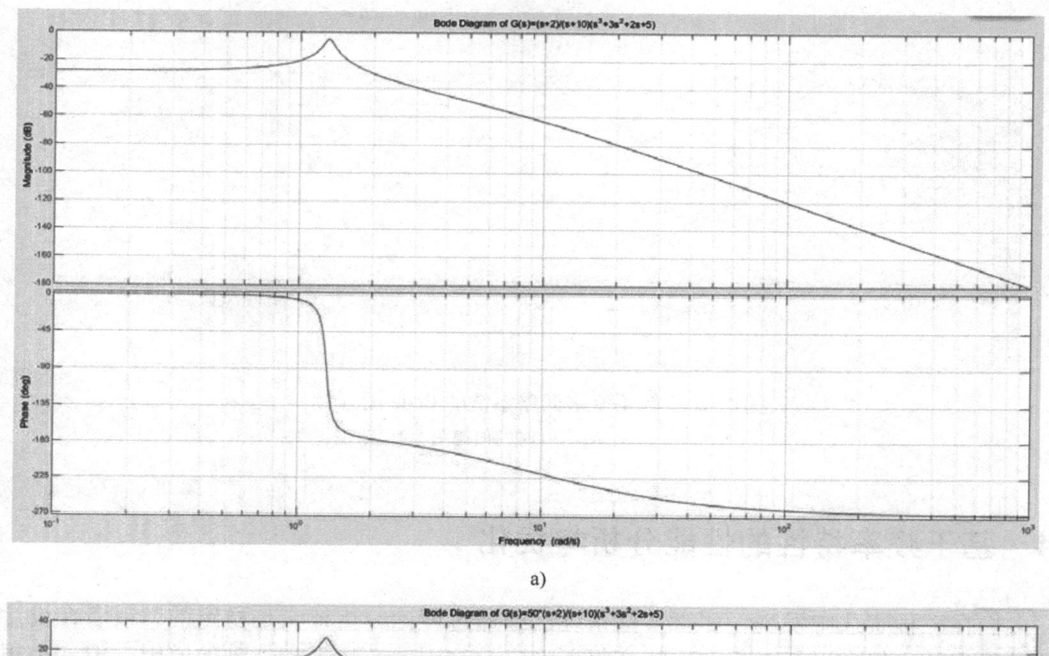

a)

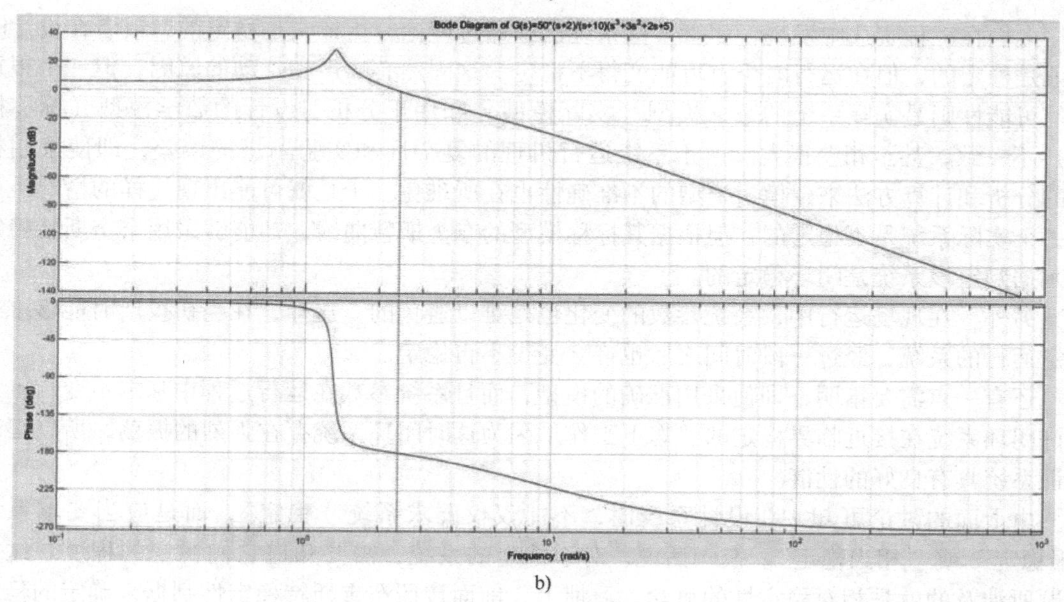

b)

图 4-20 例 4-9 多回路系统的 Bode 图

a）$K_1=1$ 时的伯德图 b）$K_1=50$ 时的伯德图

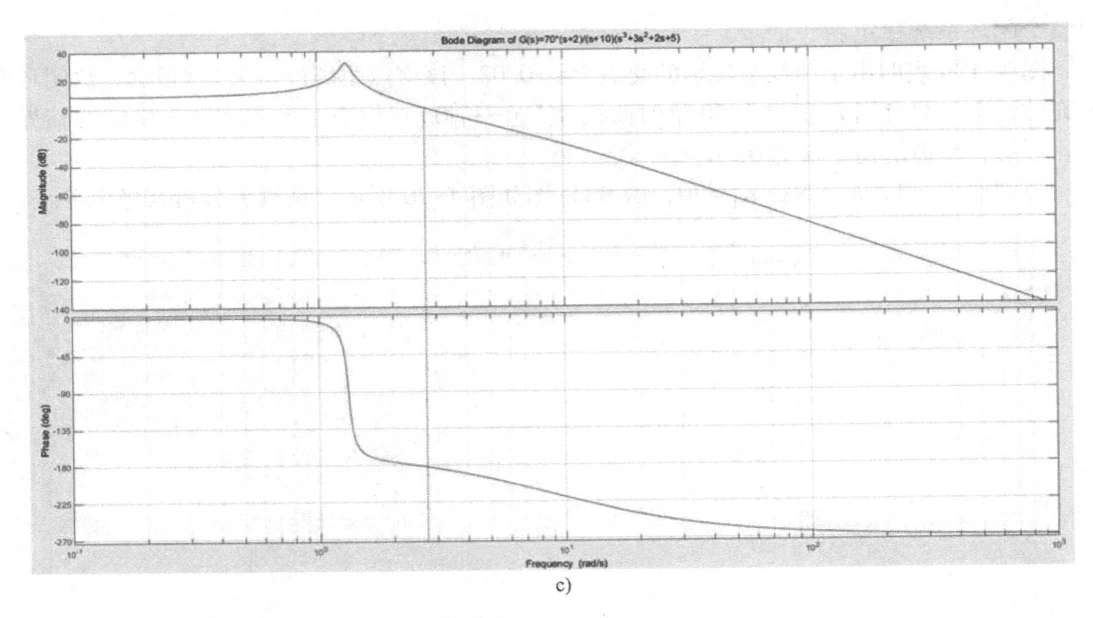

图 4-20　例 4-9 多回路系统的 Bode 图（续）

c）$K_1=70$ 时的伯德图

4.4　基于频率特性的性能分析与优化

人们在工程实践中发现，尽管某些系统已经通过理论分析证明是稳定的，或者在设计时保证是稳定的，但在运行时仍有可能变得不稳定。这固然有噪声和扰动的原因，但一个很重要的可能性则是实际系统的数学模型（实际模型）和用于分析、设计的数学模型（标称模型）不一致，甚至相差很大。由于系统运行机理的复杂性和实验测量的误差，即使采用精确的分析和计算方法来建模，模型的不准确性也在所难免。于是就可能出现这样的情况：虽然一个实际系统是不稳定的，但根据其标称模型的奈奎斯特曲线，却能够采用奈奎斯特稳定性判据判定该系统是闭环稳定的。

另外，在现场运行中，系统参数的变化也是难以避免的。这样，在当初投产时能够维持稳定运行的系统，经过一段时间之后也许会变得不再稳定。

还有一点需要指明，即使采用准确的模型，而且系统参数在运行过程中基本不变，也不允许闭环系统在接近临界稳定的状态下工作。因为这时闭环系统存在强烈的振荡，所以很难保证系统具有良好的性能。

由上面的讨论可知，在设计系统时，不能仅仅要求系统“稳定”，而是应当要求系统“很稳定”或“相当稳定”。换句话说，对于稳定的系统，需要知道它们稳定的程度。这类问题所涉及的就是相对稳定性的概念。习惯上，前面按照奈奎斯特稳定性判据来确定的稳定性应当被称为绝对稳定性。对一个稳定的闭环系统，究竟开环频率特性在多大范围内变化还能维持闭环系统稳定的性质被称为相对稳定性。

控制系统稳定与否是绝对稳定性的概念，而对一个稳定的系统而言，还存在着一个稳定的程度问题。相对稳定性与系统的瞬态响应指标有着密切的关系。在设计一个控制系统时，不仅要求它必须是绝对稳定的，而且还应保证系统具有一定的稳定程度，即具备适当的相对稳定性。只有这样，才能不致因建立数学模型和系统分析计算中的某些简化处理，或者系统参数变化以及某些扰动作用而导致系统不稳定。

对于一个开环传递函数中没有虚轴右侧零、极点的最小相位系统而言，$G(j\omega)H(j\omega)$曲线越靠近$(-1,j0)$点，系统阶跃响应的振荡就越强烈，系统的相对稳定性就越差。因此，可用$G(j\omega)H(j\omega)$曲线对$(-1,j0)$点的靠近程度来表示系统的相对稳定程度（当然，这不能适用于条件稳定系统）。通常，这种靠近程度是以幅值裕度和相角裕度来表示的。稳定裕量是系统稳定程度即相对稳定性的定量标志，它表明一个稳定的系统距离稳定边界还有多大的安全度。一个系统的稳定裕量有多大，以及如何提高稳定裕量的问题，在控制理论中常被称为鲁棒性问题。

4.4.1 幅值裕度

设$\omega=\omega_g$时，$G(j\omega)H(j\omega)$曲线与负实轴相交，此时特性曲线的幅值为$A(\omega_g)$，如图4-21所示。幅值裕度是指$(-1,j0)$点的幅值1与$A(\omega_g)$之比，常用h表示，即

$$h=\frac{1}{A(\omega_g)} \tag{4-21}$$

式中，ω_g称为相角穿越频率。

在对数坐标图上，采用L_g来表示h的分贝值，即

$$L_g=20\lg h=-20\lg A(\omega_g) \tag{4-22}$$

L_g称为对数幅值稳定裕度，以dB表示，如图4-22所示。

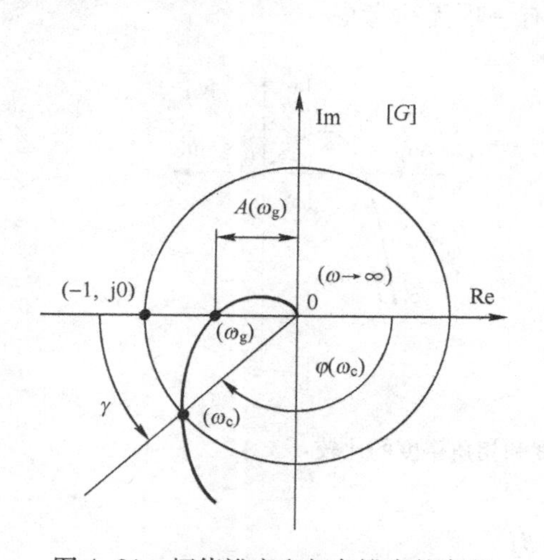

图4-21 幅值裕度和相角裕度的定义

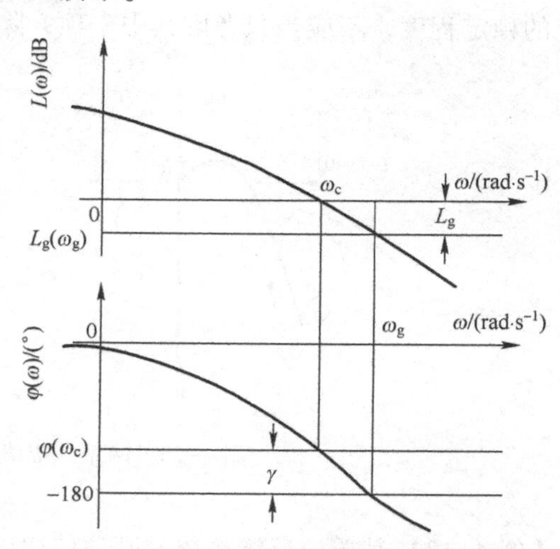

图4-22 稳定裕度在伯德图上的表示

4.4.2 相角裕度

相角裕度又称相角余量，是指幅相频率特性$G(j\omega)H(j\omega)$的幅值$A(\omega)=|G(j\omega)H(j\omega)|=1$时的向量与负实轴的夹角，常用希腊字母$\gamma$表示。

在$[G]$平面上画出一个以原点为圆心的单位圆（见图4-21）。当$\omega=\omega_c$时，$G(j\omega)H(j\omega)$曲

线正好与该单位圆相交，即 $A(\omega_c)=1$。相角裕度的定义为

$$\gamma=\varphi(\omega_c)-(-180°)=180°+\varphi(\omega_c) \tag{4-23}$$

由于 $L(\omega_c)=20\lg A(\omega_c)=20\lg 1\ \mathrm{dB}=0\ \mathrm{dB}$，故在伯德图中，相角裕度表现为 $L(\omega)=0\ \mathrm{dB}$ 处的相角 $\varphi(\omega_c)$ 与$-180°$之间的距离，用度(°,deg)表示，如图 4-22 所示，上述两图中的 γ 均为正值。ω_c称为幅值穿越频率，又称截止频率。

幅值裕度的物理意义在于：稳定系统的传递系数（放大倍数）增大 h 倍，则 $\omega=\omega_g$处的幅值 $A(\omega_g)$将等于1，曲线正好通过$(-1,j0)$点，系统处于临界稳定状态；若传递系数增大 h 倍以上，系统将变得不稳定。

相角裕度的物理意义在于：稳定系统在幅值穿越频率 ω_c处若相角再滞后一个角度 γ，则系统处于临界状态；若相角滞后大于 γ，系统将变得不稳定，所以，相角裕度又称为相角稳定性储备量。

对于最小相位系统，欲使系统稳定，就要求相角裕度 $\gamma>0$ 和幅值裕值 $h>1$(或 $L_g>0$)。增益裕量和相位裕量的数值较大则表明控制系统非常稳定，但通常这种系统响应速度较慢。增益裕量和相位裕量较小，则表示为一个高度振荡的系统。所以增益裕量和相位裕量过大和过小都不好。在工程设计中，一般取 $\gamma=30°\sim60°$，$A(\omega_g)\leqslant0.5$ 即 $L_g\geqslant6\ \mathrm{dB}$。

必须指出，仅用相角裕度或幅值裕度，有时还不足以说明系统的稳定程度。例如图 4-23 所示的两个系统的频率特性曲线 $G_1(j\omega)$ 和 $G_2(j\omega)$ 中，图 4-23a 表明两个系统的幅值裕度相同，但相角裕度却相差甚远，系统 2 的相对稳定性比系统 1 的要好得多。图 4-23b 则表示两系统的相角裕度相同，但幅值裕度相异，系统 1 的幅值裕度较大，稳定程度自然更高。可见，对于一般的自动控制系统，常常需同时采用 γ 和 h（或 L_g）两种稳定裕度来表征系统的稳定程度，不应当只考虑其中一项，除非有一项无法考虑。

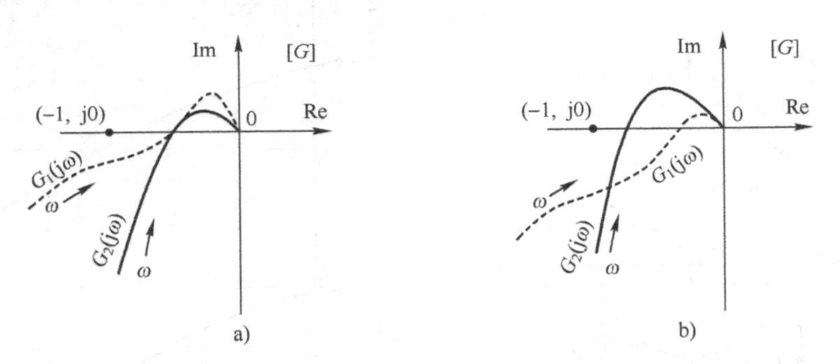

图 4-23　两系统幅值裕度和相角裕度的比较

【例 4-10】 某单位反馈系统的开环传递函数为

$$G(s)H(s)=\frac{10}{s(0.02s+1)(0.2s+1)}$$

试求该系统的相角裕量和幅值裕量，并用伯德图判断其闭环系统是否稳定。

解： 本例的开环传递函数是工程中经常遇到的一种系统类型，它由一个积分环节、两个惯性环节和一个比例环节串联而成。其频率特性为

$$G(\mathrm{j}\omega)H(\mathrm{j}\omega)=\frac{10}{\mathrm{j}\omega(\mathrm{j}0.02\omega+1)(\mathrm{j}0.2\omega+1)}=\frac{10}{\mathrm{j}\omega\left(\frac{\mathrm{j}\omega}{5}+1\right)\left(\frac{\mathrm{j}\omega}{50}+1\right)}$$

对数频率特性为

$$L(\omega)=20\lg10-20\lg\omega-20\lg\sqrt{1+(0.02\omega)^2}-20\lg\sqrt{1+(0.2\omega)^2}$$

$$\varphi(\omega)=-90°-\arctan0.02\omega-\arctan0.2\omega$$

首先求相角裕量 γ，为此需要求出剪切频率 ω_c。剪切频率满足 $L(\omega_c)=0$ 的条件，但是直接由 $L(\omega)$的表达式来求比较烦琐，工程上常用 $L(\omega)$的渐近线来近似求出剪切频率 ω_c，这样会简化运算。尽管这会带来一定误差，但只要剪切频率不在 ζ 很小的二阶振荡环节的转折频率附近，用渐近线求出的 ω_c就是可以接受的。

做出 $L(\omega)$的渐近线。低频时斜率为−20 dB/dec，与纵坐标 $\omega=1$ rad/s 交于 20 dB，转折频率分别为 $\omega_1=5$ rad/s、$\omega_2=50$ rad/s，斜率分别变化−20 dB/dec。画出 $L(\omega)$的渐近线如图 4-24 所示。

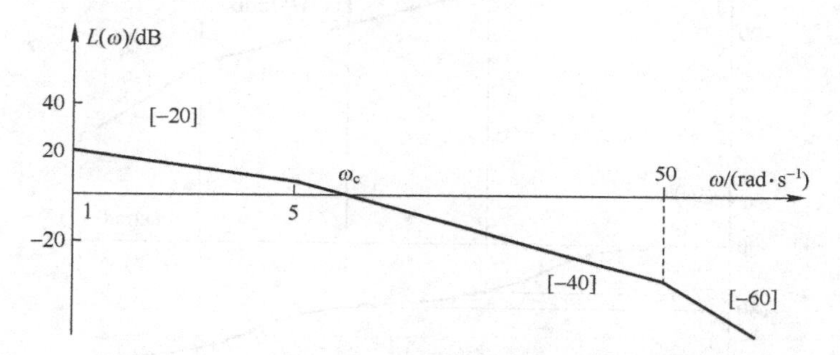

图 4-24 例 4-10 系统的对数幅频特性渐近线

由图 4-24 可以得到

$$|G(\mathrm{j}\omega_c)H(\mathrm{j}\omega_c)|=\frac{10}{\omega_c\times\frac{\omega_c}{5}\times1}=1$$

所以

$$\omega_c=\sqrt{50}\,\mathrm{rad/s}=7.07\,\mathrm{rad/s}$$

$$\begin{aligned}\varphi(\omega_c)&=-90°-\arctan0.02\omega_c-\arctan0.2\omega_c\\&=-90°-\arctan0.02\times7.07-\arctan0.2\times7.07\\&=-152.79°\end{aligned}$$

$$\gamma=180°+\varphi(\omega_c)=27.21°$$

令

$$\varphi(\omega)=-90°-\arctan0.02\omega-\arctan0.2\omega=-180°$$

即

$$\arctan0.02\omega+\arctan0.2\omega=90°$$

$$\frac{0.02\omega+0.2\omega}{1-0.02\omega\times0.2\omega}=\infty$$

求得 $\omega_g=15.8\ \text{rad/s}$，$L_g(\omega)=-1.79\ \text{dB}$。

本例的伯德图及稳定裕量示意图如图 4-25 所示。可见，本例尽管是稳定的，但是相角裕量和幅值裕量都不大，离工程设计中的常见指标还有一定差距。注意到本例是一个最小相位系统，在剪切频率处，渐近线的斜率为-40 dB/dec。因此，对于最小相位系统，在剪切频率处斜率若为-40 dB/dec，稳定裕量一般不大，动态性能一般不能满足较高要求，需通过校正装置改善系统性能。

从伯德图可知，在 $L(\omega)>0\ \text{dB}$ 的频带范围内，随着 ω 的增大，$\varphi(\omega)$ 没有穿越-180°相位线，即 $n_-=0$，$n_+=0$。故 $N=2(n_--n_+)=2(0-0)=0$，$Z=N+P=0$，说明闭环系统右半 s 平面没有极点，系统稳定。

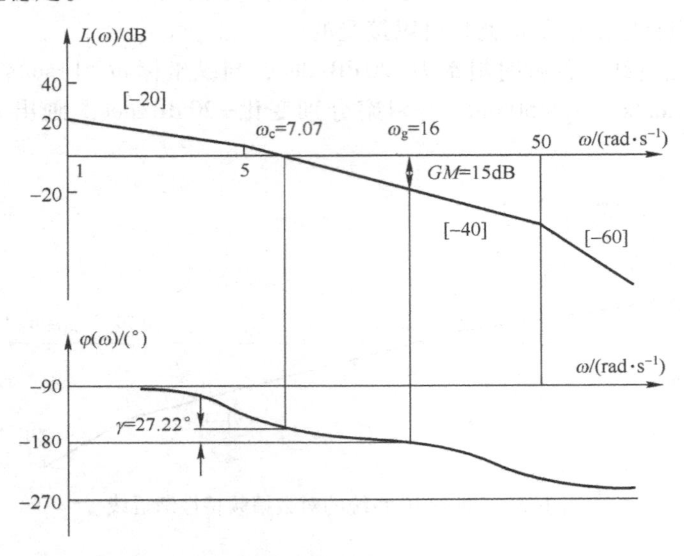

图 4-25　例 4-10 系统的伯德图及稳定裕量

【例 4-11】 某单位反馈系统的开环传递函数为

$$G(s)=\frac{K^*}{s(s+1)(s+5)}$$

试分别求 $K^*=10$ 和 $K^*=100$ 时系统的幅值裕度和相角裕度。

解： 本题传递函数以零、极点的形式给出，故应先将其化成以时间常数表示的典型环节的表示形式，以便绘制伯德图。得

$$G(s)=\frac{K^*}{s(s+1)(s+5)}=\frac{0.2K^*}{s(s+1)(0.2s+1)}=\frac{K}{s(s+1)(0.2s+1)}$$

式中，$K=0.2K^*$，为系统开环传递系数。按题意是求 $K=2$ 和 $K=20$ 时的 γ 值和 h 值。

当 $K=2$ 时，系统的伯德图如图 4-26a 所示。由图示的曲线读得系统的相角裕度和幅值裕度分别为 $L=8\ \text{dB}$ 和 $\gamma=21°$。意即系统的传递系数 K 仍可增大，只要增大的倍数小于 2.51 倍（相当于 8 dB），系统仍是稳定的。

当 $K=20$ 时，即 K 增大 10 倍，而 $L(\omega)=20\lg10\ \text{dB}=20\ \text{dB}$，$L(\omega)$ 特性向上平移 20 dB，而 $\varphi(\omega)$ 保持不变，其结果如图 4-26b 所示。由图中读得 $L=-12\ \text{dB}$ 和 $\gamma=-30°$。两者均为负值，表明 $K=20$ 时闭环系统是不稳定的。

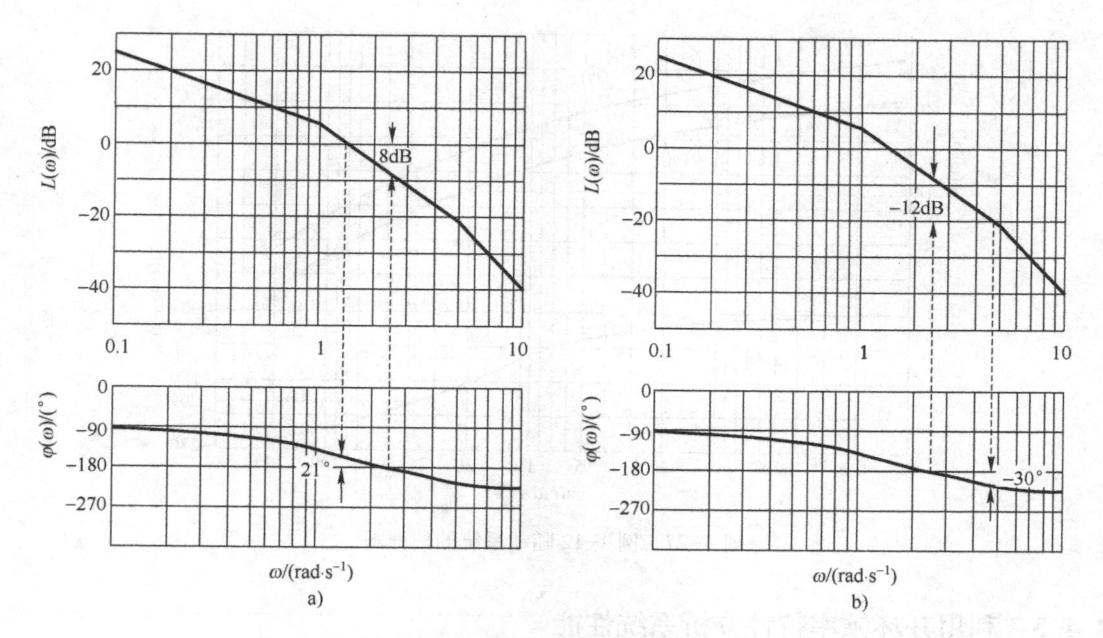

图 4-26　例 4-11K^*值变化的伯德图

a）$K^*=10$ 时系统的伯德图　b）$K^*=100$ 时系统的伯德图

【例 4-12】 某小功率角度随动系统的系统开环传递函数为

$$G(s)H(s)=\frac{20K_1}{s(0.025s+1)(0.1s+1)}$$

试判断 $K_1=10$ 时闭环系统的稳定性，并求使相角裕度 $\gamma=30°$时系统 K_1的值。

解： 当 $K_1=10$ 时，有

$$G(s)H(s)=\frac{200}{s(0.025s+1)(0.1s+1)}$$

由此绘制出的系统开环伯德图如图 4-27 所示。由图可得，截止频率 $\omega_c=38\ \mathrm{rad/s}$，此处的相角 $\varphi(\omega_c)=-209°<-180°$，故闭环系统不稳定。

为使系统稳定具有 30°的相角余量，可将 $L(\omega)$特性向下平移，以使截止频率左移。设 ω_c'为 $L(\omega)$特性下移后的截止频率。由式（4-23）可得

$$\varphi(\omega_c')=-180°+\gamma=-180°+30°=-150°$$

由 $\varphi(\omega)$曲线得知，$\varphi(\omega'_c)=-150°$出现在 $\omega_c'=10\ \mathrm{rad/s}$ 处。此时，$L(\omega_c')=22\ \mathrm{dB}$。因此，若把 $L(\omega)$向下平移 22 dB，即可获得 $\gamma=30°$的相角裕度。由此可计算出开环传递系数应改变的倍数 ΔK，即 $20\lg\Delta K=-22\ \mathrm{dB}$。求得 $\Delta K=0.079$。意即将原系统的开环传递系数降低 0.079 倍，即可获得 30°的相角余量。于是开环传递系数应取 $K=0.079\times200=15.8$。

图 4-27 绘出了 $K=15.8$ 时系统的对数幅频特性 $L'(\omega)$。可见，$K=15.8$ 时系统的截止频率 $\omega_c=10\ \mathrm{rad/s}$，相角裕度 $\gamma=30°$，幅值裕度 $L=10\ \mathrm{dB}(\omega_g=20\ \mathrm{rad/s})$。

必须指出，对于开环不稳定的系统，不能用增益裕量和相位裕量来判别其闭环系统的稳定性。

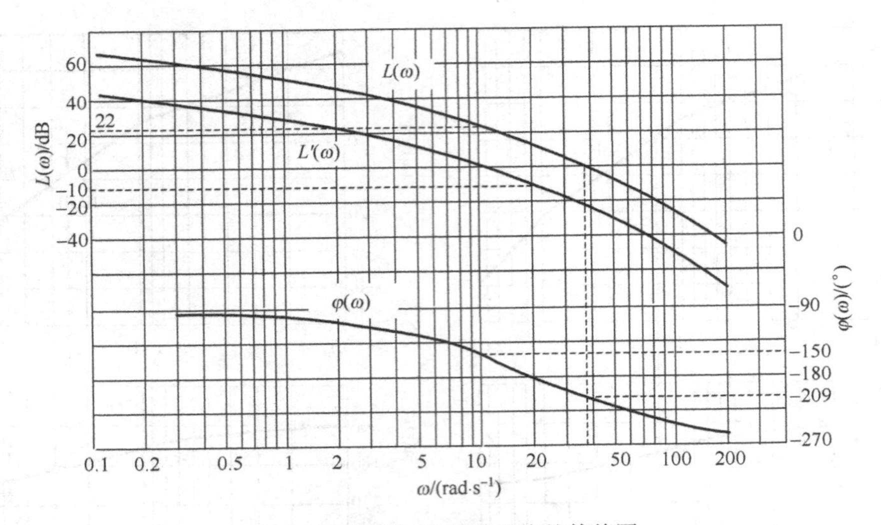

图 4-27　例 4-12 随动系统的伯德图

4.4.3　利用开环频率特性分析系统性能

在频域中对系统进行分析、设计时，通常是以频域指标作为依据，不如时域指标直接、准确。因此，需进一步探讨频域指标与时域指标之间的关系。考虑到对数频率特性在控制工程中应用的广泛性，首先要讨论开环对数幅频特性 $L(\omega)$ 的形状与性能指标的关系，然后根据频域指标与时域指标的关系估算出系统的时域响应性能。

实际系统的开环对数幅频特性 $L(\omega)$ 一般都符合图 4-28 所示的特征：左端（频率较低的部分）高；右端（频率较高的部分）低。将 $L(\omega)$ 人为地分为三个频段：低频段、中频段和高频段。低频段主要指第一个转折点之前的频段；中频段是指截止频率 ω_c 附近的频段；高频段指频率远大于 ω_c 的频段。低频段反映了系统的稳态性能，中频段反映了系统的动态性能，控制系统的动态性能是系统设计者最关心的问题；高频段反映系统抗高频干扰的能力，对系统的动态性能影响不大。

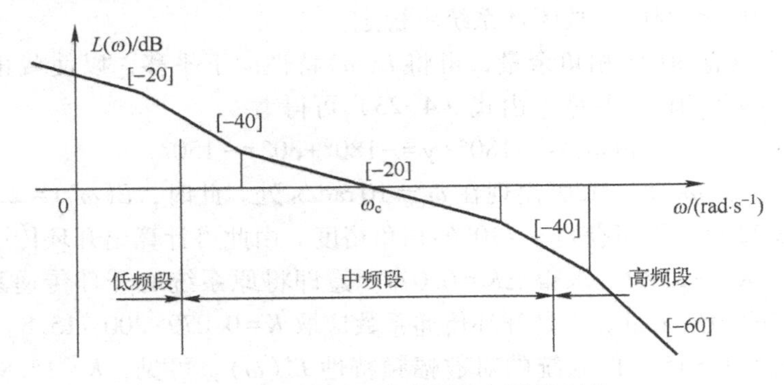

图 4-28　对数频率特性三频段的划分

需要指出，开环对数频率特性三频段的划分是相对的，各频段之间没有严格的界限。一般控制系统的频段范围在 0.01～100 Hz 之间。

1. $L(\omega)$低频段渐近线与系统稳态误差的关系

系统开环传递函数中含积分环节的数目（系统型别）确定了开环对数幅频特性低频渐近线的斜率，而低频渐近线的高度则取决于开环增益的大小。因此，$L(\omega)$低频段渐近线集中反映了系统跟踪控制信号的稳态精度信息。根据$L(\omega)$低频段可以确定系统型别ν和开环增益K，利用静态误差系数法可以确定系统在给定输入下的稳态误差。

若开环传递函数中没有积分环节，系统为0型系统，低频段的斜率为0 dB/dec；

若开环传递函数中含有一个积分环节，系统为I型系统，低频段的斜率为-20 dB/dec；

若开环传递函数中含有两个积分环节，系统为II型系统，低频段的斜率为-40 dB/dec。

低频段的高度由开环增益K决定。

由于低频段的特性完全由积分环节和开环增益确定，因此，$20\lg|G(j\omega)|$在低频段的特性反映了系统的稳态精度。低频段对数幅频特性曲线的形状如图4-29所示。

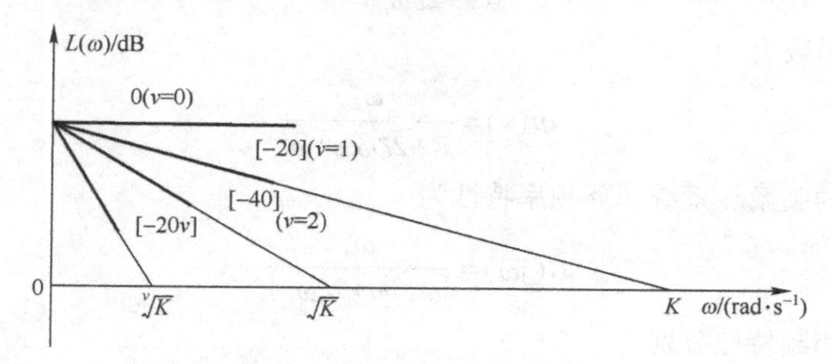

图4-29　低频段对数幅频特性曲线

2. $L(\omega)$中频段特性与系统动态性能的关系

开环对数幅频特性的中频段是指截止频率ω_c附近的频段，这段特性集中反映了闭环系统动态响应的平稳性和快速性。

设开环部分纯粹由积分环节构成，图4-30a的对数幅频特性对应一个积分环节，斜率为-20 dB/dec，相角$\varphi(\omega)=-90°$，因而相角裕度$\gamma=90°$；图4-30b的对数幅频特性对应两个积分环节，斜率为-40 dB/dec，相角$\varphi(\omega)=-180°$，因而相角裕度$\gamma=0°$。

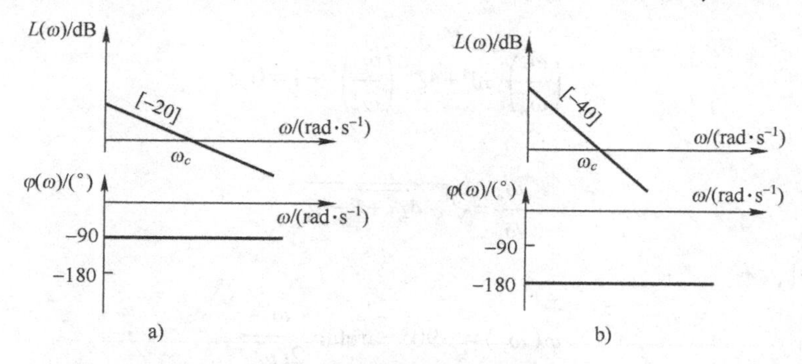

图4-30　$L(\omega)$中频段对稳定性的影响

一般情况下，系统开环对数幅频特性的斜率在整个频率范围内是变化的，故截止频率ω_c处的相角裕度γ应由整个对数幅频特性中各段的斜率共同确定。在ω_c处，$L(\omega)$曲线的斜

率对相角裕度 γ 的影响最大，远离 ω_c 的对数幅频特性，其斜率对 γ 的影响就很小。为了保证系统有满意的动态性能，希望 $L(\omega)$ 曲线以 -20 dB/dec 的斜率穿过 0 dB 线，并保持较宽的频段。截止频率 ω_c 和相角裕度 γ 是系统开环频域指标，主要由中频段决定，它与系统动态性能指标之间存在着密切关系，因而频域指标是表征系统动态性能的间接指标。

（1）二阶系统。典型二阶系统的结构图可用图 4-31 表示。其中开环传递函数为

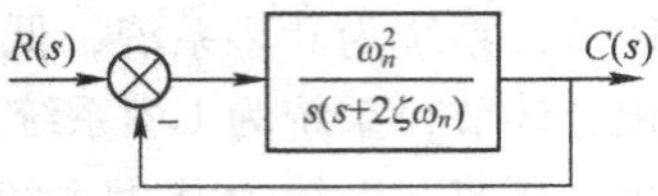

图 4-31　典型二阶系统结构图

$$G(s)=\frac{\omega_n^2}{s(s+2\zeta\omega_n)},\ 0<\zeta<1$$

相应的闭环传递函数为

$$\Phi(s)=\frac{\omega_n^2}{s^2+2\zeta\omega_n s+\omega_n^2}$$

1）γ 和 $\sigma\%$ 的关系。系统开环频率特性为

$$G(\mathrm{j}\omega)=\frac{\omega_n^2}{\mathrm{j}\omega(\mathrm{j}\omega+2\zeta\omega_n)} \tag{4-24}$$

开环幅频和相频特性分别为

$$A(\omega)=\frac{\omega_n^2}{\omega\sqrt{\omega^2+(2\zeta\omega_n)^2}}$$

$$\varphi(\omega)=-90^\circ-\arctan\frac{\omega}{2\zeta\omega_n}$$

在 $\omega=\omega_c$ 处，$A(\omega)=1$，即

$$A(\omega_c)=\frac{\omega_n^2}{\omega_c\sqrt{\omega_c^2+(2\zeta\omega_n)^2}}=1$$

得

$$\left(\frac{\omega_c}{\omega_n}\right)^4\omega_c^4+4\zeta^2\left(\frac{\omega_c}{\omega_n}\right)^2-1=0$$

解之，得

$$\frac{\omega_c}{\omega_n}=\sqrt{\sqrt{4\zeta^4+1}-2\zeta^2} \tag{4-25}$$

当 $\omega=\omega_c$ 时，有

$$\varphi(\omega_c)=-90^\circ-\arctan\frac{\omega_c}{2\zeta\omega_n}$$

由此可得系统的相角裕度为

$$\gamma=180^\circ+\varphi(\omega_c)=90^\circ-\arctan\frac{\omega_c}{2\zeta\omega_n}=\arctan\frac{2\zeta\omega_n}{\omega_c} \tag{4-26}$$

将式（4-25）代入式（4-26）得

$$\gamma=\arctan\frac{2\xi}{\sqrt{\sqrt{4\xi^4+1}-2\xi^2}} \tag{4-27}$$

根据式（4-27），得 γ 和 ζ 的函数关系曲线如图 4-32 所示。

另一方面，典型二阶系统超调量为

$$\sigma\%=\mathrm{e}^{-\frac{\zeta}{\sqrt{1-\zeta^2}}\pi}\times100\% \tag{4-28}$$

为便于比较，将式（4-28）的函数关系也一并绘于图 4-32 中。

从图 4-32 所示曲线可以看出：γ 越小（即 ζ 小），$\sigma\%$就越大；反之，γ 越大，$\sigma\%$就越小。通常希望 $30°\leqslant\gamma\leqslant60°$。

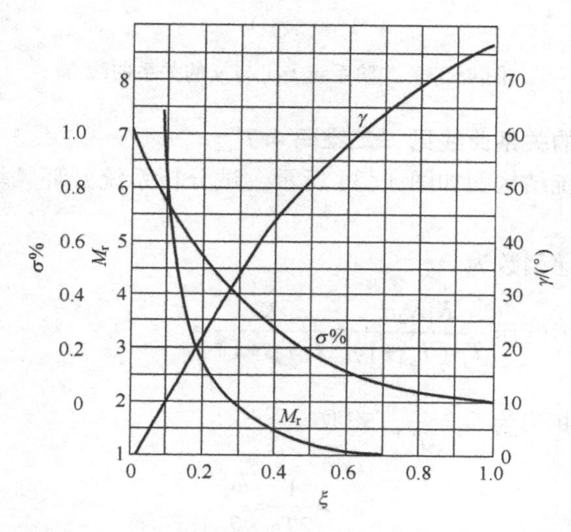

图 4-32　二阶系统 $\sigma\%$、M_r、γ 与 ζ 的关系曲线

二阶系统 $\sigma\%$、M_r、γ 与 ζ 的关系曲线见“二维码 4.6”。

2）γ、ω_c与 t_s的关系。由时域分析法可知，典型二阶系统调节时间（取 $\Delta=\pm5\%$时）为

4.6

$$t_s=\frac{3.5}{\zeta\omega_n},\ 0.3<\zeta<0.8 \tag{4-29}$$

将式（4-25）与式（4-29）相乘得

$$t_s\omega_c=\frac{3.5}{\zeta}\sqrt{\sqrt{4\zeta^4+1}-2\zeta^2} \tag{4-30}$$

再由式（4-27）和式（4-30）可得

$$t_s\omega_c=\frac{7}{\tan\gamma} \tag{4-31}$$

将式（4-31）的函数关系绘成曲线，如图 4-33 所示。可见，调节时间 t_s与相角裕度 γ 和截止频率 ω_c都有关。当 γ 确定时，t_s与 ω_c成反比。换言之，如果两个典型二阶系统的相角裕度 γ 相同，那么它们的超调量也相同（见图 4-32），这样，ω_c较大的系统，其调节时间 t_s必然较小（见图 4-33）。

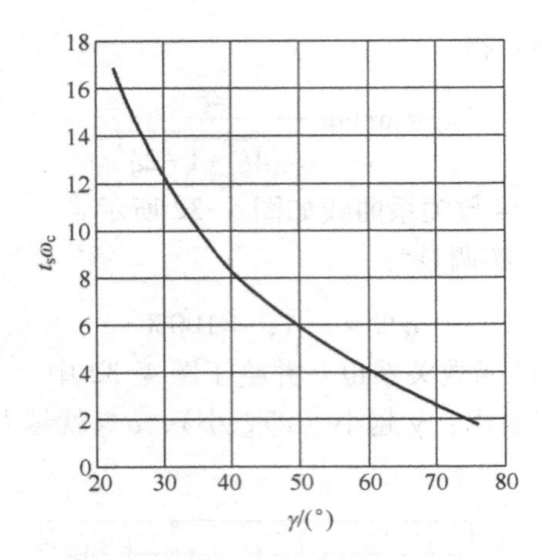

图 4-33　二阶系统 $t_s\omega_c$ 与 γ 的关系曲线

二阶系统 $t_s\omega_c$ 与 γ 的关系曲线见“二维码 4.7”。

4.7

【例 4-13】 二阶系统结构图如图 4-34 所示，试分析系统开环频域指标与时域指标的关系。

解： 系统的开环传递函数为

$$G(s)=\frac{K_1K_2\alpha}{T_is(T_as+1)}=\frac{K}{s(T_as+1)}$$

式中，$K=\dfrac{K_1K_2\alpha}{T_i}$，转折频率为 $\omega_2=\dfrac{1}{T_a}$。若取

$$\omega_c=\frac{1}{2T_a}=\frac{\omega_2}{2} \tag{4-32}$$

则开环对数幅频特性如图 4-35 所示。

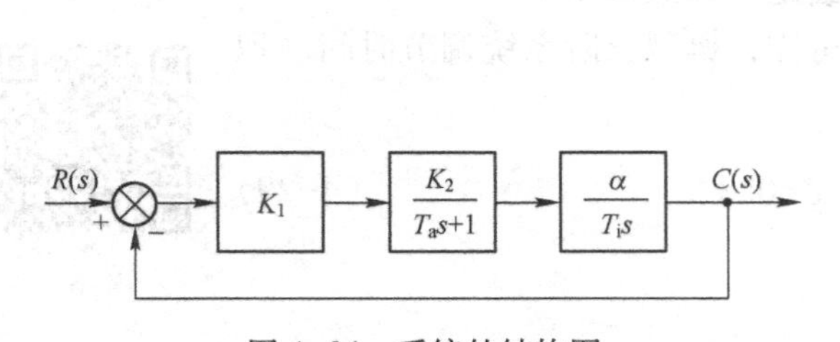

图 4-34　系统的结构图

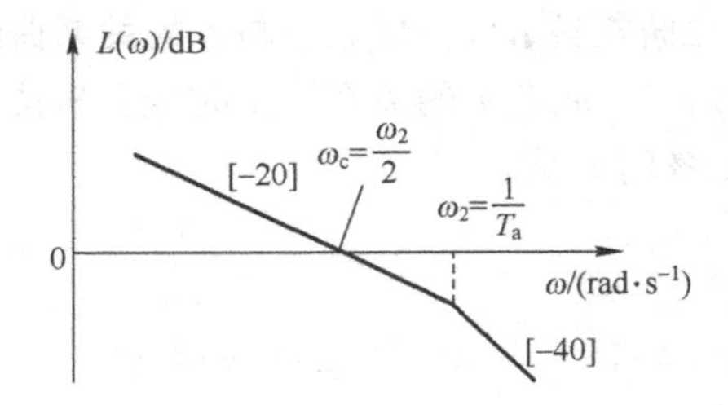

图 4-35　系统的对数幅频特性

系统的相角裕度为

$$\gamma=180°+\varphi(\omega_c)=180°+(-90°-\arctan\omega_cT_a)=90°-\arctan\frac{1}{2T_a}\cdot T_a=63.4°$$

根据所求得的 γ 值，查图 4-32 可得 $\zeta=0.707$，$\sigma\%=4.3\%$。由图 4-34 查得 $t_s\omega_c=3.5$。再由式（4-29）得

$$t_s=\frac{3.5}{\omega_c}=\frac{7}{\omega_2}=7T_a$$

若增加开环增益，则图 4-35 的 $L(\omega)$ 向上平移，ω_c右移。当 ω_c移至更靠近 ω_2时，相角裕度变得较小，超调量自然变大。譬如，若选 $\omega_c=\omega_2=1/T_a$时，则相角裕度 $\gamma=45°$，从图 4-32 查得 $\zeta=0.42$，$\sigma\%=23\%$。若 K 值进一步加大，则 ω_c将落在斜率为-40 dB/dec 的高频渐近线段上，相角裕度将变得更小，超调量就更大。

（2）高阶系统。对于高阶系统，开环频域指标与时域指标之间没有准确的关系式。但是大多数实际系统，开环频域指标 γ 和 ω_c能反映暂态过程的基本性能。为了说明开环频域指标与时域指标的近似关系，有如下两个关系式

$$\sigma\%=0.16+0.4\left(\frac{1}{\sin\gamma}-1\right),\ 35°\leqslant\gamma\leqslant90° \tag{4-33}$$

$$t_s=\frac{\pi}{\omega_c}\left[2+1.5\left(\frac{1}{\sin\gamma}-1\right)+2.5\left(\frac{1}{\sin\gamma}-1\right)^2\right],\ 35°\leqslant\gamma\leqslant90° \tag{4-34}$$

将式（4-33）和（4-34）表示的关系绘成曲线，如图 4-36 所示。可以看出，超调量 $\sigma\%$随相角裕度 γ 的减小而增大；调节时间 t_s随 γ 的减小而增大，但随 ω_c的增大而减小。

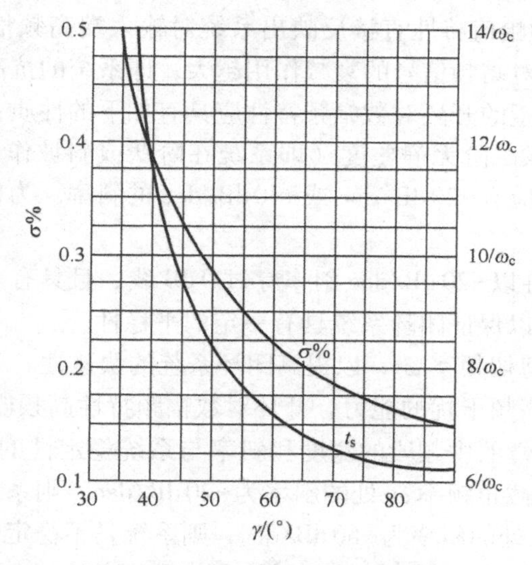

图 4-36　$\sigma\%$、t_s与 γ 的关系曲线

$\sigma\%$、t_s与 γ 的关系曲线见“二维码 4.8”。

由上面对二阶系统和高阶系统的分析可知，系统的开环频率特性反映了系统的闭环响应性能。对于最小相位系统，由于开环幅频特性与相频特性有确定的关系，因此相角裕度 γ 取决于系统开环对数幅频特性的形式，但开环对数幅频特性中频段（ω_c附近的区段）的形状，对相角裕度影响最大，所以闭环系统的动态性能主要取决于开环对数幅频特性的中频段。

4.8

需指出的是，采用上述公式计算出来的结果往往比实际结果要大。这是因为对高阶系统来说，没有既简单又准确的计算公式，取偏高值可以给设计留有余地。所以，采用上面公式设计出来的系统要进一步地调试，通过实践最终确定系统的某些参数值。

3. $L(\omega)$高频段对系统性能的影响

高频段指开环对数幅频特性在中频段以后的频段。由于这部分特性是由系统中一些时间常数很小的环节决定的，因此高频段的形状主要影响时域响应的起始段。因为高频段远离截止频率 ω_c，所以对系统的动态特性影响不大。故在分析时，将高频段作近似处理，即把多个小惯性环节等效为一个小惯性环节来代替，而且等效小惯性环节的时间常数等于被代替的多个小惯性环节的时间常数之和。

对于单位反馈系统，开环频率特性 $G(j\omega)$和闭环频率特性 $\Phi(j\omega)$的关系为

$$\Phi(j\omega)=\frac{G(j\omega)}{1+G(j\omega)}$$

在高频段，一般有 $20\lg|G(j\omega)|\ll 0$，即 $|G(j\omega)|\ll 1$。故由上式可得

$$|\Phi(j\omega)|=\frac{|G(j\omega)|}{|1+G(j\omega)|}\approx|G(j\omega)|$$

即在高频段，闭环幅频特性近似等于开环幅频特性。

因此，$L(\omega)$高频段的幅值特性直接反映出系统对输入端高频信号的抑制能力，高频段的分贝值越低，说明系统对高频信号的衰减作用越大，即系统的抗高频干扰能力越强。

综上所述，我们所希望的开环对数幅频特性应具有如下的性质：

1）若要求具有一阶或二阶无静差度（即系统在阶跃或斜坡作用下无稳态误差），则开环对数幅频特性的低频段应有-20 dB/dec 或-40 dB/dec 的斜率。为保证系统的稳态精度，低频段应有较高的增益。

2）开环对数幅频特性以-20 dB/dec 斜率穿过 0 dB 线，且具有一定的中频宽度，这样系统就有一定的稳定裕度，以保证闭环系统具有一定的平稳性。

3）具有尽可能大的剪切频率 ω_c，以提高闭环系统的快速性。

4）为了提高系统抗高频干扰的能力，开环对数幅频特性高频段应有较大的斜率。

系统开环对数幅频特性的中频段的宽度和斜率与系统稳定性的密切关系，有下列结论：若系统开环对数幅频特性截止频率 ω_c处的斜率为-20 dB/dec，则系统是稳定的；若系统开环对数幅频特性截止频率 ω_c处的斜率为-60 dB/dec，则系统是不稳定的；若系统开环对数幅频特性截止频率 ω_c处的斜率为-40 dB/dec，则系统可能是稳定的，也可能是不稳定的，但即使稳定，其稳定裕度也较小。

三频段的划分并没有很严格的确定性准则，但是三频段的概念为直接运用开环频率特性判别稳定的闭环系统动态性能和稳态精度指出了原则和方向。

4.5 控制系统的闭环频率特性

在闭环系统稳定的基础上，利用闭环频率特性，可进一步对系统的动态过程的平稳性、快速性进行分析和估算，这种方法虽不够精确和严格，但是避免了直接求解高阶微分方程的困难。而且闭环幅频和相频特性曲线，可以借用已有的开环幅相特性曲线和开环对数频率特性曲线，以及一些标准图线很方便地求得。闭环频率特性的求法较多，下面仅讨论工程上常用的两种图解方法，第一种是向量法，第二种是等 M 圆等 N 圆法，这两种方法的共同点是通过系统的开环频率特性来求闭环频率特性。

4.5.1 用向量法求闭环频率特性

反馈控制系统的闭环传递函数为

$$\Phi(s)=\frac{G(s)}{1+G(s)H(s)}=\frac{1}{H(s)}\times\frac{G(s)H(s)}{1+G(s)H(s)}$$

式中，$H(s)$为主反馈通道的传递函数，一般为常数。在$H(s)$为常数的情况下，闭环频率特性的形状不受影响。因此，研究闭环系统频域指标时，只需针对单位反馈系统进行即可。

对于单位反馈系统，其开环频率特性$G(\mathrm{j}\omega)$和闭环频率特性$\Phi(\mathrm{j}\omega)$之间有着如下关系：

$$\Phi(\mathrm{j}\omega)=\frac{G(\mathrm{j}\omega)}{1+G(\mathrm{j}\omega)} \tag{4-35}$$

根据式（4-35），可以用图解法求闭环频率特性。

若单位反馈系统的开环频率特性奈氏图如图 4-37 所示。由图可见，当$\omega=\omega_1$时，向量$\overrightarrow{OA}$表示$G(\mathrm{j}\omega_1)$，向量$\overrightarrow{OA}$的长度为$|G(\mathrm{j}\omega_1)|$，向量$\overrightarrow{OA}$的相角为$\angle G(\mathrm{j}\omega_1)$。从$(-1,\mathrm{j}0)$点到奈氏图上$A$点的向量$\overrightarrow{PA}$表示为$1+G(\mathrm{j}\omega_1)$。因此，$\overrightarrow{OA}$与$\overrightarrow{PA}$之比就是闭环频率特性，即

$$G(\mathrm{j}\omega_1)=\overrightarrow{OA}=|\overrightarrow{OA}|\mathrm{e}^{\mathrm{j}\varphi}$$
$$1+G(\mathrm{j}\omega_1)=\overrightarrow{PA}=|\overrightarrow{PA}|\mathrm{e}^{\mathrm{j}\theta}$$

故闭环频率特性

$$\Phi(\mathrm{j}\omega_1)=\frac{G(\mathrm{j}\omega_1)}{1+G(\mathrm{j}\omega_1)}=\frac{|\overrightarrow{OA}|}{|\overrightarrow{PA}|}\mathrm{e}^{\mathrm{j}(\varphi-\theta)}$$

上式表明，向量$\overrightarrow{OA}$的幅值和向量$\overrightarrow{PA}$的幅值之比为闭环的幅频；向量$\overrightarrow{PA}$和$\overrightarrow{OA}$的夹角$\angle PAO$就是闭环相频。

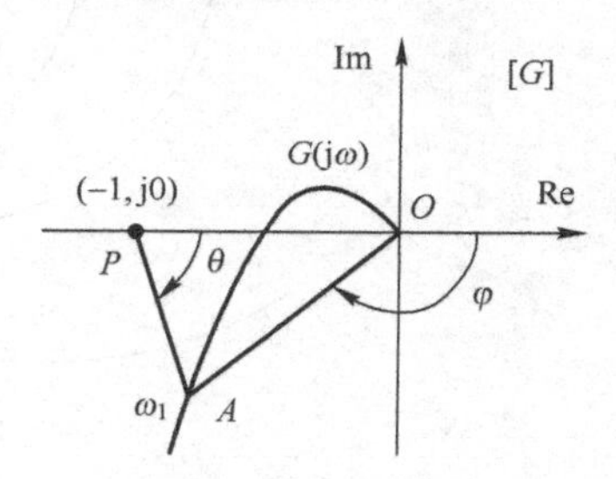

图 4-37　系统的开环频率特性奈氏图

根据同样的方法，求得不同频率对应的闭环幅频和相频，即可画出所要求的闭环频率特性曲线。

上述图解法几何意义清晰，容易理解，但求解过程比较麻烦。工程上常应用等M圆图和等N圆图，直接由单位反馈系统的开环频率特性曲线绘制闭环频率特性曲线，而不必进行任何计算。

4.5.2 等M圆图和等N圆图

根据开环幅相曲线，应用等M圆图，可以做出闭环幅频特性曲线；应用等N圆图，可以做出闭环相频特性曲线。

将$G(\mathrm{j}\omega)$和$\Phi(\mathrm{j}\omega)$表示成下列形式

$$G(\mathrm{j}\omega)=X(\omega)+\mathrm{j}Y(\omega) \tag{4-36}$$
$$\Phi(\mathrm{j}\omega)=M(\omega)\mathrm{e}^{\mathrm{j}\alpha(\omega)} \tag{4-37}$$

式中，$M(\omega)$和$\alpha(\omega)$分别为闭环的幅频和相频特性。

将式（4-36）和式（4-37）代入式（4-35）中，得

$$M=\left|\frac{G(\mathrm{j}\omega)}{1+G(\mathrm{j}\omega)}\right|=\left|\frac{X+\mathrm{j}Y}{1+X+\mathrm{j}Y}\right|=\sqrt{\frac{X^2+Y^2}{(1+X)^2+Y^2}}$$

将等式两边平方，并经变换求得

$$\left(X+\frac{M^2}{M^2-1}\right)^2+Y^2=\left(\frac{M}{M^2-1}\right)^2 (M\neq 1) \tag{4-38}$$

若令 M 为常值，则式（4-38）就是 G 平面上的圆方程。圆心为$\left(-\frac{M^2}{M^2-1},\mathrm{j}0\right)$，圆半径 $\boldsymbol{r}_0$ 为$\left|\frac{M}{M^2-1}\right|$。所以在 G 平面上，等 M 轨迹是一簇等 M 圆图，如图 4-38 所示。

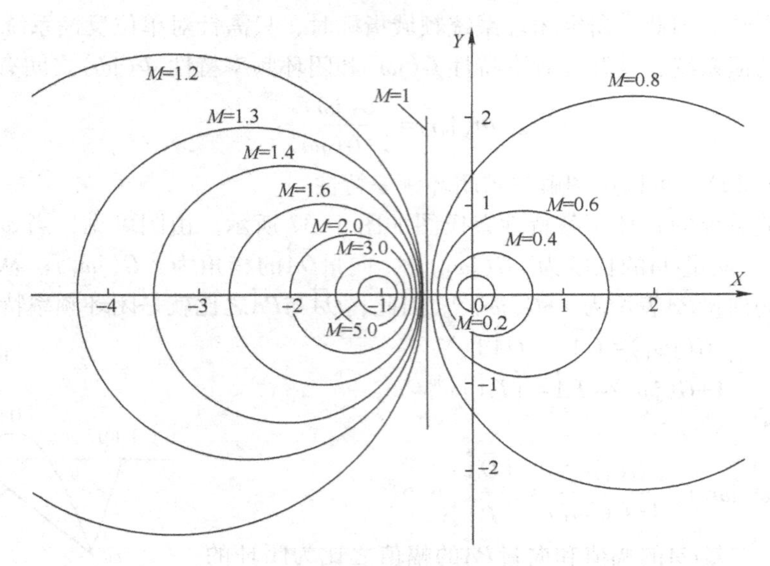

图 4-38　等 M 圆图

由图可见，当 $M>1$ 时，M 圆的半径随 M 值的增大而减小。位于负实轴上的圆心不断向 $(-1,\mathrm{j}0)$ 点靠近。当 $M=\infty$ 时，$\boldsymbol{r}_0=0$，圆心收敛于 $(-1,\mathrm{j}0)$ 点；当 $M<1$，随着 M 减小，等 M 圆也越来越小，其位于正实轴的圆心不断地向原点靠近，当 $M=0$ 时，$\boldsymbol{r}_0=0$，圆心最后收敛于原点；当 $M=1$ 时，等 M 圆变成一条过 $(-0.5,\mathrm{j}0)$ 点平行于虚轴的直线。因此，$M>1$ 的等 M 圆在 $M=1$ 直线的左边，$M<1$ 的等 M 圆在 $M=1$ 直线的右边。等 M 圆既对称于 $M=1$ 的直线，又对称于实轴。

将式（4-36）和（4-37）代入式（4-35）中，有

$$\Phi(\mathrm{j}\omega)=\frac{G(\mathrm{j}\omega)}{1+G(\mathrm{j}\omega)}=\frac{X+\mathrm{j}Y}{1+X+\mathrm{j}Y}=\frac{X+X^2+Y^2+\mathrm{j}Y}{(1+X)^2+Y^2}$$

用 N 表示闭环相频特性正切，可得

$$N=\tan\alpha(\omega)=\frac{\mathrm{Im}[\Phi(\mathrm{j}\omega)]}{\mathrm{Re}[\Phi(\mathrm{j}\omega)]}=\frac{Y}{X+X^2+Y^2}$$

由此有

$$\left(X+\frac{1}{2}\right)^2+\left(Y-\frac{1}{2N}\right)^2=\frac{N^2+1}{4N^2} \tag{4-39}$$

令 N 为常值，则式（4-39）就是 G 平面上的圆方程，圆心为$\left(-\frac{1}{2},\mathrm{j}\,\frac{1}{2N}\right)$，半径为$\frac{\sqrt{N^2+1}}{2N}$。

例如 $\alpha=30°$，$N=\tan30°=0.577$，对应圆的圆心为$(-0.5,\text{j}0.866)$，半径为 1。无论 N 等于多少，当 $X=Y=0$ 和 $X=-1$、$Y=0$ 时方程（4-39）总是成立的，故每个圆都过原点和$(-1,\text{j}0)$点。图 4-39 是将 α 作为参变量的等 N 圆图。

图 4-39 中，$\alpha=60°$ 和 $\alpha=-120°$ 对应同一个等 N 圆，因为 $\tan60°=\tan(60°-180°)=\tan(-120°)$。同理，$\alpha=120°$ 和 $\alpha=-60°$ 也对应同一个等 N 圆，以此类推。

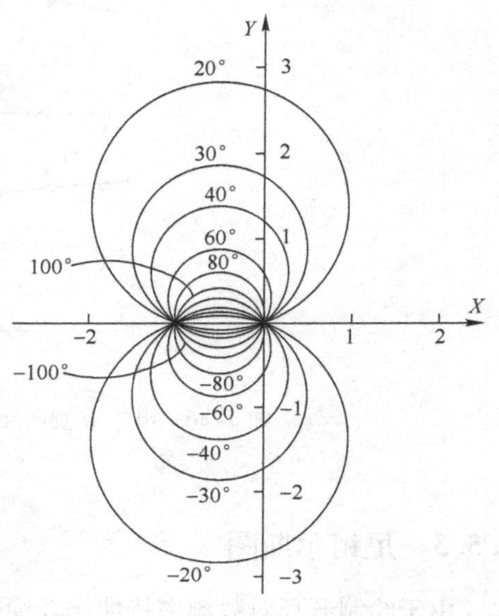

图 4-39　等 N 圆图

由于 $\alpha=\alpha_1$ 和 $\alpha=\alpha_1\pm180°n(n=1,2,\cdots)$ 时，N 圆相同，从这个意义上说，N 圆是多值的。因此，用等 N 圆确定闭环系统相角时，必须选择适当的 α，使相频曲线保持以下特点：ω 为 0 时 $\alpha=0$，以及相频曲线连续。

利用等 M 和等 N 圆图，由开环幅相曲线与等 M 和等 N 圆的交点，可得相应频率的 M 值和 N 值（或 α 值）。

图 4-40a 和图 4-40b 是画在等 M 和等 N 圆图上的开环幅相曲线，图 4-40c 是由此求得的闭环频率特性曲线。不难看出，在 $\omega=\omega_1$ 处，幅相曲线与 $M=1.1$ 圆相交，这意味着在该频率时，闭环幅频的幅值为 1.1。在图 4-40a 上，$M=2$ 的圆与幅相曲线相切，对应频率是 ω_4。因为 $\omega=\omega_4$ 时，闭环幅频的幅值达到极大值 2。对应于与幅相曲线相切的且有最小半径的圆的 M 值为谐振峰值，对应的频率为谐振频率。

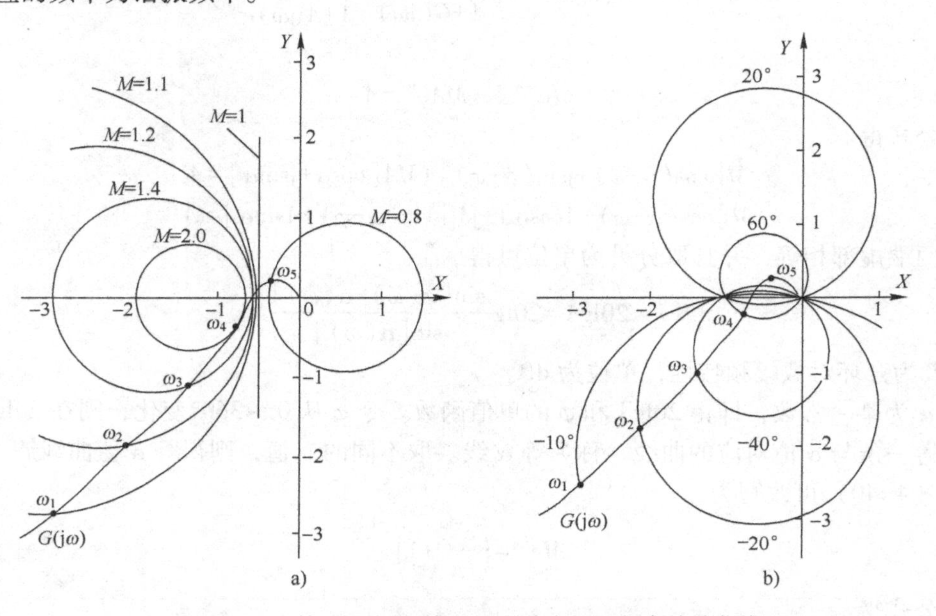

图 4-40　由等 M 圆图和等 N 圆图确定闭环频率特性曲线

a）等 M 圆图　b）等 N 圆图

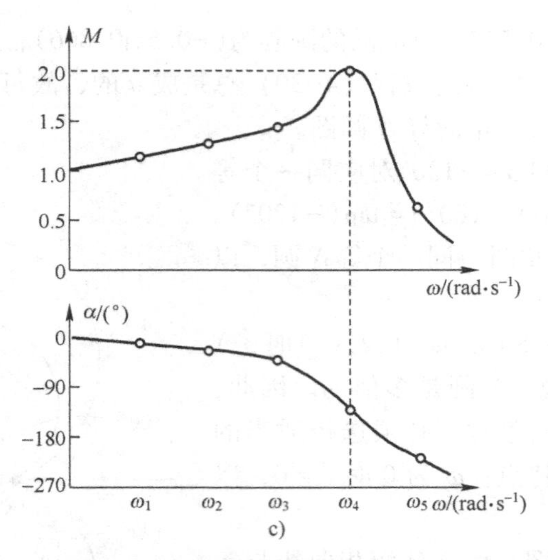

图 4-40　由等 M 圆图和等 N 圆图确定闭环频率特性曲线（续）

c）闭环频率特性曲线

4.5.3　尼柯尔斯图

由于绘制开环对数频率特性比较简便，因此在对数幅相特性平面上，由等 M 圆和等 N 圆组成的图线称为尼柯尔斯图。

设单位反馈系统的开环频率特性为

$$G(\mathrm{j}\omega)=A(\omega)\mathrm{e}^{\mathrm{j}\varphi(\omega)}$$

$$\Phi(\mathrm{j}\omega)=M(\omega)\mathrm{e}^{\mathrm{j}\alpha(\omega)}=\frac{G(\mathrm{j}\omega)}{1+G(\mathrm{j}\omega)}=\frac{A(\omega)\mathrm{e}^{\mathrm{j}\varphi(\omega)}}{1+A(\omega)\mathrm{e}^{\mathrm{j}\varphi(\omega)}} \tag{4-40}$$

可得

$$M\mathrm{e}^{\mathrm{j}(\alpha-\varphi)}+MA\mathrm{e}^{\mathrm{j}\alpha}=A \tag{4-41}$$

由欧拉公式得

$$M[\cos(\alpha-\varphi)+\mathrm{j}\sin(\alpha-\varphi)]+MA[\cos\alpha+\mathrm{j}\sin\alpha]=A$$
$$M[\cos(\alpha-\varphi)+A\cos\alpha]+\mathrm{j}M[\sin(\alpha-\varphi)+A\sin\alpha]=A$$

由等式两端虚部相等，并且取分贝为单位可得

$$L=20\lg A=20\lg\frac{\sin[\varphi(\omega)-\alpha(\omega)]}{\sin[\alpha(\omega)]} \tag{4-42}$$

式中，L 为开环对数幅频特性，单位为 dB。

取 α 为某一常数，即得 $20\lg A$ 和 φ 的单值函数。令 φ 从 0°~360°变化，则在 $20\lg A-\varphi$ 平面上获得一条与 α 值对应的曲线，称为等 α 线。取不同的 α 值，则得等 α 值曲线簇。

式（4-40）可改写为

$$M\mathrm{e}^{\mathrm{j}\alpha}=\left(\frac{\mathrm{e}^{-\mathrm{j}\varphi}}{A}+1\right)^{-1}$$

由欧拉公式得

$$M\mathrm{e}^{\mathrm{j}\alpha}=\left(\frac{\cos\varphi}{A}-\mathrm{j}\frac{\sin\varphi}{A}+1\right)^{-1}$$

则闭环幅频特性为

$$M=\left(1+\frac{1}{A^2}+\frac{2\cos\varphi}{A}\right)^{-\frac{1}{2}} \tag{4-43}$$

化简得关于 A 的一元二次方程式

$$A^2+2A\frac{M^2}{M^2-1}\cos\varphi+\frac{M^2}{M^2-1}=0$$

求得

$$A=\frac{\cos\varphi\pm\sqrt{\cos^2\varphi+M^{-2}-1}}{M^{-2}-1} \tag{4-44}$$

或

$$L=20\lg A=20\lg\frac{\cos\varphi\pm\sqrt{\cos^2\varphi+M^{-2}-1}}{M^{-2}-1} \tag{4-45}$$

取 M 为某一常数，令 φ 从 0°~−360°变化，计算对应的 $L(\omega)$，在 $L(\omega)-\varphi$ 平面得到一条等 M 曲线。设定不同的 M 值，就可求得等 M 值曲线簇。将上述等 α 值与等 M 值曲线组合在对数幅相图上，即纵轴为 $L(\omega)$，横轴为 $\varphi(\omega)$，就构成了如图 4-41 所示的尼柯尔斯图线。

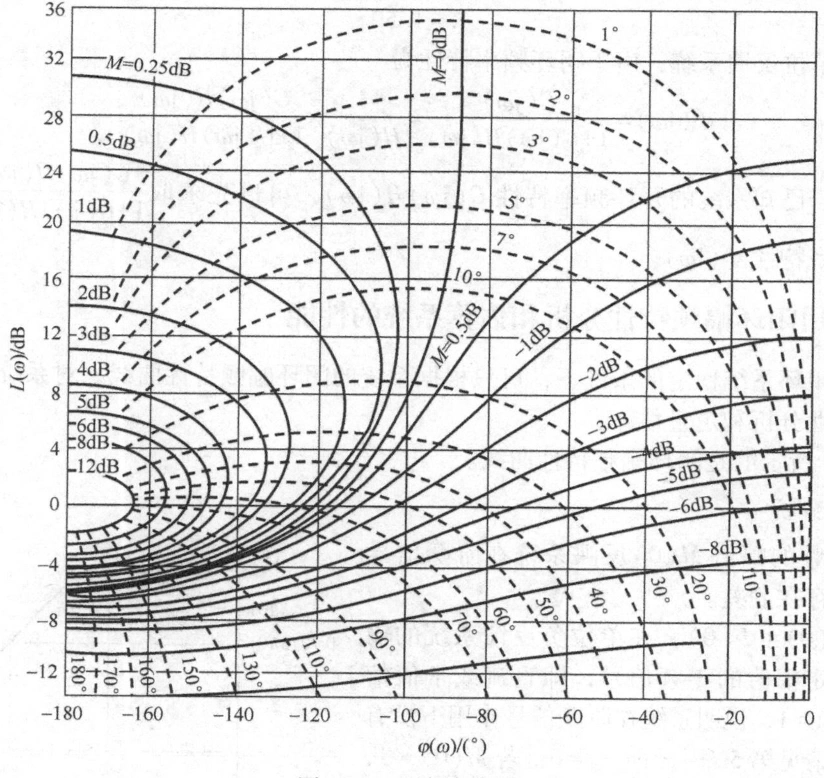

图 4-41　尼柯尔斯图

【例 4-14】考虑一个单位反馈控制系统，其开环传递函数为

$$G(\mathrm{j}\omega)=\frac{K}{\mathrm{j}\omega(1+\mathrm{j}\omega)}$$

如果 $M_r=1.4$，试确定增益 K 值。

解： 为了确定增益 K，首先画出下列函数的极坐标图：

$$\frac{G(j\omega)}{K}=\frac{1}{j\omega(1+j\omega)}$$

图4-42 表示了 $M_r=1.4$ 的轨迹和 $G(j\omega)/K$ 的轨迹。改变增益值不影响相角，仅使曲线在垂直方向移动。当 $K>1$ 时，曲线垂直向上移动；当 $K<1$ 时，曲线垂直向下移动。在图 4-42 上，为了能使 $G(j\omega)/K$ 的轨迹与所需要的 M_r 轨迹相切，$G(j\omega)/K$ 轨迹必须升高 4 dB。这时，整个 $G(j\omega)/K$ 轨迹位于 $M_r=1.4$ 的轨迹外侧。根据 $G(j\omega)/K$ 轨迹垂直移动的值，可以确定能够提供必要的 M_r 值的增益。因此，求解方程

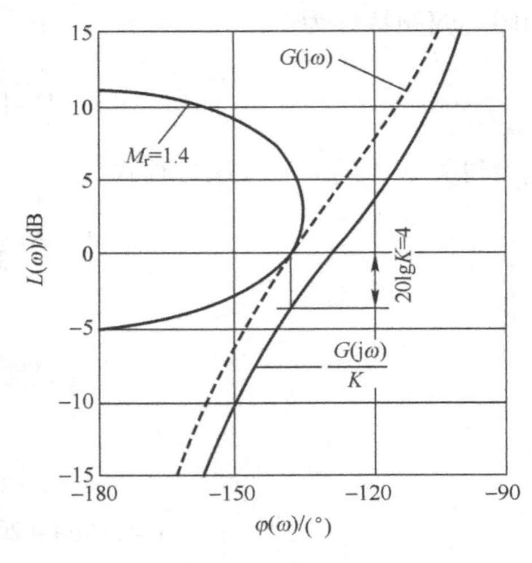

图 4-42　利用尼柯尔斯图确定增益 K

$$20\lg K=4$$

得到

$$K=1.59$$

对于非单位反馈系统，由于闭环频率特性为

$$\Phi(j\omega)=\frac{G(j\omega)}{1+G(j\omega)H(j\omega)}=\frac{1}{H(j\omega)}\times\frac{G(j\omega)H(j\omega)}{1+G(j\omega)H(j\omega)}$$

因此，若已知系统的开环频率特性 $G(j\omega)H(j\omega)$，可以先求取 $\frac{G(j\omega)H(j\omega)}{1+G(j\omega)H(j\omega)}$ 的特性，再求闭环频率特性 $\Phi(j\omega)$。

4.5.4　利用闭环幅频特性分析和估算系统的性能

在已知闭环系统稳定的条件下，可只根据系统的闭环幅频特性曲线，对系统的动态响应过程进行定性分析和定量估算。

图 4-43 所示的是闭环幅频特性曲线。

1. 定性分析

（1）零频的幅值 $M(0)$ 反映系统在阶跃信号作用下是否存在静差。

因为 $M(0)=\Phi(0)$，在单位负反馈系统的输入端加入一定幅值的零频信号，即直流或常值信号，若 $M(0)=1$，说明系统在阶跃信号作用下没有静差（概念请见第 5 章），即 $e_{ss}=0$；若 $M(0)\neq1$，说明系统在阶跃信号作用下有静差，即 $e_{ss}\neq0$。$M(0)$ 与1 相差之大小，反映了系统的稳态精度，$M(0)$ 越接近 1，系统的精度越高。

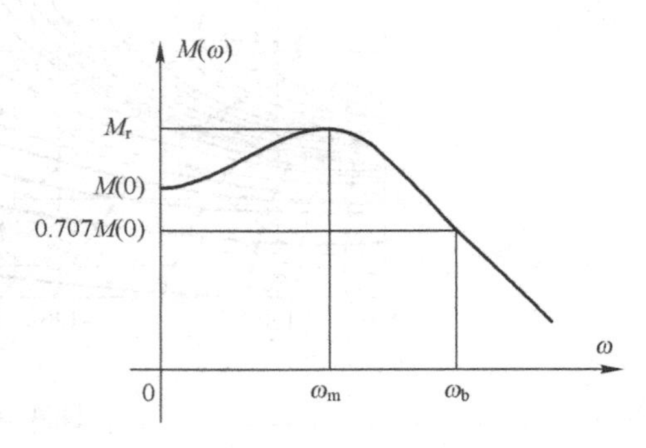

图 4-43　闭环幅频特性曲线

（2）谐振峰值 M_r 反映系统的平稳性。

M_r 大，说明系统的“阻尼”弱，对某个频率的正弦信号反映强烈，动态过程的超调量大，平稳性差，有共振的倾向；M_r 小，系统的平稳性好。实际中一般要求 $M_r<1.5M(0)$。

对于一阶系统，幅频曲线没有峰值，其阶跃响应过程没有超调，即 $\sigma\%=0$，平稳性好。

对于二阶系统，当阻尼比 ζ 较小时，幅频出现峰值，即

$$M_r=\frac{1}{2\zeta\sqrt{1-\zeta^2}}$$

所以有：ζ 越小→M_r 越大→超调量 $\sigma\%$ 越大→平稳性差。

从一个极端情况看，当 $M_r\to\infty$ 时，即系统在某个频率 ω_m 的正弦信号作用下：

$$|\Phi(j\omega_m)|\to\infty$$

这相当于其分母即系统闭环特征式趋于0，即有 $\pm j\omega_m$ 的特征根，系统处于临界稳定状态，动态过程具有持续的等幅振荡，对应超调量 $\sigma\%=100\%$，调节时间 $t_s\to\infty$。

（3）带宽频率 ω_b 反映系统的快速性。

带宽频率 ω_b 是指幅频特性 $M(\omega)$ 的数值衰减到 $0.707M(0)$ 时所对应的频率，或者说带宽频率 ω_b 是指系统闭环幅频特性下降到频率为零时的分贝值以下 3 dB 时所对应的频率。

如果 ω_b 较大，则 $M(\omega)$ 曲线由 $M(0)$ 的数值衰减到 $0.707M(0)$ 时所占据的频率区间 $(0,\omega_b)$ 较宽，一方面表明系统重现输入信号的能力强，系统的快速性好，阶跃响应的上升时间和调节时间短；另一方面系统抑制输入端高频噪声的能力就弱。设计中应折中考虑。

经验表明，闭环对数幅频特性曲线带宽频率附近斜率越小，则曲线越陡峭，系统从噪声中区别有用信号的特性越好，但是，这也意味着谐振峰值 M_r 较大，因而系统稳定程度较差。带宽大，峰值小，过渡过程性能好。这是设计控制系统的一般准则。

对于一阶系统，若

$$\Phi(s)=\frac{1}{Ts+1}$$

$$\Phi(j\omega)=\frac{1}{j\omega T+1}$$

$$\Phi(0)=M(0)=1$$

$$M(\omega)=|\Phi(j\omega)|=\frac{1}{\sqrt{(T\omega)^2+1}}=0.707M(0)$$

得 $\omega=\omega_b=\dfrac{1}{T}$。

系统调节时间为 $t_s=3T=3\dfrac{1}{\omega_b}$。所以，$\omega_b$ 越大，t_s 越小，系统快速性越好。

对于二阶系统，若

$$\Phi(s)=\frac{\omega_n^2}{s^2+2\zeta\omega_n s+\omega_n^2}$$

$$\Phi(0)=M(0)=1$$

$$M(\omega)=|\Phi(j\omega)|=0.707M(0)$$

若$\zeta=0.707$时，则有

$$\omega=\omega_b=\omega_n$$

根据调节时间$t_s=\dfrac{3.5}{\zeta\omega_n}$，有$\omega_n\uparrow\rightarrow\omega_b\uparrow\rightarrow t_s\downarrow$。

若从一个极端来看，当$\omega_n\rightarrow\infty$，即系统闭环幅频永不衰减，则有

$$M(\omega)=|\Phi(\mathrm{j}\omega)|=1=\Phi(s)$$

系统相当于一个$K=1$的比例环节，输出$c(t)$在任何时刻都等于输入$r(t)$。响应的调节时间$t_s=0$。

当闭环幅频的峰值M_r不变时，系统的带宽与响应速度存在正比关系。

如果两个系统的频率特性分别为

$$\Phi_1(\mathrm{j}\omega)=\Phi_2(\mathrm{j}n\omega) \tag{4-46}$$

式中，n为任意常数。则对应的单位阶跃响应具有如下关系

$$h_1(t)=h_2\left(\frac{t}{n}\right) \tag{4-47}$$

式（4-46）和式（4-47）的含义如图4-44所示。

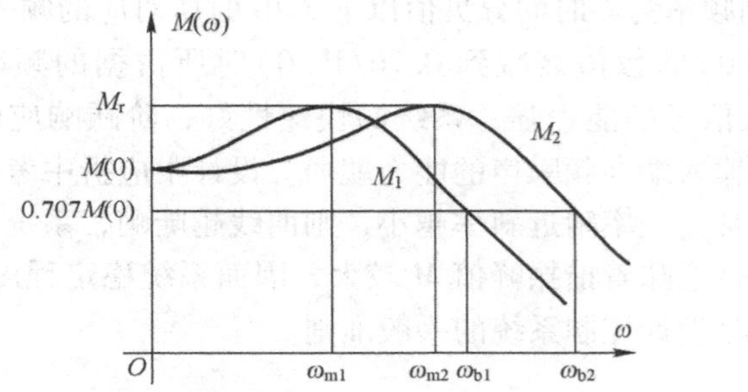

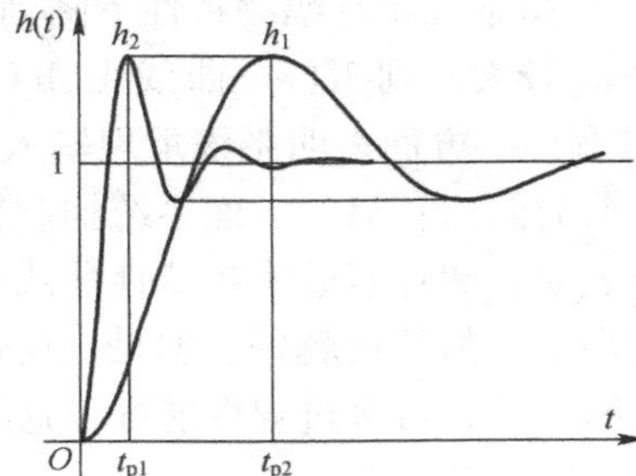

图4-44　带宽与响应速度的反比关系图

以上关系说明，系统的频率特性变为原来的n倍，对应系统的单位阶跃响应就加快n倍，这是因为

$$\int_0^\infty h_1(t)\mathrm{e}^{-st}\mathrm{d}t=H_1(s)=\Phi_1(s)\frac{1}{s}=\int_0^\infty h_2\left(\frac{t}{n}\right)\mathrm{e}^{-st}\mathrm{d}t=\int_0^\infty h_2\left(\frac{t}{n}\right)\mathrm{e}^{-sn\left(\frac{t}{n}\right)}\mathrm{d}\left(\frac{t}{n}\right)n=nH_2(ns)$$

$$=n\Phi(ns)\frac{1}{ns}=\Phi_2(ns)\frac{1}{s}$$

所以有

$$\Phi_1(s)=\Phi_2(ns)$$

或
$$\Phi_1(\mathrm{j}\omega)=\Phi_2(n\cdot\mathrm{j}\omega)=\Phi_2(\mathrm{j}n\omega)$$

（4）闭环幅频$M(\omega)$在ω_b处的斜率反映系统抗高频干扰的能力。

ω_b处的$M(\omega)$曲线的斜率越陡，对高频正弦信号的衰减越快，抑制高频干扰的能力越强。

2. 定量估算

利用一些经统计计算得到的公式和图线，可由闭环幅频$M(\omega)$曲线直接估算出阶跃响应

的性能指标 $\sigma\%$ 及 t_s。

设稳定系统的幅频特性曲线如图 4-45 所示，其中：

M_0——即 $M(0)$；

M_r——峰值；

ω_b——$M(\omega)$ 的衰减至 $0.707M(0)$ 处的角频率，即频带；

$\omega_{0.5}$——$M(\omega)$ 的衰减至 $0.5M(0)$ 处的角频率；

ω_1——$M(\omega)$ 过峰值后又衰减至 M_0 值所对应的角频率。

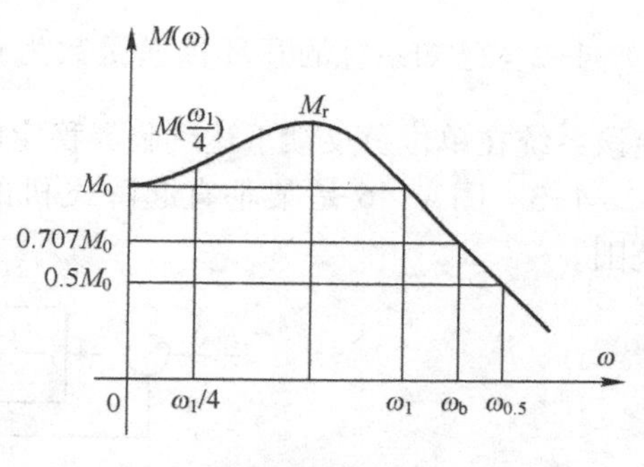

图 4-45　闭环幅频特性 $M(\omega)$ 曲线

时域性能指标的估算公式为

$$\sigma\% = \left\{41\ln\left[\frac{M_r M\left(\dfrac{\omega_1}{4}\right)}{M_0^2}\times\frac{\omega_b}{\omega_{0.5}}\right]+17\right\}\% \tag{4-48}$$

$$t_s=\left(13.57\frac{\omega_b}{\omega_{0.5}}\cdot\frac{M_r}{M_0}-2.51\right)\times\frac{1}{\omega_{0.5}} \tag{4-49}$$

式（4-48）、式（4-49）适用于最小相位系统幅频曲线只有一个极大值或没有极大值的情况。

4.6　小结

微分方程反映了系统的稳定性、动态特性及静态特性。系统传递函数分子和分母多项式的各项系数决定了传递函数极点与零点在 s 平面上的位置，而零、极点的分布位置确定了系统的动态性能。自动控制系统的时域分析法是根据控制系统微分方程（或传递函数）分析系统的稳定性、动态性能和稳态性能的一种方法。系统的稳定性取决于系统自身的结构和参数，与外作用的大小和形式无关。线性系统稳定的充要条件是其特征方程的根均位于左半 s 平面（即系统的特征根全部具有负实部）。利用劳斯判据可通过系统特征多项式的系数间接判定系统是否稳定，还可以确定使系统稳定时有关参数（如 K、T 等）的取值范围。频率特性分析法是一种常用的图解分析法，应用频域分析法不必求解系统的微分方程而通过频率特性图分析系统的动态和稳态性能。频率特性的主要特点是可以根据系统的开环频率特性判断闭环系统的性能是否满足设计要求，从而提出改善系统性能的途径。

4.7　习题

4-1　已知下列系统的特征方程，试用劳斯稳定性判据判断各系统的稳定性。

（1）$s^4+8s^3+18s^2+16s+5=0$；

（2）$25s^5+105s^4+120s^3+122s^2+20s+1=0$；

（3）$(s+2)(s+4)(s^2+6s+25)+666.25=0$；

（4）$s^6+4s^5-4s^4+4s^3-7s^2-8s+10=0$；

(5) $s^6+6s^4+3s^3+2s^2+s+1=0$。

4-2 已知系统的开环传递函数为 $G(s)=\dfrac{K}{(s+2)(s+4)(s^2+6s+25)}$，试用劳斯判据确定使该系统在单位负反馈下达到临界稳定的 K 值，并求出这时的振荡频率。

4-3 图 4-46 是某垂直起降飞机的高度控制系统结构图。试确定使系统稳定的 K 值范围。

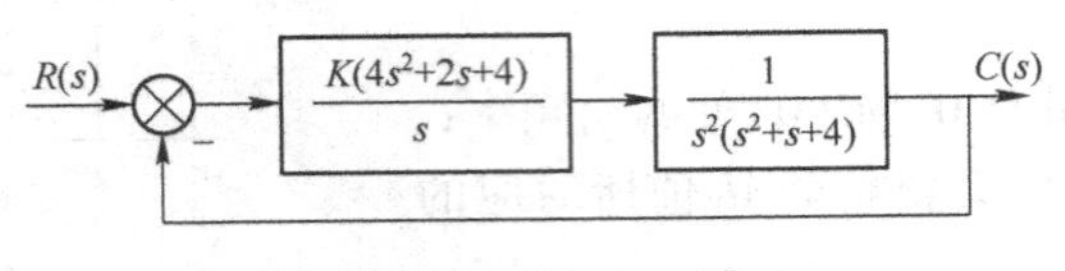

图 4-46 题 4-3 图

4-4 单位反馈系统的开环传递函数为 $G(s)=\dfrac{K}{s(s+3)(s+5)}$，要求系统特征根的实部不大于-1，试确定开环增益的取值范围。

4-5 单位反馈系统的开环传递函数为 $G(s)=\dfrac{K(s+1)}{s(Ts+1)(2s+1)}$，试在满足 $T>0$，$K>1$ 的条件下，确定使系统稳定的 T 和 K 的取值范围，并以 T 和 K 为坐标画出使系统稳定的参数区域图。

4-6 已知系统的开环传递函数为 $G(s)=\dfrac{K(T_2s+1)}{s^2(T_1s+1)}$，试按照如下 4 种情况画出它的奈奎斯特图，并判断闭环系统的稳定性。

(1) $T_2=0$，$T_1>0$；

(2) $0<T_2<T_1$；

(3) $0<T_2=T_1$；

(4) $0<T_1<T_2$。

4-7 最小相位系统的开环对数幅频特性如图 4-47 所示。试确定系统的开环传递函数，并判断该系统是否稳定。

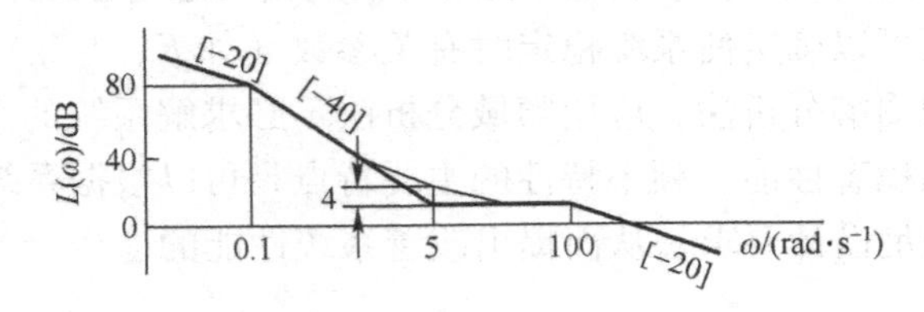

图 4-47 题 4-7 系统的对数幅频特性图

4-8 最小相位系统的开环对数幅频特性如图 4-48 所示。试确定系统的开环传递函数，并判断该系统是否稳定。

4-9 已知三个系统的开环传递函数分别为

$$G_1(s)=\frac{K(T_2s+1)}{s^2(T_1s+1)},\quad G_2(s)=\frac{K(T_2s+1)}{s^2(T_1s+1)(T_3s+1)}$$

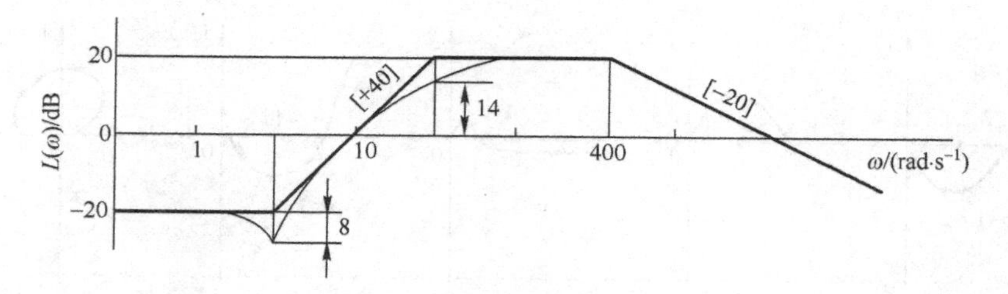

图 4-48　题 4-8 系统的对数幅频特性图

$$G_3(s)=\frac{K(T_3s+1)(T_4s+1)}{s^3(T_1s+1)(T_2s+1)},\ T_1>0,\ T_2>0,\ T_3>0,\ T_4>0$$

又知它们的奈奎斯特图如图 4-49 所示。试找出各个传递函数所对应的奈奎斯特图，并判断单位负反馈下各闭环系统的稳定性。

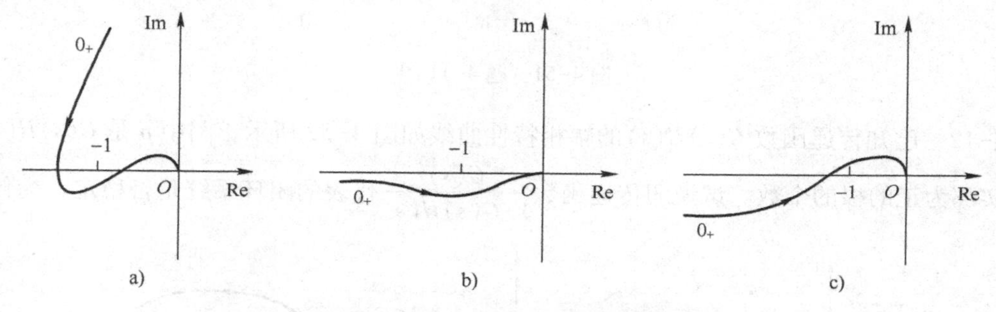

图 4-49　题 4-9 系统的奈奎斯特图

4-10　图 4-50 表示两个反馈系统的开环奈奎斯特图。试从以下 4 个传递函数中找出它们各自对应的开环传递函数，并判断闭环系统的稳定性。

$$G_1(s)=\frac{K(s+1)}{s^2(0.5s+1)},\ G_2(s)=\frac{K(s+1)(0.5s+1)}{s^3(0.1s+1)(0.05s+1)}$$

$$G_3(s)=\frac{K}{s(Ts-1)},\ G_4(s)=\frac{K}{s(-Ts+1)}$$

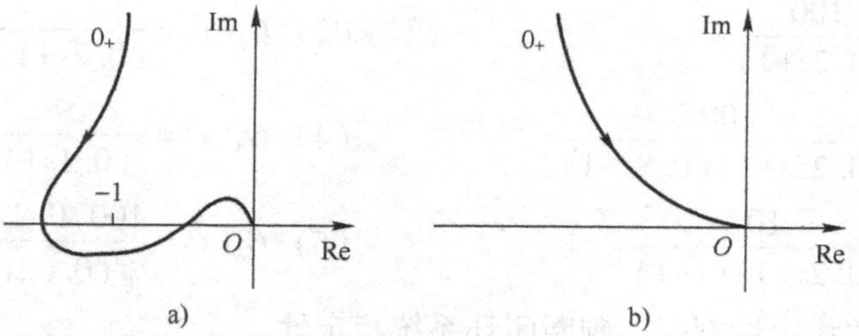

a)　　b)

图 4-50　题 4-10 系统的奈奎斯特图

4-11　设系统开环频率特性如图 4-51 所示，试判断系统的稳定性。其中 p 为开环不稳定极点的个数，v 为开环积分环节的个数。

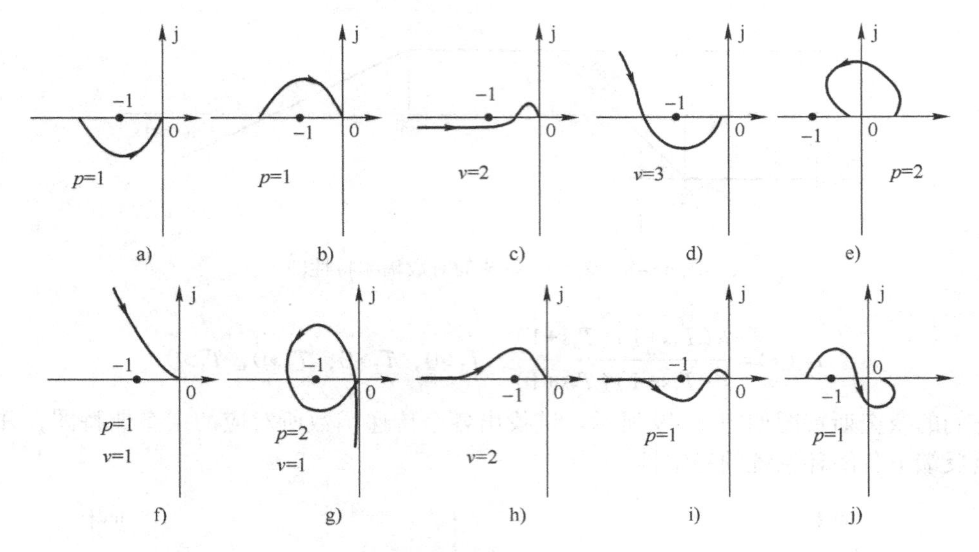

图 4-51　题 4-11 图

4-12　已知传递函数 $G(s)H(s)$ 的幅相特性曲线如图 4-52 所示，图中 p 是 $G(s)H(s)$ 分母中实部为正的根的个数。试说明传递函数 $\dfrac{G(s)}{1+G(s)H(s)}$ 代表的闭环系统是否稳定，为什么？

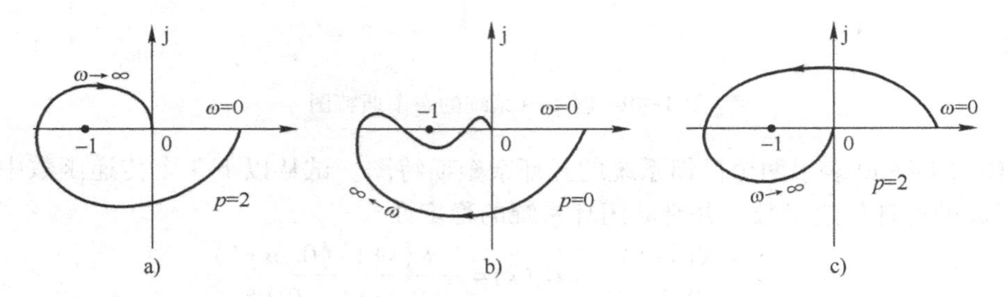

图 4-52　题 4-12 图

4-13　若单位负反馈系统的开环传递函数分别是

（1）$G_1(s)=\dfrac{100}{s(0.2s+1)}$；　（2）$G_2(s)=\dfrac{50}{(0.2s+1)(s+2)(s+0.5)}$；

（3）$G_3(s)=\dfrac{100}{s(0.25s+1)(0.8s+1)}$；　（4）$G_4(s)=\dfrac{10}{s(0.1s+1)(0.25s+1)}$；

（5）$G_5(s)=\dfrac{10}{s(0.2s+1)(s-1)}$；　（6）$G_6(s)=\dfrac{100(0.2s+1)}{s^2(0.02s+1)}$。

试用奈氏判据或对数稳定性判据，判断闭环系统稳定性。

第5章　闭环控制系统的误差分析

如果一个线性控制系统是稳定的，那么在输入加入后经过足够长的时间，其瞬态响应已经结束时，系统将进入由输入确立的最终状态，即稳态。控制系统的稳态误差是指系统在稳态下输出量的希望值与实际值（在实际工作中常用系统输出的测量值表示）之差。在控制系统设计中，稳态误差是衡量系统控制精度的一项重要指标。

对于一个实际控制系统，由于系统本身的结构、输入作用来源（给定输入或扰动作用）、输入信号形式不同，系统的稳态输出量不可能在任何情况下都保持与给定输入一致，也不可能在任何形式的扰动作用下都能准确地恢复到原来的平衡状态。控制系统设计的课题之一就是如何使稳态误差最小，或者小于规定的某一容许值。例如，在液位、温度等控制系统中，被控制参数的稳态误差必须始终在允许范围内，所设计的控制系统才能有使用价值。对于不稳定的系统不能实现稳定状态，因而也无法讨论其稳态误差问题。通常提到稳态误差时，所指的都是稳定的系统。系统的稳态误差与系统本身的结构参数及外作用的形式密切相关，本章着重讨论稳态误差的计算方法，探讨稳态误差的规律及减小稳态误差的一般措施。

5.1　稳态误差分析

控制系统的性能包括动态性能和稳态性能，对动态过程关心的是系统的最大偏差、快速性等，所以用超调量、上升时间、调节时间等指标描述系统的动态性能。当系统的过渡过程结束后，就进入了稳态，这时关心的是系统的输出是不是期望的输出，相差多少，其偏差量称为稳态误差。稳态误差描述了控制系统的控制精度，它在控制系统分析与设计中，是一项重要的性能指标。

系统产生稳态误差主要有两个方面的原因。一个是组成系统的元件不完善，例如静摩擦、间隙、不灵敏区以及放大器的零漂、老化等。这种稳态误差的消除方法可以通过优选元件解决，也可以通过结构形式的改变解决。另一个是系统结构造成的，这取决于系统开环传递函数的形式。能够消除这种误差的唯一方法是改变系统结构。

稳态误差必须在允许范围之内，控制系统才有实用价值。例如火炮跟踪的误差超过允许限度就不能用于战斗，工业加热炉的炉温误差超过允许限度就会影响产品质量，轧钢机的辊距误差超过限度就会使轧出的钢材不合格……这些都表明控制系统的稳态性能（静态性能）是系统质量的一项重要指标。

控制系统的稳态误差因输入信号不同而不同，因此控制系统的静态性能是通过评价系统在典型输入信号作用下的稳态误差来衡量的。

稳态误差可以分为两种。一种是当系统仅仅受到输入信号的作用而没有任何扰动时的稳态误差，称为输入信号引起的稳态误差；另一种是输入信号为零而有扰动作用于系统上时的稳态误差，称为扰动引起的稳态误差，当线性系统既受到输入信号作用又受到扰动作用时，它的稳态误差是上述两项误差的代数和。这两种误差都与系统结构有直接关系。

5.1.1 稳态误差的定义

定义误差有两种方法，一种是从输出端定义，一种是从输入端定义。

(1) 从输出端定义。系统的误差被定义为输出量的期望值 $c_r(t)$ 和实际值 $c(t)$ 之间的差(见图 5-1)，即

$$\varepsilon(t)=c_r(t)-c(t) \tag{5-1}$$

对于单位反馈系统，系统的期望输出就是输入信号，即 $c_r(t)=r(t)$。而对于非单位反馈系统，系统的期望输出为 $c_r(t)=\mu(t)r(t)$ 或 $C_r(s)=\mu(s)\mathrm{R}(s)$，其中 $\mu(s)=1/H(s)$。

(2) 从输入端定义。对于图 5-2 所示的一般反馈系统，当反馈信号 $b(t)$ 与输入信号 $r(t)$ 不相等时，比较装置就有偏差信号，将偏差信号记为 $e(t)$，即 $e(t)=r(t)-b(t)$ 或 $E(s)=R(s)-B(s)$。系统在偏差 $e(t)$ 作用下产生动作，使输出量 $c(t)$ 趋于期望值。同时，偏差信号 $e(t)$ 也逐渐减小。可见偏差量 $e(t)$ 也间接反映了系统输出量偏离期望值的程度。它也可以作为误差的度量，而且在实际系统中，偏差信号是可以测量的，具有一定的物理意义，所以，常常把偏差信号定义为误差，即从输入端定义的误差。

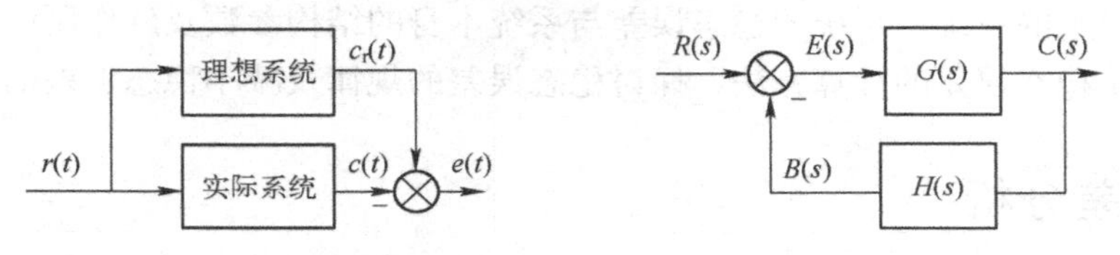

图 5-1 从输出端定义误差　　图 5-2 从输入端定义误差

系统的误差被定义为输入信号 $r(t)$ 与反馈信号 $b(t)$ 之间的差，即

$$e(t)=r(t)-b(t) \tag{5-2}$$

或

$$E(s)=R(s)-H(s)C(s) \tag{5-3}$$

显然，式 (5-1) 给出的误差 $E_1(s)$ 与式 (5-2) 给出的误差 $E_2(s)$ 存在如下的简单关系：

$$E_1(s)=C_r(s)-C(s)=\frac{1}{H(s)}R(s)-C(s)=\frac{1}{H(s)}[R(s)-H(s)C(s)]=\frac{1}{H(s)}[R(s)-B(s)]$$

$$=\frac{1}{H(s)}E_2(s) \tag{5-4}$$

或

$$E_2(s)=H(s)E_1(s) \tag{5-5}$$

从式 (5-5) 可见，从系统输入端定义的系统误差 $E_2(s)$，直接或间接地表示了从系统输出端定义的系统误差 $E_1(s)$。

如果没有特别说明，本书采用从系统输入端定义的误差来进行分析计算，如有必要计算输出端的误差，则可利用式 (5-5) 的关系进行换算。

由反馈系统的结构图 5-2 可以得到误差（偏差）信号的拉普拉斯变换为

$$E(s)=\frac{1}{1+G(s)H(s)}R(s)=\Phi_{\mathrm{E}}(s)R(s) \tag{5-6}$$

其中 $\Phi_{\mathrm{E}}(s)=\dfrac{1}{1+G(s)H(s)}$称为系统误差传递函数。

根据拉普拉斯变换的终值定理，系统的稳态误差为

$$e_{\mathrm{ss}}=\lim_{t\to\infty}e(t)=\lim_{s\to 0}sE(s)=\lim_{s\to 0}\frac{sR(s)}{1+G(s)H(s)} \tag{5-7}$$

式中，$G(s)H(s)$为闭环系统的开环传递函数。由式（5-7）可知，系统的稳态误差与系统的开环传递函数（由系统的结构及参数决定）和输入信号的形式都有关系。

5.1.2 控制系统的型别

控制系统可以按照它们跟踪阶跃输入、斜坡输入、抛物线输入等信号的能力来分类。这种分类的优点是，可以根据系统输入信号的形式以及系统类型，迅速判断系统是否存在稳态误差。

设系统的开环传递函数为

$$G(s)H(s)=\frac{K}{s^{\nu}}\cdot\frac{\prod_{i=1}^{m_1}(\tau_i s+1)\prod_{k=1}^{m_2}(\tau_k^2 s^2+2\zeta_k\tau_k s+1)}{\prod_{j=1}^{n_1}(T_j s+1)\prod_{l=1}^{n_2}(T_l^2 s^2+2\zeta_l T_l s+1)}=\frac{K}{s^{\nu}}\cdot G_0(s) \tag{5-8}$$

式中，K 为系统的开环增益，ν 为系统的开环传递函数中所含积分环节的个数，且有

$$G_0(s)=\frac{\prod_{i=1}^{m_1}(\tau_i s+1)\prod_{k=1}^{m_2}(\tau_k^2 s^2+2\zeta_k\tau_k s+1)}{\prod_{j=1}^{n_1}(T_j s+1)\prod_{l=1}^{n_2}(T_l^2 s^2+2\zeta_l T_l s+1)},\quad \lim_{s\to 0}G_0(s)=1$$

工程上，按 ν 的数值对系统进行分类：$\nu=0$，称为 0 型系统；$\nu=1$，称为 I 型系统；$\nu=2$，称为 II 型系统。

III 型或 III 型以上的系统很难稳定，所以实际上很少见，因此本章不对这些系统进行详细讨论。

5.1.3 给定输入作用下系统的稳态误差

下面分析不同给定输入信号作用下的稳态误差。

1. 单位阶跃输入

由式（5-7）得出系统的单位阶跃输入的稳态误差为

$$e_{\mathrm{ss}}=\lim_{s\to 0}\frac{s\cdot\frac{1}{s}}{1+G(s)H(s)}=\frac{1}{1+\lim_{s\to 0}G(s)H(s)} \tag{5-9}$$

令

$$K_{\mathrm{p}}=1+\lim_{s\to 0}G(s)H(s) \tag{5-10}$$

K_{p}称为系统的静态位置误差系数。稳态误差与静态位置误差系数的关系为

$$e_{ss}=\frac{1}{K_p} \tag{5-11}$$

由式（5-11）易知，对于0型系统，$K_p=1+K$，$e_{ss}=1/(1+K)$是一个常数；对Ⅰ型和Ⅰ型以上的系统，$K_p=\infty$，$e_{ss}=0$。所以，在单位阶跃输入作用下，0型系统的稳态误差为有限值，且稳态误差随开环放大系数增大而减小；Ⅰ型及以上系统的稳态误差为零。

2. 单位斜坡函数输入（单位速度阶跃输入）

由式（5-7）得出系统的单位斜坡函数输入的稳态误差为

$$e_{ss}=\lim_{s\to 0}\frac{s\cdot\frac{1}{s^2}}{1+G(s)H(s)}=\frac{1}{\lim\limits_{s\to 0}sG(s)H(s)} \tag{5-12}$$

令

$$K_v=\lim_{s\to 0}sG(s)H(s) \tag{5-13}$$

K_v称为系统的静态速度误差系数。稳态误差与静态速度误差系数的关系为

$$e_{ss}=\frac{1}{K_v} \tag{5-14}$$

由式（5-14）可知，对0型系统，$K_v=0$，$e_{ss}=\infty$；对Ⅰ型系统，$K_v=K$，$e_{ss}=1/K$；对Ⅱ型系统，$K_v=\infty$，$e_{ss}=0$。

可见，0型系统不能正常跟踪斜坡输入信号。

3. 单位抛物线函数输入（单位加速度函数输入）

由式（5-7）得出系统的单位抛物线函数输入的稳态误差为

$$e_{ss}=\lim_{s\to 0}\frac{s\cdot\frac{1}{s^3}}{1+G(s)H(s)}=\frac{1}{\lim\limits_{s\to 0}s^2G(s)H(s)} \tag{5-15}$$

令

$$K_a=\lim_{s\to 0}s^2G(s)H(s) \tag{5-16}$$

K_a称为系统的静态加速度误差系数。稳态误差与静态加速度误差系数的关系为

$$e_{ss}=\frac{1}{K_a} \tag{5-17}$$

由式（5-17）可知，对于0型系统和Ⅰ型系统，$K_a=0$，$e_{ss}=\infty$；对Ⅱ型系统，$K_a=K$，$e_{ss}=1/K$。

可见，0型系统和Ⅰ型系统均不能正常跟踪抛物线（加速度）输入信号。

由定义看出，静态误差系数完全是由系统的结构和参数决定的，体现了系统本身在典型输入信号作用下消除稳态误差的能力。K_p表示系统跟踪阶跃信号的能力；K_v表示系统跟踪斜坡信号的能力；K_a表示系统跟踪加速度信号的能力。K_p、K_v、K_a越大，系统在相应典型输入信号作用下的稳态误差越小，稳态精度越高。

需要注意的是，只有当输入为阶跃、斜坡、加速度三种典型信号或者它们的线性组合时，才可以利用静态误差系数K_p、K_v、K_a来计算稳态误差e_{ss}。

将这三种典型输入信号作用下，各种型别系统的静态误差系数和稳态误差列于表 5-1 中。

表 5-1　输入信号作用下的稳态误差

系统型别	稳态误差系数			阶跃输入 $r(t)=r_0\cdot 1(t)$	斜坡输入 $r(t)=v_0t$	抛物线输入 $r(t)=\frac{1}{2}a_0t^2$
	K_p	K_v	K_a	$e_{ss}=r_0/K_p$	$e_{ss}=v_0/K_v$	$e_{ss}=a_0/K_a$
0	$1+K$	0	0	r_0/K_p	∞	∞
I	∞	K	0	0	v_0/K_v	∞
II	∞	∞	K	0	0	a_0/K_a

由表 5-1 可以看到，稳态误差值可能为 0、有限值或无限大三种情况，它取决于输入信号的形式和系统的型别。可见，增加系统的型号（ν 值）可以提高系统的无稳态误差的等级（或称为无差度阶数）。

在阶跃输入作用下不存在稳态误差的系统称为无差系统。

习惯上把 0 型、I 型、II 型系统分别称为有差系统（0 阶无差度系统）、一阶无差度系统、二阶无差度系统。另外，在稳态误差为有限值的情况下，增大系统的开环放大系数就可以减少系统的稳态误差。

必须注意，增加开环传递函数中的积分环节或增大系统的开环增益 K，使系统的静态性能得到改善的同时，往往使系统的动态品质变差，甚至导致系统不稳定。因此要根据实际情况折中考虑。

计算稳态误差的方法一般有两种：一种是直接利用终值定理计算，另外一种是用稳态误差系数法计算。下面分别来看利用这两种方法计算稳态误差的例子。

【例 5-1】 已知单位反馈系统的开环传递函数为 $G(s)=\frac{5}{s(s+4)}$，求当系统输入分别为阶跃信号、速度信号、加速度信号时的稳态误差。

解： 系统误差信号为

$$E(s)=\frac{1}{1+G(s)}R(s)=\frac{1}{1+\frac{5}{s(s+4)}}R(s)=\frac{s(s+4)}{s^2+4s+5}R(s)$$

1）$r(t)=r_0\cdot 1(t)$，$R(s)=\frac{r_0}{s}$

$$E(s)=\frac{s(s+4)}{s^2+4s+5}\cdot\frac{r_0}{s}=\frac{r_0(s+4)}{s^2+4s+5}$$

$$e_{ss}=\lim_{s\to 0}sE(s)=\lim_{s\to 0}\frac{r_0s(s+4)}{s^2+4s+5}=0$$

2）$r(t)=v_0t$，$R(s)=\frac{v_0}{s^2}$

$$E(s)=\frac{s(s+4)}{s^2+4s+5}\cdot\frac{v_0}{s^2}=\frac{v_0(s+4)}{s(s^2+4s+5)}$$

$$e_{ss}=\lim_{s\to0}sE(s)=\lim_{s\to0}\frac{v_0(s+4)}{s^2+4s+5}=\frac{4v_0}{5}$$

3) $r(t)=\frac{a_0t^2}{2}$，$R(s)=\frac{a_0}{s^3}$

$$E(s)=\frac{s(s+4)}{s^2+4s+5}\cdot\frac{a_0}{s^3}=\frac{a_0(s+4)}{s^2(s^2+4s+5)}$$

$$e_{ss}=\lim_{s\to0}sE(s)=\lim_{s\to0}\frac{a_0(s+4)}{s(s^2+4s+5)}=\infty$$

【例 5-2】 设单位反馈系统的开环传递函数为 $G(s)=\frac{8}{s(s+1)(s+4)}$，试求系统的静态位置误差系数 K_p、静态速度误差系数 K_v 和静态加速度误差系数 K_a。

解： 该系统含有一个积分环节，是一个Ⅰ型系统。把开环传递函数写为式（5-18）的形式

$$G(s)=\frac{2}{s(s+1)(0.25s+1)}$$

$K=2$。系统的各静态误差系数分别为：$K_p=\infty$，$K_v=2$，$K_a=0$。

【例 5-3】 引入比例微分控制的系统的结构图如图 5-3 所示，已知输入信号为 $r(t)=(1+t+t^2)1(t)$。试利用误差系数法求系统的稳态误差 e_{ss}（设 K_1、K_m、T_m、τ 均为正数）。

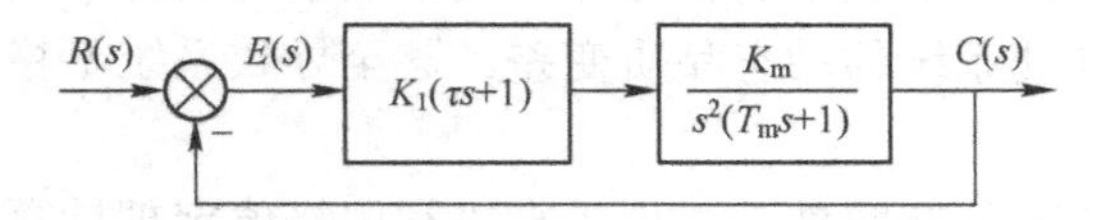

图 5-3　例 5-3 的系统

解： 1）首先判断系统的稳定性。系统的特征方程为

$$(T_ms+1)s^2+K_1K_m(\tau s+1)=0$$

即

$$T_ms^3+s^2+K_1K_m\tau s+K_1K_m=0$$

根据劳斯稳定判据，该系统稳定的条件是

$$\tau>T_m$$

2）求稳态误差

系统为Ⅱ型系统，其开环放大系数为 $K=K_1K_m$，是Ⅱ型系统。静态误差系数分别为 $K_p=\infty$，$K_v=\infty$，$K_a=K=K_1K_m$。由表 5-1 可知，Ⅱ型系统在阶跃信号输入下的稳态误差为 0，在斜坡信号输入下的稳态误差也为 0，在抛物线输入下的稳态误差为 a_0/K_a（本题的 $a_0=2$）。所以系统的稳态误差应为三个稳态误差分量之和，即

$$e_{ss}=\frac{r_0}{K_p}+\frac{v_0}{K_v}+\frac{a_0}{K_a}=0+0+\frac{2}{K_1K_m}=\frac{2}{K_1K_m}$$

应用静态误差系数法要注意其适用条件，系统必须稳定且误差是按输入端定义的；

只能用于计算典型控制输入时的终值误差，并且输入信号不能有其他前馈通道。应当理解，稳态误差是位置意义上的误差。例如，系统的速度误差是系统在速度（斜坡）信号作用下，系统稳态输出与输入在相对位置上的误差，而不是输出、输入信号在速度上存在的误差。

5.1.4 扰动输入作用下系统的稳态误差

以上讨论了系统在输入作用下的稳态误差。实际上，控制系统除了受到输入的作用外，还会受到来自系统内部和外部各种扰动的影响。例如负载力矩的变化、放大器的零点漂移、电源电压和频率的波动、组成元件的零位输出和环境温度的变化等，这些扰动将使系统输出量偏离期望值，引起系统的稳态误差。这种误差称为扰动稳态误差，它的大小反映了系统抗扰动能力的强弱。对于扰动稳态误差的计算，可以采用上述对参考输入的方法。但是，由于参考输入和扰动输入作用于系统的不同位置，因而系统就有可能在某种形式的参考输入作用下，其稳态误差为零；而在同一形式的扰动作用下，系统的稳态误差就未必为零。因此，就有必要研究由扰动作用引起的稳态误差和系统结构的关系。

前面研究了系统在给定输入信号作用下的误差信号和稳态误差的计算问题。但是，所有控制系统除了接受给定输入信号作用外，还经常受到各种扰动输入信号的作用，而这些扰动将使系统输出量偏离期望值，造成误差。

给定输入信号作用产生的误差通常称为系统给定误差，简称误差；而扰动输入作用产生的误差则称为系统扰动误差。带有扰动的反馈控制系统的一般框图如图 5-4 所示。

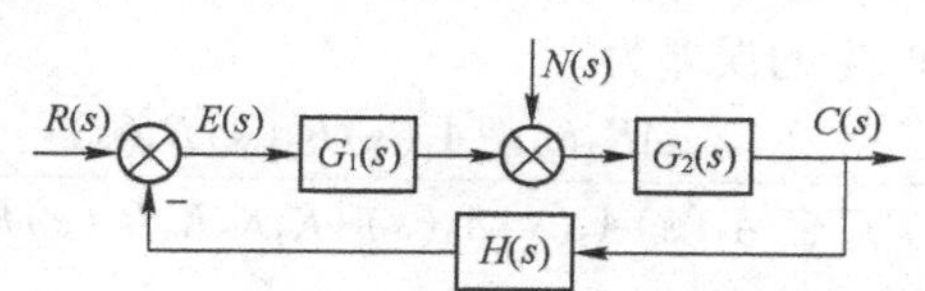

图 5-4　带有扰动的反馈控制系统

由图 5-4 可得

$$\begin{cases} E(s)=R(s)-C(s)H(s) \\ C(s)=[G_1(s)E(s)+N(s)]G_2(s) \end{cases}$$

$$E(s)=R(s)-G_1(s)G_2(s)H(s)E(s)-G_2(s)H(s)N(s) \tag{5-18}$$

因此，系统在给定输入和扰动输入作用下的误差信号的拉普拉斯变换为

$$E(s)=\frac{1}{1+G_1(s)G_2(s)H(s)}R(s)-\frac{G_2(s)H(s)}{1+G_1(s)G_2(s)H(s)}N(s) \tag{5-19}$$

定义

$$\Phi_{\mathrm{E}}(s)=\frac{1}{1+G_1(s)G_2(s)H(s)} \tag{5-20}$$

为给定误差传递函数；

$$\Phi_{\mathrm{EN}}(s)=-\frac{G_2(s)H(s)}{1+G_1(s)G_2(s)H(s)} \tag{5-21}$$

为扰动误差传递函数。

则

$$E(s)=\Phi_{E}(s)R(s)+\Phi_{EN}(s)N(s)=E_{R}(s)+E_{N}(s) \tag{5-22}$$

可见，系统的误差等于给定误差与扰动误差的代数和，可以分别计算。计算系统在扰动作用下的稳态误差可以应用前面介绍的终值定理法，但误差系数法已不适用。下面进行一般性的讨论。

在图 5-4 所示控制系统中，设 $G_1(s)$、$G_2(s)$、$H(s)$ 分别为

$$G_1(s)=\frac{K_1B_1(s)}{s^{\nu_1}A_1(s)} \tag{5-23}$$

$$G_2(s)=\frac{K_2B_2(s)}{s^{\nu_2}A_2(s)} \tag{5-24}$$

$$H(s)=\frac{K_3B_3(s)}{s^{\nu_3}A_3(s)} \tag{5-25}$$

式中，K_1、K_2、K_3 为传递系数；ν_1、ν_2、ν_3 为积分环节数。

考察扰动输入为

$$n(t)=\frac{A}{l!}t^{l} \tag{5-26}$$

其拉氏变换为

$$N(s)=\frac{A}{s^{l+1}}$$

则由式（5-19），扰动产生的误差为

$$E_{N}(s)=-\frac{AK_2K_3s^{\nu_1}A_1(s)B_2(s)B_3(s)}{s^{l+1}[s^{\nu_1+\nu_2+\nu_3}A_1(s)A_2(s)A_3(s)+K_1K_2K_3B_1(s)B_2(s)B_3(s)]} \tag{5-27}$$

设 $sE_{N}(s)$ 满足终值定理条件，则

$$e_{Nss}=\lim_{s\to0}sE_{N}(s)=-\lim_{s\to0}\frac{AK_2K_3s^{\nu_1}A_1(s)B_2(s)B_3(s)}{s^{l}[s^{\nu_1+\nu_2+\nu_3}A_1(s)A_2(s)A_3(s)+K_1K_2K_3B_1(s)B_2(s)B_3(s)]} \tag{5-28}$$

1）当扰动输入为阶跃信号时，$l=0$，则

$$e_{Nss}=\begin{cases}-\dfrac{AK_2K_3}{1+K_1K_2K_3} & \nu_1=0(\nu_2=0,\nu_3=0)\\[2ex] -\dfrac{A}{K_1} & \nu_1=0(\nu_2\neq0\text{ 或 }\nu_3\neq0)\\[2ex] 0 & \nu_1\geqslant1\end{cases}$$

2）当扰动输入为速度信号时，$l=1$，则

$$e_{Nss}=\begin{cases}\infty & \nu_1=0\\[1ex] -\dfrac{A}{K_1} & \nu_1=1\\[1ex] 0 & \nu_1\geqslant2\end{cases}$$

3）当扰动输入为加速度信号时，$l=2$，则

$$e_{\mathrm{Nss}}=\begin{cases}\infty & \nu_1\leqslant 1\\ -\dfrac{A}{K_1} & \nu_1=2\\ 0 & \nu_1\geqslant 3\end{cases}$$

从上面的一般分析可以看出，扰动作用下的稳态误差与扰动作用点之前的传递函数$G_1(s)$的积分环节数和传递系数有关。而给定输入下的稳态误差与系统传递函数 $G_1(s)G_2(s)H(s)$ 的积分环节数与传递系数有关。所以在系统设计中，通常在 $G_1(s)$ 中增加积分环节或增大传递系数，这样既可抑制给定输入引起的稳态误差，又可抑制扰动输入引起的稳态误差。

5.2 稳态误差与对数幅频特性曲线的关系

系统的类型是按开环传递函数中积分环节的阶次 ν 定义的。开环系统对数幅频特性曲线的低频渐近线为

$$L(\omega)=20\lg K-20\nu\lg\omega$$

系统的类型（$\nu=0$、1、2、…）决定了开环对数幅频特性曲线低频段的斜率。因此，给定一个控制系统的开环对数幅频曲线，便可根据其低频段的斜率和位置确定该系统的结构类型和误差系数。

由伯德图幅频特性低频段渐近线上对应于 $\omega=1$ rad/s 的值，或该渐近线与实轴的交点 ω_K的值可以确定稳态误差系数，具体关系见表 5-2。注意，若低频段渐近线还未与实轴相交时就有转折，则 ω_K 指的是低频段渐近线的延长线与实轴的交点。

表 5-2 伯德图幅频特性与系统稳态性能的关系

系统类型 \ 低频段渐近线特征	斜率（dB/dec）	$L(\omega=1)$	与横轴的交点 ω_K
0 型	0	$20\lg K_p$	无交点
I 型	-20	$20\lg K_v$	K_v
II 型	-40	$20\lg K_a$	$\sqrt{K_a}$

5.2.1 稳态位置误差系数的确定

设某 0 型控制系统（$\nu=0$），其开环幅相频率特性为

$$G(j\omega)H(j\omega)=\frac{K_p}{(1+j\omega T_1)(1+j\omega T_2)},\quad T_1>T_2$$

在低频范围内，对数幅频特性为

$$L(\omega)=20\lg K_p$$

$G(j\omega)H(j\omega)$ 有两个转角频率 $\omega_1=1/T_1$、$\omega_2=1/T_2$。在 $\omega<\omega_1$ 范围内，$L(\omega)$ 是一条高度为 $20\lg K_p$的水平线。对数幅频特性如图 5-5 所示。

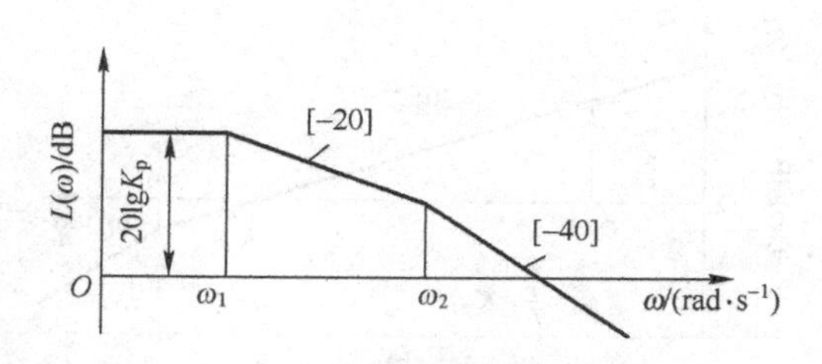

图 5-5 0 型系统的对数幅频特性曲线

系数 K_p 就是稳态位置误差系数，求出对数幅频曲线 $L(\omega)$ 低频段的高度，即可确定 K_p 的值。

5.2.2 稳态速度误差系数的确定

设某Ⅰ型控制系统（$\nu=1$），其开环幅相频率特性为

$$G(\mathrm{j}\omega)H(\mathrm{j}\omega)=\frac{K_v}{\mathrm{j}\omega(1+\mathrm{j}\omega T)},\quad K_v>1$$

在低频范围内，对数幅频特性为

$$L(\omega)=20\lg K_v-20\lg\omega$$

$L(\omega)$ 曲线低频段的斜率是 -20 dB/dec。当 $\omega=K_v$ 时，$L(\omega)=L(K_v)=0$。因此，斜率为 -20 dB/dec 的低频段或它的延长线在 ω_v 处与零分贝线相交。可按 $\omega_v=K_v$ 确定 K_v 的值。

$G(\mathrm{j}\omega)H(\mathrm{j}\omega)$ 的转角频率 $\omega_1=1/T$。ω_1 大于或小于 K_v 值的对数幅频特性如图 5-6 所示。

当 $\omega=1$ 时，$L(\omega)=20\lg K_v$。即在 $\omega=1$ 处作垂线与 $L(\omega)$ 曲线相交，交点的纵坐标值就是 $20\lg K_v$。利用这一关系也可确定 K_v 的值。

5.2.3 稳态加速度误差系数的确定

设某Ⅱ型控制系统（$\nu=2$），其开环幅相频率特性为

$$G(\mathrm{j}\omega)H(\mathrm{j}\omega)=\frac{K_a}{(\mathrm{j}\omega)^2(1+\mathrm{j}\omega T)}$$

在低频范围内，对数幅频特性为

$$L(\omega)=20\lg K_a-40\lg\omega$$

$L(\omega)$ 曲线低频段的斜率是 -40 dB/dec。当 $\omega^2=K_a$ 时，$L(\omega)=L(\sqrt{K_a})=0$。因此，斜率为 -40 dB/dec 的低频段或它的延长线在 ω_a 处与零分贝线相交。可按 $\omega_a=\sqrt{K_a}$ 确定 K_a 的值。

$G(\mathrm{j}\omega)H(\mathrm{j}\omega)$ 的转角频率 $\omega_1=1/T$。ω_1 大于或小于 $\sqrt{K_a}$ 值的对数幅频特性如图 5-7 所示。

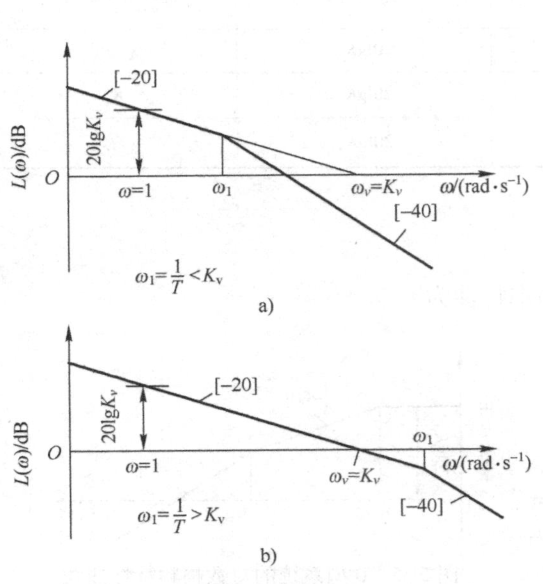

图 5-6 Ⅰ型系统的对数幅频特性曲线

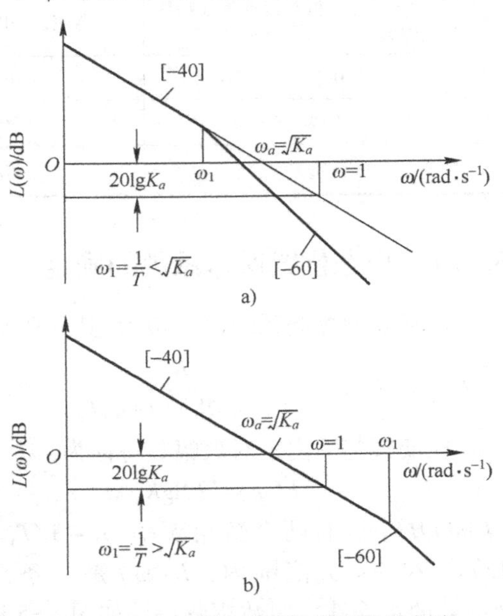

图 5-7 Ⅱ型系统的对数幅频特性曲线

当 $\omega=1$ 时，$L(\omega)=20\lg K_a$。即在 $\omega=1$ 处作垂线与 $L(\omega)$ 曲线相交，交点的纵坐标值就是 $20\lg K_a$。利用这一关系也可确定 K_a 的值。

5.2.4 降低稳态误差的方法

减少或消除系统稳态误差的办法有三种。

1. 提高系统的开环放大倍数

从表 5-1 可以看出：0 型系统跟踪单位阶跃信号、I 型系统跟踪单位斜坡信号、II 型系统跟踪加速度信号时，其系统的稳态误差均为常值，且都与开环增益 K 有关。若增大开环增益 K，则系统的稳态误差可以显著下降。

提高开环增益 K 固然可以使稳态误差下降，但 K 值取得过大会使系统的稳定性变坏，甚至造成系统的不稳定。

2. 增大系统的类型数

从表 5-1 可以看出，若开环传递函数[$H(s)=1$ 时，开环传递函数就是系统前向通道传递函数]中没有积分环节，即 0 型系统时，跟踪阶跃输入信号引起的稳态误差为常值；若开环传递函数中含有一个积分环节，即 I 型系统时，跟踪阶跃输入信号引起的稳态误差为零；若开环传递函数中含有两个积分环节，即 II 型系统时，则系统跟踪阶跃输入信号、斜坡输入信号引起的稳态误差为零。

由上面的分析，粗看起来好像系统类型愈高，则该系统“愈好”。如果只考虑稳态精度，情况的确是这样。但若开环传递函数中含积分环节数目过多，就会降低系统的稳定性，使系统不稳定。因此，在控制工程中，反馈控制系统的设计往往需要在稳态误差与稳定性要求之间折中考虑。一般控制系统开环传递函数中的积分环节个数最多不超过 2。

3. 采用复合控制

采用复合控制，即在反馈控制基础上引入前馈补偿。这种方法可以在基本不改变系统动态性能的前提下，有效改善系统的稳态性能。复合控制系统按其开环和闭环的组合形式有以下两种基本方式。

1）按给定补偿的复合控制系统。其框图一般如图 5-8 所示，输入信号通过 $G_c(s)$ 对系统进行控制。

2）按扰动补偿的复合控制系统。其框图如图 5-9 所示，这种控制方式仅适用于扰动信号可测量的情况。

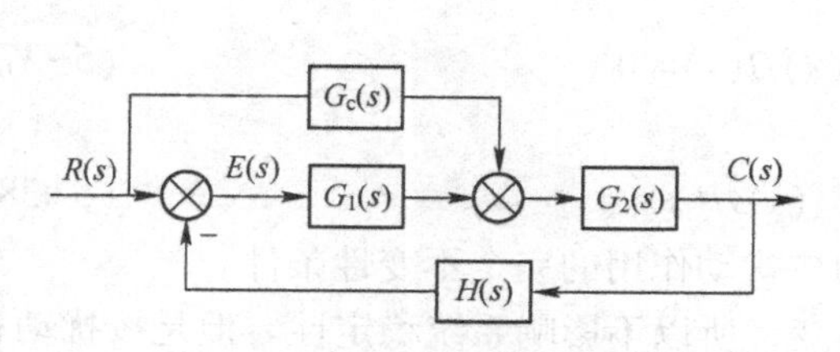

图 5-8　按给定补偿的复合控制系统

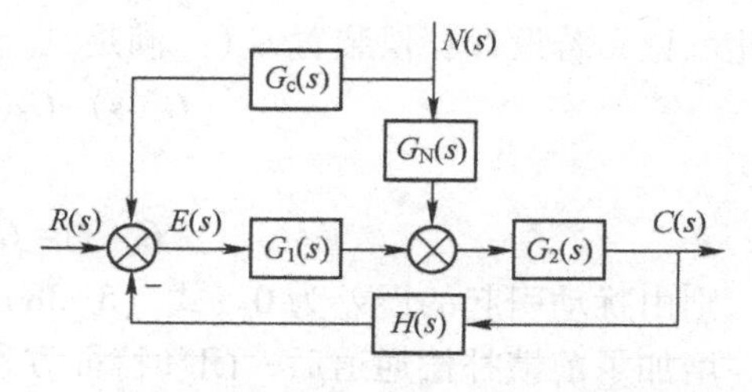

图 5-9　按扰动补偿的复合控制系统

该系统中，扰动信号通过补偿通道前馈至输入端参与控制，补偿或者抵消扰动信号的作用。在该系统中，补偿信号对系统而言也是开环控制。

4. 复合补偿原理

下面分析复合控制系统的误差。

（1）按给定补偿的复合控制系统。由图 5-8 可得

$$\begin{cases}E(s)=R(s)-C(s)H(s)\\C(s)=G_2(s)[G_c(s)R(s)+G_1(s)E(s)]\end{cases}\tag{5-29}$$

则

$$E(s)=R(s)-G_c(s)G_2(s)H(s)R(s)-G_1(s)G_2(s)E(s)H(s)\tag{5-30}$$

$$E(s)=\frac{1-G_c(s)G_2(s)H(s)}{1+G_1(s)G_2(s)H(s)}R(s)\tag{5-31}$$

由此可见，若设计补偿装置 $G_c(s)$ 满足

$$1-G_c(s)G_2(s)H(s)=0\tag{5-32}$$

即

$$G_c(s)=\frac{1}{G_2(s)H(s)}\tag{5-33}$$

则系统误差为 0，即 $E(s)=0$。

这种将误差完全补偿的作用称为全补偿。式（5-33）称为按给定作用的完全不变性条件。

增加了补偿通道后，闭环特征方程式仍然是 $1+G_1(s)G_2(s)H(s)=0$。所以，复合控制系统的稳定性不变。

完全不变性条件只是一种理想情况，事实上，式（5-33）确定的 $G_c(s)$ 往往不满足物理可实现条件。

（2）按扰动补偿的复合控制系统。由图 5-9 可得

$$\begin{cases}E(s)=R(s)-C(s)H(s)+G_c(s)N(s)\\C(s)=G_2(s)[G_1(s)E(s)+G_N(s)N(s)]\end{cases}\tag{5-34}$$

则

$$E(s)=R(s)-G_1(s)G_2(s)H(s)E(s)-G_2(s)G_N(s)H(s)N(s)+G_c(s)N(s)\tag{5-35}$$

$$E(s)=\frac{1}{1+G_1(s)G_2(s)H(s)}R(s)+\frac{G_c(s)-G_2(s)G_N(s)H(s)}{1+G_1(s)G_2(s)H(s)}N(s)\tag{5-36}$$

由此可见，若设计补偿装置 $G_c(s)$ 满足

$$G_c(s)-G_2(s)G_N(s)H(s)=0\tag{5-37}$$

即

$$G_c(s)=G_2(s)G_N(s)H(s)\tag{5-38}$$

则由扰动引起的误差为 0。式（5-38）称为按扰动作用的完全不变性条件。

增加了前馈补偿通道后，闭环特征方程式不变，所以不影响系统稳定性。但是按扰动补偿的困难在于扰动信号通常不易测到。

（3）部分补偿。完全补偿是一种理想情况，有时不满足物理可实现条件，或者所设计

的补偿器复杂，所以常常采用较简单、可实现的部分补偿。例如下面的微分补偿方法。

【例 5-4】 图 5-10 为一随动系统，系统输入为 $r(t)=t$，试设计微分补偿复合控制。

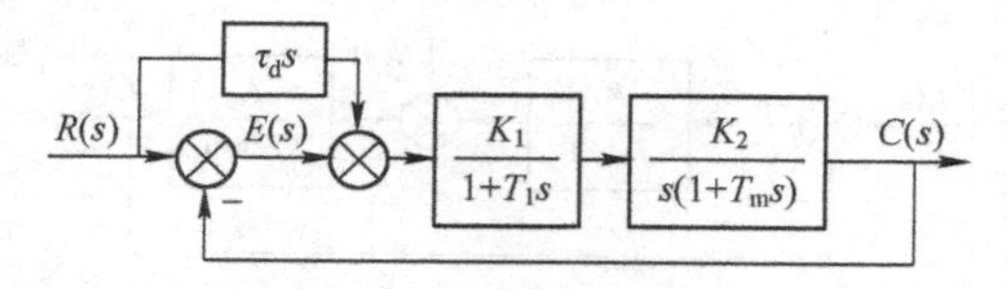

图 5-10　例 5-4 随动系统框图

解：与图 5-8 所示的按给定补偿的复合控制系统相比，得

$$G_1(s)=1,\ H(s)=1,\ G_2(s)=\frac{K_1K_2}{s(1+T_1s)(1+T_ms)},\ G_c(s)=\tau_d s$$

$$E(s)=\frac{1-G_c(s)G_2(s)H(s)}{1+G_1(s)G_2(s)H(s)}R(s)=\frac{s[(1+T_1s)(1+T_ms)-\tau_dK_1K_2]}{s(1+T_1s)(1+T_ms)+K_1K_2}\cdot\frac{1}{s^2}$$

$$e_{ss}=\lim_{s\to0}sE(s)=\lim_{s\to0}\frac{(1+T_1s)(1+T_ms)-\tau_dK_1K_2}{s(1+T_1s)(1+T_ms)+K_1K_2}=\frac{1-\tau_dK_1K_2}{K_1K_2}=\frac{1}{K_1K_2}-\tau_d$$

由上式可见，若没有微分补偿，即 $\tau_d=0$，则系统稳态误差终值为 $1/(K_1K_2)$；若设计微分补偿 $\tau_d=1/(K_1K_2)$，则 $e_{ss}=0$，称为全补偿；若设计微分补偿 $\tau_d<1/(K_1K_2)$，则也有补偿功能，但不能使 $e_{ss}=0$，称为欠补偿；若设计微分补偿 $\tau_d>1/(K_1K_2)$，则称为过补偿。在工程上一般设计为欠补偿状态。

需要指出的是，上述系统对于速度输入也能准确跟踪。但它与 II 型系统的准确跟踪有本质区别。因为当系统参数发生变化时，上述补偿就被破坏，从而使系统稳态误差不为 0。所以，这种由补偿使稳态误差为 0 的方法不是鲁棒的。而对于 II 型系统，只要参数、结构的变化不改变系统型号，总能准确（渐近）跟踪速度输入，稳态误差为 0，所以这种方法是鲁棒的。

5.3　小结

对于一个性能良好的控制系统，在其稳定的基础上，不仅要求其具有比较好的暂态性能，同时应具备令人满意的稳态性能。系统的稳态性能是对其控制精度的度量，体现了系统的实际控制效果与期望控制效果之间的区别或不同，这可应用系统的稳态误差来度量。稳态误差是控制系统的稳态性能指标，与系统的结构、参数以及外作用的形式、类型有关。系统的型别 ν 决定了系统对典型输入信号的跟踪能力。计算稳态误差可用一般方法（利用拉普拉斯变换的终值定理），也可由静态误差系数法获得。

5.4　习题

5-1　已知某单位负反馈系统闭环传递函数分别为 $\Phi_1(s)=\frac{s+1}{s^3+2s^2+3s+7}$、$\Phi_2(s)=\frac{10}{5s^2+2s+10}$，试求系统的稳态位置误差系数、稳态速度误差系数和稳态加速度误差系数，并

求 $r(t)=10+5t$ 作用下的稳态误差。

5-2　如图 5-11 所示系统，试求

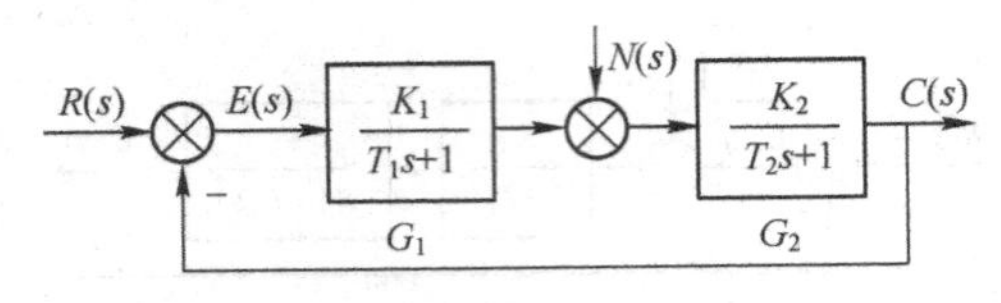

图 5-11　题 5-2 系统图

（1）当 $r(t)=0$，$n(t)=1(t)$ 时，系统的静态误差 e_{ss}；

（2）当 $r(t)=1(t)$，$n(t)=1(t)$ 时，系统的静态误差 e_{ss}；

（3）若要减少 e_{ss}，则应如何调整 K_1、K_2？

（4）如分别在扰动点之前或之后加入积分环节，会有何影响？

5-3　复合系统的框图如图 5-12 所示，前馈环节的传递函数为 $F_r(s)=\dfrac{as^2+bs}{T_2s+1}$。当输入 $r(t)$ 为单位加速度信号时，为使系统的静态误差为 0，试确定前馈环节的参数 a 和 b。

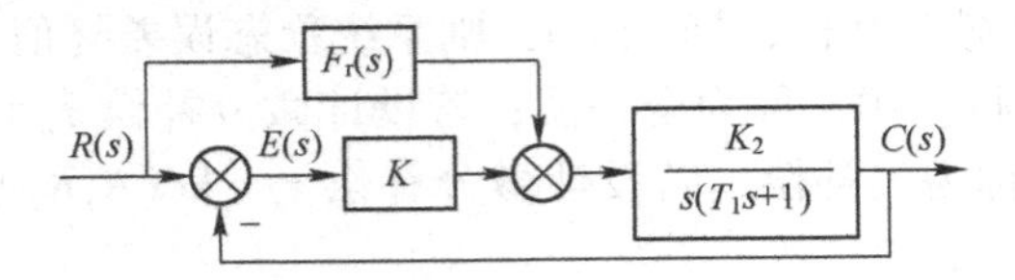

图 5-12　题 5-3 系统图

5-4　已知系统开环传递函数

$$G(s)=\frac{K(-T_2s+1)}{s(T_1s+10)},\ K、T_1、T_2>0$$

当取 $\omega=1$ rad/s 时，$\angle G(\mathrm{j}\omega)=-180°$，$|G(\mathrm{j}\omega)|=0.5$。当输入为单位速度信号时，系统的稳态误差为 0.1，试写出系统开环频率特性表达式 $G(\mathrm{j}\omega)$。

5-5　用伯德图法判别下列各系统的稳定性，并求相角裕度 γ 和幅值裕度 L_g、截止频率 ω_c 和相角穿越频率 ω_g。

（1）$G(s)=\dfrac{1}{s(s+15)}$；　（2）$G(s)=\dfrac{20}{s(s+10)(s+20)}$；

（3）$G(s)=\dfrac{36(s+2)}{s(s^2+6s+12)}$；　（4）$G(s)=\dfrac{5}{s(0.01s^2+0.1s+1)}$；

（5）$G(s)=\dfrac{40(s-10)}{s(s+10)(s+20)}$；　（6）$G(s)=\dfrac{40}{s(s-10)(s+20)}$。

5-6　已知图 5-13 所示各最小相位系统的伯德图，试求

（1）系统的传递函数；

（2）系统的开环增益；

（3）图中未标明数值的角频率；

（4）系统的误差系数 K_p，K_v，K_a。

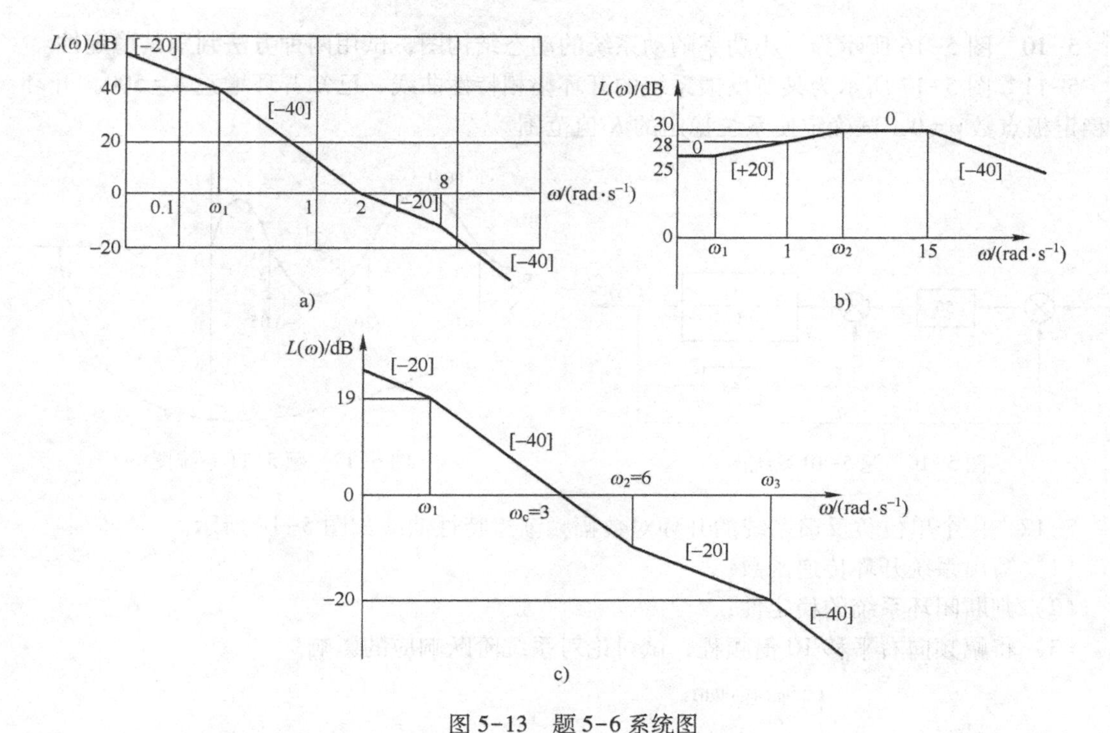

图 5-13　题 5-6 系统图

5-7　已知某最小相位系统的开环对数幅频特性如图 5-14 所示。

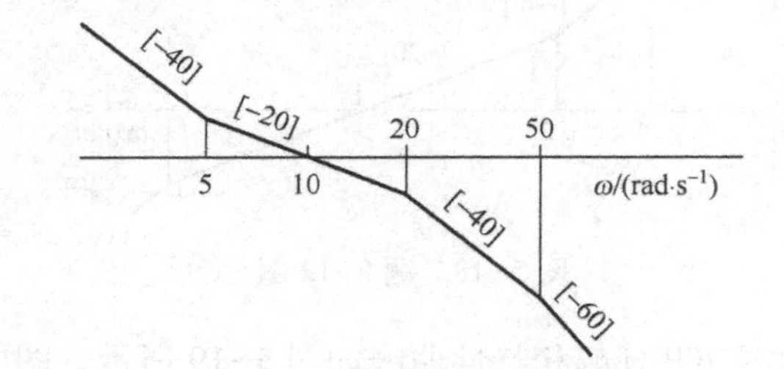

图 5-14　题 5-7 系统折线幅频特性

（1）写出开环传递函数；

（2）画出相频特性曲线，从图上求出并标明相角裕度和幅值裕度；

（3）求该系统达到临界稳定时的开环比例系数值 K；

（4）在复平面上画出其奈奎斯特图，并标明点$(-1,\mathrm{j}0)$的位置。

5-8　系统结构图如图 5-15 所示，已知 $K=1$，$a=10$ 时，截止频率 $\omega_c=5\ \mathrm{rad/s}$。若要求 ω_c 不变，试问如何改变 K 和 a，才能使系统相角裕度增加 45°。

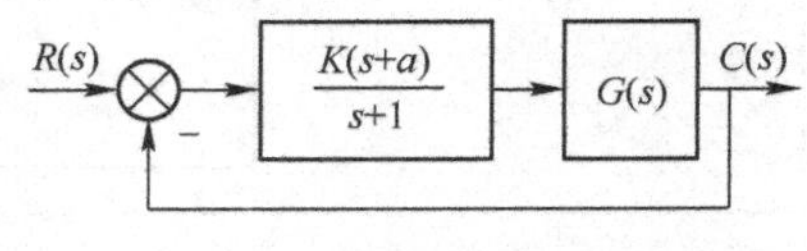

图 5-15　题 5-8 系统图

5-9　设一单位负反馈系统的开环传递函数为 $G(s)=\dfrac{K}{s(s^2+s+100)}$。若使系统的幅值裕度为 20 dB，开环增益 K 应为何值？此时相角裕度为多少？

5-10　图 5-16 所示为一小功率随动系统的动态结构图，试用两种方法判别其稳定性。

5-11　图 5-17 所示为某负反馈系统的开环幅相特性曲线，已知开环增益 $K=500$，开环不稳定极点数 $p=0$，试确定使系统稳定的 K 值范围。

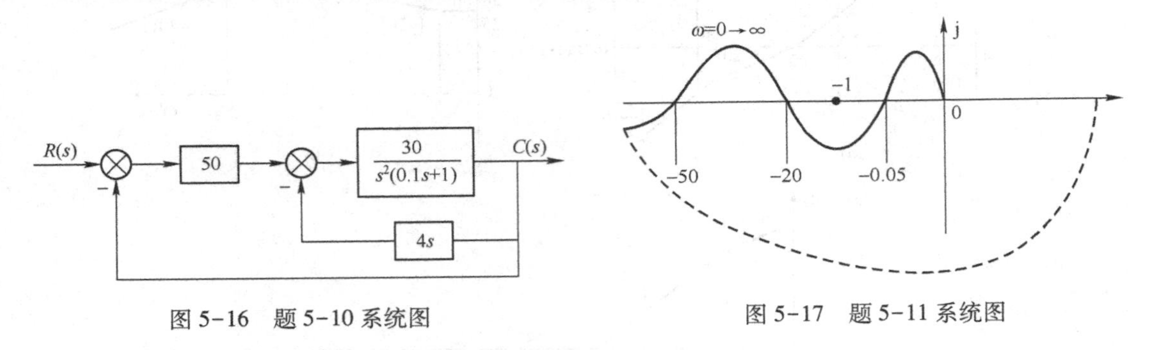

图 5-16　题 5-10 系统图　　　　图 5-17　题 5-11 系统图

5-12　一个单位负反馈系统的开环对数幅频渐近特性曲线如图 5-18 所示。

（1）写出系统开环传递函数；

（2）判断闭环系统的稳定性；

（3）将幅频向右平移 10 倍频程，试讨论对系统阶跃响应的影响。

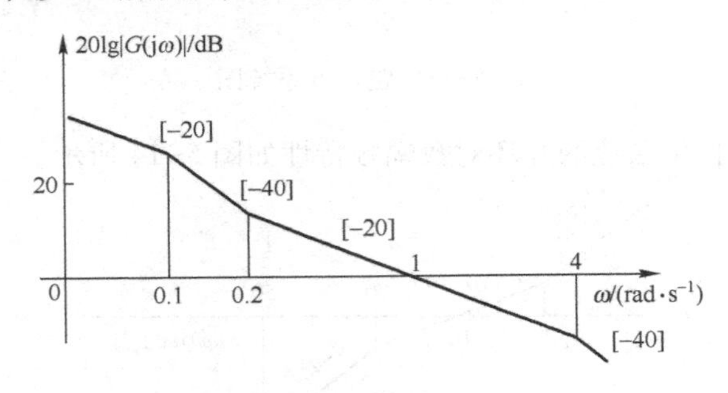

图 5-18　题 5-12 图

5-13　某系统的结构图和开环幅相特性曲线如图 5-19 所示。图中

$$G(s)=\frac{1}{s(s+1)^2},\quad H(s)=\frac{s^3}{(s+1)^2}$$

试判断闭环系统稳定性，并确定闭环特征方程正实部根的个数。

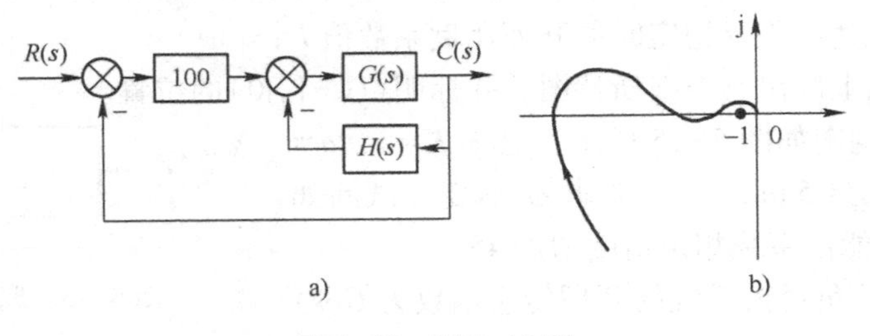

图 5-19　题 5-13 图

第6章　自动控制系统的校正

前面介绍了分析控制系统的三种基本方法——时域法、根轨迹法和频域分析法。本章将着重讨论系统设计中的一个重要问题，即自动控制系统的校正方法。

一个控制系统一般可分解为测量变送环节、控制器环节、执行器环节和被控对象环节四个部分，其中测量变送环节和被控对象环节是根据实际对象而确立的，一般不可随意改变。但是近代控制系统的设计问题已突破了上述传统观念，例如，近代的不稳定飞行对象的设计，就是事先考虑了控制的作用，亦即控制对象不是不可变的部分了，而是将对象与控制器进行一体化的设计。

前面已经分析了一个元部件及其参数已经给定的控制系统能否满足所要求的各项性能指标，把解决这类问题的过程称为系统的分析。在实际工程控制问题中，还有另一类问题需要考虑，即事先确定了要求满足的性能指标，要求设计一个系统并选择适当的参数来满足性能指标的要求；或考虑对原已选定的系统增加某些必要的元件或环节，使系统能够全面地满足所要求的性能指标，同时照顾到工艺性、经济性、使用寿命和体积等。这类问题统称为系统的综合与校正，或者称为系统的设计。

所谓系统设计，就是根据给定的被控对象和控制任务设计控制器，并将构成控制器的各元部件与被控对象适当组合起来，使之按照一定的精度完成控制任务。设计时必须考虑并解决如下几个问题：

1）制定控制方案。分析被控对象的工作原理，通过性能指标来明确控制目标，明确被控量、控制量、输入信号和干扰信号等信息，制定控制方案。

2）选择执行元件。充分了解被控对象的功率大小和控制量的性质，选定执行元件型式、特性和参数。

3）选择测量元件。根据控制方案选择需要测量的物理量，根据被测物理量的性质，确定测量元件的型式、特性和参数，要考虑测量元件的精度、测量所需要的时间、信噪比、非线性度等因素。

4）选择放大元件。合理选择放大元件，包括前置放大器和功率放大器，实现测量信号的比较和放大，并驱动执行元件。要求放大器的增益是可以调整的。

5）由初步选定的测量元件、放大元件和执行元件等作为控制器的基本组成元件，与被控对象一起构成自动控制系统。一般情况下，被控对象和控制器确定之后，除了放大器的增益，其他参数不宜调整。

6）设计校正装置。为了使设计的控制系统满足给定的性能指标，首先需要调整放大器增益。但是在大多数实际情况中，仅仅调整增益不能使系统满足给定的各项性能指标。通常的情况是，提高增益可以改善系统的稳态精度，但是会使系统的相对稳定性变坏，甚至有可能造成系统不稳定。因此，有必要在系统中引入一些附加装置以改变系统的结构，使整个系统的性能发生变化，从而满足给定的各项性能指标要求。这些附加装置称为校正装置或补偿器。设计附加校正装置的过程就称为控制系统的校正。

控制系统的设计是一个涉及面很广的问题，既要根据性能指标的要求进行理论设计，又要考虑工艺性、经济性、使用寿命、体积、重量等问题。既要有理论指导，又要依据实际经验。一般来说，设计一个控制系统不是一次就能完成的，而是一个逐步试探与不断完善的过程。

6.1 控制系统校正的基本概念

自动控制系统的被控对象是指要求实现自动控制的机器、设备或生产过程，控制器则是指对被控对象起控制作用的装置总体，其中包括测量及信号转换装置、信号放大及功率放大装置和实现控制指令的执行机构等基本组成部分。

因为被控对象首先要明确，所以总是已知的，在设计一个控制系统时，总是从分析被控对象入手，确定相应的测量反馈元件、执行元件以及放大变换元件，从而组成系统的基本结构，如图 6-1 所示。

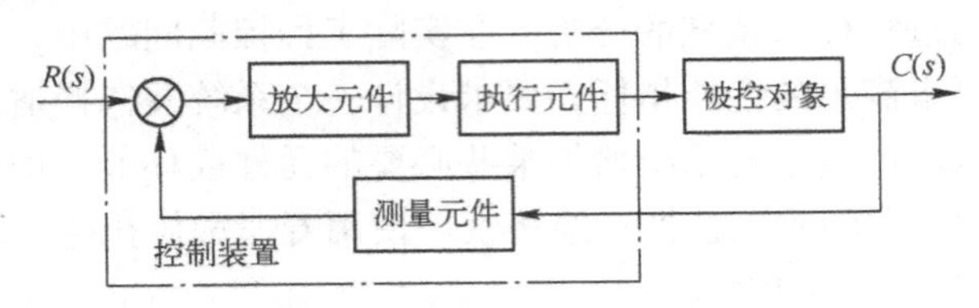

图 6-1　系统的固有部分

这样初步设计出来的系统称为系统的“固有部分”或系统的“不可变部分”。一般来讲，固有部分往往是比较“粗糙”的，难以满足对系统提出的性能要求，而且内部可调参数比较少，很难通过调整内部参数满足各方面的性能要求。这时必须在系统中引入一些附加装置来校正系统的性能，这种为校正系统性能而有目的地引入的装置称为校正装置或补偿装置。校正装置是控制器的一部分，它与基本组成部分一起构成完整的控制器。

而在系统的“固有部分”中加入适当的校正装置去改变系统的性能以满足对系统提出的要求，就是控制系统的校正。

“控制系统的校正”并不是讨论控制系统的具体设计过程，而是讨论如何采用合理的校正装置，改善控制系统的性能，它是系统设计的一个组成部分。本章主要介绍确定校正装置传递函数的方法，并适当地探讨校正装置的实现问题。

6.1.1 校正方式

根据校正装置在系统中的连接方式，系统校正可分为串联校正、反馈校正、复合校正三种。

串联校正的校正装置放在前向通道中，与被控系统的固有部分串联，如图 6-2 所示。这种校正装置的结构比较简单，较易实现。由于串联校正通常是由低能量向高能量部位传递信号，加上校正装置本身的能量损耗，必须进行能量补偿，故串联校正装置通常由有源网络或元件构成，即其中需要有放大元件。串联校正装置常设于系统前向通道的能量较低的部位，以减少功率损耗。为了满足不同系统的控制性能要求，串联校正装置可设计成相位超前校正、相位迟后校正和相位迟后-超前校正等形式。

反馈校正也称并联校正，是一种局部反馈，如图 6-3 所示。反馈校正还可以改造被反馈包围的环节的特性，抑制这些环节参数的波动或非线性因素对系统性能的不良影响。反馈校正是由高能量向低能量部位传递信号，校正装置本身不需要放大元件。为提高系统性能，也常采用如图 6-4 所示的串联反馈校正。

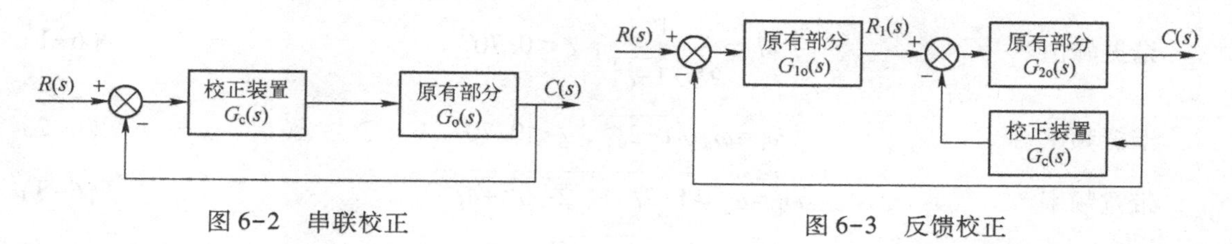

图 6-2　串联校正　　图 6-3　反馈校正

复合校正是指在系统主反馈回路之外采用的校正，图 6-5 是按照输入进行校正，是前馈控制或前馈校正。在高精度控制系统中，复合控制得到了广泛的应用，如高精度伺服测试转台。

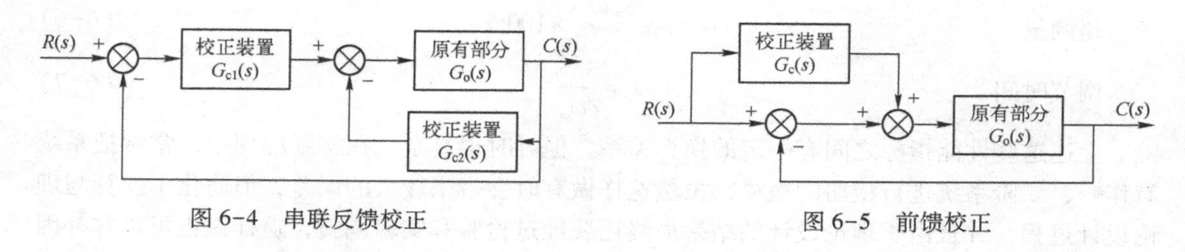

图 6-4　串联反馈校正　　图 6-5　前馈校正

6.1.2　性能指标

性能指标是衡量控制系统性能优劣的尺度，是校正系统的技术依据。性能指标的提出应符合实际，以满足实际需要为度，不能盲目追求高指标，而忽略了实现的成本和难度。在控制系统设计中，采用的设计方法根据性能指标的形式而定。常用的性能指标如下：

1. 稳态性能指标

稳态性能指标由常用稳态误差系数 K_p、K_v、K_a 给出，它们反映出系统的稳态控制精度。

2. 动态性能指标

1）时域指标：最大超调量 $\sigma\%$、上升时间 t_r、调节时间 t_s、峰值时间 t_p。

2）频域指标：频域指标又分为开环、闭环两种：

① 开环频域指标：相角裕度 γ、幅值裕度 h、截止频率 ω_c。

② 闭环频域指标：谐振峰值 M_r、频带宽度 ω_b、谐振频率 ω_r。

3. 复域指标

常以系统主导极点所允许的阻尼比 ζ 和无阻尼自然振荡频率 ω_n 来表示。

6.1.3　设计方法

校正的设计方法主要有频率法和根轨迹法两种。

如果性能指标以系统的相角裕度、幅值裕度、谐振峰值、闭环带宽等频域特征量给出，一般采用频率法校正。如果以单位阶跃响应的峰值时间、调节时间、超调量等时域特征量或阻尼比和无阻尼自然振荡频率的复域指标给出时，一般采用根轨迹法校正。当然，由前面的讨论可知两种指标常常也可以通过近似公式进行互换。以下是部分二阶系统频域指标与时域指标的关系。

谐振峰值
$$M_r=\frac{1}{2\zeta\sqrt{1-\zeta^2}},\ \zeta\leqslant 0.707 \tag{6-1}$$

谐振频率
$$\omega_r=\omega_n\sqrt{1-2\zeta^2},\ \zeta\leqslant 0.707 \tag{6-2}$$

带宽频率
$$\omega_b=\omega_n\sqrt{1-2\zeta^2+\sqrt{2-4\zeta^2+4\zeta^4}} \tag{6-3}$$

截止频率
$$\omega_c=\omega_n\sqrt{\sqrt{1+4\zeta^4}-2\zeta^2} \tag{6-4}$$

相角裕度
$$\gamma=\arctan\frac{2\zeta}{\sqrt{\sqrt{1+4\zeta^4}-2\zeta^2}} \tag{6-5}$$

超调量
$$\sigma\%=e^{-\frac{\zeta}{\sqrt{1-\zeta^2}}\pi}\times 100\% \tag{6-6}$$

调节时间
$$t_s=\frac{3.5}{\zeta\omega_n} \tag{6-7}$$

上述这些性能指标之间有一定的换算关系，但有时很复杂。在实际应用中，常常把系统看作一、二阶系统进行粗略的换算，虽然这样做有时会带来较大的误差，但简化了换算与理论设计过程，并且由于理论设计的结果最终还要经过检验和实验调整，这样做也可以弥补因换算粗糙带来的影响。

动态性能各个指标之间对系统的参数与结构的要求往往存在着矛盾。这就造成设计与调试工作的困难。例如，稳态误差与稳定性、振荡性对系统开环增益、积分环节数目的要求；系统快速性与振荡性对放大系数的要求；系统的快速性与抑制噪声的能力对频带宽度的要求；等等。正确地认识这些矛盾，才能比较深入地理解引入各种校正的思想。

性能指标通常是由控制系统的使用单位或被控对象的设计制造单位提出的。一个具体系统对指标的要求应有所侧重，如调速系统对平稳性和稳态精度要求严格，而随动系统则对快速性期望很高。由于性能指标在一定程度上决定了系统的工艺要求、可靠性和成本，因此性能指标的提出要有依据，不能脱离实际。一般来说，要求响应快，必然使运动部件具有较高的速度和加速度，则将承受过大的离心载荷和惯性载荷，如超过强度极限就会遭到破坏。再者，功率也是有限制的，超出范围可能也无法实现。系统除一般性指标外，具体系统往往还有一些特殊的要求，如低速平稳性、对变载荷的适应性等，在设计中都要考虑。

6.1.4 基本控制规律

设计控制系统的校正装置，从另一个角度来说就是设计控制器。对于按负反馈原理构成的自动控制系统，给定信号与反馈信号比较所得到的误差信号是最基本的信号。为了提高系统的控制性能，让误差信号先通过一个控制器进行某种运算，以便得到需要的控制规律。在过程控制系统中常采用的控制器，目前大多数为 PID 控制规律。

1. P控制（比例控制）

具有比例规律的控制器称为比例控制器（或称P控制器），如图6-6所示。

其中

$$G_c(s)=\frac{M(s)}{E(s)}=K_p \tag{6-8}$$

校正环节为比例控制器，其传递函数为常数 K_p，它实际上是一个具有可调放大系数的放大器，在控制系统中引入比例控制器，增大比例系数 K_p，可减小稳态误差，提高系统的快速性，但使系统稳定性下降，工程设计中一般很少单独使用比例控制器。

2. PD控制（比例+微分）

具有比例加微分控制规律的控制器称为比例加微分控制器（或称PD控制器），如图6-7所示。

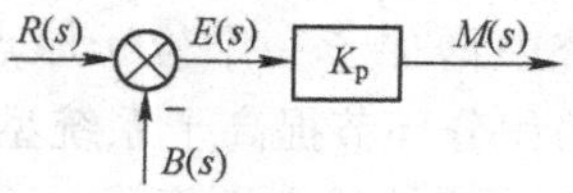

R(s) E(s) K_p M(s) B(s)

图6-6　P控制器

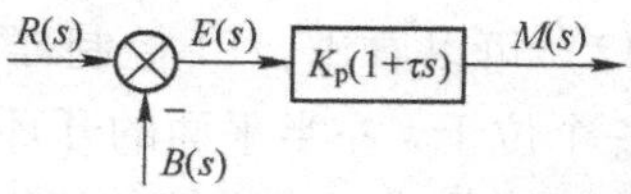

R(s) E(s) $K_p(1+\tau s)$ M(s) B(s)

图6-7　PD控制器

其中

$$G_c(s)=\frac{M(s)}{E(s)}=(1+\tau s)K_p \tag{6-9}$$

校正环节为比例加微分控制器（或PD控制器）。该控制器的输出时间函数 $m(t)$ 既成比例地反映输入信号 $e(t)$，又成比例地反映输入信号 $e(t)$ 的导数（变化率），即

$$m(t)=K_p\left[e(t)+\tau\frac{\mathrm{d}e(t)}{\mathrm{d}t}\right]=K_pe(t)+K_p\tau\frac{\mathrm{d}e(t)}{\mathrm{d}t} \tag{6-10}$$

设PD控制器的输入信号 $e(t)$ 为正弦函数

$$e(t)=E_m\sin\omega t$$

式中，E_m 为振幅，ω 为角频率。PD控制器的输出信号 $m(t)$ 为

$$\begin{aligned}m(t)&=K_p\left[e(t)+\tau\frac{\mathrm{d}e(t)}{\mathrm{d}t}\right]=K_p(E_m\sin\omega t+E_m\tau\omega\cos\omega t)\\&=K_pE_m\sqrt{1+(\tau\omega)^2}\sin(\omega t+\arctan\tau\omega)\end{aligned} \tag{6-11}$$

式（6-11）表明，PD控制器的输入信号为正弦函数时，其输出仍为同频率的正弦函数，只是幅值改变 $K_p\sqrt{1+(\tau\omega)^2}$ 倍，并且随 ω 的改变而改变。相位超前于输入正弦函数，超前的相位角为 $\arctan\tau\omega$，随 τ、ω 的改变而改变，最大超前相位角（$\omega\to\infty$）为90°。由于PD控制器具有使输出信号相位超前于输入信号相位的特性，因此又称为超前校正装置或微分校正装置。

PD控制器中的微分控制规律能反映输入信号的变化趋势，产生有效的早期修正信号，以增加系统的阻尼程度，从而改善系统的稳定性。在串联校正时，可给系统增加一个 $-1/\tau$ 的开环零点，使系统的相角裕度提高，因而有助于系统暂态性能的改善。

需要指出的是，因为微分控制作用只对动态过程起作用，而对稳态过程没有影响，且对系统噪声非常敏感，所以单一的 D 控制器在任何情况下都不宜与被控对象串联起来单独使用。通常，微分控制规律总是与比例控制规律或比例-积分控制规律结合起来，构成组合的 PD 或 PID 控制器，应用于实际的控制系统。

3. PI 控制（比例+积分）

具有比例加积分控制规律的控制器，称为比例积分控制器（或称 PI 控制器），如图 6-8 所示。

其中

$$G_c(s)=K_p\left(1+\frac{1}{T_i s}\right)=K_p\,\frac{T_i s+1}{T_i s} \tag{6-12}$$

控制器输出的时间函数

$$m(t)=K_p\left[e(t)+T_i\int_0^t e(\tau)\mathrm{d}\tau\right] \tag{6-13}$$

由式（6-12）可以看出，PI 控制器相当于在系统中增加了一个位于原点的开环极点，同时也增加了一个位于 s 左半平面的开环零点。引进的积分环节提高了系统型别，改善了系统的稳态性能，可消除或减小系统的稳态误差，但是又使系统稳定性下降；而增加的负实零点则用来减小系统的阻尼程度，缓和 PI 控制器极点对系统稳定性及动态过程产生的不利影响。综上所述，PI 控制不仅改善了系统的稳定性能，且只要积分时间常数 T_i 足够大，PI 控制器对系统稳定性的不利影响就可大为减弱。

4. PID 控制（比例+积分+微分）

比例加积分加微分规律（或称 PID 控制规律）是一种由比例、积分、微分基本控制规律组合的复合控制规律。这种组合具有三个单独的控制规律各自的优点。具有比例加积分加微分控制规律的控制器称比例积分微分控制器，如图 6-9 所示。

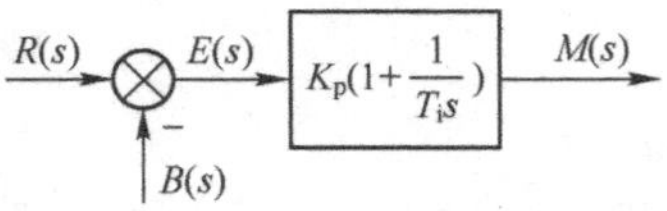

图 6-8　PI 控制器

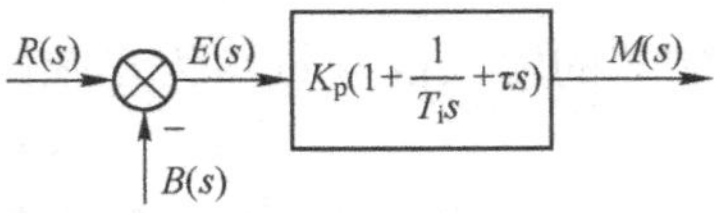

图 6-9　PID 控制器

PID 控制器的传递函数为

$$G_c(s)=\frac{M(s)}{E(s)}=K_p\left(1+\tau s+\frac{1}{T_i s}\right)=\frac{K_p(T_i\tau s^2+T_i s+1)}{T_i s} \tag{6-14}$$

当 $\frac{4\tau}{T_i}<1$ 时，令 $\tau_1=\frac{T_i}{2}\left(1+\sqrt{1-\frac{4\tau}{T_i}}\right)$、$\tau_2=\frac{T_i}{2}\left(1-\sqrt{1-\frac{4\tau}{T_i}}\right)$，则有

$$G_c(s)=\frac{K_p(T_i\tau s^2+T_i s+1)}{T_i s}=\frac{K_p}{T_i}\frac{(\tau_1 s+1)(\tau_2 s+1)}{s} \tag{6-15}$$

从式（6-15）可以看出，控制系统串入比例加积分加微分控制器后，由于引入了一个位于坐标原点的极点，可使系统无差度增加；由于引入了两个负实数零点，与 PI 控制器相比，除保持了提高系统稳定性能的优点外，还多提供了一个负实零点，在提高系统动态性能方面具有更大的优越性。因此，在工业过程控制系统中，广泛使用 PID 控制器。PID 控制器

各部分参数的选择在系统现场调试中最后确定。通常，应使积分部分发生在系统频率特性的低频段，以提高系统的稳态性能；而使微分部分发生在系统频率特性的高频段，以改善系统的动态性能。PID 控制器特性见表 6-1。

表 6-1　PID 控制器特性

控制器	传递函数 $G_c(s)$	Bode 图
PD 控制	$G_c(s)=K_p+K_Ds=K_p(1+T_Ds)$	$L_c(\omega)$/dB；40；20；0；$-20\lg K_p$；[+20]；$1/T_D$；ω/(rad·s^{-1})；$\varphi_c(\omega)$/(°)；90；45；0；ω/(rad·s^{-1})
PI 控制	$G_c(s)=K_p+\frac{K_I}{s}=K_p\left(1+\frac{1}{T_is}\right)$	$L_c(\omega)$/dB；40；20；0；[−20]；$-20\lg T_i$；$1/T_i$；ω/(rad·s^{-1})；$\varphi_c(\omega)$/(°)；0；−45；−90；ω/(rad·s^{-1})
PID 控制	$G_c(s)=K_p+\frac{K_I}{s}+K_Ds=K_p\left(1+T_Ds+\frac{1}{T_is}\right)$ $=K_I\frac{\left(\frac{1}{\omega_1}s+1\right)\left(\frac{1}{\omega_2}s+1\right)}{s}$	$L_c(\omega)$/dB；40；20；0；[−20]；[+20]；$\varphi_c(\omega)$/(°)；ω_1；ω_2；ω/(rad·s^{-1})；90；0；−90；ω/(rad·s^{-1})

对于一个具体的单输入、单输出线性定常系统，一般宜用串联校正或反馈校正。至于具体采用哪一种校正，主要取决于系统结构的特点、采用的元件、信号的性质、经济条件及设计者的经验等。一般来说，串联校正比反馈校正简单且易于实现。在串联校正时，目前多采用有源校正网络构成串联校正装置，以提高系统的增益和（或）提供隔离。这种校正装置一般均设置在前向通道中的能量尽量小的地方，以降低补偿器的能耗。反之，反馈校正由于其信号是从能量较高点向能量较低处传送，有较强的改造能力和适应能力，即使模型不够准确或者参数变化较大，它也能表现出补偿的效果，故一般不用附加有源元件。此外，采用反馈校正还可以改造被反馈包围的环节的特性，抑制这些环节参数波动或非线性因素对系统性能的不良影响。然而，由于这种校正装置的设计更依赖于设计者的实际经验，它的应用远没有串联校正那么广泛。复合控制对干扰信号有特别的抑制作用，或者在原有的控制器实在不理想时使用，对于既要求稳态误差小，同时又要求暂态响应平稳快速的系统尤为适用。PID 控制的关键是参数调节，调节是根据折中的原则进行的，通常不需要控制器和对象准确的模

型信息，即使系统是非线性的，PID 控制也能奏效。综上所述，可见控制系统的校正不会像系统分析那样只有单一答案，这就是说，能够满足性能指标的校正方案不是唯一的，在最终确定校正方案时应该根据技术和经济两方面以及其他一些附加限制综合考虑。

串联校正装置主要是由电阻电容组成的无源网络或由运算放大器电路构成的有源网络，PID 控制器一般是由运算放大器电路构成的。

由于校正装置加入系统的方式不同，所起的作用不同，名目众多的校正设计问题或动态补偿器设计问题成了控制理论中一个极其活跃的领域，而且它也是最有实际应用意义的内容之一。

6.2 串联校正装置及其特性

串联校正装置按照其动力源和信号性质不同，可以分为电气型、气动型、液压型、机械型等多种类型，其中电气型校正装置应用最为广泛。但从信号角度来看，校正装置将引入一定的相移，根据引入的相移情况，可分为超前校正装置、滞后校正装置、滞后-超前校正装置三大类。

1. 超前校正装置

超前校正装置又称微分校正装置，如果是电气型的，可以由 RC 无源网络组成，也可以由有源网络组成，图 6-10a 所示为无源超前网络，图 6-10b 所示为有源超前网络。

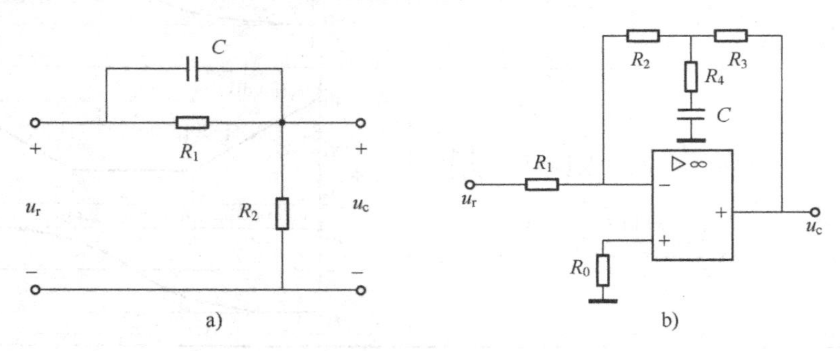

图 6-10　超前校正网络

a）无源超前校正网络　b）有源超前校正网络

对于无源超前网络，它的传递函数为

$$G_c(s)=\alpha\frac{\tau s+1}{\alpha\tau s+1}=\frac{s+1/\tau}{s+1/(\alpha\tau)} \tag{6-16}$$

其中

$$\alpha=\frac{R_2}{R_1+R_2}<1,\ \tau=R_1C \tag{6-17}$$

传递函数零点 $z_c=-1/\tau$，极点 $p_c=-1/(\alpha\tau)$。零点比极点更靠近虚轴。

其频率特性为

$$G_c(j\omega)=\alpha\frac{1+j\tau\omega}{1+j\alpha\tau\omega} \tag{6-18}$$

如果用它做串联校正，校正后的系统开环传递系数将下降 α 倍，会导致系统稳态误差增加，满足不了对系统稳态性能的要求。为了使系统校正前后的传递系数保持不变，可以加入新的放大器来补偿，网络衰减 α 倍，放大器的放大倍数就取 $1/\alpha$。这样，超前网络的频率特性为

$$G_c(j\omega)=\frac{1+j\tau\omega}{1+j\alpha\tau\omega} \tag{6-19}$$

相应的 Bode 图如图 6-11 所示。

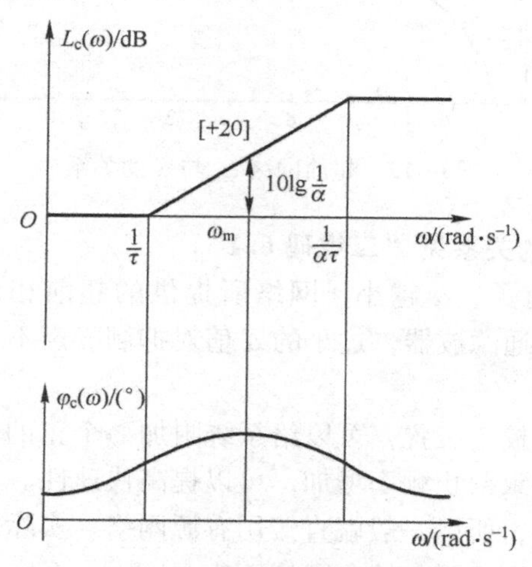

图 6-11　无源超前网络的 Bode 图

无源超前网络具有如下特征：

1）频率从 0 到∞变化，$\varphi_c(\omega)$始终大于 0°，意味着输出信号在相位上超前于输入信号，并且有最大值，故称为超前校正。

2）在频率 $1/\tau$ 和 $1/(\alpha\tau)$之间，$L_c(\omega)$曲线的斜率为+20 dB/dec，与微分环节的频率特性相同。由于幅值 $L_c(\omega)$提高，校正后的系统截止频率 ω_c'大于固有系统的截止频率 ω_c。

3）在高频段，输出信号的幅值被放大，低频段幅值不变，超前校正网络相当于一个高通滤波器。

超前校正网络的相角为

$$\varphi_c(\omega)=\arctan(\tau\omega)-\arctan(\alpha\tau\omega) \tag{6-20}$$

将上式对角频率 ω 求导，并令$\frac{d\varphi_c(\omega)}{d\omega}=0$，得到最大超前角对应的频率为

$$\omega_m=\frac{1}{\tau\sqrt{\alpha}} \tag{6-21}$$

由于 $\omega_1=1/\tau$，$\omega_2=1/(\alpha\tau)$，故 $\omega_m=\sqrt{\omega_1\omega_2}$。

网络的最大超前角正好位于两个转折频率 ω_1、ω_2的几何中心上，且最大超前角为

$$\varphi_m=\varphi_c(\omega_m)=\arctan\frac{1-\alpha}{2\sqrt{\alpha}}=\arcsin\frac{1-\alpha}{1+\alpha} \tag{6-22}$$

$$\alpha=\frac{1-\sin\varphi_m}{1+\sin\varphi_m}$$

对应的幅值为

$$L(\omega_m)=10\lg\frac{1}{\alpha} \tag{6-23}$$

根据式（6-22）可以绘出 φ_m与 α 的关系曲线，如图 6-12 所示。

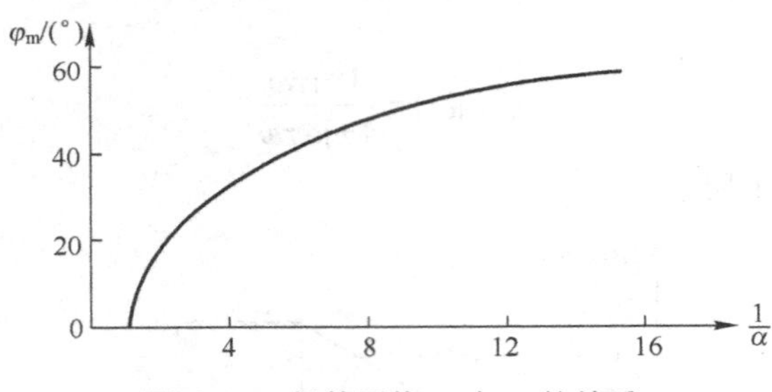

图 6-12　超前网络 φ_m与 α 的关系

超前网络中心 φ_m与 α 的关系见“二维码 6.1”。

6.1

由上可见，φ_m仅与 α 有关，α 越小，网络所提供的超前相角 φ_m越大。由于超前网络相当于一个高通滤波器，过小的 α 值对抑制噪声不利，实际选用的 α 值一般大于 0.05。

如果在系统中串入超前校正装置，可以给系统附加一个正的相角，提高相角裕度，同时超前校正导致截止频率增加，可以提高快速性。

无源网络还需加放大器，所以一般就直接用有源网络。实际上无源校正网络很难达到预期的效果，因为其输入阻抗不为零，输出阻抗不为无穷大，会产生负载效应。

2. 滞后校正装置

相位滞后校正又称积分校正，图 6-13 所示为无源滞后校正网络。

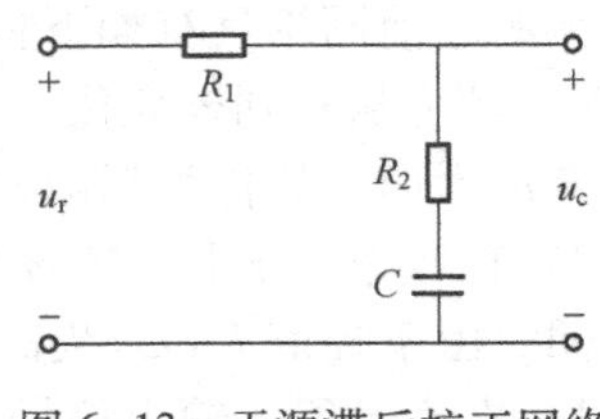

图 6-13　无源滞后校正网络

无源滞后校正网络的传递函数为

$$G_c(s)=\frac{\tau s+1}{\beta\tau s+1} \tag{6-24}$$

式中 $\tau=R_2C$，$\beta=\dfrac{R_1+R_2}{R_2}>1$。

零点 $z_c=-1/\tau$，极点 $p_c=-1/(\beta\tau)$。极点比零点更靠近虚轴。

频率特性为

$$G_c(j\omega)=\frac{1+j\tau\omega}{1+j\beta\tau\omega} \tag{6-25}$$

相应的 Bode 图如图 6-14 所示。

无源滞后校正网络具有如下特征：

1）频率从 0 到∞变化，$\varphi_c(\omega)$始终小于 0°，意味着输出信号在相位上滞后于输入信号，并且有最大值，故又称为滞后校正。

2）在频率 $1/(\beta\tau)$和 $1/\tau$ 之间，$L_c(\omega)$曲线的斜率为−20 dB/dec，与积分环节的频率特性相同。由于幅值 $L_c(\omega)$降低，校正后的系统截止频率 ω_c'小于固有系统的截止频率 ω_c。

3）在低频段，输出信号的幅值不变，高频段幅值衰减。无源滞后校正网络相当于一个

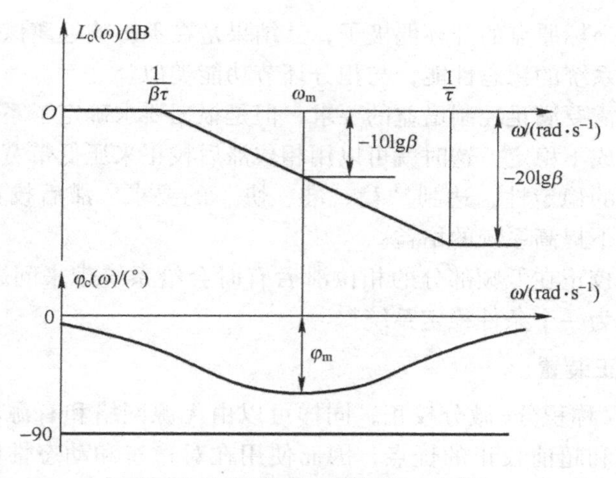

图 6-14　滞后校正网络的 Bode 图

低通滤波器。增益到高频段要衰减 β 倍，设计中利用它的高频衰减特性来压低系统的带宽。

相频特性 $\varphi(\omega)$ 在转折频率 $\omega_1=1/(\beta\tau)$ 和 $\omega_2=1/\tau$ 之间存在最大值 φ_m，同样可以证明，网络出现最大滞后角的频率为

$$\omega_m=\frac{1}{\tau\sqrt{\beta}} \tag{6-26}$$

最大的滞后角度

$$\varphi_m=\varphi_c(\omega_m)=\arctan\frac{1-\beta}{2\sqrt{\beta}} \tag{6-27}$$

由于网络的相角滞后，校正后对系统的相角裕度会带来不良的影响。所以，采用无源滞后网络对系统进行串联校正时，应尽量避免使其最大滞后角 φ_m 出现在校正后系统的 ω_c' 附近。为此，通常使 $\omega_2=1/\tau$ 远小于 ω_c'，一般取

$$\omega_2=\frac{1}{\tau}\approx\frac{\omega_c'}{10} \tag{6-28}$$

这样，滞后网络在校正后系统新的截止频率处产生的相角为

$$\varphi_c(\omega_c')=\arctan\tau\omega_c'-\arctan\beta\tau\omega_c' \tag{6-29}$$

若选 $\omega_2=\dfrac{\omega_c'}{10}$，$\omega_c'=10\omega_2=\dfrac{10}{\tau}$，得

$$\varphi_c(\omega_c')\approx\arctan\left[0.1\left(\frac{1}{\beta}-1\right)\right] \tag{6-30}$$

滞后校正网络的传递函数可以写成下面的零极点形式，即

$$G_c(s)=\frac{1+\tau s}{1+\beta\tau s}=\frac{1}{\beta}\frac{s+\dfrac{1}{\tau}}{s+\dfrac{1}{\beta\tau}} \tag{6-31}$$

零极点分布如图 6-15 所示。

从图中可以看出，极点更靠近坐标原点。从根轨迹的角度看，如果 τ 值足够大，则滞后

网络将提供一对靠近坐标原点的开环偶极子，其结果是在不影响远离该偶极子处的根轨迹的前提下，将大大提高系统的稳态性能，与积分环节功能类似。

系统设计时往往需要满足控制增益的要求，但是根据要求确定了系统增益，带宽有可能会超出允许范围，造成不稳定，这时就可以用相位滞后校正来压低带宽。在满足系统稳态性能的同时，保证系统的稳定性，达到“稳、准、快”的要求。滞后校正的另一种用法是在保持带宽不变的情况下提高系统的增益。

应该指出，滞后校正在低频部分的相位滞后有时会给系统带来问题，例如II型系统采用滞后校正后可能成为一个条件稳定系统。

3. 滞后-超前校正装置

滞后-超前校正又称积分-微分校正，同样可以由无源网络和有源网络来实现。这种校正方式兼有滞后校正和超前校正的优点，因而使用在对稳态和动态性能要求都比较高的系统中。

图6-16所示是无源滞后-超前校正网络，可导出其传递函数为

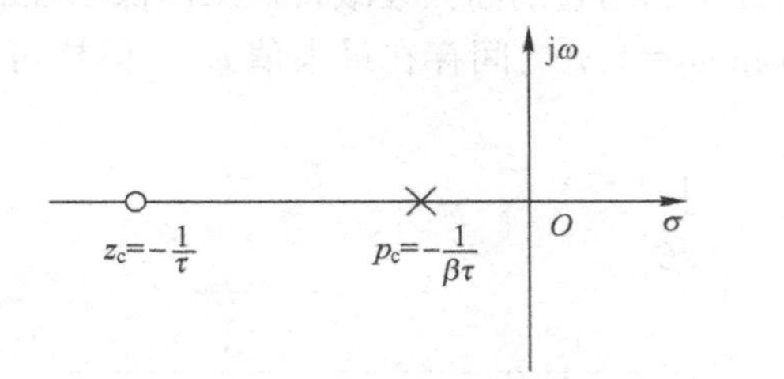

图6-15　滞后校正网络零极点分布图

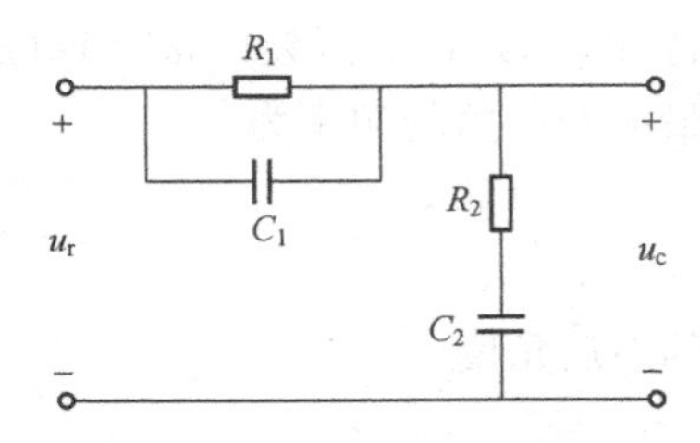

图6-16　无源滞后-超前校正网络

$$G_c(s)=\frac{U_c(s)}{U_r(s)}=\frac{(R_1C_1s+1)(R_2C_2s+1)}{(R_1C_1s+1)(R_2C_2s+1)+R_1C_2s} \tag{6-32}$$

设 $\tau_1=R_1C_1$、$\tau_2=R_2C_2$、$\tau_{12}=R_1C_2$，有

$$G_c(s)=\frac{U_c(s)}{U_r(s)}=\frac{(\tau_1s+1)(\tau_2s+1)}{\tau_1\tau_2s^2+(\tau_1+\tau_2+\tau_{12})s+1} \tag{6-33}$$

令 $\tau_1+\tau_2+\tau_{12}=\frac{\tau_1}{\beta}+\beta\tau_2(\beta>1)$，则式（6-33）可以表示为

$$G_c(s)=\frac{(\tau_1s+1)(\tau_2s+1)}{\left(\frac{\tau_1}{\beta}s+1\right)(\beta\tau_2s+1)}=G_1(s)G_2(s) \tag{6-34}$$

其中 $G_1(s)=\frac{\tau_1s+1}{\frac{\tau_1}{\beta}s+1}$，具有超前校正的性质；$G_2(s)=\frac{\tau_2s+1}{\beta\tau_2s+1}$，具有滞后校正的性质。$\beta\tau_2>\tau_2>\tau_1>\frac{\tau_1}{\beta}$。

频率特性如图6-17所示。在 $0<\omega<\omega_1$ 频率内，具有相位滞后特性，即具有积分特性，可以提高系统的稳态性能。在 $\omega>\omega_1$ 以后具有相角超前特性，即具有微分特性，可以改善系

统的动态性能。在 ω_1 处，相角为零。

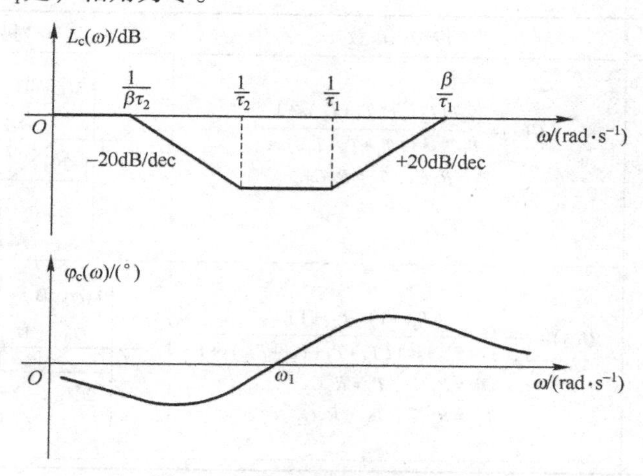

图 6-17　滞后-超前校正网络的 Bode 图

表 6-2 列出了常用无源校正装置的多种电路、对数幅频特性和参数之间的关系。表 6-3 列出了由运算放大器组成的多种常用有源校正装置的电路、对数幅频特性和参数之间的关系。

表 6-2　常用无源校正网络

电　路　图	传递函数	对数幅频特性
C R_1 R_2	$G(s)=\alpha\frac{Ts+1}{\alpha Ts+1}$ $T=R_1C$，$\alpha=\frac{R_2}{R_1+R_2}$	$L(\omega)$/dB $1/T$　$1/(\alpha T)$ 0 ω/(rad·s^{-1}) [+20]
C R_3 R_1 R_2	$G(s)=\alpha_1\frac{Ts+1}{\alpha_2 Ts+1}$ $\alpha_1=\frac{R_2}{R_1+R_2+R_3}$，$T=R_1C$ $\alpha_2=\frac{R_2+R_3}{R_1+R_2+R_3}$	$L(\omega)$/dB $1/T$　$1/(\alpha_1 T)$ 0 ω/(rad·s^{-1}) [+20]
R_1 R_2 C	$G(s)=\frac{\alpha Ts+1}{Ts+1}$ $T=(R_1+R_2)C$，$\alpha=\frac{R_2}{R_1+R_2}$	$L(\omega)$/dB $1/T$　$1/(\alpha T)$ 0 ω/(rad·s^{-1}) [−20]
R_1 R_2 R_3 C	$G(s)=\alpha\frac{\tau s+1}{Ts+1}$ $T=\left(R_2+\frac{R_1R_3}{R_1+R_3}\right)C$ $\tau=R_2C$，$\alpha=\frac{R_3}{R_1+R_3}$	$L(\omega)$/dB $1/T$　$1/\tau$ 0 ω/(rad·s^{-1}) 20lgα [−20]

（续）

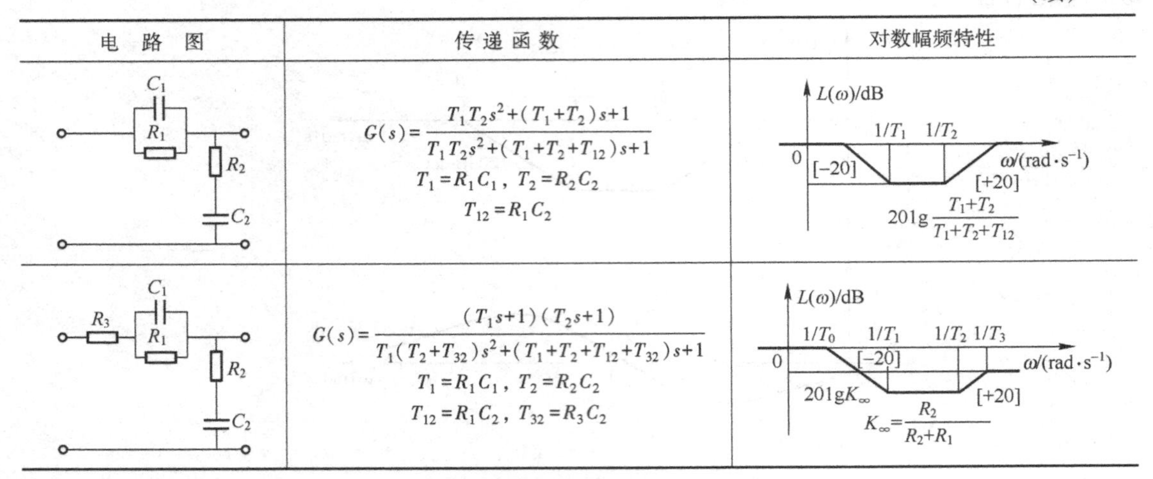

电　路　图	传递函数	对数幅频特性
	$G(s)=\frac{T_1T_2s^2+(T_1+T_2)s+1}{T_1T_2s^2+(T_1+T_2+T_{12})s+1}$ $T_1=R_1C_1$，$T_2=R_2C_2$ $T_{12}=R_1C_2$	
	$G(s)=\frac{(T_1s+1)(T_2s+1)}{T_1(T_2+T_{32})s^2+(T_1+T_2+T_{12}+T_{32})s+1}$ $T_1=R_1C_1$，$T_2=R_2C_2$ $T_{12}=R_1C_2$，$T_{32}=R_3C_2$	

表 6-3　常用有源校正网络

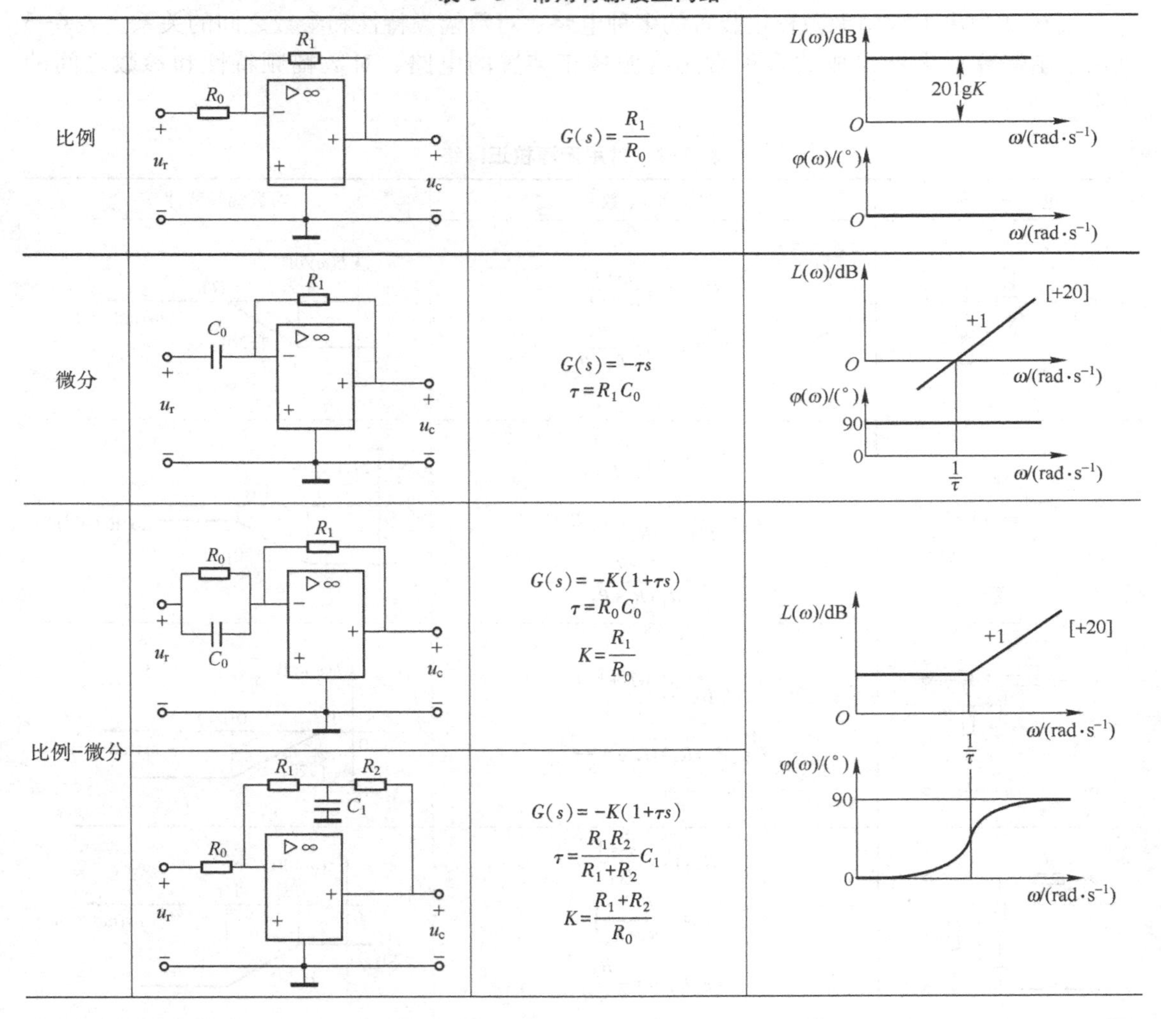

	电路图	传递函数	对数幅频特性
比例		$G(s)=\frac{R_1}{R_0}$	
微分		$G(s)=-\tau s$ $\tau=R_1C_0$	
比例-微分		$G(s)=-K(1+\tau s)$ $\tau=R_0C_0$ $K=\frac{R_1}{R_0}$	
		$G(s)=-K(1+\tau s)$ $\tau=\frac{R_1R_2}{R_1+R_2}C_1$ $K=\frac{R_1+R_2}{R_0}$	

（续）

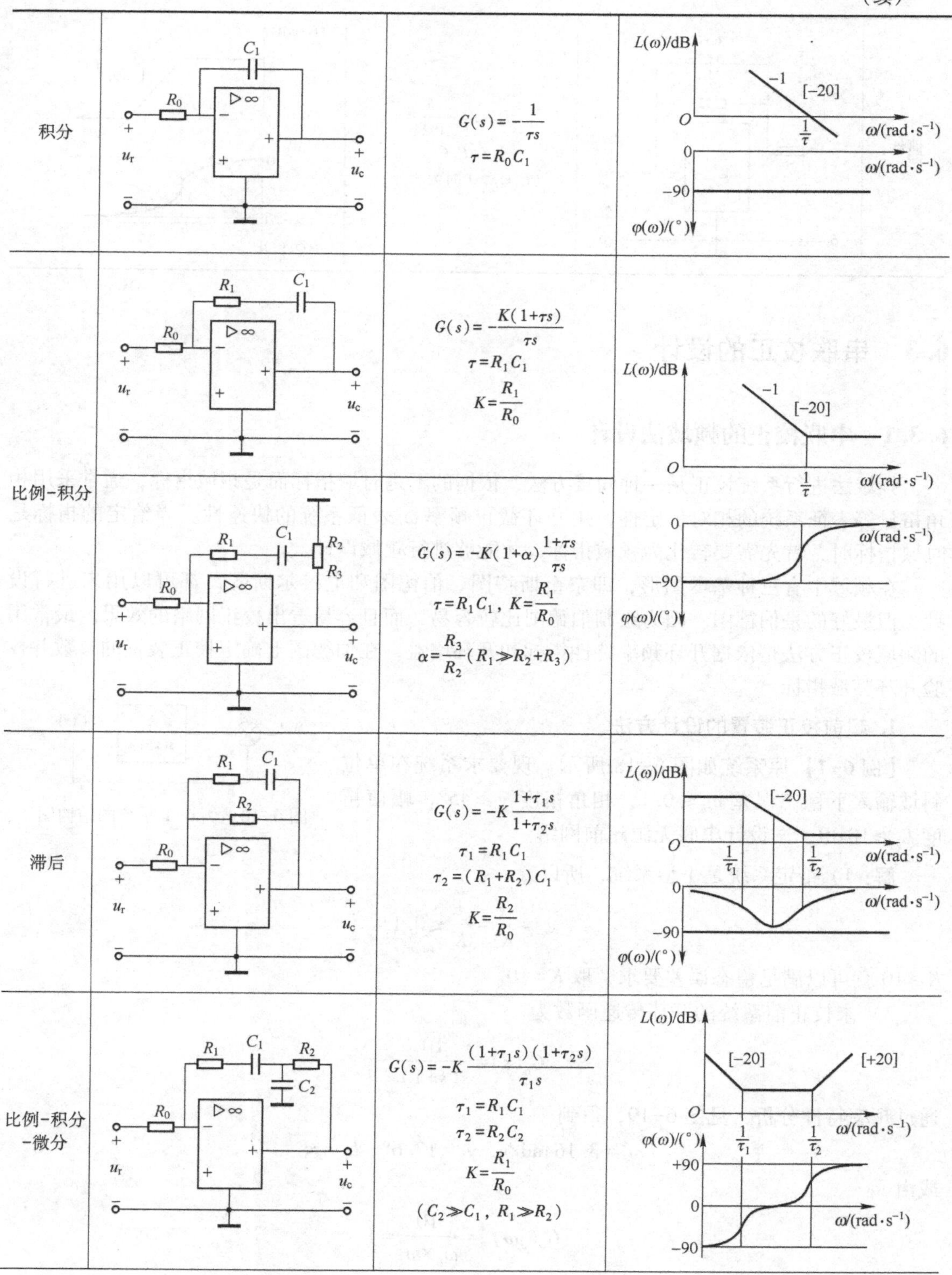

积分		$G(s)=-\dfrac{1}{\tau s}$ $\tau=R_0C_1$	
比例-积分		$G(s)=-\dfrac{K(1+\tau s)}{\tau s}$ $\tau=R_1C_1$ $K=\dfrac{R_1}{R_0}$	
		$G(s)=-K(1+\alpha)\dfrac{1+\tau s}{\tau s}$ $\tau=R_1C_1$，$K=\dfrac{R_1}{R_0}$ $\alpha=\dfrac{R_3}{R_2}(R_1\gg R_2+R_3)$	
滞后		$G(s)=-K\dfrac{1+\tau_1 s}{1+\tau_2 s}$ $\tau_1=R_1C_1$ $\tau_2=(R_1+R_2)C_1$ $K=\dfrac{R_2}{R_0}$	
比例-积分-微分		$G(s)=-K\dfrac{(1+\tau_1 s)(1+\tau_2 s)}{\tau_1 s}$ $\tau_1=R_1C_1$ $\tau_2=R_2C_2$ $K=\dfrac{R_1}{R_0}$ $(C_2\gg C_1,\ R_1\gg R_2)$	

（续）

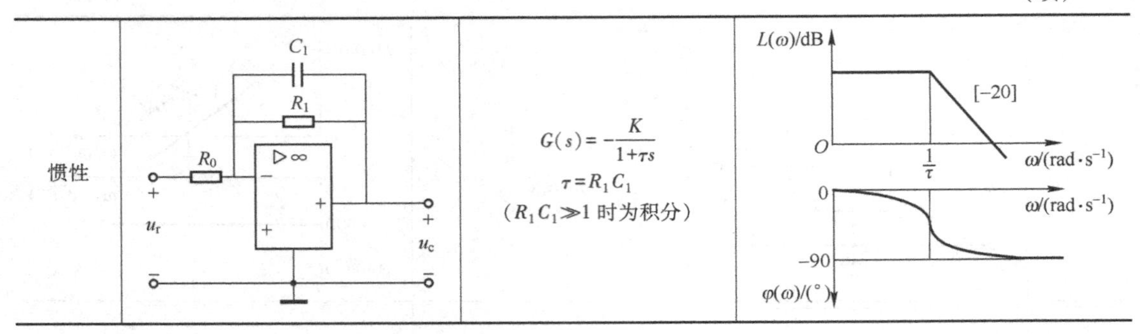

6.3 串联校正的设计

6.3.1 串联校正的频域法设计

频域法进行系统校正是一种间接方法，依据的不是时域指标而是频域指标，通常采用相角裕量等表征系统的相对稳定性，用开环截止频率 ω_c 表征系统的快速性。当给定的指标是时域指标时，首先需要转化为频域指标，才能够进行频域设计。

在频域中有三种基本图形，即奈奎斯特图、伯德图和尼科尔斯图，都可以用来进行设计，但最好的是伯德图。因为绘制伯德图比较容易，而且容易看出校正网络的效果。最常用的频域校正方法是依据开环频率特性指标和开环增益，在伯德图上确定校正装置的参数并校验开环频域指标。

1. 超前校正装置的设计方法

【例 6-1】 原系统如图 6-18 所示，现要求系统在单位斜坡输入下稳态误差 $e_{ss} \leqslant 0.1$，相角裕度 $\gamma \geqslant 45°$，幅值裕度 $L_g \geqslant 10\,\mathrm{dB}$，试设计串联无源超前网络。

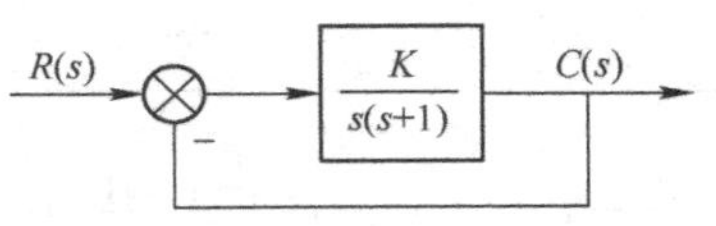

图 6-18　例 6-1 系统的结构图

解： 1）给定系统是 Ⅰ 型系统，所以

$$e_{ss}=\frac{1}{K_v}=\frac{1}{K} \leqslant 0.1$$

$K \geqslant 10$ 就可以满足稳态误差要求，取 $K=10$。

2）未校正前系统的开环传递函数为

$$G_o(s)=\frac{10}{s(s+1)}$$

通过频率特性分析，见图 6-19，得到

$$\omega_c=3.16\,\mathrm{rad/s},\ \gamma_0=17.6°,\ L_g=\infty$$

或由

$$|G_o(\mathrm{j}\omega)|=\frac{10}{\omega_c \times \omega_c}=1$$

得

$$\omega_c = \sqrt{10}\ \text{rad/s} = 3.16\ \text{rad/s}$$

$$\gamma_0 = 180° - 90° - \arctan\omega_c = 17.6° < 45°$$

显然原系统指标不能满足要求，需要校正。为了在不减小 K 值的前提下，获得 45°的相角裕度，必须在系统中串入超前校正网络。

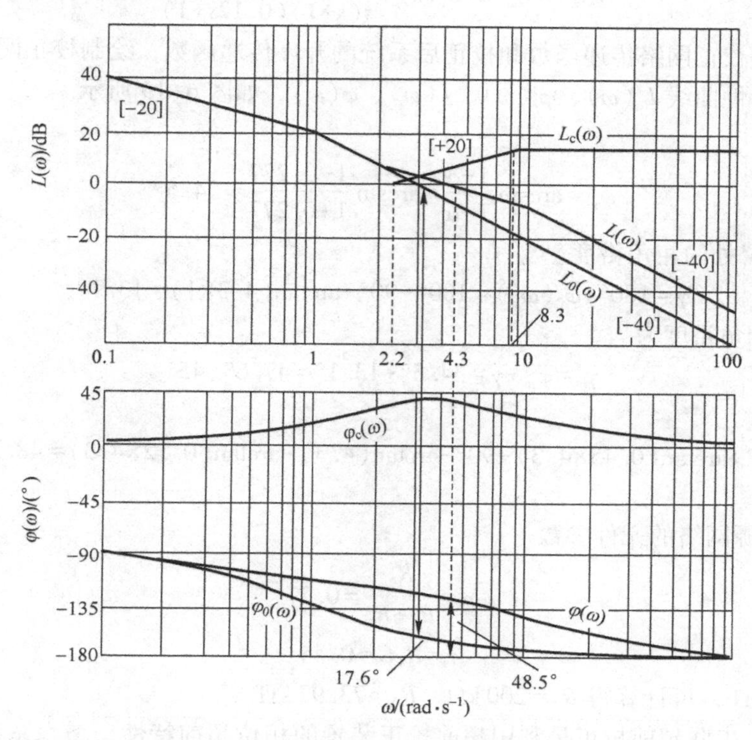

图 6-19　例 6-1 系统校正前、后的 Bode 图

3）根据要求，确定校正后系统开环截止频率 $\omega_c' = 4.3\ \text{rad/s}$。并使超前校正网络在 ω_c' 处提供最大相角 φ_m，所以 $\omega_c' = \omega_m = 4.3\ \text{rad/s}$。原系统在新的截止频率处的幅值为 $L_0(\omega_c') = -5.57\ \text{dB}$。要使 ω_c' 为校正后的截止频率，校正网络在 ω_c' 处提供的幅值应为 5.57 dB，取 6 dB。所以

$$10\lg\frac{1}{\alpha} = 6\ \text{dB}$$

$$\alpha = 0.277$$

$$\tau = \frac{1}{\omega_m\sqrt{\alpha}} = \frac{1}{4.3\times\sqrt{0.277}}\ \text{s} = 0.45\ \text{s}$$

$$\omega_1 = \frac{1}{\tau} = 2.2\ \text{rad/s}$$

$$\omega_2 = \frac{1}{\alpha\tau} = 8.3\ \text{rad/s}$$

4）求超前校正网络的传递函数。为满足静态性能指标 $K = 10$，若采用无源网络，需考虑补偿校正损失：$1/\alpha = 3.7$ 倍。由此得到校正网络的传递函数为

$$G_c(s)=\alpha\frac{\tau s+1}{\alpha\tau s+1}\cdot\frac{1}{\alpha}=\frac{0.45s+1}{0.12s+1}$$

5）校正后系统的开环传递函数为

$$G(s)=G_o(s)G_c(s)=\frac{10(0.45s+1)}{s(s+1)(0.12s+1)}$$

根据求得的校正网络传递函数和校正后系统的开环传递函数，绘制校正网络和校正后系统的对数频率特性曲线 $L_c(\omega)$、$\varphi_c(\omega)$、$L(\omega)$、$\varphi(\omega)$，如图 6-19 所示。

此时

$$\varphi_m=\arcsin\frac{1-\alpha}{1+\alpha}=\arcsin\frac{1-0.277}{1+0.277}\approx 34.5°$$

原系统在 ω_c'处的相角裕度

$$\gamma=180°+\varphi_0(\omega_c')=180°-90°-\arctan(4.3\times1)=13.1°$$

校正后的相角裕度为

$$\gamma'=\varphi_m+\gamma=34.5°+13.1°=47.6°>45°$$

或

$$\gamma'=180°+\arctan(0.45\times4.3)-90°-\arctan(4.3)-\arctan(0.12\times4.3)=48.5°>45°$$

满足要求。

6）确定无源网络的元件参数

$$\alpha=\frac{R_2}{R_1+R_2}=0.27$$

$$\tau=R_1C=0.44$$

若选取 $C=2.2\ \mu F$，可计算得 $R_1=200\ k\Omega$，$R_2=73.97\ k\Omega$。

应当指出，串联超前校正是利用超前校正装置的相位超前特性，增大系统的相角裕度，使系统的超调量减小；同时，还增大了系统的截止频率，从而使系统的调节时间减小。但对提高系统的稳态精度作用不大，而且还使系统的抗高频干扰能力有所降低。一般地，串联超前校正适合于稳态精度已满足要求，而且噪声信号也很小，但超调量和调节时间不满足要求的系统。

串联超前校正网络的设计步骤归纳如下：

1）根据稳态误差的要求，确定开环传递系数 K。

2）确定在 K 值下的系统开环 Bode 图，并求出未校正系统的相角裕度和幅值裕度。

3）确定校正后系统的 ω_c'和 α 值。

① 若先对校正后系统的 ω_c'提出要求，则按选定的 ω_c'确定 $L_0(\omega_c')$。取 $\omega_m=\omega_c'$，使超前网络在 ω_m处的幅值 $10\lg(1/\alpha)$满足

$$L_0(\omega_c')=-10\lg(1/\alpha) \tag{6-35}$$

求出超前网络的 α 值。

② 若未对校正后系统的 ω_c'提出要求，则可由要求的 γ'值求出校正网络的最大超前相角：

$$\varphi_m=\gamma'-\gamma+\varepsilon \tag{6-36}$$

γ 为校正前系统的相角裕度，ε 为校正网络的引入使 ω_c'增大而造成的相角裕度减小的补偿

量，一般取 5°~20°。

根据 $\alpha=\dfrac{1-\sin\varphi_m}{1+\sin\varphi_m}$ 求出 α。然后在未校正系统的 $L_0(\omega_c')$ 特性上查出其值等于 $-10\lg(1/\alpha)$ 所对应的频率，这就是校正后系统新的截止频率 ω_c'，且

$$\omega_m=\omega_c' \tag{6-37}$$

4）根据确定的 α 和 ω_m 值求校正网络的 τ。

$$\tau=\frac{1}{\omega_m\sqrt{\alpha}} \tag{6-38}$$

5）画出校正后系统的 Bode 图并校验，如不满足指标可改变 φ_m 或 ω_c' 重新计算，直到满足指标为止。

6）确定电气网络的参数值。

2. 滞后校正装置的设计方法

【例 6-2】 闭环系统如图 6-20 所示，若要求稳态速度误差系数 $K_v=30$，相角裕度 $\gamma\geqslant 40°$，幅值裕度 $L_g\geqslant 10$ dB，截止频率 $\omega_c'\geqslant 2.3$ rad/s，试设计串联校正装置。

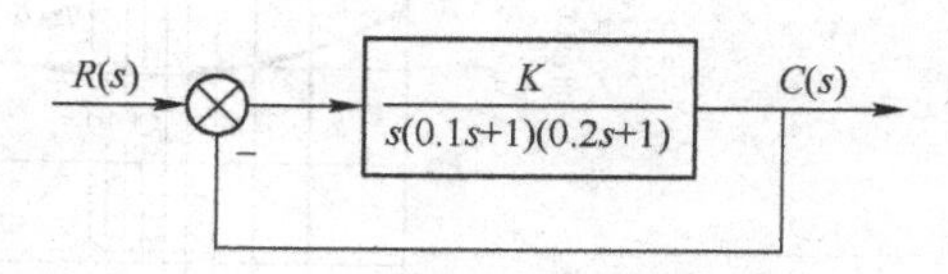

图 6-20　例 6-2 系统的结构图

解： 1）确定开环增益 K 值

$$K_v=\lim_{s\to 0}sG_0(s)=\lim_{s\to 0}s\frac{K}{s(0.1s+1)(0.2s+1)}=K=30$$

2）所以，待校正系统的开环传递函数为

$$G_0(s)=\frac{30}{s(0.1s+1)(0.2s+1)}$$

相应的 Bode 图如图 6-21 中的曲线 $L_0(\omega)$、$\varphi_0(\omega)$ 所示。

由图知得

$$\omega_c=12\text{ rad/s},\ \gamma_0=-27.6°,\ \omega_g=7.07\text{ rad/s},\ L_g=-9.55\text{ dB}$$

或由

$$|G_0(j\omega_c)|=\frac{30}{\omega_c\times\dfrac{\omega_c}{5}\times\dfrac{\omega_c}{10}}=1$$

得

$$\omega_c=\sqrt[3]{1500}\text{ rad/s}=11.45\text{ rad/s}>2.3\text{ rad/s}$$
$$\gamma_0=180°-90°-\arctan 0.1\omega_c-\arctan 0.2\omega_c=-25.3°<40°$$

由

$$\varphi(\omega_g)=-90°-\arctan 0.1\omega_g-\arctan 0.2\omega_g=-180°$$

得

$$\omega_g=\sqrt{50}\text{ rad/s}=7.07\text{ rad/s}$$

$$L_g=-20\lg A(\omega_g)=-20\lg\frac{30}{\omega_g\times\sqrt{1+0.04\omega_g^2}\times\sqrt{1+0.01\omega_g^2}}=-6.02\text{ dB}$$

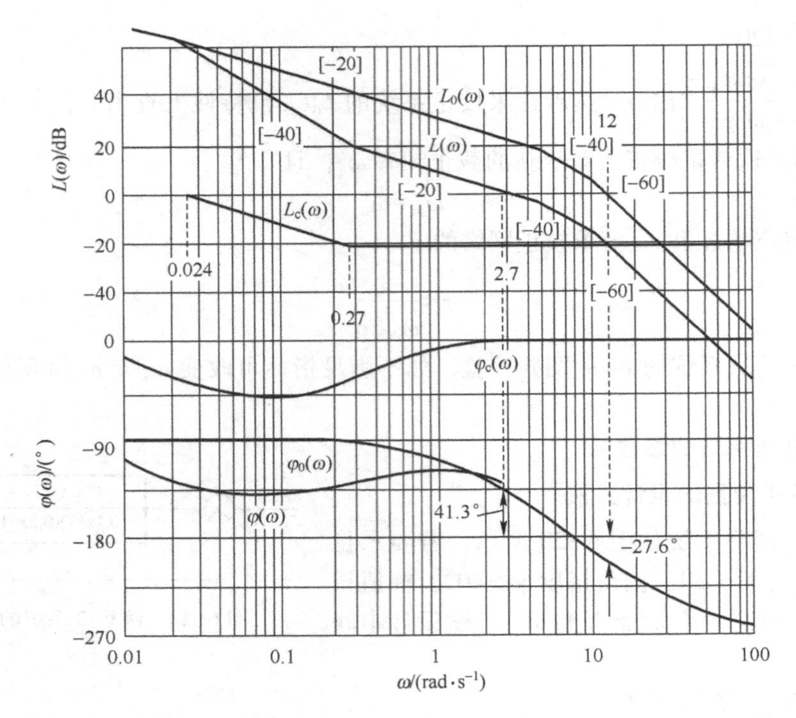

图 6-21　未校正系统的 Bode 图

说明系统不稳定，需要校正。

能否采用超前校正呢？如果串联超前校正，当 $\alpha=0.01$ 时的 γ 仍不足 30°，但需补偿放大倍数 100 倍，所以超前校正难以奏效。现采用滞后校正。

另一方面，系统经超前校正后，其截止频率必会升高（右移）。原系统相位在 ω_c 附近急剧下降，很大程度上抵消了校正网络带来的相角超前量。

从截止频率的大小来判断，要求的截止频率 ω_c' 比校正前原系统的 ω_c 小，可以在保持低频段不变的前提下，适当降低其中、高频段的幅值，这样，截止频率必然左移（减小），相角裕度将显著增大。串联滞后网络正好具备压低带宽这种特性。

3）校正方法如下：

① 根据校正后系统相角裕度不少于 40°的要求，考虑到校正网络在校正后系统的 ω_c' 处会产生一定相角滞后的副作用，其值通常在 −12°～−5°之间，现假定为 −6°，作为校正网络副作用的补偿量。本例取 $\gamma'=46°$。

由校正前的频率特性图知，当 $\omega=2.7\ \text{rad/s}$ 时，$\varphi_0(\omega)=-134°$，即相角裕度 $\gamma=46°$，可初选 $\omega_c'=2.7\ \text{rad/s}>2.3\ \text{rad/s}$。

② 当选择 $\omega_c'=2.7\ \text{rad/s}$ 时，未校正系统的幅值为 $L_0(\omega_c')=21\ \text{dB}$。

欲使校正后 $L_0(\omega)$ 曲线在 $\omega_c'=2.7\ \text{rad/s}$ 处通过零分贝线，幅频特性就必须往下压 21 dB。所以滞后网络本身的高频段幅值应是

$$21-20\lg\frac{1}{\beta}=0$$

$$\beta=11.22$$

③ 求校正网络的传递函数。取校正网络的第二个转折频率为 $\omega_2=0.1\omega_c'=0.27\ \text{rad/s}$。所以

$$\tau=\frac{1}{\omega_2}=\frac{1}{0.27}\ \text{s}=3.7\ \text{s},\ \beta\tau=11.22\times3.7\ \text{s}=41.51\ \text{s}$$

滞后校正装置的传递函数为

$$G_c(s)=\frac{3.7s+1}{41.51s+1}$$

所以，校正后系统的开环传递函数为

$$G(s)=G_0(s)G_c(s)=\frac{30(3.7s+1)}{s(0.1s+1)(0.2s+1)(41.51s+1)}$$

根据求得的校正网络传递函数和校正后系统的开环传递函数，绘制校正网络和校正后系统的对数频率特性曲线 $L_c(\omega)$、$\varphi_c(\omega)$、$L(\omega)$、$\varphi(\omega)$，如图 6-21 所示。

可得

$$\omega_c'=2.7\ \text{rad/s},\ \gamma'=41.3°,\ L_g=12\ \text{dB}$$

满足要求。

4）校正网络的实现，具体如下：

$$\tau=R_2C$$

$$\beta=\frac{R_1+R_2}{R_2}$$

若选 $R_2=200\ \text{k}\Omega$，则 $R_1=2\ \text{M}\Omega$，$C=18.5\ \mu\text{F}$，选用标准值 $C=22\ \mu\text{F}$。

从本例可以看出滞后校正降低了原有系统的截止频率，提高了相角裕度。滞后校正主要应用在系统快速性要求不高，但对抗扰性要求较高的场合，以及系统具有满意的动态性能但稳态性能不理想的场合。

串联滞后校正网络的设计步骤归纳如下：

1）根据稳态误差的要求，确定开环放大倍数 K。绘制未校正系统的伯德图，确定 ω_c、γ、L_g 等参量。

2）确定校正后系统的截止频率 ω_c'。

原系统在新的截止频率 ω_c' 处具有的相角裕度应满足

$$\gamma(\omega_c')=\gamma'+\Delta\gamma' \tag{6-39}$$

γ' 为要求达到的相角裕度。$\Delta\gamma'$ 为补偿滞后网络的副作用而提供的相角裕度的修正量，一般取 5°~12°。原系统中对应 $\gamma(\omega_c')$ 处的频率即为校正后系统的截止频率 ω_c'。

3）求滞后网络的 β 值。

未校正系统在 ω_c' 处的对数幅值 $L_0(\omega_c')$ 应满足

$$L_0(\omega_c')+20\lg\frac{1}{\beta}=0 \tag{6-40}$$

由此求出 β 值。

4）确定校正网络的传递函数。

选取校正网络的第二个转折频率

$$\omega_2=\frac{1}{\tau}=\left(\frac{1}{10}\sim\frac{1}{2}\right)\omega_c' \tag{6-41}$$

由 τ 和 β 得到校正网络的传递函数

$$G_c(s)=\frac{\tau s+1}{\beta\tau s+1}=\frac{\dfrac{1}{\omega_1}s+1}{\dfrac{1}{\omega_2}s+1} \tag{6-42}$$

5）校验是否满足性能指标，若不满足则进一步左移 ω_c'。

6）确定校正网络元件值。

3. 滞后-超前校正装置的设计方法

这种校正方法兼有滞后校正和超前校正的优点，即校正后系统的响应速度较快，超调量较小，抑制高频噪声的性能也较好。当待校正系统不稳定，且要求校正后系统的响应速度、相角裕度和稳态精度较高时，以采用串联滞后-超前校正为宜。其基本原理是利用滞后-超前网络的超前部分来增大系统的相角裕度，同时利用滞后部分来改善系统的稳态性能。设计方法归纳如下：

1）根据对系统稳态性能的要求，确定系统应有的开环传递系数 K，并以此值绘制未校正系统的 Bode 图。

2）根据已确定的开环增益 K，绘制原系统的对数频率特性曲线 $L_0(\omega)$、$\varphi_0(\omega)$，计算其稳定裕度 γ_0、L_{g0}。

3）在待校正系统的对数幅频特性曲线上，选择斜率从［-20］变为［-40］的转折频率作为校正网络超前部分的第一个转折频率 $\omega_3=1/\tau_2$。ω_3 的这种选法，可以降低校正后系统的阶次，且可以保证中频区斜率为期望的［-20］，并占据较宽的频带。

4）根据响应速度要求，选择系统的截止频率 ω_c' 和校正网络衰减因子 β 值。要保证校正后系统的截止频率为所选的 ω_c'，且应使下列等式成立：

$$20\lg\beta=L(\omega_c')+20\lg\frac{\omega_c'}{\omega_3} \tag{6-43}$$

式中的 $L(\omega_c')+20\lg(\omega_c'/\omega_3)$ 可由待校正系统的对数幅频特性上的［-20］延长线在 ω_c' 处的数值确定。

5）确定滞后部分的转折频率。一般在下列范围内选取滞后部分的第二个转折频率：

$$\omega_2=\frac{1}{\tau_1}\approx\left(\frac{1}{10}\sim\frac{1}{5}\right)\omega_c' \tag{6-44}$$

再根据已求得的 β 值，就可确定滞后部分的第一个转折频率 $\omega_1=1/(\beta\tau_1)$。

6）确定超前部分的转折频率。超前部分的第一个转折频率 $\omega_3=1/\tau_2$ 已选定，第二个转折频率 $\omega_4=\beta/\tau_2$。

7）画出校正后系统的 Bode 图，验证性能指标。若不满足，则从步骤 2）重新做起，直到满足要求为止。

【例 6-3】 某单位反馈控制系统的开环传递函数为

$$G_0(s)=\frac{K}{s(0.5s+1)(0.167s+1)}$$

要求设计一个相位滞后-超前校正装置，使稳态速度误差系数 $K_v\geqslant180$，相角裕度 $\gamma\geqslant45°$，动态调节时间不超过 3 s。

解：1）根据稳态指标

$$K_v=\lim_{s\to 0}sG_0(s)=\lim_{s\to 0}s\frac{K}{s(0.5s+1)(0.167s+1)}=K=180$$

待校正系统的开环传递函数为

$$G_0(s)=\frac{180}{s(0.5s+1)(0.167s+1)}$$

相应的 Bode 图如图 6-22 中的曲线 $L_0(\omega)$、$\varphi_0(\omega)$所示。

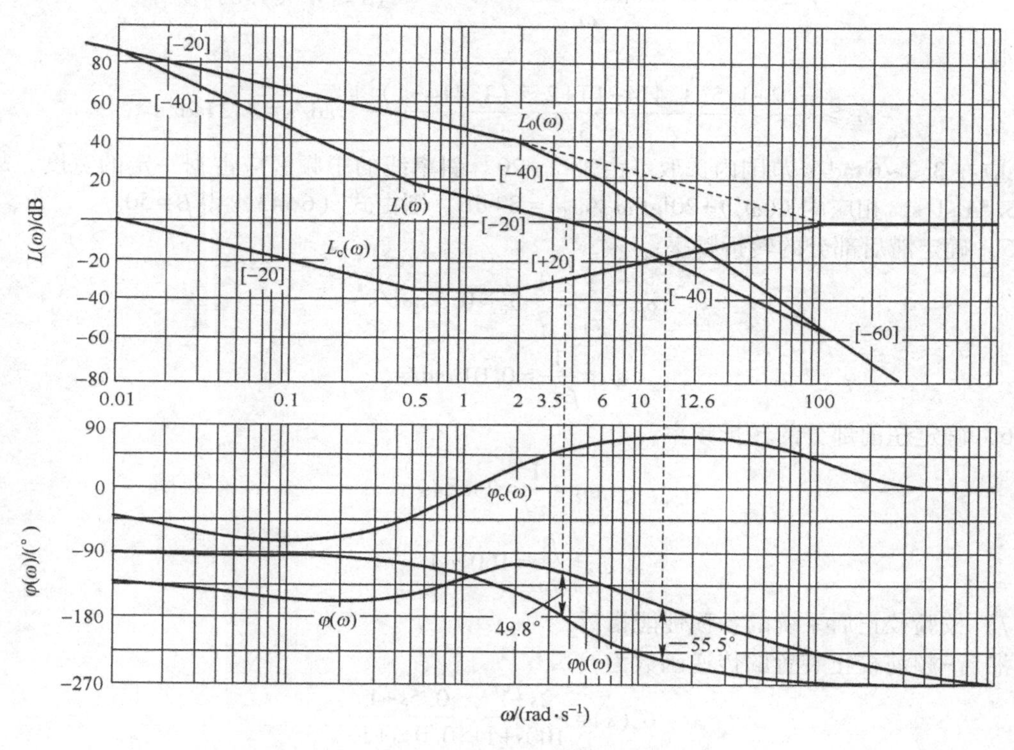

图 6-22　例 6-3 系统校正前后的 Bode 图

2）由图 6-22 可知，原系统的截止频率 $\omega_c=12.6\,\mathrm{rad/s}$，相角裕度 $\gamma_0=-55.5°$，说明待校正系统是不稳定的。

或由

$$|G_0(\mathrm{j}\omega_c)|=\frac{180}{\omega_c\times\dfrac{\omega_c}{2}\times\dfrac{\omega_c}{6}}=1$$

得

$$\omega_c=\sqrt[3]{2160}\,\mathrm{rad/s}=12.9\,\mathrm{rad/s}$$

$$\gamma_0=180°-90°-\arctan\frac{\omega_c}{2}-\arctan\frac{\omega_c}{6}=-56.24°<45°$$

3）选取校正网络超前部分的第一个转折频率为

$$\omega_3=\frac{1}{\tau_2}=2\ \text{rad/s}$$

4）选择校正后系统的截止频率ω_c'和校正网络衰减因子β值。根据$\gamma \geqslant 45°$和$t_s \leqslant 3\ \text{s}$的指标要求，根据高阶系统时域性能指标和频域性能指标之间的近似关系

$$M_r=\frac{1}{\sin\gamma}$$

$$t_s=\frac{\pi[2+1.5(M_r-1)+2.5(M_r-1)^2]}{\omega_c}\quad(1 \leqslant M_r \leqslant 1.8)$$

得

$$\omega_c \geqslant \frac{\pi[2+1.5(1.414-1)+2.5(1.414-1)^2]}{3}\ \text{rad/s}=3.2\ \text{rad/s}$$

故ω_c'应在3.2~6 rad/s范围内选取。由于［-20］斜率线的中频区应占据一定的宽度，故选$\omega_c'=3.5\ \text{rad/s}$，相应的$L(\omega_c')+20\lg(\omega_c'/\omega_3)=34\ \text{dB}$。则由式（6-43）得$\beta=50$。

5）确定滞后部分的转折频率：

$$\omega_2=\frac{1}{\tau_1}=\frac{1}{7}\omega_c'=0.5\ \text{rad/s}$$

$$\omega_1=\frac{1}{\beta\tau_1}=0.01\ \text{rad/s}$$

6）确定超前部分的转折频率：

$$\omega_3=\frac{1}{\tau_2}=2\ \text{rad/s}$$

$$\omega_4=\frac{\beta}{\tau_2}=100\ \text{rad/s}$$

7）校验校正后系统的各项性能指标：

滞后-超前校正装置的传递函数为

$$G_c(s)=\frac{2s+1}{100s+1}\cdot\frac{0.5s+1}{0.01s+1}$$

所以，校正后系统的开环传递函数为

$$G(s)=\frac{180(2s+1)}{s(0.01s+1)(0.167s+1)(100s+1)}$$

由$\omega_c'=3.5\ \text{rad/s}$，得

$$\begin{aligned}\gamma &=180°+\varphi(\omega_c')\\ &=180°+\arctan(2\times3.5)-90°-\arctan(0.01\times3.5)-\arctan(0.167\times3.5)-\arctan(100\times3.5)\\ &=49.8°>45°\end{aligned}$$

系统的调节时间为

$$t_s=\frac{\pi[2+1.5(1.31-1)+2.5(1.31-1)^2]}{\omega_c}=2.2\ \text{s}<3\ \text{s}$$

满足指标要求。

6.3.2 串联校正的根轨迹法设计

当性能指标以时域量值给出时，例如给出最大超调量$\sigma\%$、调节时间t_s或阻尼比ζ、无

阻尼振荡角频率 ω_n，则采用根轨迹法进行串联校正装置的设计是比较方便的。

在利用根轨迹法对系统进行校正时，首先需要将时域指标的要求转化为对根轨迹的要求。而这种转化往往不够精确，其原因首先是系统可能属高阶系统；其次，系统的时域性能指标不但与闭环极点有关，而且与闭环零点有关。鉴于上述情况，工程上通常引用主导极点的概念，作为解决这个问题的途径，即假设系统的性能主要取决于某对共轭复极点。这样就可以由性能指标的要求确定出这对主导极点应有的位置，进而确定 ζ 值和 ω_n 值。然后考虑到其他极点、零点对系统性能的影响，对 ζ 和 ω_n 值进行适当修正，并留有充分的余地。实践证明，根据具有适当余地的 ζ、ω_n 值设计出的系统，其性能指标常常是令人满意的。

1. 根轨迹法设计的基本思想

(1) 性能指标的转换。性能指标转换的目的，是根据给出的时域指标在 s 平面上确定一对期望的闭环主导极点的位置。系统校正的实质是改造根轨迹的形状，迫使其通过期望的闭环主导极点，以满足相应指标的要求。

工程上最常用也是最直观的时域指标是最大超调量 $\sigma\%$ 和调节时间 t_s。若 $\sigma\%$ 给定，则可按二阶系统中

$$\sigma\% = e^{-\frac{\zeta}{\sqrt{1-\zeta^2}}\pi} \times 100\%$$

的关系算出阻尼比 ζ。若 t_s 亦已给定，就可按

$$t_s = \frac{3.5}{\zeta\omega_n}$$

的关系计算出闭环系统的无阻尼振荡频率 ω_n。

当阻尼比 ζ 确定后，意味着期望的闭环主导极点必须落在阻尼角为 β 的直线上，主导极点至坐标原点的距离唯一地由 ω_n 的大小所决定。于是一对闭环主导极点 λ_1、λ_2 就完全确定了，只要根轨迹能通过 λ_1、λ_2 两点，所提出的时域指标就可望得到满足。

(2) 串入超前校正网络的效应。串联超前校正是在系统开环零、极点的基础上增加一对零、极点 $\left(-\frac{1}{\tau}、-\frac{1}{\alpha\tau}\right)$，且零点比极点更靠近坐标原点，即零点起主要作用。

设增加的零、极点如图 6-23 所示。对于 s 平面上半部的任一点 λ_1 来说，零点 z_c 所造成的相角为 φ_z，极点 p_c 造成的相角为 φ_p。于是，附加零、极点对 λ_1 所造成的总相角为

$$\varphi_c = \varphi_z - \varphi_p \tag{6-45}$$

对于超前校正，$z_c < p_c$，则 φ_c 为正；

对于滞后校正，$z_c > p_c$，故 φ_c 为负。

另外，超前网络的传递函数为

$$G_c = \alpha\frac{\tau s+1}{\alpha\tau s+1} = \frac{s+\dfrac{1}{\tau}}{s+\dfrac{1}{\alpha\tau}}$$

可见，加入零、极点 $\left(-\frac{1}{\tau}、-\frac{1}{\alpha\tau}\right)$ 后，校正装置将使系统的传递系数衰减为原来的 $1/\alpha$，

为保持稳态性能不变，这种衰减应由系统放大器作出补偿。

(3) 串入滞后校正网络的效应。串联滞后校正是在系统原有零、极点基础上增添一对零极点$\left(-\frac{1}{\tau}、-\frac{1}{\beta\tau}\right)$，且极点比零点更靠近坐标原点。

当τ值选择得很大时，这对零、极点就非常靠近坐标原点，如图 6-24 所示。无疑这是一对靠近原点的开环偶极子。对于距原点较远的主导极点而言，偶极子产生的相角为

$$\varphi_c=\varphi_z-\varphi_p$$

其绝对值不大，一般小于5°。所以对λ_1的影响甚微。

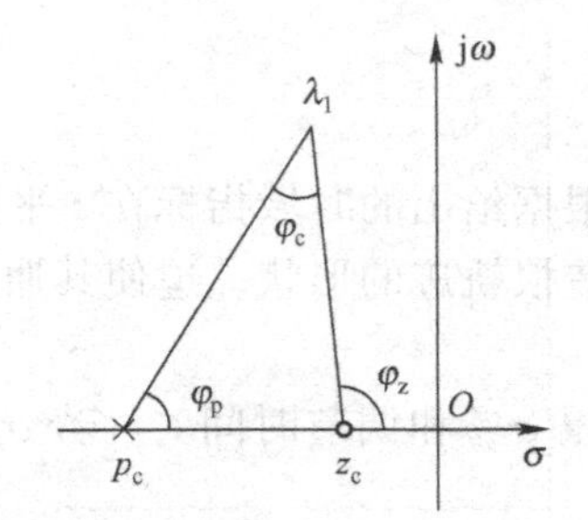

图 6-23　附加零、极点对λ_1造成的相角

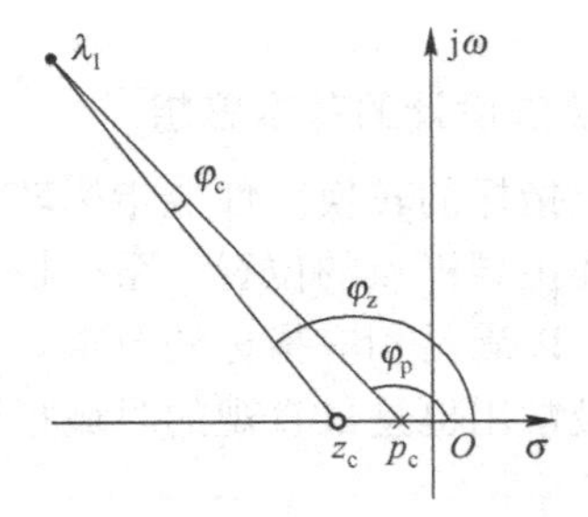

图 6-24　附加偶极子的效应

另从图 6-24 可看出，$|\lambda_1-p_c|$与$|\lambda_1-z_c|$几乎相等，故偶极子的加入，对λ_1处的根轨迹增益K^*的影响非常小。但从开环增益K与K^*的关系可见，偶极子的加入将使系统的开环放大系数增大D倍。

$$D=\frac{|z_c|}{|p_c|}=\beta$$

2. 超前校正装置的根轨迹法设计

串联超前校正是通过在系统中引入一对$|z_c|<|p_c|$的开环负实数零、极点，使系统的根轨迹形状发生变化，向左移动，以增大系统的阻尼比ζ和无阻尼振荡频率ω_n，从而有效地改善系统的动态性能。超前校正适用于动态性能不满足要求、而稳态性能要求不高但容易满足的系统。

应用根轨迹法设计串联超前校正装置的步骤如下：

1) 绘出原系统的根轨迹图，分析原系统的性能，确定校正的形式。

2) 根据性能指标的要求，确定期望的闭环主导极点λ_1、λ_2的位置。

3) 若原系统的根轨迹不通过λ_1、λ_2点，说明单靠调整放大系数无法获得期望的闭环主导极点，这时必须引入超前校正网络，并计算出超前网络应提供多大的相角φ_c，才能迫使根轨迹通过期望的主导极点。φ_c可按相角条件求之如下：

设$G_c(s)$、$G_0(s)$分别为串联校正装置和原系统的开环传递函数，则校正后系统的开环传递函数为

$$G(s)=G_0(s)G_c(s) \tag{6-46}$$

取其相角，有

$$\varphi_G(s)=\varphi_{G_c}(s)+\varphi_{G_0}(s) \tag{6-47}$$

若要根轨迹通过期望闭环主导极点 λ_1，则在 λ_1 点应满足相角条件，即

$$\varphi_{G_c}(\lambda_1)+\varphi_{G_0}(\lambda_1)=\pm(2k+1)\pi$$

故有

$$\varphi_c=\varphi_{G_c}(\lambda_1)=\pm(2k+1)\pi-\varphi_{G_0}(\lambda_1) \tag{6-48}$$

4）根据求得的 φ_c 角，应用图解法确定串联超前网络的零、极点位置，即校正网络的传递函数。

5）绘出校正后系统的根轨迹，并由幅值条件求出校正后系统的根轨迹增益 K^* 以及静态误差系数，以便全面校核系统的性能。

【例 6-4】 某 I 型二阶系统的开环传递函数为

$$G_0(s)=\frac{4}{s(s+2)}$$

要求系统具有的时域性能指标为：最大超调量 $\sigma\%\leqslant20\%$，调节时间 $t_s\leqslant1.5\,\text{s}$。试用根轨迹法设计串联超前校正装置。

解： 1）绘出校正前原系统的根轨迹如图 6-25 所示。

2）由给定的 $\sigma\%\leqslant20\%$，求得 $\zeta\geqslant0.45$。选取 $\zeta=0.45$，故 $\beta=60°$。

由给定的 $t_s\leqslant1.5\,\text{s}$，求得 $\omega_n=4\,\text{rad/s}$。所以期望的闭环主导极点为

$$\lambda_{1,2}=-\zeta\omega_n\pm j\omega_n\sqrt{1-\zeta^2}=-2\pm j2\sqrt{3}$$

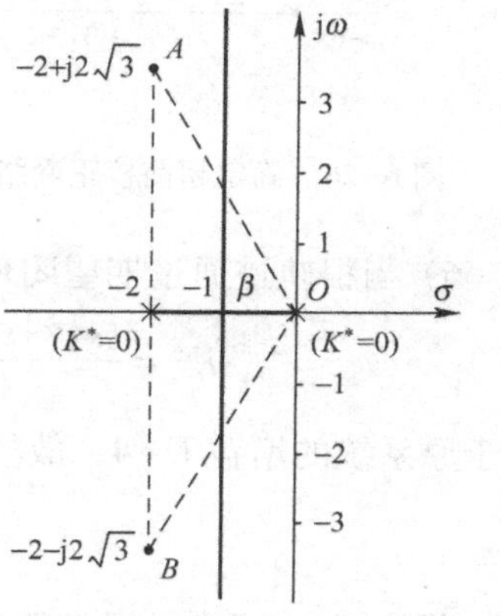

如 6-25 图中的 A、B 所示。

图 6-25　例 6-4 的根轨迹法设计

3）由于校正前的根轨迹是通过 $(-1,j0)$ 点的一条垂线，故无论 K^* 取何值，轨迹都无法通过 A、B 两点，考虑到期望主导极点落在根轨迹之左方，根轨迹左移则可望通过 A、B 两点。可见必须引入超前校正。

超前网络应提供的 φ_c 角可由式（6-48）求得，式中的 $\varphi_{G_0}(s)$ 是原系统开环零、极点对于 A 点所产生的相角，即

$$\varphi_{G_0}(\lambda_1)=-120°-90°=-210°$$

故

$$\varphi_c=-180°-(-210°)=30°$$

4）用图解法确定校正网络的零极点。在没有提出对稳态误差要求的情况下，确定校正装置零、极点的一般作图方法是通过主导极点 A 作水平线 AA'，连接 A、O。作 $\angle OAA'$ 的平分线 AC。然后在 AC 两侧分别绘出张角为 $\varphi_c/2$ 的两条直线 AD 和 AE。即 $\angle CAD$ 和 $\angle CAE$ 为 $30°/2=15°$。至此，线段 AD、AE 和负实轴的交点即为超前校正装置的极点和零点，如图 6-26 所示。

经上述作图，求得 $p_c=-5.4$，$z_c=-2.9$。所以，超前校正网络的传递函数为

$$G_c(s)=K_c\frac{s+2.9}{s+5.4}$$

5）系统加入超前校正装置后的开环传递函数为

$$G(s)=G_c(s)G_0(s)=\frac{K^*(s+2.9)}{s(s+2)(s+5.4)}$$

由此绘出校正后系统的根轨迹，如图 6-27 所示。

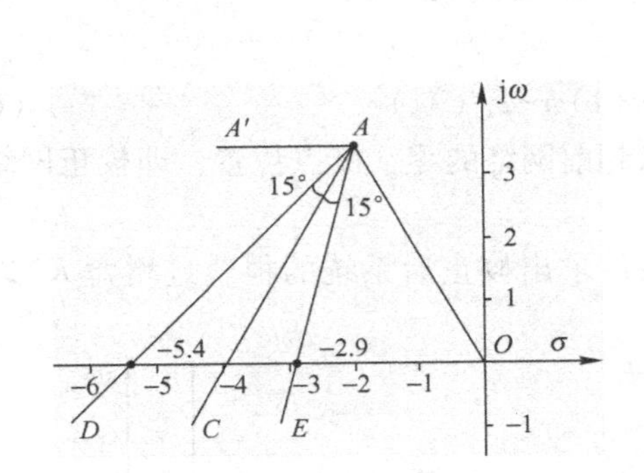

图 6-26 确定超前校正网络零、极点的图解法

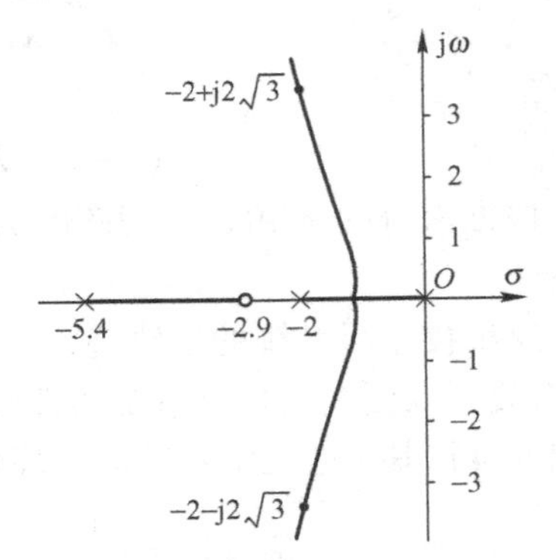

图 6-27 超前校正后系统的根轨迹

6）当根轨迹通过期望闭环主导极点时，根据幅值条件算出该点的根轨迹增益为

$$K^* = \frac{|s|\times|s+2|\times|s+5.4|}{|s+2.9|}\bigg|_{s=-2+j2\sqrt{3}} = \frac{4\times3.464\times4.854}{3.579} = 18.8$$

由于原系统的增益 $K=4$，故校正装置的根轨迹增益应为

$$K_c = \frac{K^*}{K} = \frac{18.8}{4} = 4.7$$

若将 $G(s)$ 写成时间常数表示的形式，则有

$$G(s) = 18.8\times\frac{(s+2.9)}{s(s+2)(s+5.4)} = \frac{5.05(0.345s+1)}{s(0.5s+1)(0.185s+1)}$$

该系统是 I 型系统，稳态性能用速度误差系数 K_v 表示，即

$$K_v = K = 5.05$$

3. 滞后校正装置的根轨迹法设计

滞后校正是通过在系统中引入一对靠近坐标原点的开环负实数偶极子的方法，在根轨迹的形状基本不变的情况下，大幅度提高系统的开环放大系数，从而有效地改善系统的稳态性能。串联滞后校正主要应用于系统的根轨迹已通过期望的闭环主导极点，但不能满足稳态性能要求的场合。

用根轨迹法设计串联滞后校正装置的步骤如下：

1）绘出校正前原系统的根轨迹，并根据动态性能指标的要求，在 s 平面上确定期望的闭环主导极点（A 点）。

2）用幅值条件求出 A 点的根轨迹增益 K^* 及其对应的开环增益 K。

3）根据给出的稳态指标要求，确定系统所需增大的放大倍数 D。

4）选择滞后校正网络的零点 z_c 及极点 p_c，使满足 $z_c = Dp_c$，并要求 z_c 与 p_c 相对于 A 点为一对偶极子。这就要求 z_c 与 p_c 离原点越近越好，但它们离原点越近，就意味着要求 τ 值越大，过大的 τ 值在物理上是难以实现的。因此，一般取 $\varphi(A-p_c) - \varphi(A-z_c) \leqslant 3°$ 为宜。

5）画出校正后系统的根轨迹，并调整放大器增益，使闭环主导极点位于期望位置。

6）校验各项性能指标。

下面举例说明串联滞后校正的根轨迹法设计过程。

【例 6-5】单位反馈控制系统的开环传递函数为

$$G_0(s)=\frac{K^*}{s(s+4)(s+6)}$$

现要求加入校正装置后系统主导极点的特征参数为 $\zeta\geqslant0.45$，$\omega_n\geqslant0.5\ \text{rad/s}$，开环增益 $K\geqslant15$。

解：1）绘出原系统的根轨迹如图 6-28 所示。

取 $\zeta=0.5$，阻尼角 $\beta=60°$。在图中作 $\beta=60°$ 的径向直线 OL，与根轨迹相交于 A 点，A 即为校正后闭环系统的主导极点，其坐标由图读得为 $\lambda_1=-1.2+\mathrm{j}2.1$，$\zeta=0.5$，$\omega_n=2.4\ \text{rad/s}$。均满足对系统主导极点特征参数的要求。

2）计算 A 点对应的 K^* 值。按幅值条件得

$$K_A^*=2.4\times3.5\times5.24=44$$

其相应的系统开环增益为

$$K_0=\frac{K^*}{4\times6}=1.83$$

不能满足要求。

3）现在系统中加入滞后校正装置，校正装置的零、极点之比应为

$$D=\frac{z_c}{p_c}=\frac{K}{K_0}=\frac{15}{1.83}=8.2$$

4）取 $D=10$，考虑到减小滞后校正装置零、极点对主导极点的影响及校正装置的可实现性，现选 $p_c=-0.005$，$z_c=-0.05$。

5）校正后系统的开环传递函数为

$$G(s)=\frac{K^*(s+0.05)}{s(s+4)(s+6)(s+0.005)}$$

按此绘出校正后系统的根轨迹如图 6-29 所示。图中亦用虚线示出未校正系统的根轨迹。

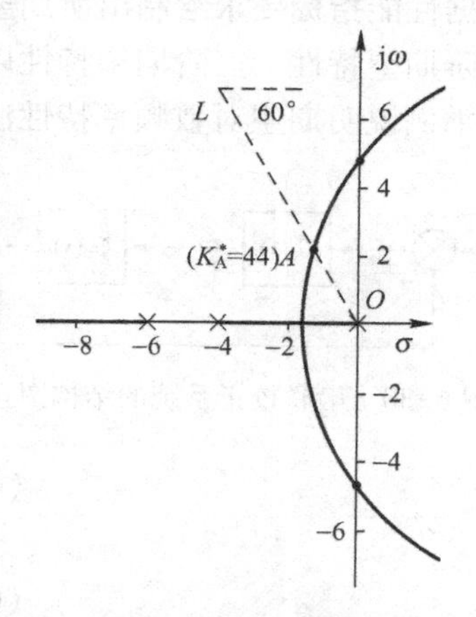

图 6-28　例 6-5 的根轨迹法设计图示

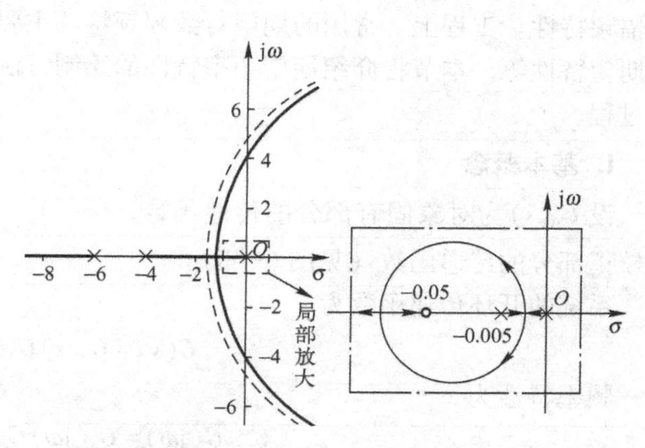

图 6-29　滞后校正后系统的根轨迹

不难证明，滞后校正装置在主导极点处产生的相角差为 $\varphi_c=-0.93°$，基本上不影响系统的瞬态性能。

6）根据幅值条件计算校正后系统主导极点 A 处的根轨迹增益 K^* 仍为 44。但校正后系统的开环放大系数却增大了 10 倍，即

$$K=\frac{44\times0.05}{4\times6\times0.005}=18.3>15$$

充分满足对系统稳态性能的要求。

4. 滞后-超前校正装置的根轨迹法设计

在控制系统中，常用超前校正改善系统的稳定性和瞬态性能；而用滞后校正改善系统的稳态性能。如果需要同时改善系统的瞬态性能和稳态性能，就要同时加入超前校正装置和滞后校正装置，或采用单一的、既具有滞后校正效果又具有超前校正效果的滞后-超前校正装置。

最常用的滞后-超前校正装置的传递函数见式（6-34），可以分解成两部分，其中 $G_1(s)$ 为超前校正部分，$G_2(s)$ 为滞后校正部分。经此分解、就可按下列步骤进行校正装置的设计：

1）根据对系统瞬态性能指标的要求，确定校正后闭环期望主导极点的位置。

2）确定校正装置中起超前作用的零、极点位置，使期望的主导极点落在校正后系统的根轨迹上。并用幅值条件计算主导极点上的根轨迹增益 K^* 和系统的开环增益 K。

3）根据对系统稳态性能的要求，确定校正装置中起滞后作用的零、极点位置。

4）绘制滞后-超前校正后系统的根轨迹，并作瞬态性能和稳态性能的校核。

5）确定校正装置的具体线路，并予以实现。

可见，滞后-超前校正装置的设计过程基本上是参照上述的超前校正、滞后校正步骤进行的。设计方法大同小异，不再赘述。

6.3.3 串联校正的期望对数频率特性设计法

前面介绍的校正设计方法比较直观，物理上易于实现。下面将介绍一种工程上较为普遍采用的设计方法，称作期望对数频率特性设计方法，该方法在串联校正中相当有效。期望特性设计方法是在对数频率特性上进行的，设计的关键是根据性能指标要求绘制出所期望的对数幅频特性。工程上，常用的期望对数幅频特性主要有二阶期望特性，三阶期望特性以及四阶期望特性等，本节将介绍期望频率特性的绘制方法，并举例说明期望对数频率特性法的设计过程。

1. 基本概念

设 $G_0(s)$ 为对象固有部分的传递函数，$G_c(s)$ 为校正部分的传递函数（见图 6-30）。

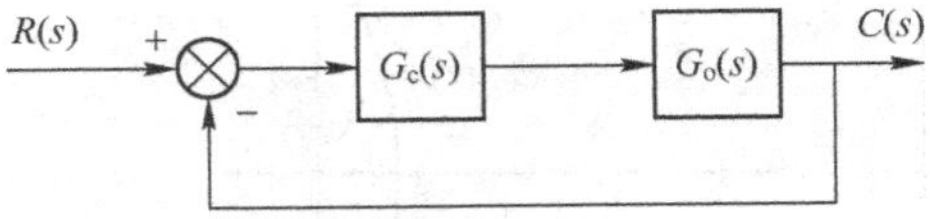

图 6-30　串联校正系统的结构图

系统的开环传递函数为

$$G(s)=G_c(s)G_0(s) \tag{6-49}$$

频率特性为

$$G(j\omega)=G_c(j\omega)G_0(j\omega) \tag{6-50}$$

对数幅频特性为

$$L(\omega)=L_0(\omega)+L_c(\omega) \tag{6-51}$$

$L(\omega)$为系统校正后所期望得到的对数幅频特性。若根据性能指标要求得到所期望的$L(\omega)$，而$L_0(\omega)$为已知，则可以求得$L_c(\omega)=L(\omega)-L_0(\omega)$。期望对数频率特性仅考虑开环对数幅频特性而不考虑相频特性，所以此法仅适用于最小相位系统的设计。

2. 典型的期望对数频率特性

（1）二阶期望特性（见图6-31）。其传递函数为

$$G(s)=G_c(s)G_0(s)=\frac{K}{s(\tau s+1)}=\frac{\omega_n^2}{s(s+2\zeta\omega_n)}=\frac{\dfrac{\omega_n}{2\zeta}}{s\left(\dfrac{s}{2\zeta\omega_n}+1\right)} \tag{6-52}$$

$$\omega_c=K=\frac{\omega_n}{2\zeta},\ \omega_2=2\zeta\omega_n,\ \frac{\omega_2}{\omega_c}=4\zeta^2 \tag{6-53}$$

工程上常取$\zeta=0.707$时的特性为二阶工程最佳期望特性，此时性能指标为$\sigma\%=4.3\%$，$t_s=6\tau$，$\omega_2=2\omega_c$，$\gamma=65.5°$。

（2）三阶期望特性（见图6-32）。又称Ⅱ型三阶系统，其传递函数为

$$G(s)=\frac{K(\tau_1 s+1)}{s^2(\tau_2 s+1)},\ \tau_1>\tau_2,\ \frac{1}{\tau_1}<\sqrt{K}<\frac{1}{\tau_2} \tag{6-54}$$

三阶期望特性的动态性能和截止频率ω_c有关，也和中频宽h有关。

$$h=\frac{\omega_2}{\omega_1}=\frac{\tau_1}{\tau_2} \tag{6-55}$$

在h值给定的情况下，可按下式确定转折频率：

$$\omega_1=\frac{2}{h+1}\omega_c,\ \omega_2=\frac{2h}{h+1}\omega_c \tag{6-56}$$

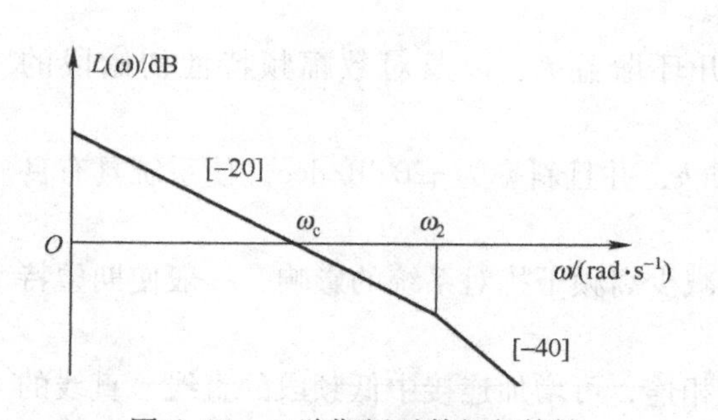

图6-31　二阶期望对数幅频特性

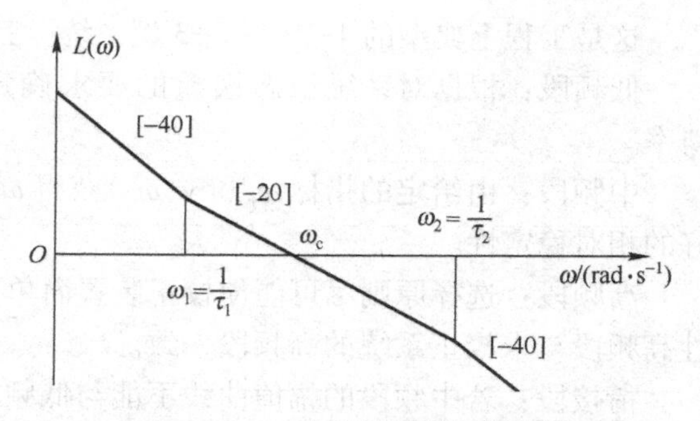

图6-32　三阶期望对数幅频特性

不同h值下的M_r值和γ值见表6-4。

表6-4　不同h值的M_r值和γ值

h	3	4	5	6	7	8	9	10
M_r	2	1.7	1.5	1.4	1.33	1.29	1.25	1.22
γ	30°	36°	42°	46°	49°	51°	53°	55°

（3）四阶期望特性（见图 6-33）。又称 I 型四阶系统，其传递函数为

$$G(s)=\frac{K(\tau_2 s+1)}{s(\tau_1 s+1)(\tau_3 s+1)(\tau_4 s+1)} \tag{6-57}$$

其中 ω_c 和中频宽 h 可由超调量 $\sigma\%$ 和调整时间 t_s 来确定。

$$\omega_c \geqslant (6\sim8)\frac{1}{t_s} \tag{6-58}$$

$$h \geqslant \frac{\sigma+64}{\sigma-16} \tag{6-59}$$

$$\omega_2=\frac{2}{h+1}\omega_c \tag{6-60}$$

$$\omega_3=\frac{2h}{h+1}\omega_c \tag{6-61}$$

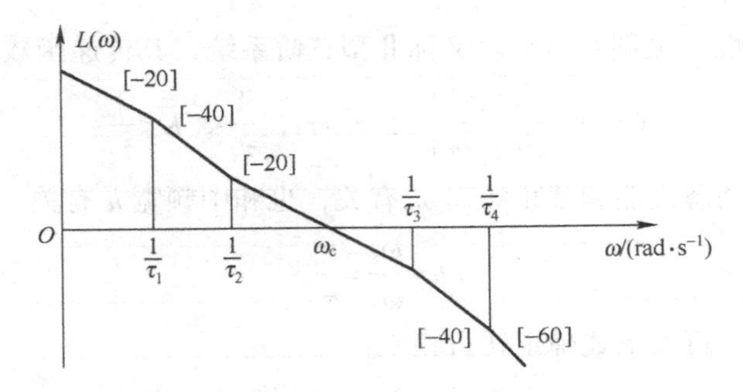

图 6-33　四阶期望对数幅频特性

这是工程上典型的 1-2-1-2-3 型系统。其中：

低频段：根据对系统稳态误差的要求确定开环增益 K，以及对数幅频特性初始段的斜率。

中频段：由给定的指标 ω_c 和 $\gamma(\omega_c)$ 获得 ω_c 和 h，并且斜率为−20 dB/dec，使系统具有良好的相对稳定性。

高频段：选择原则尽可能使校正装置简单，减少高频干扰对系统的影响，一般使期望特性高频段与未校正系统的高频段一致。

衔接段：若中频段的幅值曲线不能与低频段相连，可增加连接中低频段的直线，直线的斜率可为−40 dB/dec 或者−60 dB/dec，斜率一般与前后频段相差 20 dB/dec。

基于期望对数频率特性的设计步骤通常是：

1）根据稳态性能要求，绘制满足稳态性能的未校正系统的对数频率特性 $L_0(\omega)$。

2）根据给定的稳态和动态性能指标，绘制期望的开环对数频率特性 $L(\omega)$，其低频段与 $L_0(\omega)$ 低频段重合。

3）由 $L_c(\omega)=L(\omega)-L_0(\omega)$，获得校正装置对数频率特性。

4）验证校正后的系统是否满足性能指标要求。

5）考虑 $G_c(s)$ 的物理实现。

【例 6-6】系统的开环传递函数为

$$G_0(s)=\frac{K}{s(0.5s+1)(0.167s+1)}$$

要求速度误差系数 $K_v \geqslant 180$，$\gamma \geqslant 40°$，$3\ \mathrm{rad/s} < \omega_c < 5\ \mathrm{rad/s}$，试用期望对数频率特性法设计串联校正装置。

解：做出 $K=K_v=180$ 时未校正系统 Bode 图中的对数幅频特性，如图 6-34 中 $L_0(\omega)$ 所示。

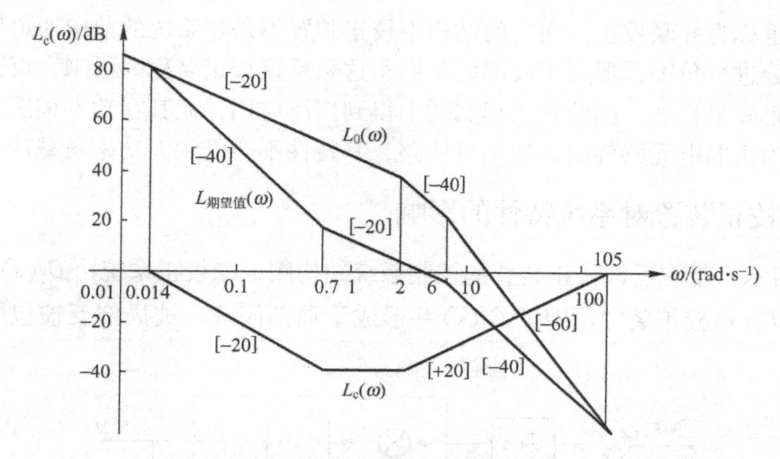

图 6-34 校正前后的系统 Bode 图

未校正系统的开环剪切频率 $\omega_{c0}=12.9\ \mathrm{rad/s}$，对应的相角裕量 $\gamma_0=-56.35°$；需进行串联校正，确定按期望特性来设计串联校正装置。

确定系统期望对数幅频特性如下：

低频段，根据稳态精度要求，开环增益不低于 180，与未校正系统重合；

中频段，根据 $3\ \mathrm{rad/s} < \omega_c < 5\ \mathrm{rad/s}$ 及 $\gamma \geqslant 40°$ 要求，选取 $\omega_c=3.5\ \mathrm{rad/s}$，且中频段斜率为 $-20\ \mathrm{dB/dec}$，并具有适当宽度；

连接段，低频段向中频段过渡段的斜率选择为 $-40\ \mathrm{dB/dec}$，且第二个转折频率不宜接近剪切频率，通常选择

$$\omega_2=\left(\frac{1}{2}\sim\frac{1}{10}\right)\omega_c$$

这里选择 $\omega_2=0.2\omega_c=0.7\ \mathrm{rad/s}$。

为使校正装置简单，低频段与连接段的转折频率直接选择二者的交点频率 $\omega_1=0.014\ \mathrm{rad/s}$，而对高频段无过高要求，通常高频段与未校正特性近似即可，但同时应保证中频段的宽度和校正装置简单，在此选择中频段向高频段过渡的第一个转折频率 $\omega_3=6\ \mathrm{rad/s}$，第二个转折频率为过渡段与未校正特性的交点 $\omega_4=105\ \mathrm{rad/s}$。

期望的对数幅频特性如图 6-34 中 $L_{期望值}(\omega)$ 所示。

根据串联校正特点 $L_c(\omega)=L_{期望值}(\omega)-L_0(\omega)$，求出校正装置的对数幅频特性，如图 6-34 中 $L_c(\omega)$ 所示，由 $L_c(\omega)$ 写出校正装置的传递函数为

$$G_c(s)=\frac{(0.5s+1)(1.43s+1)}{(0.0095s+1)(71.4s+1)}$$

为滞后-超前校正。

检验校正后系统的相角裕量为

$$\gamma=180°+\arctan1.43\omega_c-90°-\arctan0.0095\omega_c-\arctan0.167\omega_c-\arctan71.4\omega_c=46.7°$$

满足性能指标要求。

6.4 反馈校正的设计

反馈校正也称为并联校正，在它的结构中校正装置不是与系统的前向通道串联，而是对系统的某些部分进行包围，形成了局部的反馈，这是反馈校正名称的由来。反馈校正的优点比较突出，校正效果显著，因此在工程实践中得到广泛应用，尤其在功率伺服系统中应用较多，反馈回路为由弱电元器件组成的信号回路，其特性不会受到大功率负载的影响。

6.4.1 反馈校正装置对系统特性的影响

图 6-35 所示为带有反馈校正装置的控制系统结构图，未校正系统由 $G_1(s)$ 和 $G_2(s)$ 两部分组成，反馈 $G_c(s)$ 校正装置包围了 $G_2(s)$ 并形成了局部闭环。被局部反馈包围部分的传递函数为

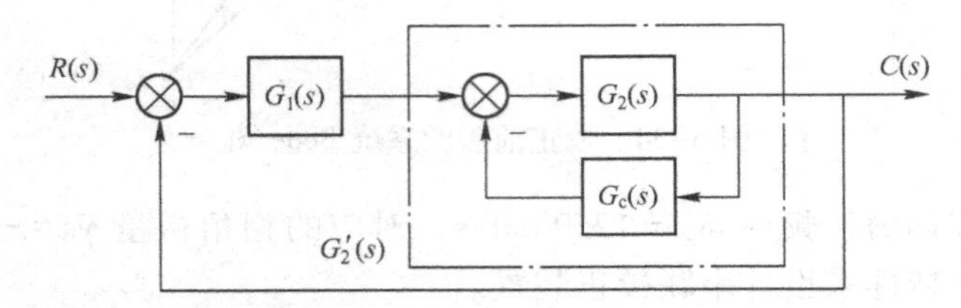

图 6-35 反馈校正结构图

$$G_2'(s)=\frac{G_2(s)}{1+G_2(s)G_c(s)} \tag{6-62}$$

频率特性为

$$G_2'(j\omega)=\frac{G_2(j\omega)}{1+G_2(j\omega)G_c(j\omega)} \tag{6-63}$$

当 $|G_2(j\omega)G_c(j\omega)|\gg1$ 时，有

$$G_2'(j\omega)\approx\frac{1}{G_c(j\omega)} \tag{6-64}$$

系统特性几乎与被包围的环节 $G_2(j\omega)$ 无关，只和反馈环节特性有关。

当 $|G_2(j\omega)G_c(j\omega)|\ll1$ 时，有

$$G_2'(j\omega)\approx G_2(j\omega) \tag{6-65}$$

系统特性几乎与 $G_c(j\omega)$ 无关，即反馈环节不起作用。

适当地选择校正装置的形式和参数，就能改变校正后系统的频率特性，使系统满足所要求的性能指标。

6.4.2 反馈校正装置的设计方法

校正后系统的开环传递函数为

$$G_K(j\omega)=\frac{G_1(j\omega)G_2(j\omega)}{1+G_2(j\omega)G_c(j\omega)}=\frac{G_0(j\omega)}{1+G_2(j\omega)G_c(j\omega)} \tag{6-66}$$

$G_0(j\omega)$为未校正系统的开环频率特性。

若 $20\lg|G_2(j\omega)G_c(j\omega)|\ll 0$，则

$$20\lg|G_K(j\omega)|=20\lg|G_0(j\omega)| \tag{6-67}$$

若 $20\lg|G_2(j\omega)G_c(j\omega)|\gg 0$，则

$$20\lg|G_K(j\omega)|=20\lg|G_0(j\omega)|-20\lg|G_2(j\omega)G_c(j\omega)| \tag{6-68}$$

如果已知 $20\lg|G_k(j\omega)|$ 和 $20\lg|G_0(j\omega)|$，就可以由

$$20\lg|G_K(j\omega)|<20\lg|G_0(j\omega)| \tag{6-69}$$

确定校正装置起作用的频率区间，并由

$$20\lg|G_2(j\omega)G_cj\omega)|=20\lg|G_0(j\omega)|-20\lg|G_K(j\omega)| \tag{6-70}$$

求得该区间内的特性。

满足 $20\lg|G_2(j\omega)G_c(j\omega)|\ll 0$ 的区间校正装置不起作用，$G_2(j\omega)G_c(j\omega)$的特性可任意选取，但为使校正装置简单，可将校正装置起作用的频率范围中的特性 $20\lg|G_2(j\omega)G_c(j\omega)|$ 延伸到校正装置不起作用的频率区间中去。

得到 $20\lg|G_2(j\omega)G_c(j\omega)|$ 的特性后，相减即可得到 $G_c(j\omega)$。

【例 6-7】 设系统结构图如图 6-36 所示。试设计反馈校正装置 $G_c(s)$，使系统满足超调量 $\sigma\%\leqslant 30\%$，调节时间 $t_s\leqslant 0.5$ s。

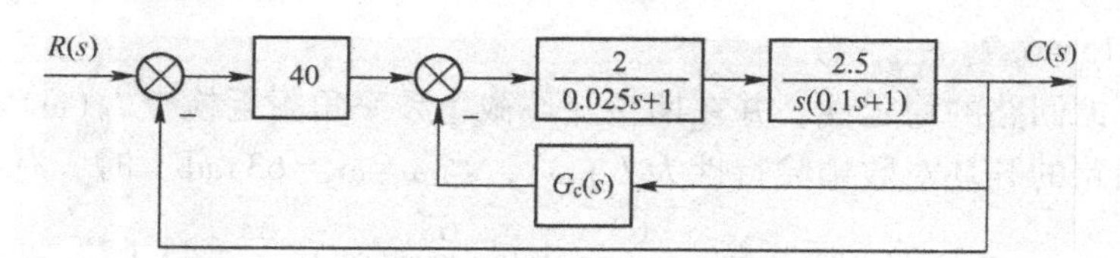

图 6-36 例 6-7 系统结构图

解：待校正系统的开环传递函数为

$$G_0(s)=\frac{200}{s(0.1s+1)(0.025s+1)}$$

相应的对数幅频特性如图 6-37 中的 $L_0(\omega)$曲线所示。并求得 $\omega_c=43$rad/s，$\gamma=-37°$，系统不稳定。

根据 $\sigma\%\leqslant 30\%$，得 $\gamma\geqslant 48°$，取 $\gamma=50°$，则 $M_r=1.3$，且 $t_s\leqslant 0.5$ s，故有（仿例 6-3）

$$\omega_c\geqslant\frac{\pi[2+1.5(1.3-1)+2.5(1.3-1)^2]}{0.5}\text{rad/s}=16.81\text{ rad/s}$$

取 $\omega_c'=18$ rad/s，并取 $\omega_2=0.1\omega_c'=1.8$ rad/s，从 ω_2向左作斜率为［−40］的线段交 $L_0(\omega)$曲线于 $\omega_1=0.15$ rad/s。为简单起见，$L(\omega)$曲线中频段斜率为［−20］的线段一直延长，交 $L_0(\omega)$曲线于 $\omega_3=63$ rad/s。期望对数幅频特性如图 6-37 中的 $L(\omega)$曲线所示。

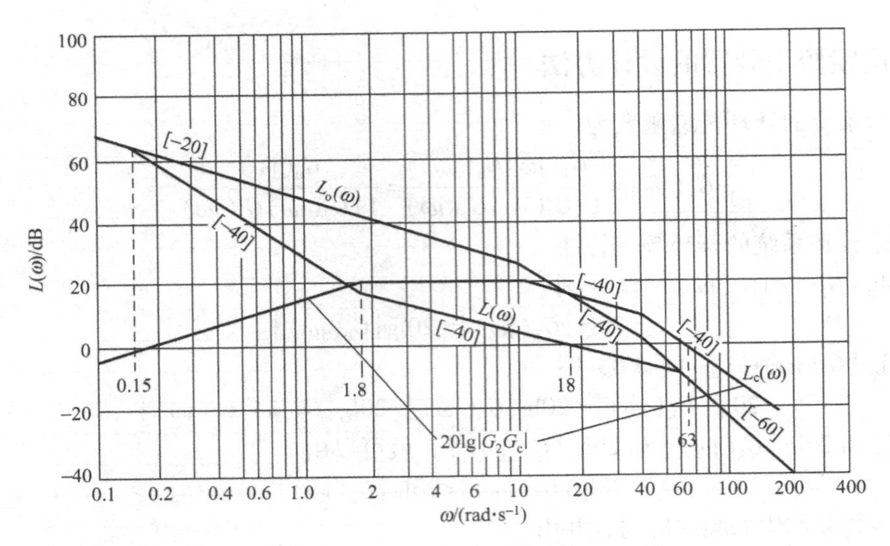

图 6-37　例 6-7 系统校正前后的 Bode 图

因此，在 0.15 rad/s <ω <63 rad/s 的范围内，$L(\omega) < L_0(\omega)$，则 $G_c(s)$起作用，并由 $L_c(\omega)=L_0(\omega)-L(\omega)$求得 $L_c(\omega)$。在 ω<0.5 rad/s 及 ω>63 rad/s 的范围内，$L(\omega)=L_0(\omega)$，所以 $L_c(\omega)$曲线两边延伸即可。$L_c(\omega)$曲线如图 6-37 所示。

根据 $L_c(\omega)$求得

$$G_2(s)G_c(s)=\frac{K_1 s}{\left(\frac{s}{1.8}+1\right)\left(\frac{s}{10}+1\right)\left(\frac{s}{40}s+1\right)}$$

式中，$K_1=1/0.15=6.7$。

检验局部反馈回路的稳定性，并在期望开环截止频率角附近检查 $L_c(\omega)>0$ 的程度。

局部反馈回路的开环对数幅频特性为 $L_c(\omega)$，当 $\omega=\omega_3=63$ rad/s 时，有

$$\gamma_2=180°+90°-\arctan\frac{63}{1.8}-\arctan\frac{63}{10}-\arctan\frac{63}{40}=43.07°$$

所以，局部反馈回路稳定。而且，当 $\omega=\omega_c'=18$ rad/s 时，有

$$L_c(\omega)=20\lg\frac{6.7\times18}{\frac{18}{1.8}\times\frac{18}{10}\times1}\text{dB}=16.52\text{ dB}$$

基本满足 $20\lg|G_2(j\omega)G_c(j\omega)|\gg0$ 的要求，表明近似程度较高。

求取反馈校正装置的传递函数 $G_c(s)$，即

$$G_c(s)=\frac{G_2(s)G_c(s)}{G_2(s)}=\frac{1.34s^2}{0.56s+1}$$

由于近似条件能较好地满足，故可直接用期望特性来验算设计指标要求。

$$G_k(s)=\frac{200\left(\frac{s}{1.8}+1\right)}{s\left(\frac{s}{0.15}+1\right)\left(\frac{s}{63}+1\right)^2}=\frac{200(0.56s+1)}{s(6.7s+1)(0.016s+1)^2}$$

$$\gamma' = 180° - 90° + \arctan\frac{18}{1.8} - \arctan\frac{18}{0.15} - 2\arctan\frac{18}{63} = 52.88°$$

$$M_r = \frac{1}{\sin\gamma'} = 1.25$$

$$\sigma\% = 0.16 + 0.4(M_r - 1) = 26.17\% < 30\%$$

$$t_s = \frac{\pi[2+1.5(1.25-1)+2.5(1.25-1)^2]}{\omega_c'} = 0.44\text{ s} < 0.5\text{ s}$$

均满足指标要求。

由于 $G_c(s) = \dfrac{1.34s^2}{0.56s+1}$ 有两个纯微分环节，不易实现，可将原结构图略作调整，如图 6-38 所示。

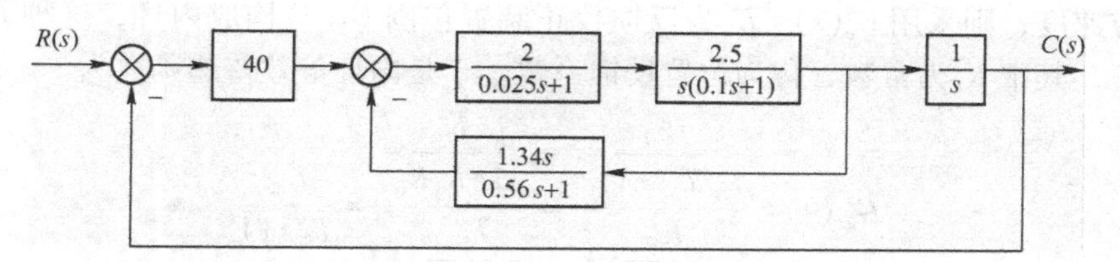

图 6-38　例 6-7 系统结构图的实现

从上面的介绍中，可以看出反馈校正的优点主要有：

1）在一定条件下，并联校正装置完全代替了被包围环节，消除了原系统中不希望的特性，在功率电路中应用较多。

2）抑制了参数变化和各种干扰（如非线性因素及噪声）。

3）等效地代替串联校正。

4）被包围元件的性能可以适当降低。

采用并联校正要注意下面的问题：

（1）对稳定性的影响。采用比例反馈（硬反馈）可将积分环节变成惯性环节。也能使惯性环节的时间常数减小，但使传递系数也减小，从而使系统稳态性能下降。为使系统稳态性能不至下降，常采用微分反馈，又称软反馈。0 型系统采用一阶微分反馈 $\dfrac{K_f s}{\tau s+1}$，I 型系统采用二阶微分反馈 $\dfrac{K_f s^2}{\tau s+1}$。

（2）局部稳定性。实际工作时，总是先接通和调试小闭环，不稳定的小闭环无法调试整个系统，因此必须使小闭环具有局部稳定性，并且具有 20°以上的相角稳定裕度。此外，局部闭环所包围的惯性环节一般不超过两个。

根据上面的例子，归纳反馈校正的设计步骤如下：

1）绘制满足稳态性能指标要求的未校正系统开环对数幅频特性 $L_0(\omega)$。

2）绘制满足性能要求的期望对数幅频特性 $L_k(\omega)$。

3）用 $L_0(\omega)$ 减去 $L_k(\omega)$，取 $L_k(\omega) < L_0(\omega)$ 的那段幅频特性作为 $20\lg|G_2(j\omega)G_c(j\omega)|$，从而得到 $G_2(s)G_c(s)$。

4）检验局部回路的稳定性，检查 $L_k(\omega)$ 的截止频率 ω_c 附近 $20\lg|G_2(j\omega)G_c(j\omega)|>0$ 的程度。

5）由 $G_2(s)G_c(s)$，得 $G_c(s)$。

6）检验校正后系统的性能指标。

7）考虑 $G_c(s)$ 的物理实现。

6.4.3 反馈校正的特点

1. 减小时间常数

若被校正环节是传递函数为 $G_2(s)=\dfrac{K_1}{T_1s+1}$ 的惯性环节，其时间常数 T_1 较大，影响整个系统的响应速度，则采用 $G_c(s)=K_h$ 为反馈校正装置包围 $G_2(s)$ 构成内环，这种方式称作位置反馈校正，其中 K_h 为常数，称为位置反馈系数。于是内环等效传递函数为

$$G_{2c}(s)=\frac{\dfrac{K_1}{T_1s+1}}{1+\dfrac{K_1}{T_1s+1}\times K_h}=\frac{\dfrac{K_1}{1+K_1K_h}}{\dfrac{T_1}{1+K_1K_h}s+1}=\frac{K_{2c}}{T_{2c}s+1}$$

上式表明，位置反馈校正后 $T_{2c}<T_1$、$K_{2c}<K_1$，被包围环节的传递系数和时间常数都减小为原值的 $\dfrac{1}{1+K_1K_h}$。传递系数 K_{2c} 的下降可通过提高前级放大器的增益来弥补，而时间常数 T_{2c} 的下降却有助于加快整个系统的响应速度。

如果用传递函数 $G_c(s)=K_1s$（K_1 称为速度反馈系数）包围如下传递函数

$$G_2(s)=\frac{K_m}{s(T_ms+1)}$$

这种校正形式称为速度反馈校正。此时内环传递函数成为

$$G_{2c}(s)=\frac{\dfrac{K_m}{s(T_ms+1)}}{1+\dfrac{K_m}{s(T_ms+1)}\times K_1s}=\frac{\dfrac{K_m}{1+K_1K_m}}{s\left(\dfrac{T_m}{1+K_1K_m}s+1\right)}=\frac{K_{2c}}{s(T_{2c}s+1)}$$

在电力传动控制系统中常用这种速度反馈控制结构，$G_2(s)$ 可认为是电动机模型传递函数，而 $G_c(s)$ 即是测速发电机的传递函数，其速度/电压测速系数即为速度反馈系数。

分析内环等效传递函数可知，电动机采用速度反馈后，其传递函数从结构形式上可以保持与校正前相同，仍包含一个积分环节，使静态性能得到保证，同时其传递系数 K_{2c} 和时间常数 T_{2c} 是原环节的 $(1+K_1K_m)$ 倍，动态响应快速性得到提高，但应注意采取措施补偿开环增益。否则，因速度反馈校正造成的开环增益下降得不到全补偿，将会影响系统稳态调节精度。

2. 改变振荡环节的阻尼比

设图 6-35 中 $G_1(s)=\dfrac{1}{s}$、$G_2(s)=\dfrac{\omega_n^2}{s+2\zeta\omega_n}$，则校正前闭环系统为一典型二阶振荡环节，

其传递函数为

$$\Phi(s)=\frac{\omega_n^2}{s^2+2\zeta\omega_n s+\omega_n^2}$$

若系统阻尼比 ζ 不能满足性能指标要求，可通过反馈校正加以调整。仍采用位置反馈校正，取 $G_c(s)=K_h$ 对 $G_2(s)$ 包围构成内环，使内环等效传递函数成为

$$G_{2c}(s)=\frac{\frac{\omega_n^2}{s+2\zeta\omega_n}}{1+\frac{\omega_n^2}{s+2\zeta\omega_n}\times K_h}=\frac{\omega_n^2}{s+2\zeta\omega_n+K_h\omega_n^2}=\frac{\omega_n^2}{s+2(\zeta+0.5K_h\omega_n)\omega_n}=\frac{\omega_n^2}{s+2\zeta'\omega_n}$$

与校正前环节 $G_2(s)$ 相比，阻尼比 ζ 改变为 ζ'，可通过适当调节 K_h 值得到恰当的、满足系统性能指标要求的阻尼比。应当指出，采用这种方法改变阻尼比 ζ 的特点在于，引入的反馈校正环节只对阻尼比本身产生影响，而对原系统开环增益 K、无阻尼自然振荡频率 ω_n 均不会产生任何影响。而通过改变前向通道上的开环增益虽也能得到期望的阻尼比 ζ，但同时系统的开环增益 K、无阻尼自然振荡频率 ω_n 都会受到影响而改变，若系统动态性能对 ζ、ω_n 均提出严格要求，则难以综合考虑同时满足要求。

3. 改变积分环节性质

若原系统中 $G_2(s)=\frac{1}{T_1 s}$ 是积分时间常数为 T_1 的积分环节，则采用位置反馈校正 $G_c(s)=K_h$ 包围 $G_2(s)$ 构成内环后，其内环等效传递函数变为

$$G_{2c}(s)=\frac{\frac{1}{T_1 s}}{1+\frac{1}{T_1 s}\times K_h}=\frac{\frac{1}{K_h}}{\frac{T_1}{K_h}s+1}=\frac{K}{Ts+1}$$

可知经反馈校正后，原积分环节变成一个典型惯性环节，其放大系数 $K=\frac{1}{K_h}$，惯性时间常数 $T=\frac{T_1}{K_h}$。控制系统设计中常用反馈校正方法改变系统内部某环节性质，使之满足系统性能指标的特殊要求。

4. 削弱非线性特性的影响

反馈校正有降低被包围环节非线性特性影响的功能。当系统由线性工作状态进入非线性工作状态（如饱和与死区）时，相当于系统的参数（如增益）发生变化，可以证明，反馈校正可以减弱系统对参数变化的敏感性，因此反馈校正在一般情况下也可以削弱非线性特性对系统的影响。

5. 降低系统对参数变化的敏感性

在控制系统中，为了减弱参数变化对系统性能的影响，除可采用鲁棒控制技术外，还可采用反馈校正的方法。以位置反馈包围惯性环节为例，假如无位置反馈时，惯性环节 $G_2(s)=$

$\frac{K_1}{T_1 s+1}$中的传递系数 K_1变为 $K_1+\Delta K$，则其相对增量为$\frac{\Delta K_1}{K_1}$；采用位置反馈后，变化前的传递系数

$$K_1' = \frac{K_1}{1+K_1 K_h}$$

则其发生偏差变化后的增量为

$$\Delta K_1' = \frac{\partial K_1'}{\partial K_1}\Delta K_1 = \frac{\Delta K_1}{(1+K_1 K_h)^2}$$

由上式可写出其相对增量为

$$\frac{\Delta K_1'}{K_1'} = \frac{1}{1+K_1 K_h} \cdot \frac{\Delta K_1}{K_1}$$

上式表明，反馈校正后传递系数的相对增量是校正前的（$1+K_1 K_h$）倍。

6.5 复合控制校正

串联校正和反馈校正是控制工程中两种常用的校正方法，在一定程度上可以使已校正系统满足给定的性能指标要求。然而，如果控制系统中存在强扰动，特别是低频强扰动，或者系统的稳态精度和响应速度要求很高，则一般的反馈控制校正方法难以满足要求。目前在工程实践中，在高精度的控制系统中，例如卫星的控制系统、硬盘驱动器的伺服系统、精密转台的伺服系统以及过程控制领域，还广泛采用一种把前馈控制和反馈控制有机结合起来的校正方法，这就是复合控制校正。

复合控制校正在原有的反馈控制系统中加入按扰动信号补偿或按输入信号补偿的前馈回路，组成前馈和反馈组合的控制系统，不影响闭环系统的稳定性。

1. 反馈和给定输入前馈的复合控制

系统结构如图 6-39 所示，$G_c(s)$作为前馈补偿装置的传递函数，则闭环系统的输出为

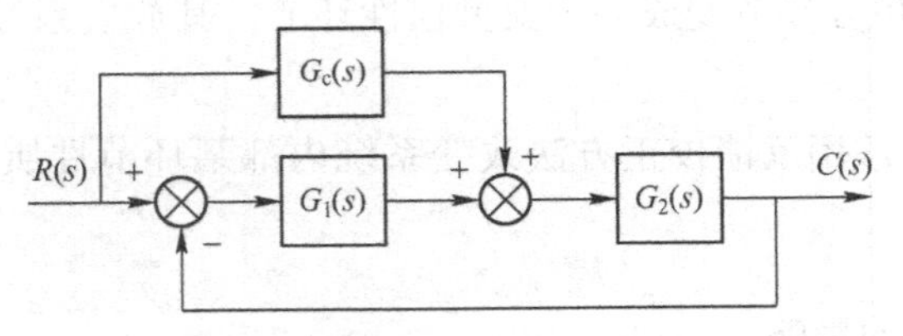

图 6-39　输入补偿的复合控制校正

$$C(s) = \frac{G_c(s)G_2(s)+G_1(s)G_2(s)}{1+G_1(s)G_2(s)}R(s) \tag{6-71}$$

若设计

$$G_c(s) = \frac{1}{G_2(s)} \tag{6-72}$$

则可以使输出响应完全复现给定输入，系统的动态和稳态误差都为零。

2. 反馈和扰动前馈的复合控制

系统如图 6-40 所示，$G_c(s)$作为前馈补偿装置的传递函数。如果扰动可以观测，扰动作用下的闭环系统输出为

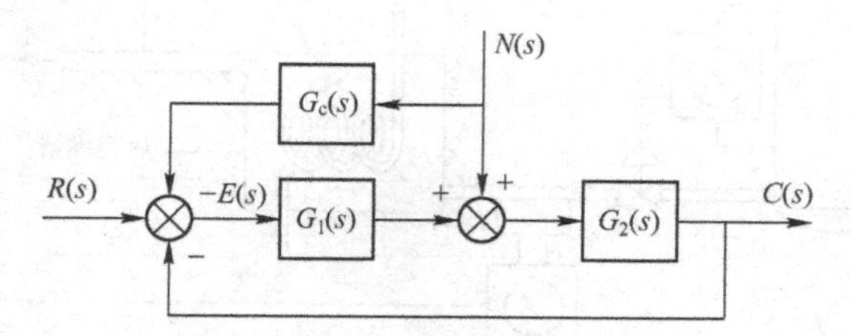

图 6-40 干扰补偿的复合控制校正

$$C(s)=\frac{[1-G_c(s)G_1(s)]G_2(s)}{1+G_1(s)G_2(s)}N(s) \tag{6-73}$$

若设计

$$G_c(s)=\frac{1}{G_1(s)} \tag{6-74}$$

则输出响应$C(s)$完全不受扰动$N(s)$的影响，系统受扰动的动态和稳态误差为零。这里前馈控制是按照扰动作用的大小进行控制，当扰动一出现，就能根据扰动的测量信号来控制被控量，及时补偿扰动对被控量的影响，所以控制是及时的，如果补偿作用完善，可以使被控量不产生偏差。

采用前馈控制补偿扰动信号对系统输出的影响是提高系统控制准确度的有效措施。但采用前馈补偿，首先要求扰动信号可以测量，其次要求前馈补偿装置在物理上是可实现的，并应力求简单。在实际应用中，多采用近似全补偿或稳态全补偿的方案。一般来说，主要扰动引起的误差，由前馈控制进行全部或部分补偿；次要扰动引起的误差，由反馈控制予以抑制。这样，在不提高开环增益的情况下，各种扰动引起的误差均可得到补偿，从而有利于同时满足提高系统稳定性和减小系统稳态误差的要求。此外，由于前馈控制是一种开环控制，因此要求构成前馈补偿装置的元部件具有较高的参数稳定性，否则将削弱补偿效果，并给系统输出造成新的误差。

误差全补偿条件式（6-72）和式（6-74）在物理上往往无法准确实现，因为对由物理装置实现的$G(s)$来说，其分母多项式次数总是大于或等于分子多项式的次数。因此在实际应用时，多在对系统性能起主要影响的频段内采用近似全补偿，以使前馈补偿装置易于物理实现。

【例 6-8】一水温控制系统如图 6-41 所示，此系统的控制对象为热交换器，控制蒸汽流量的阀门V_2为执行元件，控制单元为温度控制器，主反馈环节为温度（流水温度）负反馈。影响水温变化的主要原因是水塔水位逐渐降低，造成水流量变化（减少），而使水温波动（升高）；其次是外界温度变化，造成热交换器的散热情况不同，从而影响热交换器中的水温。因此系统的主扰动量为水流量的变化。

该控制系统的目的是为保持水温恒定，采取了三个措施：

1）采用温度负反馈环节，由温度控制器对水温进行自动调节，若水温过高，控制器使

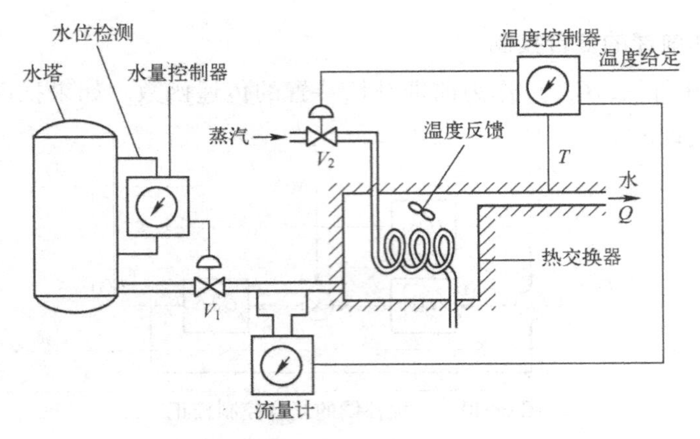

图 6-41　水温控制系统

阀门 V_2 关小，蒸汽量减少，将水温调至给定值。

2）由于水流量为主要扰动量，因此通过流量计测得扰动信号，并将此信号送往温度控制器的输入端，进行扰动前馈补偿。当水流量减少时，补偿量减小，通过温度控制器使阀门 V_2 关小，蒸汽量减少，以保持水温恒定。

3）由于水流量的变化是因水塔水位的变化（降低）而造成的，于是通过水位检测和水量控制器来调节阀门 V_1（使 V_1 开大），使水流量尽量保持不变。这里的水位检测和水量控制，实质是一种取自输入量（水位 H）对输出量（水流量 Q）的输入前馈补偿，使水流量保持不变。

综上所述，此水温控制系统实际上由两个恒值控制系统构成。一个是含有输入前馈补偿的水流量恒值控制系统（子系统），另一个是含有扰动前馈补偿和水温反馈环节的复合（恒值）控制系统（主系统），如图 6-42 所示。

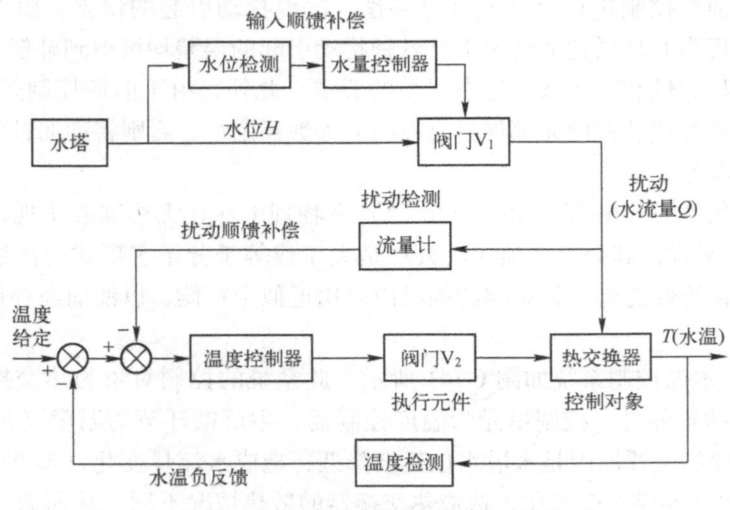

图 6-42　水温的复合控制系统校正结构图

6.6 小结

根据要求对控制器进行设计是控制系统设计的主要任务。由于系统设计的目的也是对系统性能的校正，因此控制器（又称补偿器或调节器）的设计有时又称控制系统的校正。控制系统校正的主要目的是使不稳定的系统经过校正变为稳定以及改善系统的动态和静态性能。本章主要介绍了串联校正，包括相位超前校正、相位迟后校正和控制器结构及其参数；还介绍了反馈校正和复合控制校正。

6.7 习题

6-1 某控制系统如图 6-43 所示，欲使系统的速度误差系数 $K_v=10$，超调量 $\sigma\%=4.5\%$，试确定控制器的参数 K_P 和 K_I；并求系统的单位阶跃响应，验证性能指标。

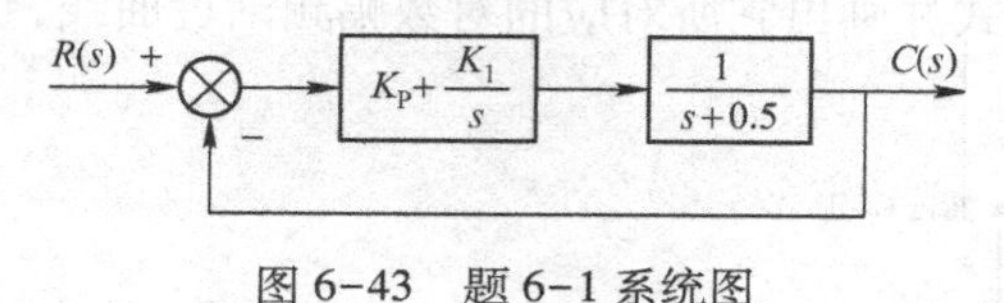

图 6-43 题 6-1 系统图

6-2 设单位负反馈系统的开环传递函数为

$$G(s)=\frac{3}{s(0.2s+1)}$$

引入超前校正网络为

$$G_c(s)=\frac{(0.25s+1)}{s(0.05s+1)}$$

试用伯德图确定谐振峰值 M_r。

6-3 设单位负反馈系统的开环传递函数为

$$G(s)=\frac{40}{s(s+4)}$$

要求系统对速度输入 $r(t)=Rt$ 的稳态误差小于 $0.1R$，相角裕度不小于 45°，截止频率 $\omega_c=10\ \mathrm{rad/s}$ 及 $\omega_c=4\ \mathrm{rad/s}$。试判别应当分别采用哪种串联校正装置来校正。

6-4 单位负反馈系统的开环传递函数为 $G(s)=\dfrac{4}{s(s+2)(s+4)}$。欲使系统的速度误差系数提高到 5.0，不改变原系统的动态性能，试用根轨迹法为其设计一个滞后校正装置，并比较校正前后系统的瞬态响应指标。

6-5 对题 6-3，若要使稳态误差小于 $0.01R$，问应当采用怎样的串联校正装置才能达到要求？并为它设计校正装置，画出校正网络的线路图，并选择元件参数。

6-6 已知一单位负反馈系统，原有的开环传递函数 $G_0(s)$ 和两种校正装置 $G_{c1}(s)$、$G_{c2}(s)$ 的对数幅频渐近曲线分别如图 6-44 中 L_0 和 L_1、L_2 所示。并设 $G_0(s)$、$G_{c1}(s)$、$G_{c2}(s)$ 都没有右半平面的零、极点。现用 $G_{c1}(s)$、$G_{c2}(s)$ 分别对系统进行串联校正。要求写出 $G_{c1}(s)G_0(s)$、

$G_{c2}(s)G_0(s)$的表达式并画出它们相应的对数幅频渐近曲线，比较两种校正方案的优缺点。

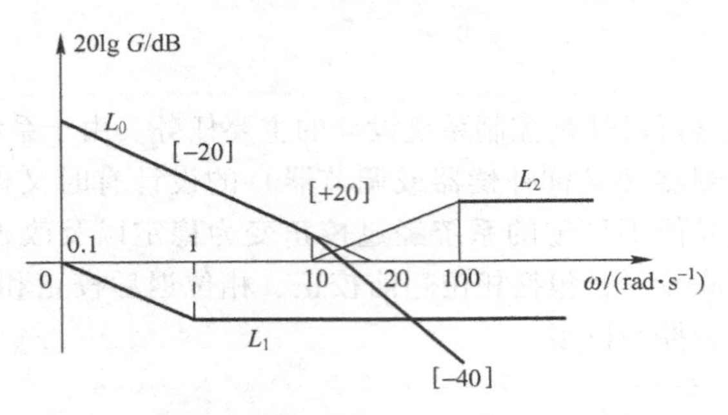

图 6-44　题 6-6 系统图

6-7　已知单位负反馈系统，原有的开环传递函数$G_0(s)$和校正装置$G_c(s)$的对数幅频渐近曲线分别如图 6-45 中L_1和L_2所示。设$G_0(s)$与$G_c(s)$均没有右半平面的极点和零点。要求写出$G_c(s)G_0(s)$的表达式并画出它所对应的对数幅频渐近曲线，分析$G_c(s)$对系统的校正作用。

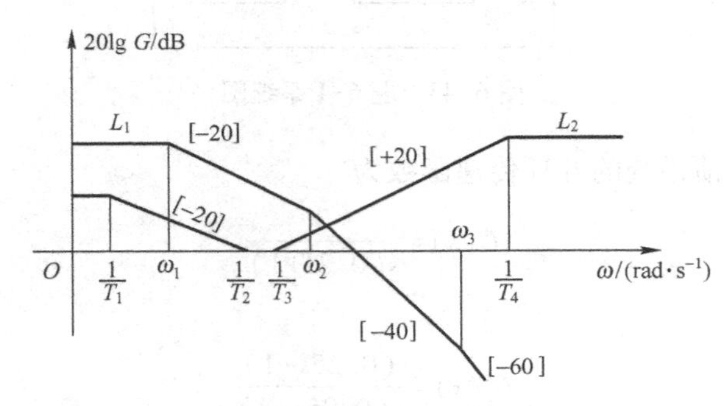

图 6-45　题 6-7 系统图

6-8　单位负反馈系统的开环传递函数为$G(s)=\dfrac{200}{s(0.1s+1)}$。试设计一校正网络，使系统的相角裕度$\gamma \geqslant 45°$，截止频率$\omega_c \geqslant 50\,\text{rad/s}$。

6-9　单位负反馈系统的开环传递函数为$G(s)=\dfrac{126}{s\left(\dfrac{s}{10}+1\right)\left(\dfrac{s}{60}+1\right)}$。试设计串联校正装置，使系统满足

（1）输入速度为 1 rad/s 时，稳态误差不大于 1/126 rad；

（2）相角裕度$\gamma \geqslant 30°$，截止频率$\omega_c = 20\,\text{rad/s}$；

（3）放大器的增益不变。

6-10　三种串联校正装置的对数幅频渐近曲线如图 6-46 所示，它们分别对应在右半平面零、极点的传递函数。若原系统为单位负反馈系统，且开环传递函数为$G(s)=\dfrac{400}{s^2(0.01s+1)}$，试问哪一种校正装置可使系统的稳定裕度最大？若要将 12Hz 的正弦噪声削弱

为原值的$\frac{1}{10}$左右，应选择哪种校正？

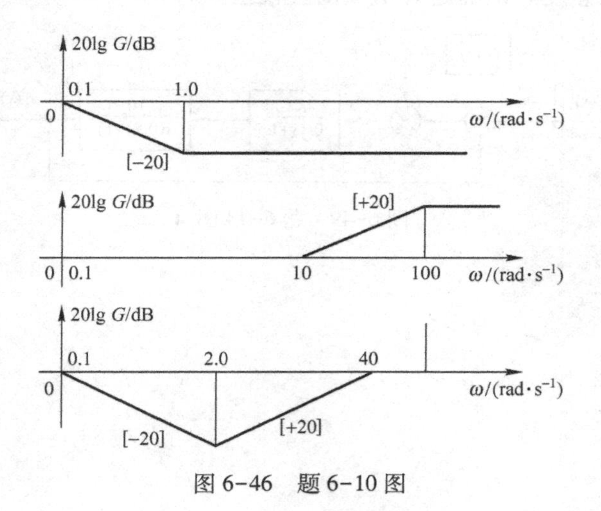

图 6-46 题 6-10 图

6-11 单位负反馈系统的开环传递函数为$G(s)=\frac{K^*}{s(s+4)(s+5)}$。若要求校正后系统的静态速度误差系数$K_v=30$，$\zeta=0.707$，并保证原主导极点位置基本不变，试用根轨迹法求滞后校正装置。

6-12 原系统如图 6-47 中实线所示，其中$K_1=440$，$T_1=0.025$。欲加反馈校正（如图中虚线所示），使系统的相角裕度$\gamma=50°$，试求K_t、T_2的值。

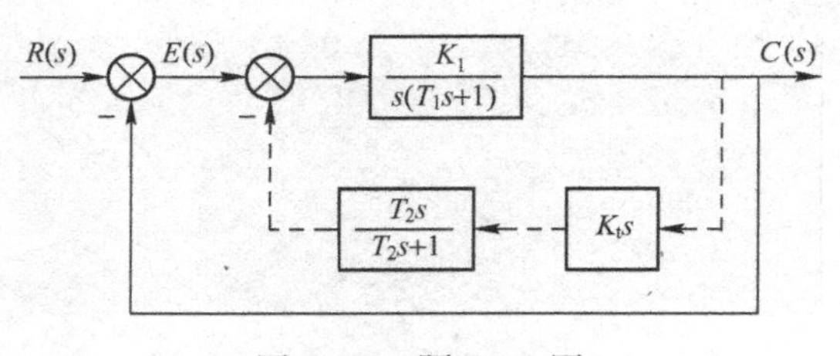

图 6-47 题 6-12 图

6-13 系统开环传递函数$G(s)$没有右半平面的零、极点，其对应的对数幅频渐近曲线如图 6-48 所示。若采用加内反馈校正的方法消除开环幅频特性中的谐振峰，试确定校正装置的传递函数$H(s)$。

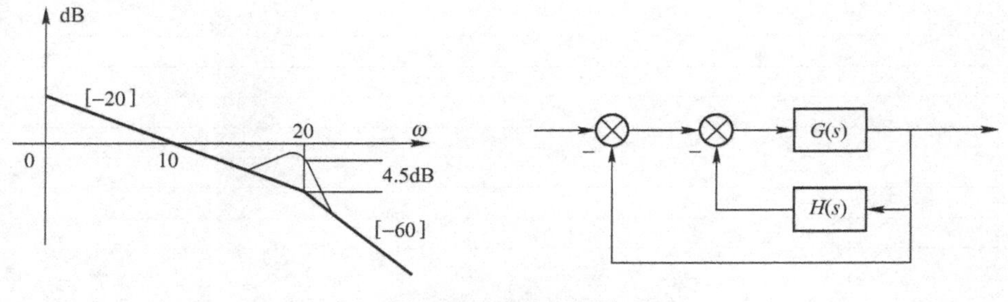

图 6-48 题 6-13 图

6-14　系统如图 6-49 所示，要求闭环回路部分的阶跃响应无超调，并且整个系统［$C(s)$ 对 $R(s)$］具有二阶无差度。试确定 K 值及前置校正 $G_c(s)$。

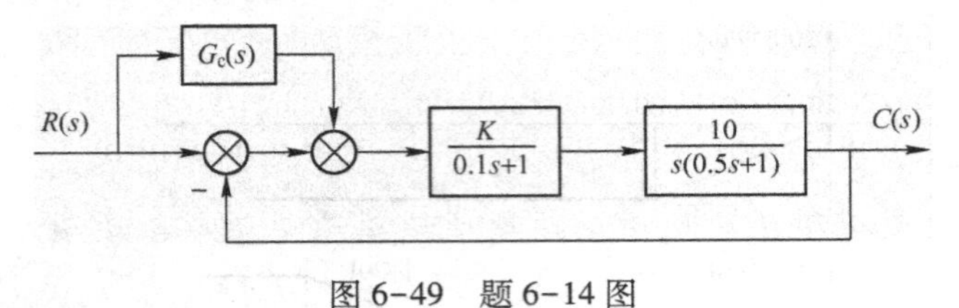

图 6-49　题 6-14 图

第7章　控制系统实例

7.1　直流电动机的控制

在直流电动机的应用中，需要控制速度和转矩以达到性能要求。绕组经过适当的连接后，直流电动机可有较宽的速度和转矩范围。正是由于这样的适应性，直流电动机特别适用于可变驱动执行器。直流电动机的调速方程方便、直接，数十年来直流电动机主导了工业控制的应用。

跟随一特定的运动轨迹称为伺服，这时需要采用伺服电动机（或伺服执行器）。大部分伺服电动机是具有运动反馈控制的直流电动机。伺服控制实际上是运动控制问题，包括位置和速度的控制。但也有一些场合需要直接或间接的转矩控制，需要有更复杂的传感和控制技术。直流电动机的控制手段既可以是定子磁通也可以是电枢磁通。如果电枢和励磁磁通通过相同的电路连接，则可以同时采用这两种技术。这两种控制方法分别称为电枢控制和磁场控制。

7.1.1　电枢控制

在直流电动机的电枢控制中，电枢电压 u_a 是控制变量，同时励磁电路条件不变，也就是励磁电流 i_f 保持不变，则有

$$T_m = k_m i_a \tag{7-1}$$

$$u_b = k'_m \omega_m \tag{7-2}$$

式中，T_m 为转子转矩；k_m 为转矩常数；i_a 为电枢电流；u_b 为电枢反电动势；k'_m 为反电动势常数；ω_m 为电动机角速度。

当采用统一的单位，电动机转子的电能在理想条件下向机械能转换时，有 $k_m = k'_m$。

电枢电路的方程为

$$U_a(s) - U_b(s) = (sL_a + R_a) I_a(s) \tag{7-3}$$

$$T_m(s) - T_L(s) = (sJ_m + b_m) \Omega_m(s) \tag{7-4}$$

式中，L_a 为电枢绕组的漏电感；R_a 为电枢绕组电阻；T_m 为电磁转矩；T_L 为负载转矩；J_m 为转子的转动惯量；b_m 为转子的转动粘性阻尼常数；$\Omega_m(s) = \mathscr{L}[\omega_m]$。

图 7-1 是直流电动机电枢控制的开环结构图。注意转矩 T_L 是传递到负载的有效转矩，是系统的输入（未知）。T_L 通常随着 ω_m 的增大而增大，因为高速驱动负载需要大的转矩。如果在负载端 T_L 和 ω_m 存在线性（动态）关系，则通过适当的负载传递函数（负载结构）可形成从速度输出到负载转矩输入的反馈通道。图 7-1 所示的不是反馈控制系统，代表反电动势的反馈路径是“自然反馈”，是过程（电机）的特性，并不是外部反馈电路。

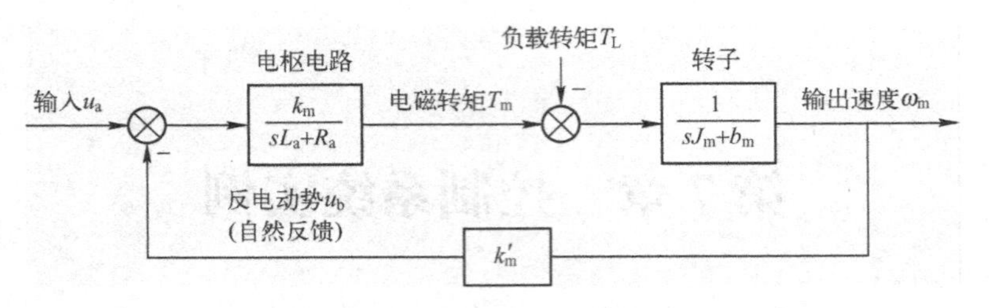

图 7-1　直流电动机电枢控制开环结构图

总的传递函数为

$$\Omega_m(s)=\frac{k_m}{(sL_a+R_a)(sJ_m+b_m)+k_mk'_m}U_a(s)-\frac{sL_a+R_a}{(sL_a+R_a)(sJ_m+b_m)+k_mk'_m}T_L(s) \tag{7-5}$$

7.1.2　磁场控制

对于磁场控制直流电动机，电枢电流 i_a保持恒定，磁场电压作为控制输入，则有

$$T_m = k_a i_f \tag{7-6}$$

$$U_f(s)=(sL_f+R_f)I_f(s) \tag{7-7}$$

式中，k_a为转矩常数；U_f为电枢电压；L_f为磁场绕组电感；R_f为磁场绕组电阻。

图 7-2 是直流电动机磁场控制的开环结构图。注意尽管电枢电流 i_a是恒定的，但是式(7-6) 实际并非严格成立。即使可以忽略 L_a，但是 i_a依赖反电动势 u_b，而 u_b 是随电动机速度以及励磁电流的变化而变化的，所以图 7-2 的结构块 k_a不是恒定增益，也不是线性的，因此至少需要一个从速度输出的反馈到该处。但是这样会增加另一个电气时间常数（由电枢电路的动态来决定)，同时还增加了机械动态（转子）和电枢电路的耦合效应。但在目前的应用中，我们依然假设 k_a是恒定增益。

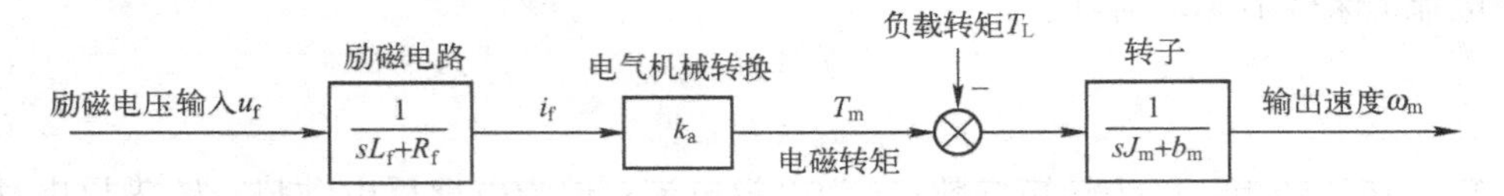

图 7-2　直流电动机磁场控制开环结构图

总的传递函数为

$$\Omega_m(s)=\frac{k_a}{(sL_f+R_f)(sJ_m+b_m)}U_f(s)-\frac{1}{sJ_m+b_m}T_L(s) \tag{7-8}$$

和电枢控制一样，精确的运动控制需测量磁场控制时电动机的速度和角位置进行反馈。

7.1.3　直流电动机的反馈控制

上述电枢控制和磁场控制会使系统产生较大的误差甚至不稳定，特别是在未知负载扰动的作用下以及位置（非速度）是期望的输出（如定位应用）情况下的累积效应，此时就需要有反馈控制来保证性能。在反馈控制中，需要采用合适的传感器来测量电动机的响应(位置、速度)，然后反馈到控制器并产生控制信号来驱动电动机的硬件。光学编码器可用于检测位置和速度，测速计只能测量转速。

目前采用的重要反馈有速度反馈、位置和速度反馈、多项控制器下的位置反馈。

1. 速度反馈控制

速度反馈对控制电动机的速度十分重要。在速度反馈中，采用测速计或光学编码器来测量速度，并将其反馈到控制器和期望的速度相比，得到的误差可用于校正作用。同时，还可能需要另增动态补偿器（超前或滞后补偿）来改善精度和控制器的效果，这既可以采用模拟装置也可以采用数字装置来实现。为改善控制系统性能，可使误差信号穿过补偿器。

2. 位置和速度反馈控制

在位置控制中，电动机速度 θ_m 是输出，负载转矩 T_L 是系统的输入。此时的开环系统有一个积分器，特征多项式为 $s(\tau s+1)$，是临界稳定。若出现轻微的波动或模型误差，则会被积分器放大，导致角度误差发散。负载转矩 T_L 不能完全确定，在控制系统中是扰动（位置输入），使得开环系统不稳定。因为位置输出需要一个积分器，仅采用速度反馈不能克服不稳定问题，需要增加位置反馈的作用。可以选择位置和速度反馈的增益以得到期望的响应（响应速度、超调限制和稳态精度）。直流电动机位置和速度的反馈结构图如图 7-3 所示。电动机的驱动单元用增益为 k_a 的运算放大器来表示。控制系统的设计包括选择传感器或其他器件的参数值。

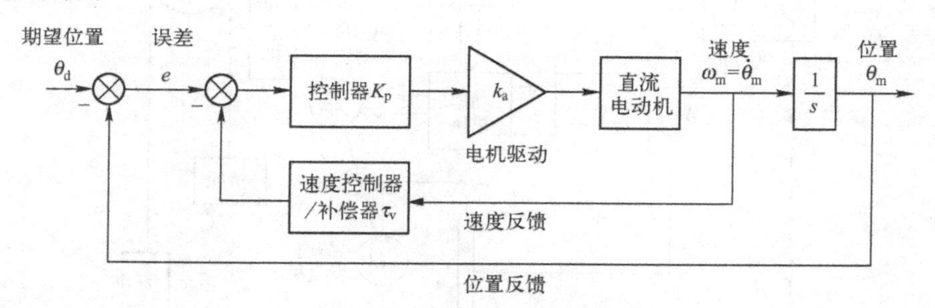

图 7-3　直流电动机的位置和速度反馈控制

3. PID 控制的位置反馈

控制直流电动机的常用方法是只用位置反馈，然后利用 PID 控制器来补偿误差，控制系统的框图如图 7-4 所示。

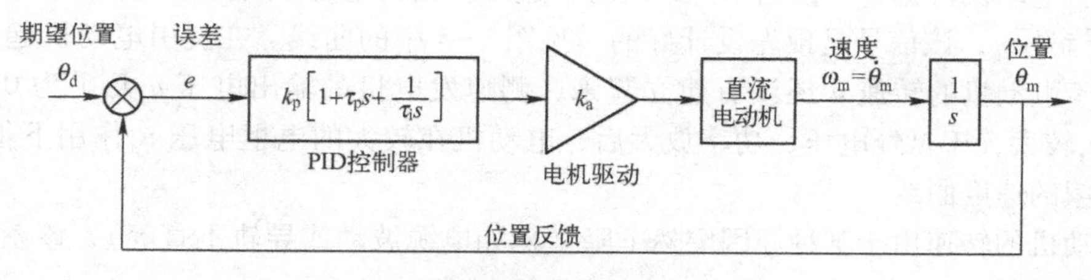

图 7-4　直流电动机位置的 PID 控制

在直流电动机的速度控制中（见图 7-3 或图 7-4），电位计的电压信号可作为期望的位置指令。位置和速度测量也可由电压信号来提供。而在光学编码器中，数字脉冲计数器可检测脉冲并读入数字控制器中，对读取值要进行校正以便和期望的位置信号相容。测速计的测量值也需要进行校正，以便和期望的位置信号相容。

注意位置反馈的比例加微分控制（PD 控制）和位置加上速度反馈控制也具有相似的效果，但两者并不相同。后者是在传递函数中增加了一个零点，需要在控制器设计中进一步考虑对电动机响应的影响，特别是零点对符号的影响以及总响应中两个极点响应分量的比值。

7.2 楼宇电梯的拖动控制系统

同许多工业生产过程一样，楼宇中的电梯作为机电紧密结合的产品，在其运行过程中，为了维持正常的工作条件，就必须对某些物理量（如电压、位移、转速等）进行控制，使其能按照一定的规律变化。

图 7-5 所示是电梯拖动控制系统的原理图。主驱动曳引电动机经减速器与曳引轮连接，曳引轮两侧悬挂轿厢和对重，测速发电机与电动机同轴安装，其输出的电压 u_f 与转速 n 成正比，u_f 作为系统的反馈电压与给定电压 u_g 进行比较，得出偏差信号 Δu，经电压放大器放大成 u_K，再经功率放大电路得到电动机的电枢电压 u_a（对于交流电动机还有频率 f）。

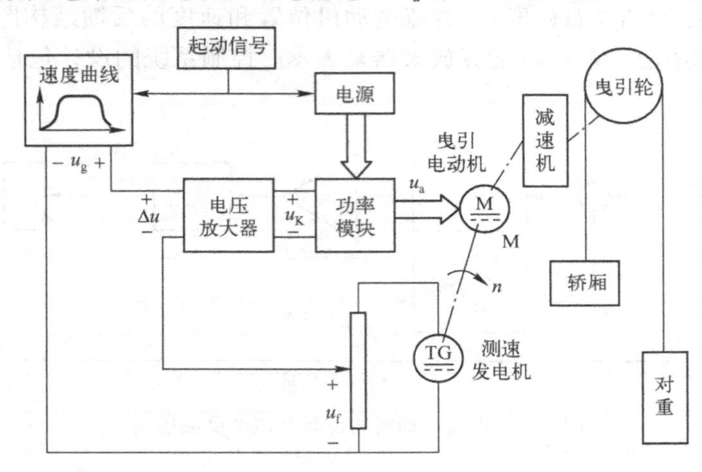

图 7-5 电梯拖动控制系统的原理图

当电梯需要运行时，系统接收到起动信号，该信号使电源接通，继而功率驱动部分得电，则曳引电动机具备了工作的条件；同时，速度曲线发生器开始工作，给出相应的代表速度的电压信号 u_g，该信号是预先设计好的，见图 7-5 中的曲线。在曳引电动机起动的初始阶段，由于电动机的转速 n 还没有建立起来，测速发电机的输出电压 u_f 几乎为 0，则差值 $\Delta u = u_g - u_f$ 较大，于是经电压、功率放大后，电动机在较大的电枢电压 u_a 作用下很快起动，并逼近期望的速度曲线。

若电动机的转速由于某种原因突然下降（例如电源波动或导轨不直等），该系统就会出现以下控制过程：

$$n\downarrow \;\rightarrow\; u_f\downarrow \;\rightarrow\; \Delta u=(u_g-u_f)\uparrow \;\rightarrow\; u_K\uparrow \;\rightarrow\; u_a\uparrow \;\rightarrow\; n\uparrow$$

控制的结果是使电动机转速回升，达到期望值为止。

在本系统中，电动机是控制对象，电动机轴上的转速 n 是被控量。转速 n 经测速发电机测出并转换成适量的电压后，再经反馈通道送至电压放大器的输入端与给定电压比较后，控制电动机的转速，从而构成一个闭环控制系统。

7.3　分体单冷空调自动控制系统

空调是调节某区域内空气的装置，利用它可以调节某区域内的温度、湿度、气流速度、洁净度等参数指标，从而使人们获得新鲜的空气及舒适的环境。

7.3.1　分体单冷空调的基本工作原理

分体单冷空调用来对室内空气进行冷却，一般由室外机组和室内机组组成。分体单冷空调的制冷系统如图 7-6 所示。

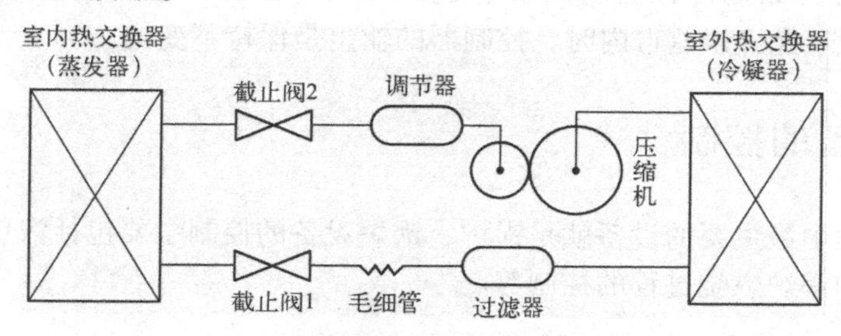

图 7-6　分体单冷型空调制冷系统

制冷系统工作时，液态的制冷剂流经过滤器，经过毛细管进行节流后，低压的制冷剂流经截止阀 1 进入室内热交换器（蒸发器），经过蒸发器时，液态的制冷剂吸收来自室内的热空气的热量，由液态变成气态，而室内的热空气温度则被降低了；汽化了的制冷剂再流出室内热交换器，流经截止阀 2 和调节器，然后被吸进压缩机，压缩机对气态的制冷剂进行加压，使其变成液态，这一压缩过程释放出热量，这些热量通过室外热交换器释放到室外；这样周而复始，就能完成室内空气热量与室外空气热量的交换，达到冷却室内空气的目的。

实际上，制冷系统中压缩机和室外热交换器上的风扇往往是同步起停的，两者起动则系统开始制冷，两者停止则系统结束制冷。

7.3.2　分体单冷空调自动控制系统结构

根据上述分体单冷空调的工作原理可知，室内气温高的时候，起动制冷系统可以降低室内气温，当气温降低到合适温度时则停止制冷系统的工作。据此，可以使用温度传感器适时地检测当前的室内气温并作为一个反馈量，并和制冷系统构成一个闭环控制系统，以达到自动控制室内气温的目的。该系统的结构如图 7-7 所示。

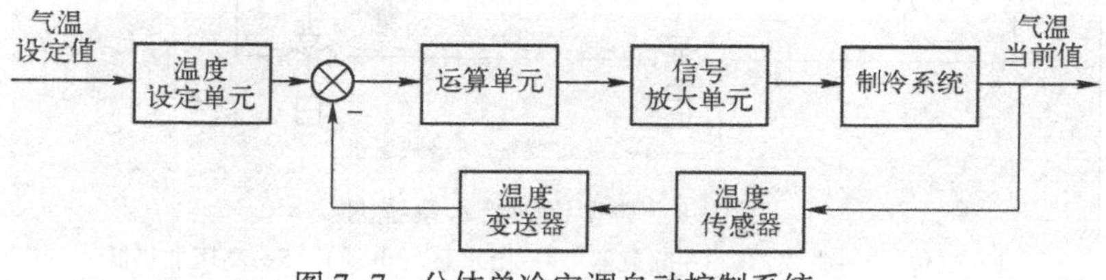

图 7-7　分体单冷空调自动控制系统

系统中温度设定单元的作用是把设定的温度值转换成标准信号；温度传感器把当前的温度信号变成对应的电信号；温度变送器则把来自温度传感器的信号变成标准信号；这两个标准信号比较后的系统偏差输入到了运算单元，运算单元则根据调节规律（例如 PID）对偏差进行运算并得到调节信号；信号放大单元接收运算单元输出的调节信号并进行放大；经过放大的信号再去起动或停止制冷系统，这样就可以起到调节室内气温的作用。

需要注意的是，气温设定值常是一个温度点，但实际的制冷系统不宜频繁起停。空调控制器的运算单元里通常设定一个允许误差带（允许误差范围），当前温度大于允许误差带的上限时，运算单元才起动制冷系统；当前温度小于允许误差带的下限时，运算单元才停止制冷系统；而当前温度位于允许误差带内时，控制器将保持当前的输出（起动或停止），不进行制冷系统的起停切换。例如，设定温度为 26℃，允许误差带为 26±2℃时，如果当前温度高于 28℃，则系统开始制冷；当前温度小于 24℃时，系统停止制冷；而当前温度在 24～28℃范围内，即位于允许误差带内时，控制器的输出是保持不变的。

7.4 锅炉设备的控制

火力发电过程中最主要的设备就是锅炉，锅炉设备的控制主要包括汽包水位控制、蒸汽过热系统的控制和锅炉燃烧过程的控制等。

7.4.1 汽包水位控制

锅炉汽包水位是被控量，操作变量是锅炉给水流量。为保证锅炉、汽轮机高质量地安全运行，首先要保证汽包内部的物料平衡，使给水量适应锅炉的蒸汽量，维持汽包中水位在工艺允许范围内，这就是锅炉正常运行的重要指标。典型锅炉给水系统图如图 7-8 所示。

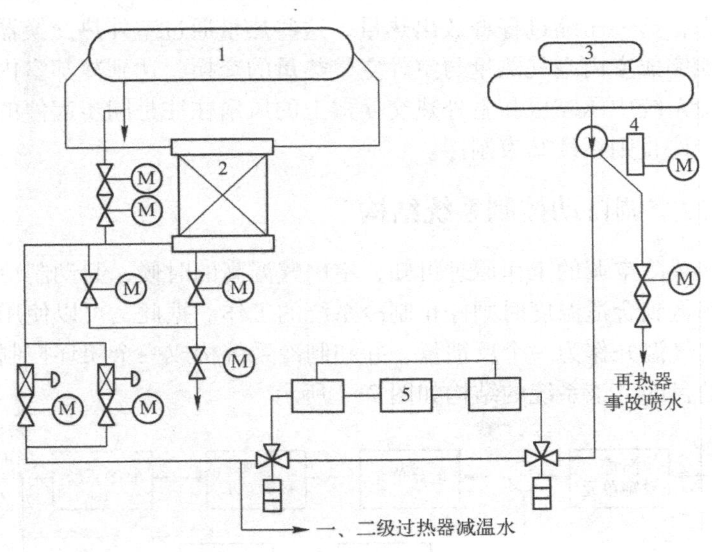

图 7-8 典型锅炉给水系统图

1—汽包 2—省煤器 3—除氧器 4—给水泵（电动） 5—高压加热器

对于负荷变化小的小型锅炉，因为它的负荷小，结构简单，汽包内水的停留时间长，采用单冲量控制系统，就能保证锅炉的安全运行。但是单冲量控制系统存在三个问题：

1）负荷变化产生虚假液位时，将使控制器反向错误动作。

2）对负荷不灵敏。即负荷变化时，需要引起汽包水位变化后才起控制作用，由于控制缓慢往往导致控制效果下降。

3）对给水干扰不能及时克服。当给水系统出现扰动时，控制作用缓慢，需要等水位发生变化时才起作用。

为了克服以上问题，除了依据汽包水位以外，有时也可以根据蒸汽流量和水流量的变化控制给水泵，形成水位、蒸汽流量和给水流量的三冲量控制系统，三冲量水位自动调节系统是较为完善的调节方式，该系统中除汽包水位信号 H 外，还有蒸汽流量 D 和给水流量 G。汽包水位是主信号；蒸汽流量是前馈信号，由于前馈信号的存在，能有效地防止“虚假水位”引起的调节器误动作，改善蒸发量或蒸汽压力扰动下的调节质量；给水流量信号是介质的反馈信号，它能克服给水压力变化所引起的给水量的变化，使给水流量保持稳定，同时也不必等到水位波动之后再进行调节，保证了调节品质。三冲量自动调节系统综合考虑了蒸汽流量与给水流量平衡的原则，又考虑到水位偏差的大小，它既能克服“虚假水位”的影响，又能解决给水流量的扰动问题，是目前大容量锅炉普遍采用的汽包水位调节系统。而且这三个冲量有不同的连接方式，图 7-9 所示为其中的一种，它实质上是前馈-串级控制系统，能获得良好的控制效果。

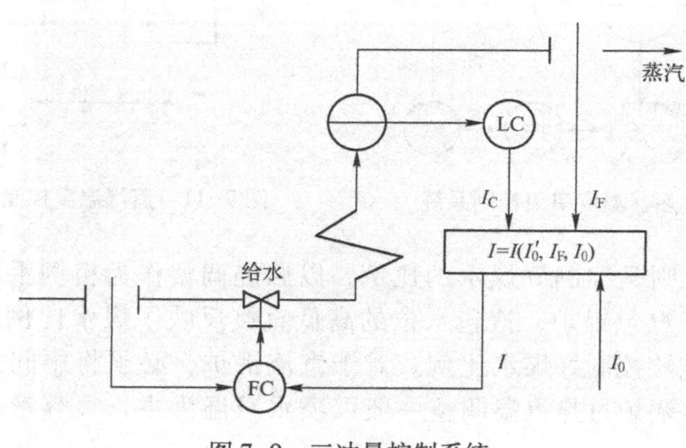

图 7-9　三冲量控制系统

7.4.2　蒸汽过热系统的控制

蒸汽过热系统含有一级过热器、减温器、二级过热器等设备。其控制任务是使过热器出口温度维持在允许范围内，并且保护过热器使管壁温度不超过允许的工作温度。影响过热器出口温度的主要扰动有：蒸汽流量扰动、烟气侧传热量的扰动和喷水量的扰动。

某厂第二级减温器温度控制系统采用如图 7-10 所示的简图。该系统由于采用如下措施，提高了系统的控制性能。

1）设定值回路。在低负荷运行时，主蒸汽温度达不到额定温度，因而需要建立蒸汽温度设定值与蒸汽流量之间的函数关系。经蒸汽流量校正后的设定值与手动上限设定值一起组成设定值回路，向温度控制器提供设定值。

2）先行信号回路。采用了反映外扰的先行信号，它建立在蒸汽流量与喷水控制阀门开度的函数关系的基础上，经过蒸汽流量和各种燃料混烧比等外扰修正后得到喷水阀门开度信号，直接控制喷水阀的动作，起到前馈的作用，提高了系统克服扰动的能力。

3）主蒸汽温度的相位补偿回路。在喷水量的扰动下，蒸汽温度的响应有较大的相位滞后，因此在前向通道中加入一个相位补偿回路，如图 7-11 中的虚框所示。它实际上是由两个控制器、两个加法器组成的二阶超前-滞后环节。只要根据蒸汽温度对象的动态特性适当选择这些参数，就可以对主蒸汽温度与其设计的偏差进行相位滞后补偿，改善控制品质。

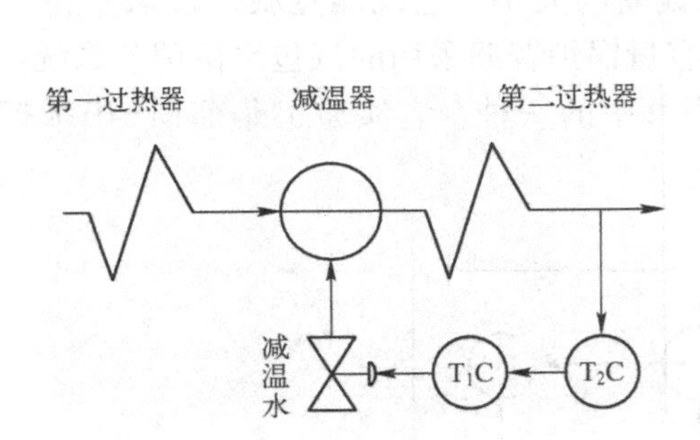

图 7-10　过热器温度串级控制系统

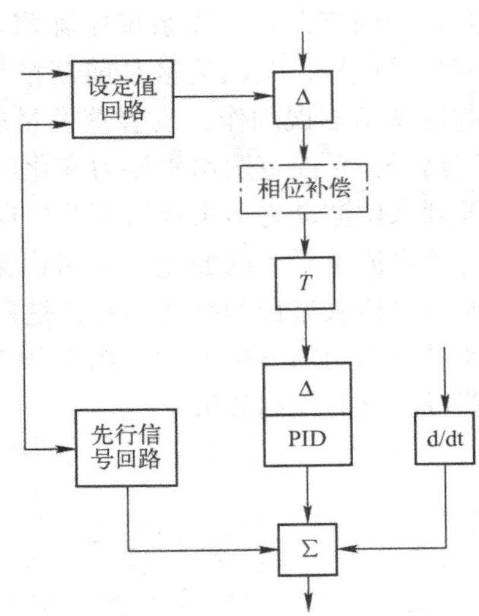

图 7-11　蒸汽温度控制系统实例简图

汽温调节的总原则是控制好煤水的比例，以燃烧调整作为粗调手段，以减温水调整作为微调手段。对于汽包锅炉，汽包水位的高低直接反映了煤水比例的正常与否，因此调整好汽包水位就能够控制好煤水比例。对于直流锅炉，必须将中间点温度控制在合适的范围内。目前汽包锅炉过热汽温调整一般以喷水减温为主，大容量锅炉通常设置两级以上的减温器。

一般用一级喷水减温器对汽温进行粗调，其喷水量的多少取决于减温器前汽温的高低，应能保证屏式过热器管壁温度不超过允许值。二级减温器用来对汽温进行细调，以保证过热蒸汽温度的稳定。

7.4.3　锅炉燃烧过程的控制

锅炉燃烧过程的控制与燃料的种类、燃烧设备以及锅炉的形式等有密切的关系。

1. 锅炉燃烧过程的主要控制系统

锅炉燃烧过程主要包括以下三个方面的控制系统：燃烧量控制、送风控制、负压控制，如图 7-12 所示。

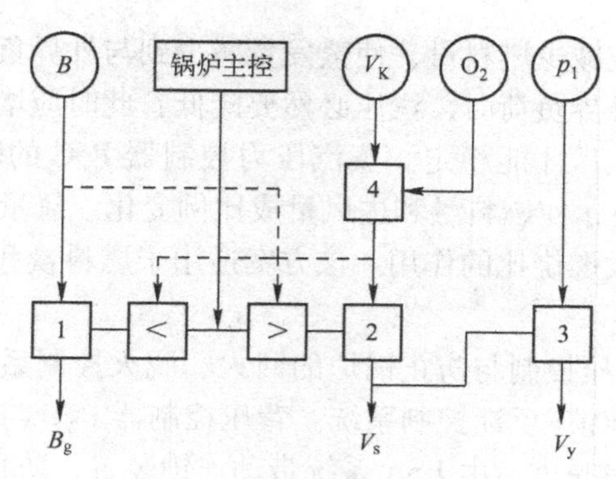

图 7-12　锅炉燃烧过程

B—燃烧率　V_K— 一、二次总流量　O_2—烟气中的含氧量　p_1—炉膛负压

1—给煤量 B_g　2—送风 V_s 调节装置　3—引风 V_y 调节装置

2. 燃烧过程控制的基本要求

1）保证出口蒸汽压力稳定，能按负荷要求自动增减燃料量。

2）保持锅炉有一定的负压，以免负压太小造成炉膛内热气向外冒出，影响设备和工作人员安全。

3）保证燃烧状况良好，既要防止空气不足使烟囱冒黑烟，也要防止空气过量而增加热量损失。

3. 燃烧过程控制系统示例

图 7-13 给出了燃烧控制系统的基本方案。

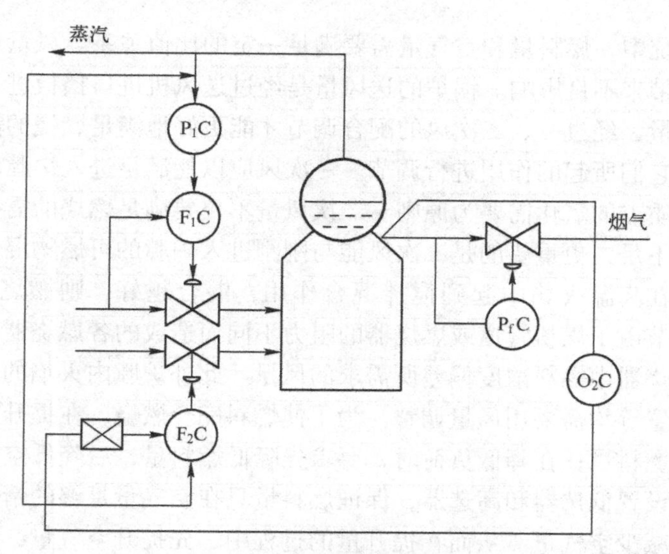

圈 7-13　燃烧控制系统基本方案

外界负荷不断变化，锅炉要经常调整燃料量以适应外界负荷的变化，调整燃料量的根据是主汽压，主汽压反映了锅炉蒸发量与外界负荷的平衡关系，当锅炉蒸发量大于外界负荷

时，汽压必然升高，此时应减少燃料量，使蒸发量减少到与外界负荷相等时，汽压才能保持不变。当锅炉蒸发量小于外界负荷时，汽压必然要降低，此时应增加燃料量，使锅炉蒸发量增加到与外界负荷相等时汽压才能稳定。蒸汽压力控制器 P_1C 的输出去改变燃料量控制器 F_1C 和进风量 F_2C 的设定值，使燃料量和进风量成比例变化。氧量控制器 O_2C 的输出作为乘法器的一路输入，起到修改燃烧比的作用。该方案适用于燃料量和进风量均能较好检测的情况。P_fC 是炉膛负压控制器。

图 7-14 给出了锅炉负压控制与防止锅炉的回火、脱火控制系统。引用蒸汽压力作为前馈信号，组成炉膛负压的前馈-反馈控制系统。背压控制器 P_2C 与炉膛负压控制器 P_fC 构成选择性控制系统，用于防治脱火。由 PSA 系统带动连锁装置，防止回火。

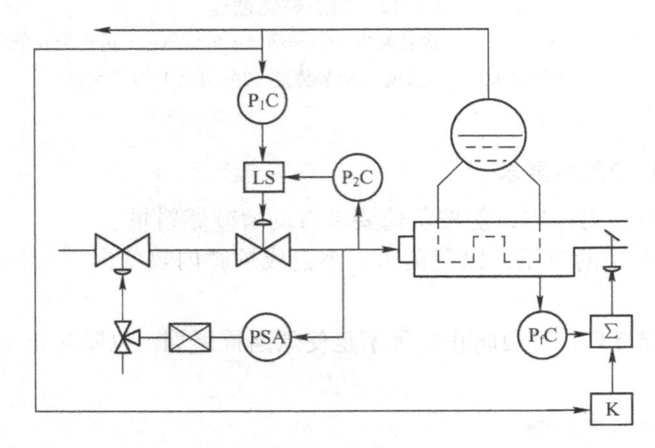

图 7-14　炉膛负压与安全保护系统

在锅炉燃烧系统中，燃料量和空气量需要满足一定的比值关系。风量过大或过小都会给锅炉安全经济运行带来不良影响。锅炉的送风量是经过送风机进口挡板进行调节的。经调节后的送风机送出风量，经过一、二次风的配合调节才能更好地满足燃烧的需要，一、二次风的风量分配应根据它们所起的作用进行调节。一次风应以能满足进入炉膛的风粉混合物挥发分燃烧及固体焦炭质点的氧化需要为原则。二次风量不仅要满足燃烧的需要，而且要补充一次风末段空气量的不足，更重要的是二次风能与刚刚进入炉膛的可燃物混合，这就需要较高的二次风速，以便在高温火焰中起到搅拌混合作用，混合越好，则燃烧得越快、越完全。一、二次风还可调节由于煤粉管道或燃烧器的阻力不同而造成的各燃烧器风量的偏差，以及由于煤粉管道或燃烧器中燃料浓度偏差所需求的风量。此外炉膛内火焰的偏斜、烟气温度的偏差、火焰中心位置等均需要用风量调整。为了使燃料完全燃烧，在提升负荷时，要求先提升空气量，后提升燃料量；在降低负荷时，要求先降低燃料量，后降低空气量。为此可采用选择性控制系统，设置低选器和高选器，保证燃料量只在空气量足够的情况下才能加大，在减燃料量时，自动减少空气量。从而在提升量的过程中，先提升空气量，后提升燃料量。反之，在系统降低量的过程中，则先降低燃料量，后降低空气量，从而实现了空气和燃料量之间的逻辑要求，保证了充分燃烧，不会因空气不足而使烟囱冒黑烟，也不会因空气过剩而增加热量损失。

为了保证经济燃烧，可用烟道气中氧含量来校正燃料流量与空气量的比值，组成变比值控制系统。图 7-15 所示就是使锅炉燃烧完全并用烟气氧含量修正比值的闭环控制方案。该方案中，氧含量 A_0作为被控量，构成以烟道气中氧含量为控制目标的燃料流量与空气流量的变比值控制系统，通过氧含量控制器来控制过量空气系数 α。当炉膛出口过量空气系数 α 过大时，燃烧生成的烟气量增多，烟气在对流烟道中的温降减小，排烟温度升高，排烟量增大，使排烟热损失 q_2变大；但在一定范围内炉膛出口过量空气系数 α 增大，由于供氧充分，炉内气流混合好，有利于燃烧，使燃烧损失 q_3+q_4减小。因此，存在一个最佳的过量空气系数 α_{zj}，可使 q_2、q_3、q_4损失之和最小，锅炉效率 η 最高。最佳 α_{zj}可通过燃烧调整试验来确定，运行中应按最佳的 α_{zj}（O_2）来控制炉内用风量。过量空气系数 α 过小或过大都会使锅炉效率 η 降低。锅炉运行中，过量空气系数 α 的大小与锅炉负荷、燃料性质、配风方式等有关。锅炉负荷越高，所需空气系数 α 越小；负荷降低时，由于形成炉内空气动力场有最低风量的要求，导致最佳过量空气系数增大。煤质差（如燃用低挥发分煤）时，着火、燃尽困难，需要较大的过量空气系数 α 值；如燃烧器不能做到均匀分配风、粉，则锅炉效率降低，而且最佳过量空气系数 α_{zj}值要大些。通过燃烧调整试验可以确定锅炉在不同负荷、燃用不同煤质时的最佳过量空气系数。若锅炉没有其他缺陷，应按最佳过量空气系数 α_{zj}所对应的氧含量控制锅炉的送风量。只要氧含量成分控制器的给定值按正常负荷下烟气氧含量的最优值设定，就能保证锅炉燃烧最完全、最经济、热效率最高。

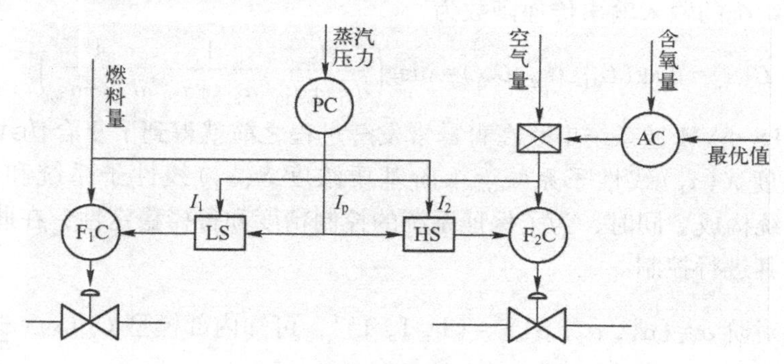

图 7-15　烟气含氧量闭环控制系统

7.5　青霉素发酵过程 MLS-SVM 逆系统内模控制

青霉素是人类提纯的大规模用于临床的第一种抗生素，开创了抗生素治疗的新时代，是世界各国需求量最大的抗生素。然而，由于涉及微生物的生长繁殖与代谢过程，青霉素发酵过程中各参量之间呈现一种多变量、强耦合、不确定的非线性动态关系，要想进一步提升发酵生产效率和产品得率，需要对这个多变量非线性系统进行研究，设计出行之有效的解耦控制方法。截至目前，已有的控制方法只能实现发酵过程近似的静态解耦，不能实现系统的完全动态解耦，难以胜任青霉素发酵这一非线性系统的解耦控制要求。因此，开展青霉素发酵过程解耦控制的研究具有很好的理论意义和应用价值。

近年来，逆系统方法作为非线性系统的一种反馈线性化方法，由于概念清晰、方法简单等特点，为非线性系统解耦控制提供了一种有效手段。基于此，将逆系统方法与支持向量机理论相结合，提出一种基于多输出最小二乘支持向量机（MLS-SVM）逆模型的青霉素发酵过程解耦方法。进一步，以提高控制精度为性能指标，考虑现场干扰、建模误差和参数扰动等不确定因素，利用内模控制方法设计抗干扰、鲁棒性强的反馈控制器。该方法可完成非线性耦合系统的反馈线性化并具有很强的参数鲁棒性和良好的抗干扰能力。

首先，采用多输入多输出 MLS-SVM 来逼近解析青霉素发酵过程逆系统中的非线性函数 $\phi(\cdot)$，构造 MLS-SVM 逆系统，将复杂的青霉素发酵过程线性化解耦成 3 个独立的线性子系统（一阶积分环节），如图 7-16 所示。

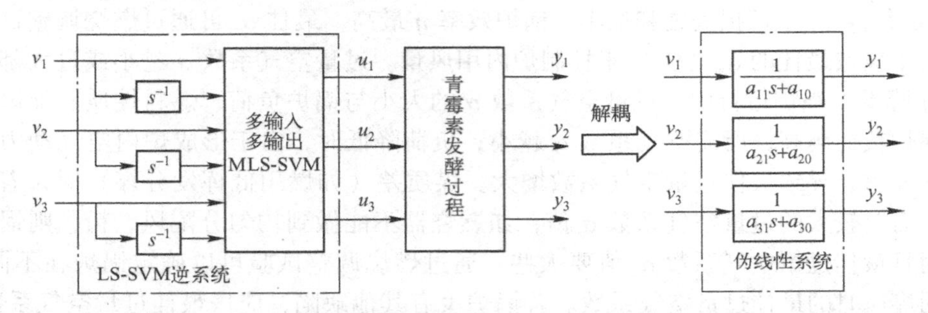

图 7-16　青霉素发酵过程复合伪线性系统（3 输入 3 输出）

复合伪线性系统的输入输出传递函数为

$$G(s)=\mathrm{diag}(G_{11},G_{22},G_{33})=\mathrm{diag}\left(\frac{1}{a_{11}s+a_{10}},\frac{1}{a_{21}s+a_{20}},\frac{1}{a_{31}s+a_{30}}\right) \tag{7-9}$$

其次，将 MLS-SVM 逆系统串联在青霉素发酵过程之前就得到了复合伪线性系统，该系统由一阶菌体浓度 $X(x_1)$ 线性子系统、一阶基质浓度 $S(x_2)$ 线性子系统和一阶产物浓度 $P(x_3)$ 线性子系统构成。同时，为了保证系统的控制精度和鲁棒稳定性，在此基础上，运用内模控制结构对其进行控制。

由系统的相对阶 $\boldsymbol{\alpha}=(\alpha_1,\ \alpha_2,\ \alpha_3)^{\mathrm{T}}=(1,\ 1,\ 1)^{\mathrm{T}}$，可知内部模型 $G_{\mathrm{m}i}(s)=\dfrac{1}{a_{i1}s+a_{i0}}(i=1,2,3)$。内模控制器 $G_{\mathrm{c}}(s)=F(s)G_{\mathrm{m}-}(s)$，滤波器 $F_i(s)=\dfrac{1}{(\lambda_i s+1)^{n_i}}(i=1,2,3)$。在本系统中，$\lambda_1=1.2$，$\lambda_2=1.4$，$\lambda_3=1.6$，$n_i=1$，$a_{i1}=1$，$a_{i0}=1$ $(i=1,2,3)$。则 $G_{\mathrm{c}1}(s)=\dfrac{s+1}{1.2s+1}$，$G_{\mathrm{c}2}(s)=\dfrac{s+1}{1.4s+1}$，$G_{\mathrm{c}1}(s)=\dfrac{s+1}{1.6s+1}$。完整的青霉素发酵过程 MLS-SVM 逆系统内模控制结构如图 7-17 所示。

最后，基于 MATLAB 仿真软件对 MLS-SVM 逆系统内模控制方法在青霉素发酵过程中的实际控制效果进行验证，具体步骤如下：

1. 激励系统获得学习信号

考虑青霉素发酵过程的实际情况，以实际控制范围内的随机信号为输入，输入量变化范围为 $0\leqslant\dfrac{1}{V}\dfrac{\mathrm{d}V}{\mathrm{d}t}\leqslant4.5$，$0\leqslant\dfrac{FS_{\mathrm{f}}}{V}\leqslant45$，$0\leqslant K\leqslant1.8$，用随机信号作为输入，得到相应的响应。将确定的激励信号加到青霉素发酵过程的输入端，对发酵过程中的输入、输出数据进行采样、

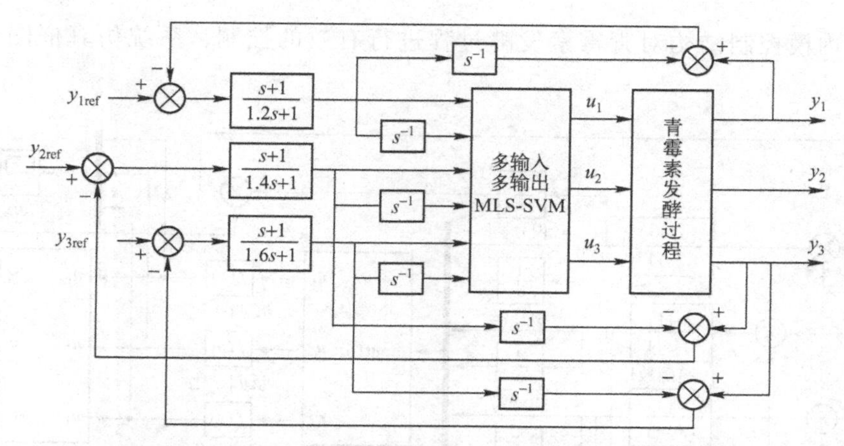

图 7-17 青霉素发酵过程的 MLS-SVM 逆系统内模控制结构框图

滤波和计算后得到的数据构成训练样本集。青霉素发酵过程数据采集示意图如图 7-18 所示。

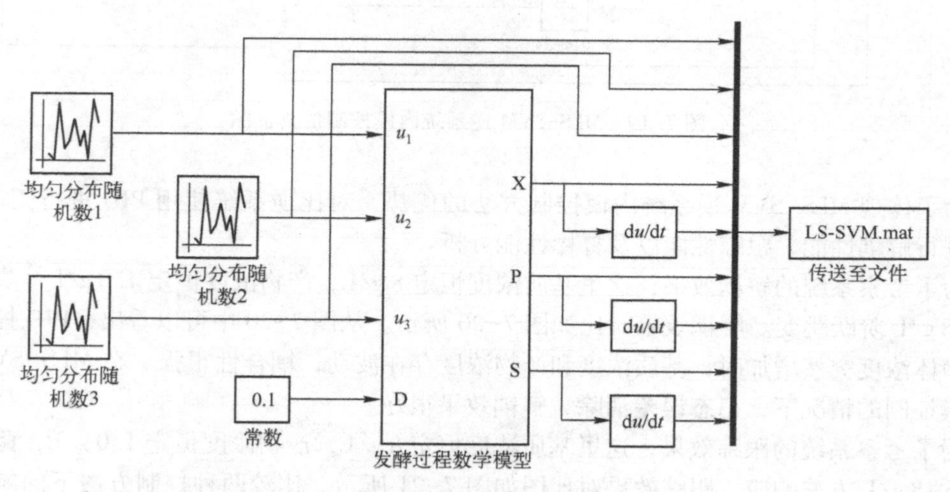

图 7-18 青霉素发酵过程数据采集示意图

最终获得的训练样本集为$\{\{\dot{y}_1, y_1, \dot{y}_2, y_2, \dot{y}_3, y_3\}\{u_1, u_2, u_3\}\}$，前者为多输入多输出 MLS-SVM 的输入，后者为其输出。

2. 离线训练多输入多输出 MLS-SVM

使用前面获得的输入输出样本训练集对多输入多输出 MLS-SVM 训练。同理，为了简化多输入多输出 MLS-SVM 的结构，假设输入样本矩阵每列的噪声与误差分布相同且都选取高斯函数作为核函数，这样多输入多输出 MLS-SVM 只需要按照单输入单输出的情况只考虑γ与σ^2。即它们分别是含有 3 个相同元素的列向量，即$\boldsymbol{\gamma} = [\gamma', \gamma', \gamma']^{\mathrm{T}}, \sigma^2 = [\sigma'^2, \sigma'^2, \sigma'^2]^{\mathrm{T}}$。然后，采用 k-折交叉验证法选取多输入多输出 MLS-SVM 的结构参数γ与σ^2。

3. 设计内模控制器

将辨识好的 MLS-SVM 逆系统串联在青霉素发酵过程之前，构成伪线性复合系统，再用设计好的内模控制结构对青霉素发酵过程进行有效的控制，系统仿真框图如图 7-19 所示。

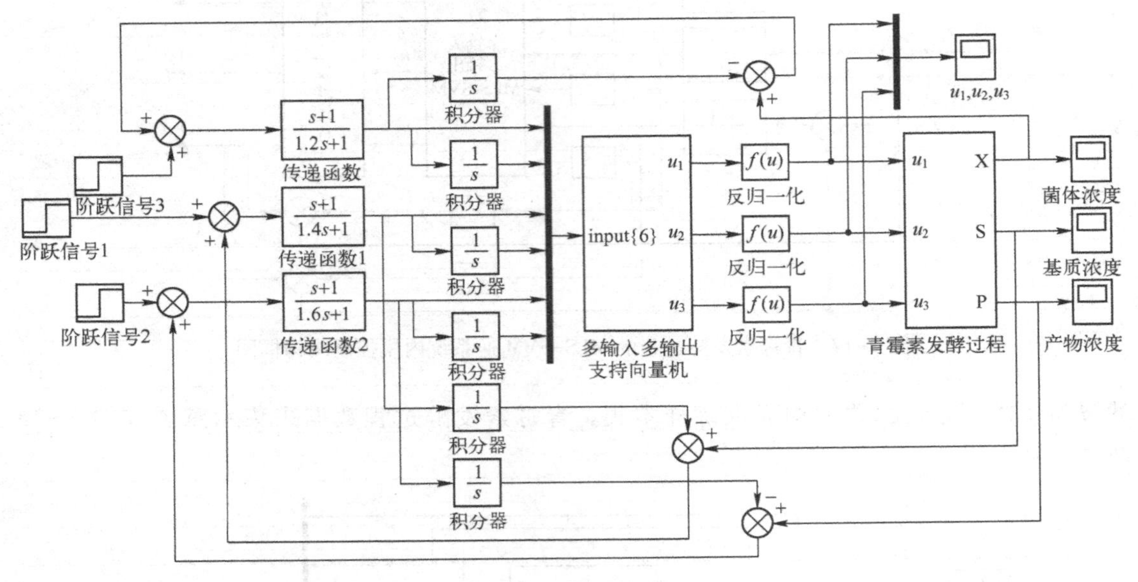

图 7-19　MLS-SVM 逆系统内模控制仿真框图

为了体现 MLS-SVM 逆系统内模控制方法的优势，对比逆系统使用 PID 进行闭环控制，分别进行解耦性能、跟踪性能以及鲁棒性能分析。

为了考察系统的解耦效果，这里基质浓度恒定 8 g/L，产物浓度恒定 1.0 g/L，菌体浓度从 6~8 g/L 阶跃跳变。解耦效果对比如图 7-20 所示。从图 7-20 中可以看出，PID 控制情况下，菌体浓度突然增加时，基质浓度和产物浓度存在波动，耦合性很强。在 MLS-SVM 逆系统内模控制的情况下，稳态误差消除，解耦效果很好。

为了考察系统的跟踪效果，这里基质浓度恒定 8 g/L，产物浓度恒定 1.0 g/L，菌体浓度跟踪 6~8 g/L 方波响应。跟踪效果对比图如图 7-21 所示。比较两种控制方法下的响应情况可以看出，MLS-SVM 逆系统内模控制下效果很好，能保证菌体浓度无差跟踪方波的情况下，基质浓度和产物浓度恒定不变。

为了考察系统的鲁棒效果，这里菌体浓度恒定 6 g/L，基质浓度恒定 8 g/L，产物浓度恒定 1.0 g/L，在 120 h 时突加 30%外部强干扰信号。鲁棒效果对比图如图 7-22 所示，从图 7-22 中比较两种控制方法下的响应情况可以看出，MLS-SVM 逆系统内模控制下，鲁棒效果良好，受外部扰动的波动小，闭环系统达到了很好的跟踪效果。

通过以上分析可以看出，MLS-SVM 逆系统内模控制可以实现青霉素发酵过程的多变量的解耦，具有良好的跟踪精度，并且当存在外界干扰或发生参数摄动和存在非线性建模误差时，系统具有很好的性能，这证明了 MLS-SVM 逆系统内模控制方法的鲁棒性和抗干扰能力。

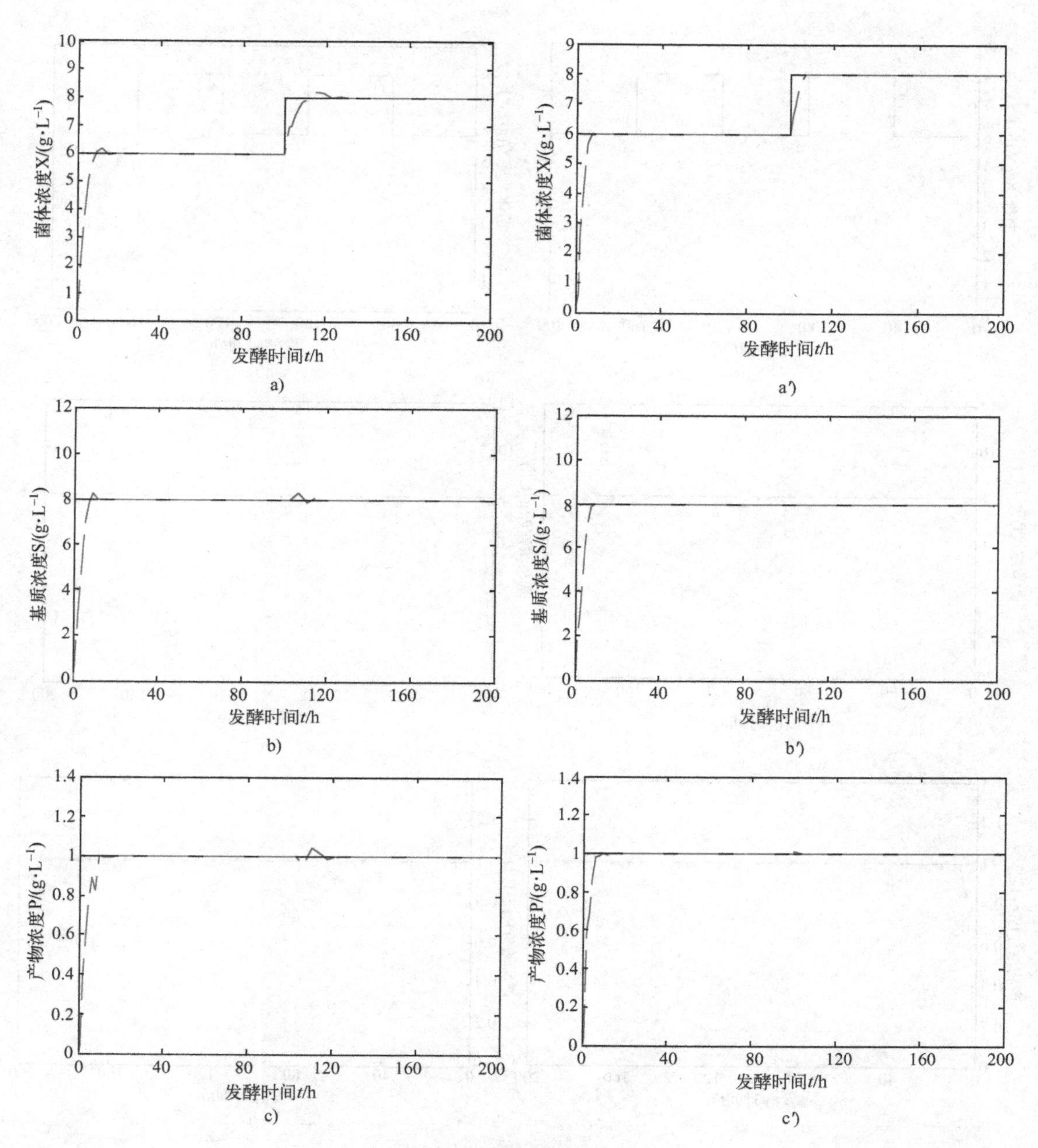

图 7-20　解耦效果对比图

a）PID 闭环控制　a′）MLS-SVM 逆系统内模控制

b）PID 闭环控制　b′）MLS-SVM 逆系统内模控制

c）PID 闭环控制　c′）MLS-SVM 逆系统内模控制

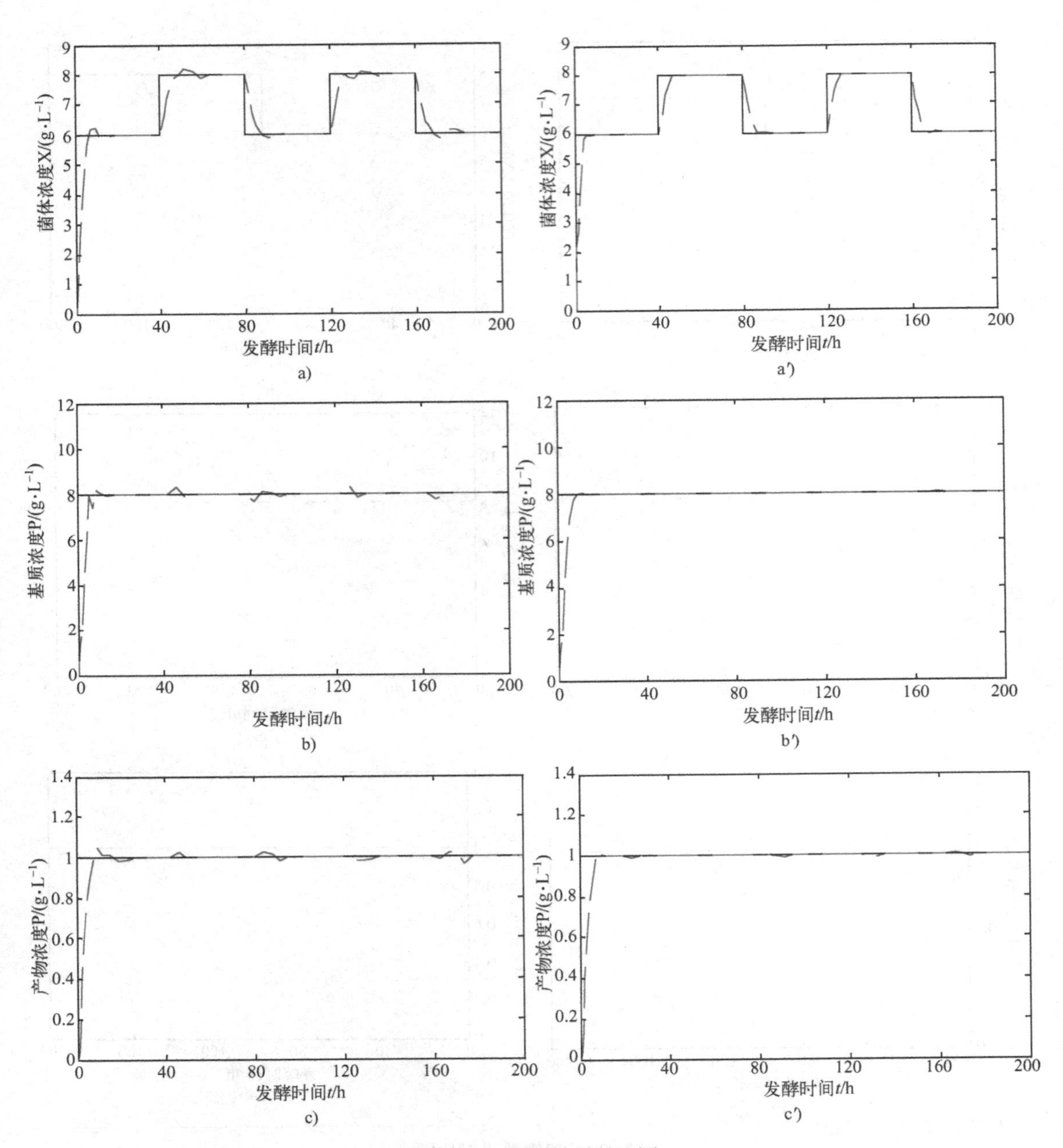

图 7-21　跟踪效果对比图

a）PID 闭环控制　a′）MLS-SVM 逆系统内模控制

b）PID 闭环控制　b′）MLS-SVM 逆系统内模控制

c）PID 闭环控制　c′）MLS-SVM 逆系统内模控制

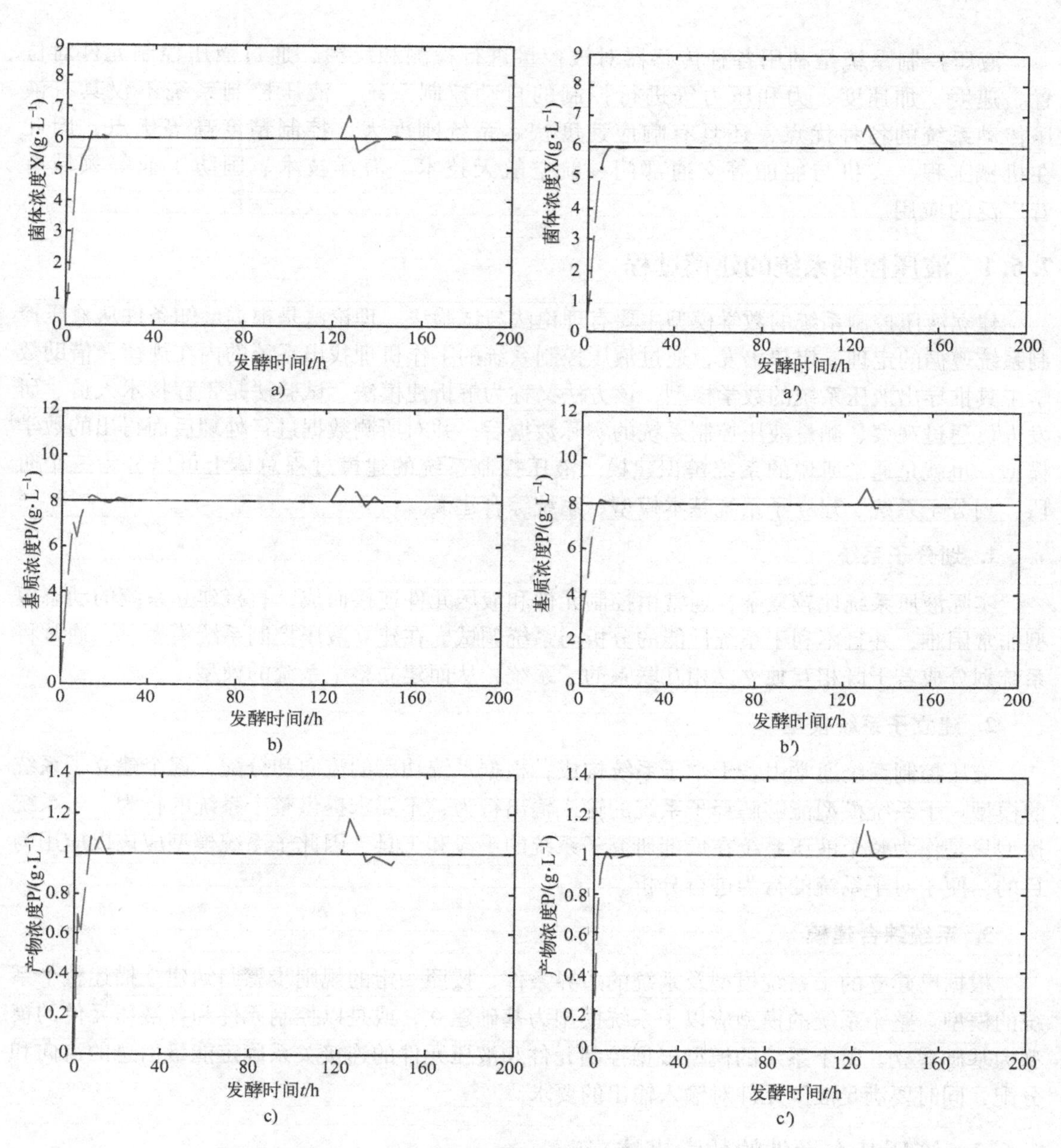

图 7-22　鲁棒效果对比图

a）传统 PID 控制　a′）MLS-SVM 逆系统内模控制

b）传统 PID 控制　b′）MLS-SVM 逆系统内模控制

c）传统 PID 控制　c′）MLS-SVM 逆系统内模控制

7.6 液压控制系统

液压控制系统是利用各种传感器对被控量进行检测和反馈，通过液压控制元件对位置、速度、加速度、力和压力等进行控制的自动控制系统。液压控制系统不仅具有液压传动系统的各种优点，还具有响应速度快、系统刚度大、控制精度高等优点，因此在机械工程、飞机与船舶等交通部门、航空航天技术、海洋技术、国防工业等领域有着广泛的应用。

7.6.1 液压控制系统的建模过程

建立液压控制系统的数学模型主要有理论法与试验法。理论法是根据已知条件从液压控制系统遵循的定理、定律出发，通过液压控制系统的工作机理找出系统的内在规律，借助数学工具推导出液压系统的数学模型，该方法又称为解析建模法。试验法是工程技术人员、研发人员通过观察、测量液压控制系统的实际数据后，并对所测数据进行处理后而得出的数学模型，也就是通常所说的系统辨识建模。液压控制系统的建模过程总体上可以分为三个阶段：划分子系统、建立子系统基本模型、系统综合建模。

1. 划分子系统

实际液压系统比较复杂，通常由控制元件和液压元件连接而成，直接建立系统的动态模型非常困难，并且不利于系统性能的分析与系统调试。在建立液压控制系统模型时，通常将系统划分成若干既相互独立又相互联系的子系统，从而建立整个系统的模型。

2. 建立子系统模型

液压控制系统通常由若干个子系统构成，根据系统功率的流向和分配，逐个建立子系统的模型。子系统模型能够解释子系统的输入输出行为，不要求提供整个系统的行为。子系统模型只是作为整个液压系统在局部研究子系统的手段和工具，因此子系统模型应该以应用为目的，便于对子系统的行为进行分析。

3. 系统综合建模

根据已建立的子系统模型及系统的边界条件，按照一定的规则步骤归纳建立描述整个系统的模型。整个系统的模型应以子系统模型为基础建立，或是以控制元件和各液压元件的模型为基础建立。整个系统的模型根据控制元件和液压元件的连接关系确定能量信息的流向和分配，同时要满足液压元件对输入输出的要求。

7.6.2 液压基本元件的数学描述

系统的动态模型通常用微分方程描述，所以液压系统模型中最核心的就是描述液压系统动态特性的微分方程组。

为了更好地理解液压控制系统的数学模型，下面罗列液压系统三种基本元件的完整微分方程。

1. 基本容性元件

（1）质量守恒方程：

$$\frac{\mathrm{d}p}{\mathrm{d}t}=\beta_{\mathrm{T}}\left[\frac{1}{\rho V}\left(\frac{\mathrm{d}m}{\mathrm{d}t}-\rho\frac{\mathrm{d}V}{\mathrm{d}t}\right)\right]+\alpha T\frac{\mathrm{d}T}{\mathrm{d}t} \tag{7-10}$$

若不考虑温度的特性，则模型可简化为

$$\frac{\mathrm{d}p}{\mathrm{d}t}=\frac{\beta_{\mathrm{T}}}{V}\left(\sum_{i}q_{\mathrm{i}}-\frac{\mathrm{d}V}{\mathrm{d}t}\right) \tag{7-11}$$

（2）能量守恒方程：

$$\frac{\mathrm{d}T}{\mathrm{d}t}=\frac{1}{c_{\mathrm{p}}m}\left[\sum\dot{m}_{\mathrm{in}}\bar{c}_{\mathrm{p}}(T_{\mathrm{in}}-T)-H(T-T_{\mathrm{a}})+\dot{Q}_{\mathrm{f}}-\dot{W}_{\mathrm{s}}+T_{\alpha}V\frac{\mathrm{d}p}{\mathrm{d}t}\right] \tag{7-12}$$

2. 基本阻性元件

（1）压力-流量方程：

$$\dot{m}=k\rho A\Delta p^{n} \tag{7-13}$$

若不考虑温度变化，则模型可简化为

$$q=kA\Delta P^{n} \tag{7-14}$$

（2）能量损失方程：

$$\frac{\mathrm{d}\dot{m}}{\mathrm{d}t}=\frac{A(p_1-p_2)}{L}-f\frac{\dot{m}|\dot{m}|}{2\rho AD_{\mathrm{h}}} \tag{7-15}$$

式中，流体体积 V、质量流量 $\dot{m}$、功率损失热流量 $\dot{Q}_{\mathrm{f}}$ 和轴功率 $\dot{W}_{\mathrm{s}}$ 为系统过程变量。对于不同的液压系统可能会用到不同的微分方程，其中的含义可参考相关液压控制系统书籍。

7.6.3 液压位置控制系统的建模

1. 液压位置控制系统的组成与工作

在液压控制系统中用于位置控制的系统是最常见的，由于其能充分发挥电子与液压两方面的优点，既能控制很大的惯量和产生很大的力或力矩，又具有高精度和快速响应能力，并有很好的灵活性和适应能力，因此得到广泛的应用。图 7-23 所示为双电位器液压位置控制系统，它是一个电液伺服阀控制液压缸活塞杆位置的控制系统。图中两个电位器接成桥式电路，用以测量输入（指令电位器）与输出（工作台位置）之间的位置偏差（用电压表示）。若反馈电位器滑臂与指令电位器滑臂电位不同，偏差电压会通过伺服放大器放大，经电液伺服阀转换并输出液压能，推动液压缸，驱动工作台向消除偏差方向运动。当反馈电位器滑臂与指令电位器滑臂处于同电位位置时，工作台停止运动，从而使工作台位置总是按照指令电位器给定的规律变化。

由图 7-23 可以看出，液压位置控制系统由如下部分组成：反馈电位器测量环节、指令电位器给定环节、两电位器组成的桥式电路比较环节、放大器放大环节、电液伺服阀控制环节、液压缸及工作台组成的执行环节。

2. 液压位置控制系统方框图与传递函数

根据前述建立系统数学模型的思路，先对系统进行子系统划分，然后建立子系统的模型，最后建立系统模型。

将图 7-23 中的双电位器液压位置控制系统中的反馈电位器视为比例环节（起传感器作用），反馈系数记为 K_f。伺服阀电流 i 与系统误差电压 e_e之间的关系取决于伺服放大器的设计，假设差分放大器为电压负反馈放大器，对线圈电感不加超前补偿，则伺服放大器和力矩电动机线圈的传递函数可近似看成惯性环节，即

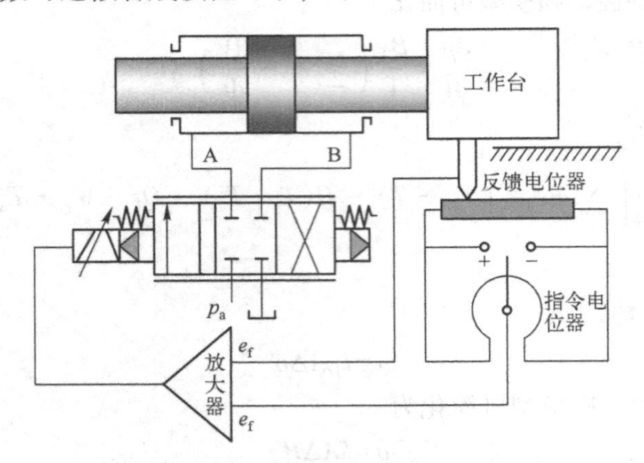

图 7-23　双电位器液压位置控制系统原理图

$$\frac{I(s)}{E_\varepsilon(s)}=\frac{K_a}{\dfrac{s}{\omega_a}+1} \tag{7-16}$$

式中，ω_a为线圈转折频率（rad/s），$\omega_a=\dfrac{R_c+r_p}{L_c}$；$R_c$为线圈电阻（Ω），与伺服阀两线圈的连接方法有关；$r_p$为放大器内阻与线圈电阻之和（Ω）；$L_c$为线圈电感（H），由生产厂家给出。

电液伺服阀的传递函数通常用振荡环节来近似，即

$$\frac{Q(s)}{I(s)}=\frac{K_{av}}{\dfrac{s^2}{\omega_{av}^2}+\dfrac{2\zeta_{av}}{\omega_{av}}s+1} \tag{7-17}$$

式中，ω_{av}为电液伺服阀的固有频率（rad/s）；K_{av}为电液伺服阀的放大系数（m^3/s）/A；ζ_{av}为电液伺服阀的阻尼比。

当液压动力机构的固有频率低于 50 Hz 时，电液伺服阀的传递函数可表示为

$$\frac{Q(s)}{I(s)}=\frac{K_{av}}{T_{av}s+1} \tag{7-18}$$

式中，K_{av}为电液伺服阀放大系数（m^3/s）/A；T_{av}为电液伺服阀的时间常数（s）。

当电液伺服阀的固有频率较高而系统频宽较窄时，电液伺服阀也可近似看成比例环节

$$\frac{Q(s)}{I(s)}=K_{av} \tag{7-19}$$

当液压系统没有弹性负载时，阀控液压缸动力机构中液压缸活塞杆位移 $Y(s)$ 与电液伺服阀输出流量间的传递函数（无外力作用的情况）为

$$\frac{Y(s)}{Q(s)}=\frac{1}{A}\times\frac{1}{s\left(\frac{s^2}{\omega_h^2}+\frac{2\zeta_h}{\omega_h}+1\right)} \tag{7-20}$$

式中，A 为液压缸活塞有效面积（m^2）；ω_h为液压固有频率（rad/s）；ζ_h为液压阻尼比。

根据液压位置控制系统中各元件的传递函数，绘制图 7-23 所示液压位置控制系统框图，如图 7-24 所示。

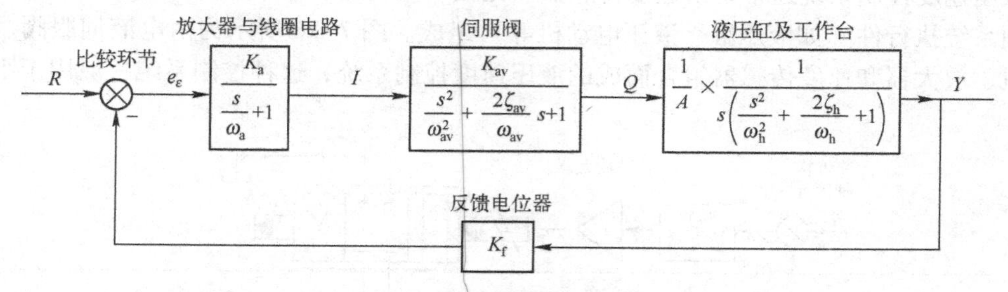

图 7-24　液压位置控制系统方框图

由图 7-24 可知，液压位置控制系统的开环传递函数为

$$G(s)=\frac{K_f}{A}\times\frac{1}{s\left(\frac{s^2}{\omega_h^2}+\frac{2\zeta_h}{\omega_h}+1\right)}\times\frac{K_{av}}{\frac{s^2}{\omega_{av}^2}+\frac{2\zeta_{av}}{\omega_{av}}s+1}\times\frac{K_a}{\frac{s}{\omega_a}+1} \tag{7-21}$$

为了得到简单实用的稳定判据，需要对式（7-21）进行简化。一般情况下，液压系统动力机构的固有频率往往是系统中最低的，它决定着系统的动态性能；同时又考虑到放大器、电液伺服阀的频率相对于动力机构固有频率均比较高，为了简化开环传递函数同时又不失一般性，式（7-21）可以近似简化为

$$G(s)=\frac{K_v}{s\left(\frac{s^2}{\omega_h^2}+\frac{2\zeta_h}{\omega_h}+1\right)} \tag{7-22}$$

式中，$K_v=\frac{K_{av}K_aK_f}{A}$，$K_v$ 称为液压位置控制系统的开环增益。

因此，图 7-24 可以进一步简化为单位负反馈，其方框图如图 7-25 所示。随着所用检测元件、指令元件、电子部件的不同，随着信号传递方式的不同，系统的组成是多种多样的。但系统的电-液部分并不会变得十分复杂，整个位置回路最基本部分通常具有式（7-22）和图 7-25 的形式。

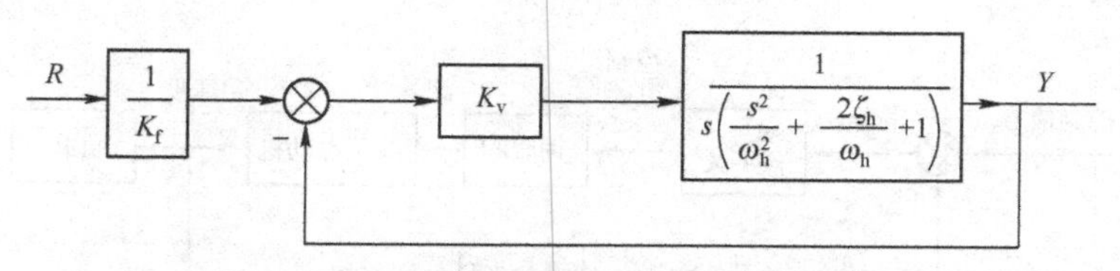

图 7-25　简化后的液压位置单位负反馈控制系统方框图

7.6.4 液压速度控制系统建模

在实际工程控制系统中，液压速度控制系统也是一种常用的控制系统，例如数控机床速度控制系统、火炮速度控制系统、机械升降台速度控制系统等。

1. 液压速度控制系统的构成与控制方式

液压速度控制系统通常是由速度传感器、比较放大电路、功率放大器、电液伺服阀、液压控制系统执行件（如液压缸、液压电动机等）组成。图 7-26 所示为由电液伺服阀、液压电动机、放大器和速度传感器组合而成的液压速度控制系统，这种控制系统一般用于小功率控制。

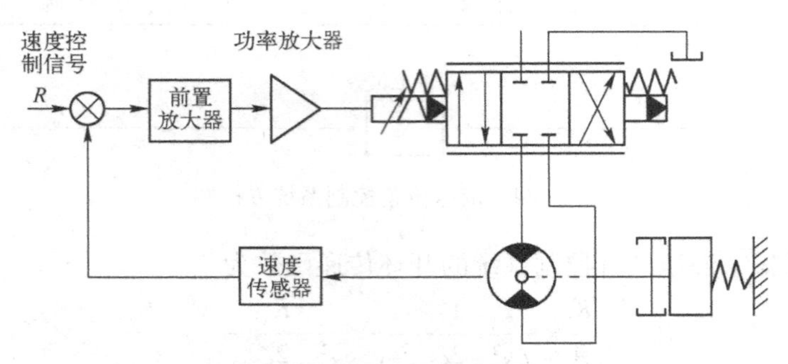

图 7-26　液压速度控制系统原理图（阀控）

在图 7-26 中，由电液伺服阀控制双向电动机的正反转运动。当给定控制速度信号 R 后，利用比较环节与电动机转速（靠速度传感器检测）进行比较，形成速度偏差值 E_g，再经过前置放大器和功率放大器将速度偏差信号放大，以控制电液伺服阀开口的大小和方向，从而达到调速的目的。

2. 液压速度控制系统的建模

液压速度控制系统通常有液压缸输出速度控制系统和液压电动机速度控制系统两种。对于液压电动机速度控制系统而言，其控制方式主要有阀控液压电动机速度控制系统、泵控液压电动机开环速度控制系统和泵控液压电动机闭环速度控制系统等。下面简要说明阀控液压电动机闭环速度控制系统。

阀控液压电动机闭环速度控制系统由比例控制阀或伺服阀、液压电动机、积分放大器、速度传感器等组成。阀控液压电动机闭环速度控制系统框图如图 7-27 所示。这里的积分放大器是为了控制系统稳定正常工作而加入的校正环节。若忽略控制阀、积分放大器的动态影响，阀控液压电动机的速度控制系统可用图 7-28 表示。

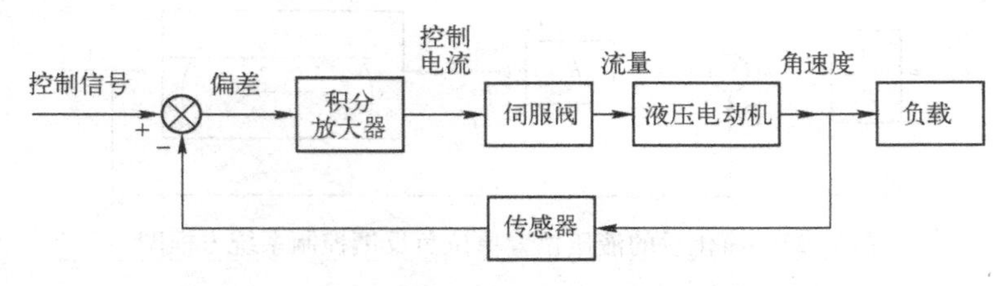

图 7-27　阀控液压电动机闭环速度控制系统框图

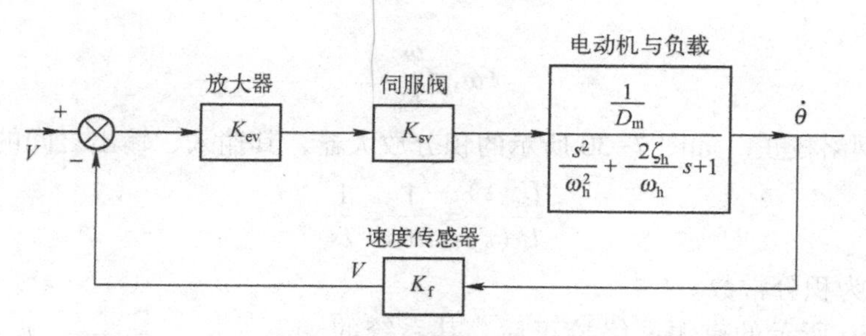

图 7-28　阀控液压电动机速度控制系统框图

图 7-28 所示框图的开环传递函数为

$$G(s)=\frac{1}{D_m}\frac{K_{ev}K_{sv}K_f}{\frac{s^2}{\omega_h^2}+\frac{2\zeta_h}{\omega_h}s+1}=\frac{K_0}{\frac{s^2}{\omega_h^2}+\frac{2\zeta_h}{\omega_h}s+1} \tag{7-23}$$

式中，$K_0=\frac{K_{ev}K_{sv}K_f}{D_m}$，为速度系统开环增益；$\omega_h$为液压固有频率（rad/s）；$\zeta_{ah}$为液压阻尼比；$D_m$为电动机理论排量（$m^3$/rad）。

图 7-28 所示框图的闭环传递函数为

$$\Phi(s)=\frac{K_0\omega_h^2}{s^2+2\omega_h\zeta_h s+\omega_h^2+K_0\omega_h^2} \tag{7-24}$$

式（7-24）为 0 型有差系统，对于阶跃输入，输出的速度偏差随着速度的增大而增大，这说明不能由位置系统简单地用速度反馈实现速度控制，这不仅存在速度偏差，而且系统往往是不稳定的，或是稳定裕量很小。因此需要对速度控制系统进行校正。

3. 速度控制回路的校正

（1）无源网络校正。校正的简单方法是在伺服阀的前端添加一无源校正网络，如图 7-29 所示。其传递函数为

$$\frac{U_c(s)}{U_r(s)}=\frac{1}{RCs+1}=\frac{1}{\frac{s}{\omega_1}+1} \tag{7-25}$$

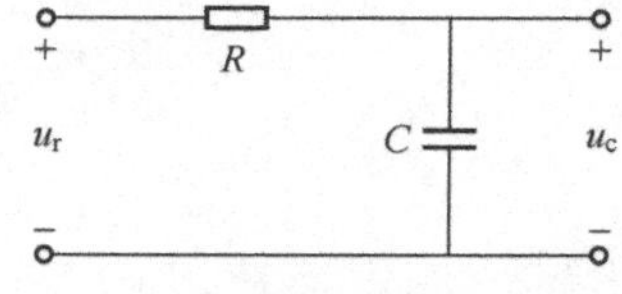

图 7-29　无源网络校正环节

式中，$\omega_1=\frac{1}{RC}=\frac{1}{T}$，为转折频率；$T$为时间常数。

经过图 7-29 所示的无源网络校正后，速度控制系统的开环传递函数为

$$G(s)=\frac{K_0}{\left(\frac{s}{\omega_1}+1\right)\left(\frac{s^2}{\omega_h^2}+\frac{2\zeta_h}{\omega_h}s+1\right)} \tag{7-26}$$

经过校正，系统稳定，且具有足够的相位裕量。液压元件的固有频率ω_h出现在远大于穿越频率ω_c的地方，因而不会影响稳定性。整个回路是通过选择动力元件以及选择一个能够满足技术要求的开环增益K_0值来确定的。然后，ω_c之值就限制为ω_h的 0.2 到 0.4 以保持谐振峰不超过零分贝线。此时所需校正网络的转折频率为

$$\omega_1=\frac{\omega_c}{K_0} \tag{7-27}$$

（2）有源网络校正。如图 7-30 所示的积分放大器，其输入、输出之间的传递函数为

$$\frac{U_c(s)}{U_r(s)}=\frac{1}{RCs}=\frac{1}{Ts} \tag{7-28}$$

式中，$T=RC$，为积分常数。

经过图 7-30 所示的有源网络校正后，其系统的开环传递函数为

$$G(s)=\frac{K_0}{Ts\left(\frac{s^2}{\omega_h^2}+\frac{2\zeta_h}{\omega_h}s+1\right)}=\frac{K}{s\left(\frac{s^2}{\omega_h^2}+\frac{2\zeta_h}{\omega_h}s+1\right)} \tag{7-29}$$

式中，$K=\frac{K_0}{T}$，为开环增益。

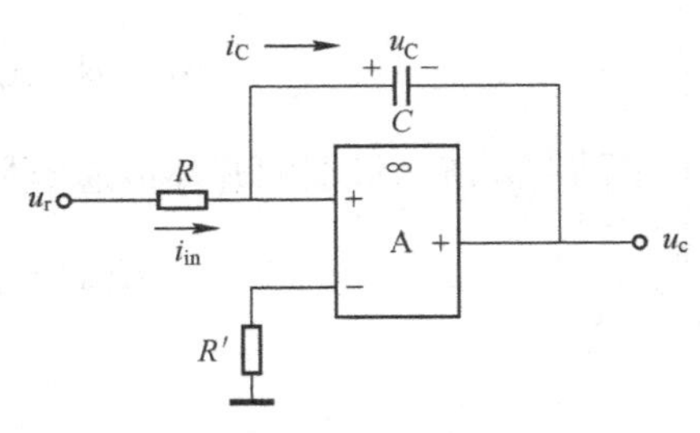

图 7-30　积分放大电路

如果知道开环传递函数的剪切频率 ω_c，根据 $|G(j\omega_c)|=1$，则有

$$\omega_c=K=\frac{K_0}{T} \tag{7-30}$$

经过校正后的系统是 I 型系统，对于干扰信号和速度指令信号的误差为零。

速度控制系统是需要校正的系统可参考的很好的例子。经过校正的系统的穿越频率 ω_c 要比未经校正系统的穿越频率 ω_c 小很多。因此，为了系统稳定就必须牺牲一些响应速度。在控制技术中，往往需要用降低精度或响应速度换得稳定性。

附　录

附录 A　拉普拉斯变换

A.1　拉普拉斯变换的定义

在系统分析中，通常把动态过程中的起始时刻作为计时的原点 $t=0$，因此只需研究系统中的变量（函数）在 $t\in[0,\infty)$ 区间的暂态过程，而不考虑它们在 $t\in(-\infty,0)$ 的情形。所以若用 $f(t)$ 代表换路后系统中的激励函数，即相当于把函数 $f(t)$ 乘以单位阶跃函数：

$$f(t)\varepsilon(t)=\begin{cases}f(t) & 0\leqslant t<\infty\\ 0 & -\infty<t<0\end{cases}$$

则定义函数 $f(t)$ 的拉普拉斯变换为

$$F(s)=\int_{0_-}^{\infty}f(t)\mathrm{e}^{-st}\mathrm{d}t \tag{A-1}$$

式中，$s=\sigma+\mathrm{j}\omega$ 为复数，$F(s)$ 称为 $f(t)$ 的拉普拉斯象函数，简称象函数，$f(t)$ 称为 $F(s)$ 的原函数。拉普拉斯变换简称为拉氏变换。

式（A-1）表明拉普拉斯变换是一种积分变换。对于 $f(t)$，若 $\sigma>\sigma_0$，若积分 $\int_0^{\infty}\mathrm{e}^{-\sigma t}|f(t)|\mathrm{d}t$ 收敛，$f(t)$ 的拉普拉斯变换就存在，就可以对它做拉普拉斯变换，而 σ_0 是使积分 $\int_0^{\infty}\mathrm{e}^{-\sigma t}|f(t)|\mathrm{d}t$ 收敛的最小实数。不同的函数，σ_0 的值不同。一般称 σ_0 为 $F(s)$ 在复平面 $s=\sigma+\mathrm{j}\omega$ 内的收敛横坐标。

拉普拉斯变换式（A-1）的积分下限记为 0_-，如果 $f(t)$ 包含 $t=0$ 时刻的冲激，则拉普拉斯变换也应包括这个冲激。原函数 $f(t)$ 是以时间 t 为自变量的实变函数，象函数 $F(s)$ 是以复变量 s 为自变量的复变函数。$f(t)$ 与 $F(s)$ 之间是一一对应的关系。

如果 $F(s)$ 已知，要求出与它对应的原函数 $f(t)$，由 $F(s)$ 到 $f(t)$ 的变换称为拉普拉斯反变换，定义为

$$f(t)=\frac{1}{2\pi\mathrm{j}}\int_{\sigma-\mathrm{j}\infty}^{\sigma+\mathrm{j}\infty}F(s)\mathrm{e}^{st}\mathrm{d}s \tag{A-2}$$

式（A-1）和式（A-2）用符号分别表示为

$$F(s)=\mathscr{L}[f(t)] \tag{A-3}$$

$$f(t)=\mathscr{L}^{-1}[F(s)] \tag{A-4}$$

复变量 $s=\sigma+\mathrm{j}\omega$ 常称为复频率，称分析线性系统的运算法为复频域分析，而相应地称经典法为时域分析。

拉普拉斯反变换公式（A-2）是一个复变函数的广义积分，可用留数方法来计算。在

A.3 中将讨论的展开定理可用于有理分式象函数的反变换计算。而集总参数系统变量的象函数基本上属于有理分式。

由于原函数$f(t)$与像函数$F(s)$之间是一一对应的关系，可以把$f(t)$与$F(s)$编制成对应的拉普拉斯变换表，以供查用。因此在很多场合可像查阅三角函数表、对数表那样，方便地解决函数的拉普拉斯变换和反变换问题。

下面根据式（A-1）求一些常用函数的拉普拉斯变换。

1. 单位阶跃函数

设$f(t)=\varepsilon(t)$，则

$$F(s)=\mathscr{L}[\varepsilon(t)]=\int_{0_-}^{\infty}\varepsilon(t)\mathrm{e}^{-st}\mathrm{d}t$$

$$=\int_{0_-}^{\infty}\mathrm{e}^{-st}\mathrm{d}t=-\frac{1}{s}\mathrm{e}^{-st}\Big|_{0_-}^{\infty}=\frac{1}{s} \quad (A-5)$$

即

$$\mathscr{L}[\varepsilon(t)]=\frac{1}{s} \quad 或 \quad \mathscr{L}^{-1}\left[\frac{1}{s}\right]=\varepsilon(t) \quad (A-6)$$

2. 单位冲激函数

设$f(t)=\delta(t)$，则

$$F(s)=\mathscr{L}[\delta(t)]=\int_{0_-}^{\infty}\delta(t)\mathrm{e}^{-st}\mathrm{d}t$$

$$=\int_{0_-}^{0_+}\delta(t)\mathrm{e}^{-st}\mathrm{d}t=\mathrm{e}^{-s\times 0}=1 \quad (A-7)$$

即

$$\mathscr{L}[\delta(t)]=1 \quad 或 \quad \mathscr{L}^{-1}[1]=\delta(t) \quad (A-8)$$

3. 指数函数

设$f(t)=\mathrm{e}^{\alpha t}$（$\alpha$是任一实数或复数），则

$$F(s)=\mathscr{L}[\mathrm{e}^{\alpha t}]=\int_{0_-}^{\infty}\mathrm{e}^{\alpha t}\mathrm{e}^{-st}\mathrm{d}t$$

$$=\frac{1}{\alpha-s}\mathrm{e}^{(\alpha-s)t}\Big|_{0_-}^{\infty}=\frac{1}{s-\alpha} \quad (A-9)$$

即

$$\mathscr{L}[\mathrm{e}^{\alpha t}]=\frac{1}{s-\alpha} \quad 或 \quad \mathscr{L}^{-1}\left[\frac{1}{s-\alpha}\right]=\mathrm{e}^{\alpha t} \quad (A-10)$$

A.2 拉普拉斯变换的基本性质

拉普拉斯变换的基本性质可以归结为若干定理（变换法则），它们在拉普拉斯变换的实际应用中都很重要：利用这些性质可以计算一些复杂原函数的象函数，并可利用这些性质与系统分析的物理内容结合起来获得应用拉普拉斯变换求解系统的方法——运算法。

1. 线性性质

设$f_1(t)$与$f_2(t)$是两个任意定义在$t\geqslant 0$的时间函数，它们的象函数分别为$F_1(s)$和

$F_2(s)$，C_1和C_2是任意两个常数，则

$$\mathscr{L}[C_1 f_1(t) \pm C_2 f_2(t)] = C_1\mathscr{L}[f_1(t)] \pm C_2\mathscr{L}[f_2(t)]$$
$$= C_1 F_1(s) \pm C_2 F_2(s)$$

证明

$$\mathscr{L}[C_1 f_1(t) \pm C_2 f_2(t)] = \int_{0_-}^{\infty} [C_1 f_1(t) \pm C_2 f_2(t)] \mathrm{e}^{-st} \mathrm{d}t$$
$$= C_1 \int_{0_-}^{\infty} f_1(t) \mathrm{e}^{-st} \mathrm{d}t \pm C_2 \int_{0_-}^{\infty} f_2(t) \mathrm{e}^{-st} \mathrm{d}t$$
$$= C_1 F_1(s) \pm C_2 F_2(s)$$

【例 A-1】 求$f(t)=\cos\omega t$ 和$f(t)=\sin\omega t$ 的象函数。

解： 根据欧拉公式，有

$$\cos\omega t = \frac{\mathrm{e}^{\mathrm{j}\omega t} + \mathrm{e}^{-\mathrm{j}\omega t}}{2}$$
$$\sin\omega t = \frac{\mathrm{e}^{\mathrm{j}\omega t} - \mathrm{e}^{-\mathrm{j}\omega t}}{2\mathrm{j}}$$

根据线性性质可得

$$\mathscr{L}[\cos\omega t] = \mathscr{L}\left[\frac{1}{2}(\mathrm{e}^{\mathrm{j}\omega t} + \mathrm{e}^{-\mathrm{j}\omega t})\right]$$
$$= \frac{1}{2}\left(\frac{1}{s-\mathrm{j}\omega} + \frac{1}{s+\mathrm{j}\omega}\right)$$
$$= \frac{s}{s^2+\omega^2} \tag{A-11}$$

同理可得

$$\mathscr{L}[\sin\omega t] = \frac{1}{2\mathrm{j}}\left(\frac{1}{s-\mathrm{j}\omega} - \frac{1}{s+\mathrm{j}\omega}\right) = \frac{\omega}{s^2+\omega^2} \tag{A-12}$$

【例 A-2】 求$f(t)=A(1-\mathrm{e}^{-\alpha t})$的象函数。

解：

$$\mathscr{L}[A(1-\mathrm{e}^{-\alpha t})] = \mathscr{L}[A] - \mathscr{L}[A\mathrm{e}^{-\alpha t}]$$
$$= \frac{A}{s} - \frac{A}{s+\alpha}$$
$$= \frac{A\alpha}{s(s+\alpha)}$$

2. 微分性质

(1) 时域微分性质。函数$f(t)$的象函数与其导数$f'(t)=\dfrac{\mathrm{d}f(t)}{\mathrm{d}t}$的象函数之间有如下关系

若
$$\mathscr{L}[f(t)] = F(s)$$
则
$$\mathscr{L}[f'(t)] = sF(s) - f(0_-)$$

证明

$$\mathscr{L}\left[\frac{\mathrm{d}f(t)}{\mathrm{d}t}\right] = \int_{0_-}^{\infty} \frac{\mathrm{d}f(t)}{\mathrm{d}t} \mathrm{e}^{-st} \mathrm{d}t = \int_{0_-}^{\infty} \mathrm{e}^{-st} \mathrm{d}f(t)$$

利用积分中的分部积分法，可得

$$\int_{0_-}^{\infty} e^{-st} df(t) = [e^{-st} f(t)]_{0_-}^{\infty} - \int_{0_-}^{\infty} f(t) de^{-st}$$

$$= -f(0_-) + s\int_{0_-}^{\infty} f(t) e^{-st} dt$$

这里只要 s 的实部 σ 取得足够大，就有$\lim\limits_{t\to\infty} e^{-st} f(t) = 0$，所以

$$\mathscr{L}[f'(t)] = sF(s) - f(0_-) \tag{A-13}$$

微分定理可以推广到求原函数的二阶及二阶以上导数的拉普拉斯变换，即

$$\mathscr{L}\left[\frac{d^2 f(t)}{dt^2}\right] = s[sF(s) - f(0_-)] - f'(0_-)$$

$$= s^2 F(s) - sf(0_-) - f'(0_-) \tag{A-14}$$

$$\mathscr{L}\left[\frac{d^n f(t)}{dt^n}\right] = s^n F(s) - s^{n-1} f(0_-) - s^{n-2} f'(0_-) - \cdots - f^{(n-1)}(0_-) \tag{A-15}$$

【例 A-3】 利用时域微分性质求 $f(t) = \cos\omega t$ 和 $f(t) = \delta(t)$ 的象函数。

解：

$$\mathscr{L}[\cos\omega t] = \mathscr{L}\left[\frac{1}{\omega}\frac{d\sin\omega t}{dt}\right]$$

$$= \frac{1}{\omega}\left(s \times \frac{\omega}{s^2+\omega^2} - 0\right)$$

$$= \frac{s}{s^2+\omega^2}$$

此结果与例 A-1 所得结果完全相同。

$$\mathscr{L}[\delta(t)] = \mathscr{L}\left[\frac{d\varepsilon(t)}{dt}\right]$$

$$= s \times \frac{1}{s} - 0$$

$$= 1$$

此结果与式（A-7）中根据拉普拉斯定义所得的结果完全相同。

（2）复频域微分性质。设 $f(t)$ 的象函数为 $F(s)$，则有

$$\mathscr{L}[-tf(t)] = \frac{dF(s)}{ds}$$

证明

$$\frac{d}{ds}F(s) = \frac{d}{ds}\int_{0_-}^{\infty} f(t) e^{-st} dt = \int_{0_-}^{\infty} f(t) \frac{de^{-st}}{ds} dt$$

$$= \int_{0_-}^{\infty} f(t)(-t) e^{-st} dt = \mathscr{L}[-tf(t)] \tag{A-16}$$

【例 A-4】 利用复频域微分性质求 $f(t) = t$、$f(t) = t^n$ 和 $f(t) = te^{-\alpha t}$ 的象函数。

解

$$\mathscr{L}[t\varepsilon(t)] = -\frac{d}{ds}\left(\frac{1}{s}\right) = \frac{1}{s^2} \tag{A-17}$$

$$\mathscr{L}[t^n]=(-1)^n\frac{\mathrm{d}^n}{\mathrm{d}s^n}\left(\frac{1}{s}\right)=\frac{n!}{s^{n+1}} \tag{A-18}$$

$$\mathscr{L}[t\mathrm{e}^{-\alpha t}]=-\frac{\mathrm{d}}{\mathrm{d}s}\left(\frac{1}{s+\alpha}\right)=\frac{1}{(s+\alpha)^2} \tag{A-19}$$

3. 积分性质

函数$f(t)$的象函数与其积分$\int_{0_-}^{t}f(\xi)\mathrm{d}\xi$ 的象函数之间有如下关系：

若 $$\mathscr{L}[f(t)]=F(s)$$

则 $$\mathscr{L}\left[\int_{0_-}^{t}f(\xi)\mathrm{d}\xi\right]=\frac{F(s)}{s}$$

证明 因为$\mathscr{L}[f(t)]=\mathscr{L}\left[\frac{\mathrm{d}}{\mathrm{d}t}\int_{0_-}^{t}f(\xi)\mathrm{d}\xi\right]$，利用时域微分性质［式（A-13）］，

得 $$F(s)=s\mathscr{L}\left[\int_{0_-}^{t}f(\xi)\mathrm{d}\xi\right]-\left[\int_{0_-}^{t}f(\xi)\mathrm{d}\xi\right]_{t=0_-}=s\mathscr{L}\left[\int_{0_-}^{t}f(\xi)\mathrm{d}\xi\right]$$

故 $$\mathscr{L}\left[\int_{0_-}^{t}f(\xi)\mathrm{d}\xi\right]=\frac{F(s)}{s} \tag{A-20}$$

【例 A-5】 利用积分性质求$f(t)=t$和$f(t)=t^2$的象函数。

解 $$\mathscr{L}[t\varepsilon(t)]=\mathscr{L}\left[\int_{0_-}^{\infty}\varepsilon(t)\mathrm{d}t\right]=\frac{1}{s}\times\mathscr{L}[\varepsilon(t)]$$

$$=\frac{1}{s}\times\frac{1}{s}=\frac{1}{s^2}$$

此结果与例 A-4 的结果完全相同。

$$\mathscr{L}[t^2\varepsilon(t)]=\mathscr{L}\left[\int_{0_-}^{\infty}2t\varepsilon(t)\mathrm{d}t\right]=\frac{1}{s}\times\frac{2}{s^2}=\frac{2}{s^3}$$

4. 平移性质

（1）时域平移（时移）性质。函数$f(t)$的象函数与其延迟函数$f(t-t_0)$的象函数之间有如下关系

若 $$\mathscr{L}[f(t)]=F(s)$$

则 $$\mathscr{L}[f(t-t_0)]=\mathrm{e}^{-st_0}F(s)$$

这里所说的$f(t-t_0)$是指当$t<t_0$时，$f(t-t_0)=0$（参考图 A-1 和图 A-2）。

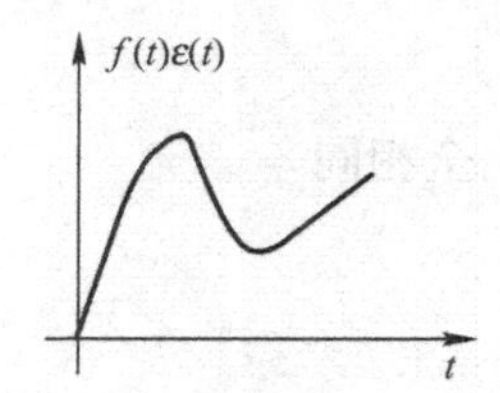

图 A-1 从 0 时刻开始出现的连续时间函数$f(t)$

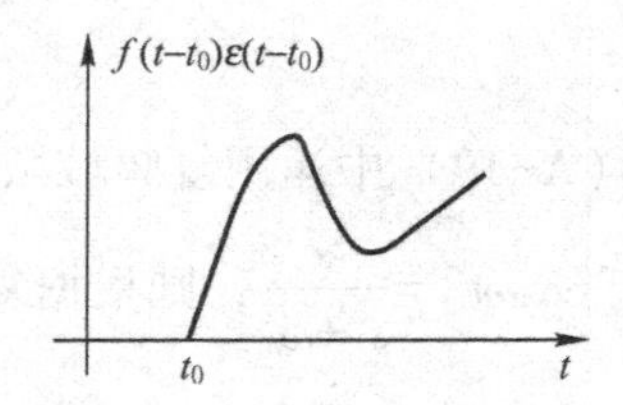

图 A-2 将$f(t)$的波形延迟到t_0

证明

$$\mathscr{L}[f(t-t_0)]=\int_{0_-}^{\infty}f(t-t_0)\mathrm{e}^{-st}\mathrm{d}t$$

$$=\int_{t_0}^{\infty}f(t-t_0)\mathrm{e}^{-st}\mathrm{d}t$$

$$\overset{令\tau=t-t_0}{=}\int_{0_-}^{\infty}f(\tau)\mathrm{e}^{-s(\tau+t_0)}\mathrm{d}\tau$$

$$=\mathrm{e}^{-st_0}\int_{0_-}^{\infty}f(\tau)\mathrm{e}^{-s\tau}\mathrm{d}\tau$$

$$=\mathrm{e}^{-st_0}F(s) \tag{A-21}$$

【例 A-6】 已知电压 $u(t)$ 的波形如图 A-3 所示，求 $u(t)$ 的象函数 $U(s)$。

解 根据图 A-3 得电压 $u(t)$ 的表达式为

$$u(t)=U_0\varepsilon(t)-2U_0\varepsilon(t-T)+U_0\varepsilon(t-2T)$$

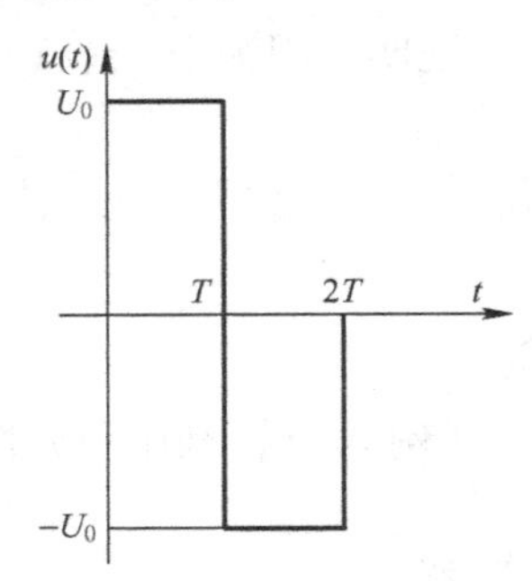

图 A-3 电压 $u(t)$ 的波形

对上式等号两端进行拉普拉斯变换，并运用线性性质和时域平移性质，得

$$U(s)=U_0\mathscr{L}[\varepsilon(t)]-2U_0\mathscr{L}[\varepsilon(t)]\mathrm{e}^{-sT}+U_0\mathscr{L}[\varepsilon(t)]\mathrm{e}^{-2sT}$$

则

$$U(s)=U_0\times\frac{1}{s}-2U_0\times\frac{1}{s}\times\mathrm{e}^{-sT}+U_0\times\frac{1}{s}\times\mathrm{e}^{-2sT}$$

$$=\frac{U_0}{s}(1-2\mathrm{e}^{-sT}+\mathrm{e}^{-2sT})$$

（2）复频域平移（频移）性质。设 $f(t)$ 的象函数为 $F(s)$，则有

$$\mathscr{L}[\mathrm{e}^{-\alpha t}f(t)]=F(s+\alpha)$$

证明

$$\mathscr{L}[\mathrm{e}^{-\alpha t}f(t)]=\int_{0_-}^{\infty}\mathrm{e}^{-\alpha t}f(t)\mathrm{e}^{-st}\mathrm{d}t$$

$$=\int_{0_-}^{\infty}f(t)\mathrm{e}^{-(s+\alpha)t}\mathrm{d}t$$

$$=F(s+\alpha) \tag{A-22}$$

【例 A-7】 利用复频域平移性质求 $f(t)=t\mathrm{e}^{-\alpha t}$ 和 $f(t)=\mathrm{e}^{-\alpha t}\cos\omega t$ 的象函数。

解： 因为 $\mathscr{L}[t]=\dfrac{1}{s^2}$，则根据复频域平移性质可得

$$\mathscr{L}[t\mathrm{e}^{-\alpha t}]=\frac{1}{(s+\alpha)^2}$$

此结果与式（A-19）中运用复频域微分性质所求的结果完全相同。

因为 $\mathscr{L}[\cos\omega t]=\dfrac{s}{s^2+\omega^2}$，则根据复频域平移性质可得

$$\mathscr{L}[\mathrm{e}^{-\alpha t}\cos\omega t]=\frac{s+\alpha}{(s+\alpha)^2+\omega^2}$$

5. 初值定理和终值定理

（1）初值定理。设$f(t)$的象函数为$F(s)$，$f(t)$的一阶导数的象函数存在，并且当$s\to\infty$时$sF(s)$的极限存在，则有

$$\lim_{t\to 0}f(t)=\lim_{s\to\infty}sF(s)$$

证明 由时域微分性质

$$\begin{aligned}sF(s)-f(0_-)&=\int_{0_-}^{\infty}\frac{\mathrm{d}f(t)}{\mathrm{d}t}\mathrm{e}^{-st}\mathrm{d}t\\&=\int_{0_-}^{0_+}\frac{\mathrm{d}f(t)}{\mathrm{d}t}\mathrm{e}^{-st}\mathrm{d}t+\int_{0_+}^{\infty}\frac{\mathrm{d}f(t)}{\mathrm{d}t}\mathrm{e}^{-st}\mathrm{d}t\\&=f(0_+)-f(0_-)+\int_{0_+}^{\infty}\frac{\mathrm{d}f(t)}{\mathrm{d}t}\mathrm{e}^{-st}\mathrm{d}t\end{aligned}$$

故

$$sF(s)=f(0_+)+\int_{0_+}^{\infty}\frac{\mathrm{d}f(t)}{\mathrm{d}t}\mathrm{e}^{-st}\mathrm{d}t \tag{A-23}$$

对式（A-23）两端取$s\to\infty$时的极限，显然有

$$\lim_{s\to\infty}\int_{0_+}^{\infty}\frac{\mathrm{d}f(t)}{\mathrm{d}t}\mathrm{e}^{-st}\mathrm{d}t=\lim_{s\to\infty}\int_{0_+}^{\infty}\mathrm{e}^{-st}\mathrm{d}f(t)=\int_{0_+}^{\infty}(\lim_{s\to\infty}\mathrm{e}^{-st})\mathrm{d}f(t)=0$$

则

$$\lim_{s\to\infty}sF(s)=f(0_+) \tag{A-24}$$

（2）终值定理。设$f(t)$的象函数为$F(s)$，并且当$t\to\infty$时$f(t)$的极限存在，则有

$$\lim_{t\to\infty}f(t)=\lim_{s\to 0}sF(s)$$

证明 根据式（A-23），对其两端取$s\to 0$的极限，有

$$\lim_{s\to 0}\int_{0_+}^{\infty}\frac{\mathrm{d}f(t)}{\mathrm{d}t}\mathrm{e}^{-st}\mathrm{d}t=\lim_{s\to 0}\int_{0_+}^{\infty}\mathrm{e}^{-st}\mathrm{d}f(t)=\int_{0_+}^{\infty}(\lim_{s\to 0}\mathrm{e}^{-st})\mathrm{d}f(t)=\lim_{t\to\infty}f(t)-f(0_+)$$

则

$$\lim_{s\to 0}sF(s)=\lim_{t\to\infty}f(t) \tag{A-25}$$

【例 A-8】运用初值定理和终值定理求象函数$F(s)=\dfrac{1}{s(s+\alpha)}$对应的原函数$f(t)$的初值$f(0_+)$和终值$f(\infty)$。

解

$$f(0_+)=\lim_{s\to\infty}sF(s)=\lim_{s\to\infty}\frac{s}{s(s+\alpha)}=\lim_{s\to\infty}\frac{1}{s+\alpha}=0$$

$$f(\infty)=\lim_{s\to 0}sF(s)=\lim_{s\to 0}\frac{s}{s(s+\alpha)}=\lim_{s\to 0}\frac{1}{s+\alpha}=\frac{1}{\alpha}$$

根据以上介绍的拉普拉斯变换的定义以及一些基本性质，可以方便地求得一些常用的时间函数的象函数，表 A-1 为常用函数的拉普拉斯变换表。

表 A-1　常用函数拉普拉斯变换表

原函数$f(t)$	象函数$F(s)$	原函数$f(t)$	象函数$F(s)$
$A\delta(t)$	A	$e^{-\alpha t}\cos\omega t$	$\frac{s+\alpha}{(s+\alpha)^2+\omega^2}$
$A\varepsilon(t)$	$\frac{A}{s}$	$te^{-\alpha t}$	$\frac{1}{(s+\alpha)^2}$
$Ae^{-\alpha t}$	$\frac{A}{s+\alpha}$	t	$\frac{1}{s^2}$
$1-e^{-\alpha t}$	$\frac{\alpha}{s(s+\alpha)}$	$\sinh\alpha t$	$\frac{\alpha}{s^2-\alpha^2}$
$\sin\omega t$	$\frac{\omega}{s^2+\omega^2}$	$\cosh\alpha t$	$\frac{s}{s^2-\alpha^2}$
$\cos\omega t$	$\frac{s}{s^2+\omega^2}$	$(1-\alpha t)e^{-\alpha t}$	$\frac{s}{(s+\alpha)^2}$
$\sin(\omega t+\varphi)$	$\frac{s\sin\varphi+\omega\cos\varphi}{s^2+\omega^2}$	$\frac{1}{2}t^2$	$\frac{1}{s^3}$
$\cos(\omega t+\varphi)$	$\frac{s\cos\varphi-\omega\sin\varphi}{s^2+\omega^2}$	$\frac{1}{n!}t^n$	$\frac{1}{s^{n+1}}$
$e^{-\alpha t}\sin\omega t$	$\frac{\omega}{(s+\alpha)^2+\omega^2}$	$\frac{1}{n!}t^n e^{-\alpha t}$	$\frac{1}{(s+\alpha)^{n+1}}$

A.3　拉普拉斯反变换

应用拉普拉斯变换分析线性定常网络时，首先要将时域中的问题变换为复频域中的问题，然后求得待求响应的象函数，再经过拉普拉斯反变换才能得到原函数——时域中的解答。如果利用式（A-2）进行反变换，则涉及计算复变函数的积分，这个积分的计算一般比较困难。在实际进行反变换时，通常是将象函数展开为若干个较简单的复频域函数的线性组合，其中每个简单的复频域函数均可查阅拉普拉斯变换表（如表 A-1）得到其原函数，然后根据线性组合定理即可求得整个原函数。下面介绍这种常用的拉普拉斯反变换法——部分分式展开法。

在集总参数系统中，线性定常网络分析中所求得的象函数 $F(s)$ 基本上是 s 的有理分式

$$F(s)=\frac{N(s)}{D(s)}=\frac{b_m s^m+b_{m-1}s^{m-1}+\cdots+b_1 s+b_0}{a_n s^n+a_{n-1}s^{n-1}+\cdots+a_1 s+a_0} \tag{A-26}$$

式中，分子和分母均是复频域变量 s 的多项式，m 和 n 为正整数，所有的系数均是实数。

如果 $m\geqslant n$，则 $F(s)$ 为有理假分式，写成

$$F(s)=\frac{N(s)}{D(s)}=Q(s)+\frac{R(s)}{D(s)} \tag{A-27}$$

式中，$Q(s)$ 是 $N(s)$ 与 $D(s)$ 相除的商，$R(s)$ 是余式，其次数低于 $D(s)$ 的次数。这样就将假分式 $N(s)/D(s)$ 化为有理真分式 $R(s)/D(s)$ 和多项式 $Q(s)$ 的和。对于多项式 $Q(s)$，各项所对应的时间函数是冲激函数及其各阶导数（因为在系统分析中，通常不出现 $m>n$ 的情况，

所以在本书中只分析 $m \leqslant n$ 的情形，$m>n$ 的情形可参阅相关书籍）；对于有理真分式 $R(s)/D(s)$，可用部分分式展开法求其原函数。

当 $m=n$ 时，式（A-27）中的

$$Q(s)=\frac{b_m}{a_n}$$

为一常数，其对应的时间函数为$\frac{b_m}{a_n}\delta(t)$。

设 $F(s)=\frac{N(s)}{D(s)}$为有理真分式，它的分子多项式 $N(s)$与分母多项式 $D(s)$互质。为了能将 $F(s)$写成部分分式后再进行拉普拉斯反变换，可将分母多项式 $D(s)$写成因式连乘的形式

$$D(s)=a_n s^n+a_{n-1}s^{n-1}+\cdots+a_1 s+a_0=a_n\prod_{j=1}^{n}(s-p_j) \tag{A-28}$$

式中，$p_j(j=1,2,\cdots,n)$为 $D(s)=0$ 的根。因为 $s\to p_j$时，$F(s)\to\infty$，所以将 p_j称为有理真分式 $F(s)$的极点。若 p_j是多项式 $D(s)$的单根，则称 p_j为 $F(s)$的单极点；若 $p_j(j=1,2,\cdots,r)$是多项式 $D(s)$的 r 重根，则称 p_j为 $F(s)$的 r 阶极点。

1. $F(s)$有单极点时的情况

根据代数理论，$F(s)$的部分分式展开式为

$$F(s)=\frac{N(s)}{D(s)}=\frac{A_1}{s-p_1}+\frac{A_2}{s-p_2}+\cdots+\frac{A_n}{s-p_n} \tag{A-29}$$

式中，p_j为 $F(s)$的实数或复数极点，A_1、A_2、…、A_n是待定系数。

为了求出 A_1、A_2、…、A_n，将式（A-29）两端同乘以（$s-p_j$），得

$$(s-p_j)F(s)=\frac{A_1(s-p_j)}{s-p_1}+\cdots+A_j+\cdots+\frac{A_n(s-p_j)}{s-p_n}$$

令 $s=p_j$，则等式右端除第 j 项外都变为零，这样求得

$$A_j=(s-p_j)F(s)\Big|_{s=p_j}=(s-p_j)\frac{N(s)}{D(s)}\Bigg|_{s=p_j} \tag{A-30}$$

系数 $A_j(j=1,2,\cdots,n)$也可用下列方法求得。

由于 p_j为 $F(s)$的一个根，故上述关于 A_j的表达式可视为 $s\to p_j$时的极限，在求极限的过程中，出现 0/0 型不定式，应用洛必达法则，得

$$A_j=\lim_{s\to p_j}\frac{(s-p_j)N(s)}{D(s)}=\lim_{s\to p_j}\frac{N(s)+(s-p_j)N'(s)}{D'(s)}=\frac{N(p_j)}{D'(p_j)}$$

所以确定式（A-29）中各待定系数的另一公式为

$$A_j=\frac{N(s)}{D'(s)}\Bigg|_{s=p_j} \tag{A-31}$$

式中，$j=1$，2，…，n。

当式（A-29）中各系数确定以后，利用 $\mathscr{L}^{-1}\left[\frac{1}{s-p_j}\right]=\mathrm{e}^{p_j t}$，并根据拉普拉斯变换的线性性质，可求得 $F(s)$的原函数

$$f(t)=\sum_{j=1}^{n}A_j e^{p_j t},\ t\geqslant 0 \tag{A-32}$$

【例 A-9】 试求

$$F(s)=\frac{24s+64}{s^3+9s^2+23s+15}$$

的原函数$f(t)$。

解： $F(s)$的分母多项式

$$D(s)=s^3+9s^2+23s+15=(s+1)(s+3)(s+5)$$

则 $F(s)$的极点分别为 $p_1=-1$，$p_2=-3$，$p_3=-5$。则 $F(s)$可展开为

$$F(s)=\frac{A_1}{s+1}+\frac{A_2}{s+3}+\frac{A_3}{s+5}$$

因此上式各系数分别应为

$$A_1=(s+1)\times\left.\frac{24s+64}{(s+1)(s+3)(s+5)}\right|_{s=-1}$$

$$=\left.\frac{24s+64}{(s+3)(s+5)}\right|_{s=-1}=5$$

$$A_2=\left.\frac{24s+64}{(s+1)(s+5)}\right|_{s=-3}=2$$

$$A_3=\left.\frac{24s+64}{(s+1)(s+3)}\right|_{s=-5}=-7$$

故 $F(s)$的原函数为

$$f(t)=5e^{-t}+2e^{-3t}-7e^{-5t},\ t\geqslant 0$$

系数 A_1、A_2、A_3也可运用式（A-31）求得。

因为 $$D'(s)=3s^2+18s+23$$

所以 A_1、A_2、A_3分别为

$$A_1=\left.\frac{24s+64}{3s^2+18s+23}\right|_{s=-1}=5$$

$$A_2=\left.\frac{24s+64}{3s^2+18s+23}\right|_{s=-3}=2$$

$$A_3=\left.\frac{24s+64}{3s^2+18s+23}\right|_{s=-5}=-7$$

2. $F(s)$有复数极点的情况

设 $D(s)=0$ 具有共轭复数 $p_1=\alpha+j\omega$，$p_2=\alpha-j\omega$，则

$$A_1=[s-(\alpha+j\omega)]F(s)\big|_{s=\alpha+j\omega}=\left.\frac{N(s)}{D'(s)}\right|_{s=\alpha+j\omega}$$

$$A_2=[s-(\alpha-j\omega)]F(s)\big|_{s=\alpha-j\omega}=\left.\frac{N(s)}{D'(s)}\right|_{s=\alpha-j\omega}$$

由于 $F(s)$是实系数多项式之比，故 A_1、A_2也为共轭复数。

设 $A_1=|A_1|e^{j\theta_1}$，则 $A_2=|A_1|e^{-j\theta_1}$，所以

$$
\begin{aligned}
f(t)&=A_1e^{(\alpha+j\omega)t}+A_2e^{(\alpha-j\omega)t}\\
&=|A_1|e^{j\theta_1}e^{(\alpha+j\omega)t}+|A_1|e^{-j\theta_1}e^{(\alpha-j\omega)t}\\
&=|A_1|e^{\alpha t}[e^{j(\omega t+\theta_1)}+e^{-j(\omega t+\theta_1)}]\\
&=2|A_1|e^{\alpha t}\cos(\omega t+\theta_1),\ t\geqslant 0
\end{aligned}
\tag{A-33}
$$

【例 A-10】 试求

$$F(s)=\frac{2s+5}{s^2+6s+34}$$

的原函数 $f(t)$。

解： $D(s)=0$ 的根 $p_1=-3+j5$，$p_2=-3-j5$。

所以，$F(s)$ 的部分分式展开式为

$$F(s)=\frac{A_1}{s-(-3+j5)}+\frac{A_2}{s-(-3-j5)}$$

式中
$$A_1=(s+3-j5)F(s)\big|_{s=-3+j5}=\frac{2s+5}{s+3+j5}\bigg|_{s=-3+j5}=1+j0.1=e^{j5.7^\circ}$$

$$A_2=(s+3+j5)F(s)\big|_{s=-3-j5}=\frac{2s+5}{s+3-j5}\bigg|_{s=-3-j5}=1-j0.1=e^{-j5.7^\circ}$$

由式（A-33）得

$$f(t)=2e^{-3t}\cos(5t+5.7^\circ),\ t\geqslant 0$$

也可以用配方法来求解此例。

因为
$$
\begin{aligned}
F(s)&=\frac{2s+5}{s^2+6s+34}=\frac{2s+5}{(s+3)^2+25}=\frac{2(s+3)-1}{(s+3)^2+5^2}\\
&=2\times\frac{s+3}{(s+3)^2+5^2}-\frac{1}{5}\times\frac{5}{(s+3)^2+5^2}
\end{aligned}
$$

查拉普拉斯变换表中的复频域平移性质变换对

$$\mathscr{L}[e^{-\alpha t}\sin\omega t]=\frac{\omega}{(s+\alpha)^2+\omega^2}$$

$$\mathscr{L}[e^{-\alpha t}\cos\omega t]=\frac{s+\alpha}{(s+\alpha)^2+\omega^2}$$

得

$$
\begin{aligned}
f(t)&=2e^{-3t}\cos 5t-0.2e^{-3t}\sin 5t\\
&=2e^{-3t}\cos(5t+5.7^\circ),\ t\geqslant 0
\end{aligned}
$$

3. $F(s)$ 有多重极点的情况

若 $F(s)$ 有一个 r 阶极点 p_1，其余的 p_2、$\cdots p_{n-r}$ 为单极点，则 $F(s)$ 的部分分式展开式为

$$F(s)=\frac{A_{11}}{s-p_1}+\frac{A_{12}}{(s-p_1)^2}+\cdots+\frac{A_{1r}}{(s-p_1)^r}+\left(\frac{A_2}{s-p_2}+\cdots+\frac{A_{n-r}}{s-p_{n-r}}\right)\tag{A-34}$$

式中系数 A_2、$\cdots$、A_{n-r} 的求解如上述。现在来分析系数 A_{11}、$\cdots$、A_{1r} 的求法。

为了求 A_{11}、$\cdots$、A_{1r}，可以将式（A-34）两端同乘以 $(s-p_1)^r$，则 A_{1r} 被单独分离出来：

$$(s-p_1)^r F(s)=A_{11}(s-p_1)^{r-1}+A_{12}(s-p_1)^{r-2}+\cdots+A_{1r}+(s-p_1)^r\left(\frac{A_2}{s-p_2}+\cdots+\frac{A_{n-r}}{s-p_{n-r}}\right) \quad (A-35)$$

则

$$A_{1r}=(s-p_1)^r F(s)\big|_{s=p_1}$$

式（A-35）两端对 s 求导一次，$A_{1(r-1)}$ 被分离出来：

$$\frac{\mathrm{d}}{\mathrm{d}s}[(s-p_1)^r F(s)]=A_{11}(r-1)(s-p_1)^{r-2}+\cdots+A_{1(r-1)}+\frac{\mathrm{d}}{\mathrm{d}s}\left[(s-p_1)^r\left(\frac{A_2}{s-p_2}+\cdots+\frac{A_{n-r}}{s-p_{n-r}}\right)\right]$$

所以

$$A_{1(r-1)}=\frac{\mathrm{d}}{\mathrm{d}s}[(s-p_1)^r F(s)]_{s=p_1}$$

同理可得

$$A_{1(r-2)}=\frac{1}{2!}\frac{\mathrm{d}^2}{\mathrm{d}s^2}[(s-p_1)^r F(s)]_{s=p_1}$$

…

$$A_{12}=\frac{1}{(r-2)!}\frac{\mathrm{d}^{r-2}}{\mathrm{d}s^{r-2}}[(s-p_1)^r F(s)]_{s=p_1}$$

$$A_{11}=\frac{1}{(r-1)!}\frac{\mathrm{d}^{r-1}}{\mathrm{d}s^{r-1}}[(s-p_1)^r F(s)]_{s=p_1}$$

【例 A-11】 试求

$$F(s)=\frac{s+4}{(s+1)(s+2)^3}$$

的原函数 $f(t)$。

解： $F(s)$ 的部分分式展开式为

$$F(s)=\frac{A_{11}}{s+2}+\frac{A_{12}}{(s+2)^2}+\frac{A_{13}}{(s+2)^3}+\frac{A_2}{s+1}$$

则

$$A_{13}=(s+2)^3 F(s)\big|_{s=-2}=\frac{s+4}{s+1}\bigg|_{s=-2}=-2$$

$$A_{12}=\frac{\mathrm{d}}{\mathrm{d}s}[(s+2)^3 F(s)]_{s=-2}=\frac{\mathrm{d}}{\mathrm{d}s}\left(\frac{s+4}{s+1}\right)\bigg|_{s=-2}=-3$$

$$A_{11}=\frac{1}{2!}\frac{\mathrm{d}^2}{\mathrm{d}s^2}[(s+2)^3 F(s)]_{s=-2}=\frac{1}{2!}\frac{\mathrm{d}^2}{\mathrm{d}s^2}\left(\frac{s+4}{s+1}\right)\bigg|_{s=-2}=-3$$

$$A_2=(s+1)F(s)\big|_{s=-1}=\frac{s+4}{(s+2)^3}\bigg|_{s=-1}=3$$

即
$$F(s)=\frac{-3}{s+2}+\frac{-3}{(s+2)^2}+\frac{-2}{(s+2)^3}+\frac{3}{s+1}$$

所以
$$f(t)=-3\mathrm{e}^{-2t}-3t\mathrm{e}^{-2t}-\frac{2}{2!}t^2\mathrm{e}^{-2t}+3\mathrm{e}^{-t}$$
$$=-3\mathrm{e}^{-2t}-3t\mathrm{e}^{-2t}-t^2\mathrm{e}^{-2t}+3\mathrm{e}^{-t},\ t\geqslant 0$$

附录 B　MATLAB 在控制系统中的应用

MATLAB 是目前国际控制界使用最广的工具软件，几乎所有的控制理论与应用分支中都有 MATLAB 工具箱。本节结合前面所学自动控制理论的基本内容，采用控制系统工具箱（Control Systems Toolbox）和仿真环境（Simulink），学习 MATLAB 的应用。

B.1　用 MATLAB 建立传递函数模型

1. 有理函数模型

线性系统的传递函数模型可一般地表示为

$$G(s)=\frac{b_m s^m+b_{m-1}s^{m-1}+\cdots+b_1 s+b_0}{a_n s^n+a_{n-1}s^{n-1}+\cdots+a_1 s+a_0},n\geqslant m \tag{B-1}$$

将系统的分子和分母多项式的系数按降幂的方式以向量的形式输入给两个变量 num 和 den，就可以将传递函数模型输入到 MATLAB 环境中。命令格式为

$$\text{num}=[b_m,b_{m-1},\cdots,b_1,b_0]; \tag{B-2}$$

$$\text{den}=[a_n,a_{n-1},\cdots,a_1,a_0]; \tag{B-3}$$

在 MATLAB 控制系统工具箱中，定义了 tf( ) 函数，它可由传递函数分子分母给出的变量构造出单个的传递函数对象，从而使得系统模型的输入和处理更加方便。

该函数的调用格式为

$$G=\text{tf}(\text{num},\text{den}); \tag{B-4}$$

【例 B-1】 传递函数模型为

$$G(s)=\frac{3s^2+2s+1}{s^4+2s^3+3s^2+4s+5}$$

该模型可以由下面的命令输入到 MATLAB 工作空间中去。

```
>> clear   all;
   num=[3,2,1];
   den=[1,2,3,4,5];
   G=tf(num,den)
```

运行结果：

```
G=

          3 s^2+2 s+1
  ---------------------------------
  s^4+2 s^3+3 s^2+4 s+5
```

这时对象 G 可以用来描述给定的传递函数模型，作为其他函数调用的变量。

【例 B-2】 传递函数模型为

$$G(s)=\frac{3(s+7)}{(s^2+3s+1)^2(s+8)}$$

该传递函数模型可以通过下面的语句输入到 MATLAB 工作空间。

```
>>clear  all;
  num=3*[1 7];
  den=conv(conv([1 3 1],[1 3 1]),[1 8]);
  sys=tf(num,den)
```

运行结果：

```
sys=

                    3 s+21
  ------------------------------------------
  s^5+14 s^4+59 s^3+94 s^2+49 s+8
```

其中 conv( ) 函数（标准的 MATLAB 函数）用来计算两个向量的卷积，多项式乘法也可用这个函数来计算。该函数允许任意地多层嵌套，从而可表示复杂的计算。

2. 零极点模型

线性系统的传递函数还可以写成零极点的形式：

$$G(s)=\frac{K(s-z_1)(s-z_2)\cdots(s-z_m)}{(s-p_1)(s-p_2)\cdots(s-p_n)} \tag{B-5}$$

将系统增益、零点和极点以向量的形式输入给三个变量 KGain、Z 和 P，就可以将系统的零极点模型输入到 MATLAB 工作空间中，命令格式为

$$\text{KGain}=K; \tag{B-6}$$

$$Z=[z_1;z_2;\cdots;z_m]; \tag{B-7}$$

$$P=[p_1;p_2;\cdots;p_n]; \tag{B-8}$$

在 MATLAB 控制工具箱中，定义了 zpk( ) 函数，由它可通过以上三个 MATLAB 变量构造出零极点对象，用于简单地表述零极点模型。该函数的调用格式为

$$G=\text{zpk}(Z,P,\text{KGain}) \tag{B-9}$$

【例 B-3】 某系统的零极点模型为

$$G(s)=\frac{6(s+2)(s+3+j4)(s+3-j4)}{(s+1+j2)(s+1-j2)(s-3+j5)(s-3-j5)}$$

该模型可以由下面的语句输入到 MATLAB 工作空间中。

```
>>  clear  all;
    KGain=6;
    Z=[-2;-3+4j;-3-4j];
    P=[-1+2j;-1-2j;3+5j;3-5j];
    G=zpk(Z,P,KGain)
```

运行结果：

```
G=
      6(s+2)(s^2+6s+25)
  ------------------------------
  (s^2+2s+5)(s^2-6s+34)
```

3. 反馈系统结构图模型

设反馈系统结构图如图 B-1 所示。

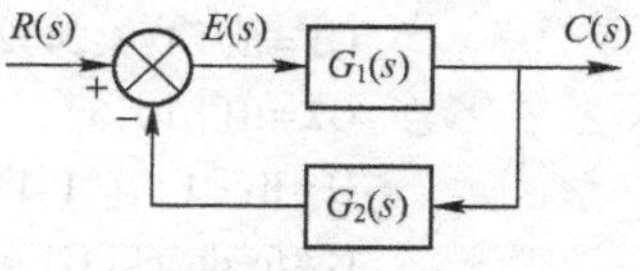

控制系统工具箱中提供了 feedback( ) 函数，用来求取反馈连接下总的系统模型，该函数调用格式如下：

G=feedback(G1,G2,sign);　　(B-10)

其中变量 sign 用来表示正反馈或负反馈结构，若 sign=-1 表示负反馈系统的模型，若省略 sign 变量，则仍将表示负反馈结构。G1 和 G2 分别表示前向模型和反馈模型的 LTI（线性时不变）对象。

图 B-1　反馈系统结构图

【例 B-4】若反馈系统图 B-1 中的两个传递函数分别为

$$G_1(s)=\frac{1}{(s+1)^2},\quad G_2(s)=\frac{1}{s+2}$$

则反馈系统的传递函数可由下列 MATLAB 命令得出：

```
>>clear all;
  G1=tf(1,[1,2,1]);
  G2=tf(1,[1,2]);
  G=feedback(G1,G2)
```

运行结果：

```
G=
             s+2
    ----------------------
    s^3+4 s^2+5 s+3
```

若采用正反馈连接结构输入命令：

```
>> G=feedback(G1,G2,1)
```

则得出如下结果：

```
G=
             s+2
    ----------------------
    s^3+4 s^2+5 s+1
```

【例 B-5】若反馈系统的结构如图 B-2 所示。其中

$$G_1(s)=\frac{s^3+7s^2+24s+24}{s^4+10s^3+35s^2+50s+24},\quad G_2(s)=\frac{10s+5}{s^2+2s+3},\quad H(s)=\frac{1}{s+1}$$

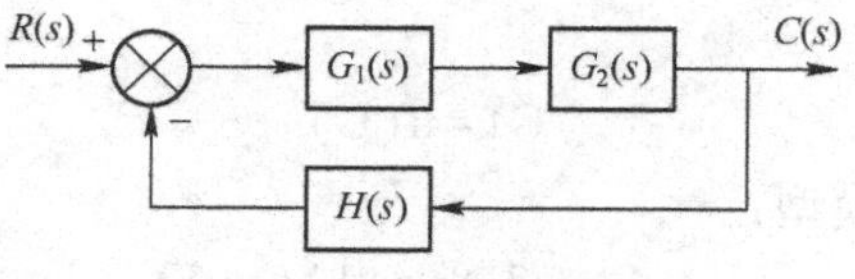

图 B-2　复杂反馈系统

则闭环系统的传递函数可以由下面的 MATLAB 命令得出：

```
>> clear all;
   G1=tf([1,7,24,24],[1,10,35,50,24]);
   G2=tf([10,5],[1,2,3]);
   H=tf([1],[1,1]);
   G=feedback(G1*G2,H)
```

得到结果：

```
G=
           10 s^5+85 s^4+350 s^3+635 s^2+480 s+120
   ---------------------------------------------------
   s^7+13 s^6+70 s^5+218 s^4+454 s^3+702 s^2+630 s+192
```

4. 有理分式模型与零极点模型的转换

有了传递函数的有理分式模型之后，求取零极点模型就不是一件困难的事情了。在控制系统工具箱中，可以由 zpk( ) 函数立即将给定的 LTI 对象 G 转换成等效的零极点对象 G1。该函数的调用格式为

$$G1=zpk(G) \tag{B-11}$$

【例 B-6】 系统传递函数为

$$G(s)=\frac{3.8s^2+22.8s+19}{s^4+7.5s^3+22s^2+19.5s}$$

对应的零极点格式可由下面的命令得出

```
>> clear all;
   num=[3.8,22.8,19];
   den=[1,7.5,22,19.5,0];
   G=tf(num,den);
   G1=zpk(G)
```

显示结果：

```
G1=
      3.8(s+5)(s+1)
   -------------------------
   s(s+1.5)(s^2+6s+13)
```

可见，在系统的零极点模型中若出现复数值，则在显示时将以二阶因子的形式表示相应的共轭复数对。

同样，对于给定的零极点模型，也可以直接由 MATLAB 语句立即得出等效传递函数模型。调用格式为

$$G1=tf(G) \tag{B-12}$$

【例 B-7】 给定零极点模型：

$$G(s)=\frac{3.8(s+1)(s+5)}{s(s+3+j2)(s+3-j2)(s+1.5)}$$

可以用下面的 MATLAB 命令立即得出其等效的传递函数模型。输入程序的过程中要注意大小写。

```
>>  clear   all;
    Z=[-1,-5];
    P=[0,-3-2j,-3+2j,-1.5];
    K=3.8;
    G=zpk(Z,P,K);
    G1=tf(G)
```

结果显示：

```
G1=

      3.8 s^2+22.8 s+19
  ---------------------------------
  s^4+7.5 s^3+22 s^2+19.5 s
```

5. Simulink 建模方法

在一些实际应用中，如果系统的结构过于复杂，则不适合用前面介绍的方法建模。在这种情况下，功能完善的 Simulink 程序可以用来建立新的数学模型。Simulink 是由 MathWorks 软件公司于 1990 年为 MATLAB 提供的新的控制系统模型图形输入仿真工具。它具有两个显著的功能：Simul（仿真）与 Link（连接），亦即可以利用鼠标在模型窗口上“画”出所需的控制系统模型，然后利用 Simulink 提供的功能来对系统进行仿真或线性化分析。与 MATLAB 中逐行输入命令相比，这样输入更容易，分析更直观。下面简单介绍使用 Simulink 建立系统模型的基本步骤：

1）Simulink 的启动：在 MATLAB 命令提示符“>>”下键入 Simulink 命令，回车后即可启动 Simulink 程序。启动后软件自动打开 Simulink 模型库窗口，如图 B-3 所示。这一模型库中含有许多子模型库，如 Sources（输入源模块库）、Sinks（输出显示模块库）、Nonlinear（非线性环节）等。若想建立一个控制系统结构框图，则应该选择File|New 菜单中的 Model 选项，打开一个空白的模型编辑窗口，如图 B-4 所示。

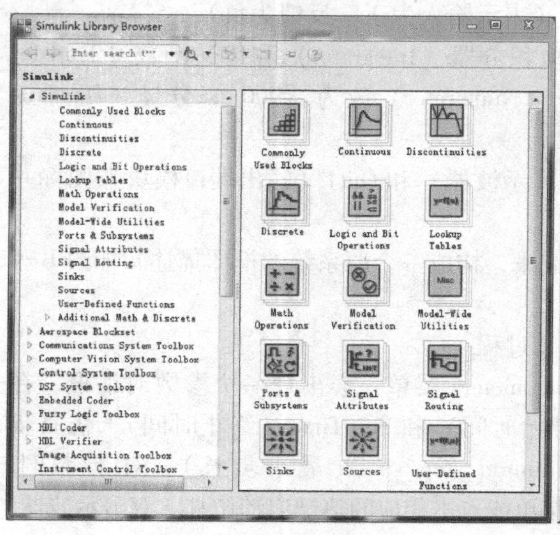

图 B-3　Simulink 模型库

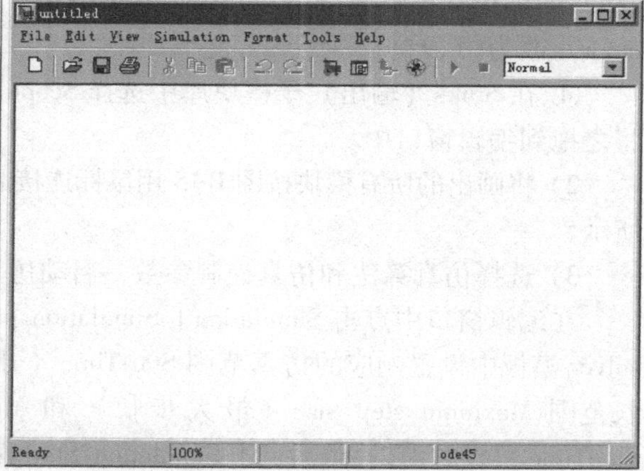

图 B-4　模型编辑窗口

2）画出系统的各个模块：打开相应的子模块库，选择所需要的元素，用鼠标左键点中后拖到模型编辑窗口的合适位置。

3）给出各个模块参数：由于选中的各个模块只包含默认的模型参数，如默认的传递函数模型为 $1/(s+1)$ 的简单格式，必须通过修改得到实际的模块参数。要修改模块的参数，可以用鼠标双击该模块图标，则会出现一个相应的对话框，提示用户修改模块参数。

4）画出连接线：当所有的模块都画出来之后，可以再画出模块间所需要的连线，构成完整的系统。模块间连线的画法很简单，只需要用鼠标点按起始模块的输出端（三角符号），再拖动鼠标，到终止模块的输入端释放鼠标键，系统会自动地在两个模块间画出带箭头的连线。若需要从连线中引出节点，可在鼠标点击起始节点时按住 Ctrl 键，再将鼠标拖动到目的模块。

5）指定输入和输出端子：在 Simulink 下允许有两类输入输出信号，第一类是仿真信号，从 Sources（输入源模块库）图标中取出相应的输入信号端子，从 Sinks（输出显示模块库）图标中取出相应输出端子即可。第二类是要提取系统线性模型，则需打开 Connections（连接模块库）图标，从中选取相应的输入输出端子。

【例 B-8】 典型二阶系统的结构图如图 B-5 所示。试用 Simulink 对系统进行仿真分析。

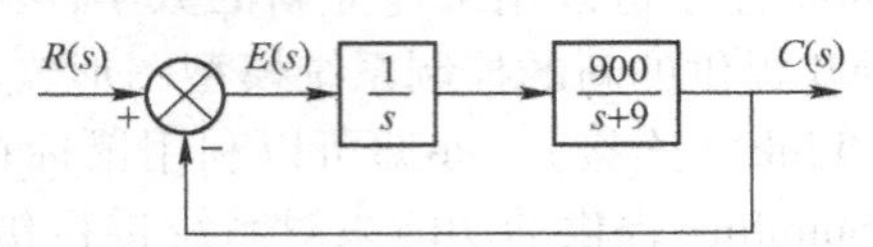

图 B-5　典型二阶系统结构图

按前面步骤，启动 Simulink 并打开一个空白的模型编辑窗口。

1）画出所需模块，并给出正确的参数：

① 在 Sources 子模块库中选中阶跃输入（Step）图标，将其拖入编辑窗口，并用鼠标左键双击该图标，打开参数设定的对话框，将参数 step time（阶跃时刻）设为 0。

② 在 Math（数学）子模块库中选中加法器（Sum）图标，拖到编辑窗口中，并双击该图标将参数 List of signs（符号列表）设为 | +-（表示输入为正，反馈为负）。

③ 在 Continuous（连续）子模块库中，选取积分器（Integrator）和传递函数（Transfer Fcn）图标拖到编辑窗口中，并将传递函数分子（Numerator）改为［900］，分母（Denominator）改为[1,9]。

④ 在 Sinks（输出）子模块库中选择 Scope（示波器）和 Out1（输出端口模块）图标并将之拖到编辑窗口中。

2）将画出的所有模块按图 B-5 用鼠标连接起来，构成一个原系统的框图描述，如图 B-6 所示。

3）选择仿真算法和仿真控制参数，启动仿真过程。

在编辑窗口中点击 Simulation | Simulation parameters 菜单，会出现一个参数对话框，在 solver 模板中设置响应的仿真范围 StartTime（开始时间）和 StopTime（终止时间），仿真步长范围 Maxinum step size（最大步长）和 Mininum step size（最小步长）。对于本例，StopTime 可设置为 2。最后点击 Simulation|Start 菜单或点击相应的热键启动仿真。双击示波器，在弹出的图形上会“实时地”显示出仿真结果。输出结果如图 B-7 所示。

在命令窗口中键入 whos 命令，会发现工作空间中增加了两个变量——tout 和 yout，这是因为 Simulink 中的 Out1 模块自动将结果写到了 MATLAB 的工作空间中。利用 MATLAB 命令 plot（tout，yout），可将结果绘制出来，如图 B-7 所示。

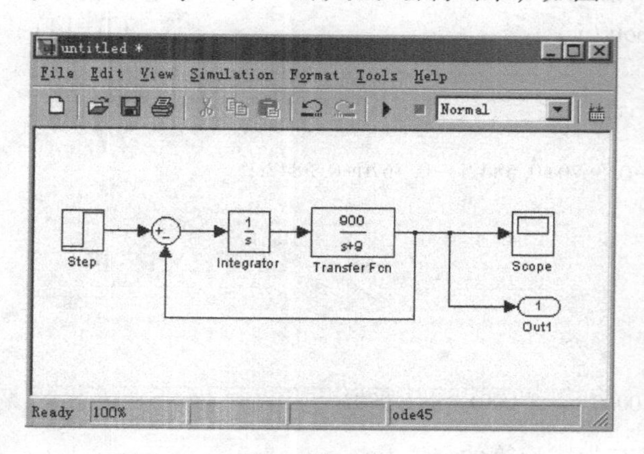

图 B-6　二阶系统的 Simulink 实现图

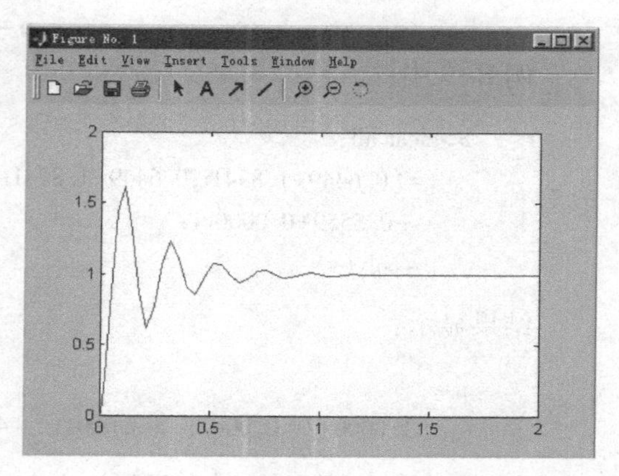

图 B-7　MATLAB 命令得出的系统响应曲线

B.2　利用 MATLAB 进行时域分析

1. 线性系统稳定性分析

线性系统稳定的充要条件是系统的特征根均位于 s 平面的左半部分。系统的零极点模型可以直接用来判断系统的稳定性。另外，MATLAB 提供了有关多项式的操作函数，也可以用于系统的分析和计算。

（1）直接求特征多项式的根。设 p 为特征多项式的系数向量，则 MATLAB 函数 roots( ) 可以直接求出方程 p=0 在复数范围内的解 v，该函数的调用格式为

$$v=\mathrm{roots}(p) \tag{B-13}$$

【例 B-9】 已知系统的特征多项式为

$$x^5+3x^3+4x^2+3x+1$$

特征方程的解可由下面的 MATLAB 命令得出。

```
>>clear all;
  p=[1,0,3,4,3,1];
  v=roots(p)
```

结果显示：

```
v =
   0.6449+1.8341i
   0.6449-1.8341i
  -0.3670+0.5842i
  -0.3670-0.5842i
  -0.5559+0.0000i
```

利用多项式求根函数 roots( )，可以很方便地求出系统的零点和极点，然后可根据零极

点分析系统的稳定性和其他性能。

（2）由根创建多项式。如果已知多项式的因式分解式或特征根，可由 MATLAB 函数 poly( )直接得出特征多项式系数向量，其调用格式为

$$p=poly(v) \tag{B-14}$$

例 B-9 中：

```
>>clear all;
  v=[0.6449+1.8341i;0.6449-1.8341i;-0.3670+0.5842i;-0.3670-0.5842i;
    -0.5559+0.0000i];
  p=poly(v)
```

结果显示：

```
p=
      1.0000    0.0001    3.0001    4.0000    3.0001    1.0001
```

由此可见，函数 roots( )与函数 poly( )是互为逆运算的。

（3）多项式求值。在 MATLAB 中通过函数 polyval( )可以求得多项式在给定点的值，该函数的调用格式为

$$polyval(p,v) \tag{B-15}$$

对于上例中的 p 值，求取多项式在 x 点的值，可输入如下命令：

```
>>clear   all;
  p=[1,0,3,4,3,1];
  x=1;
  polyval(p,x)
```

结果显示

```
ans=
    12
```

（4）部分分式展开。考虑下列传递函数：

$$G(s)=\frac{M(s)}{N(s)}=\frac{b_m s^m+b_{m-1}s^{m-1}+\cdots+b_1 s+b_0}{a_n s^n+a_{n-1}s^{n-1}+\cdots+a_1 s+a_0}$$

式中 $a_n\neq 0$，但是 a_i 和 b_j 中某些量可能为零。

MATLAB 函数可将$\frac{M(s)}{N(s)}$展开成部分分式，直接求出展开式中的留数、极点和余项。该函数的调用格式为

$$[r,p,k]=residue(num,den) \tag{B-16}$$

则$\frac{M(s)}{N(s)}$的部分分式展开由下式给出：

$$\frac{M(s)}{N(s)}=\frac{r_1}{s-p_1}+\frac{r_2}{s-p_1}+\cdots+\frac{r_n}{s-p_n}+k(s)$$

式中 p_1、p_2、…、p_n 为极点，r_1、r_2、…、r_n 为各极点的留数，$k(s)$ 为余项。

【例 B-10】传递函数为

$$G(s)=\frac{2s^3+5s^2+3s+6}{s^3+6s^2+11s+6}$$

该传递函数的部分分式展开由以下命令获得：

```
>>clear   all;
   num=[2,5,3,6];
   den=[1,6,11,6];
   [r,p,k]=residue(num,den)
```

命令窗口中显示如下结果：

```
r=
      -6.0000
      -4.0000
       3.0000
p=
      -3.0000
      -2.0000
      -1.0000
k=
       2
```

留数为列向量 r，极点为列向量 p，余项为行向量 k。由此可得出部分分式展开式：

$$G(s)=\frac{-6}{s+3}+\frac{-4}{s+2}+\frac{3}{s+1}+2$$

该函数也可以逆向调用，把部分分式展开转变回多项式$\frac{M(s)}{N(s)}$之比的形式，命令格式为

$$[\mathrm{num},\mathrm{den}]=\mathrm{residue}(\mathrm{r},\mathrm{p},\mathrm{k}) \tag{B-17}$$

对上例有：

```
>>clear all;
   r=[-6,-4,3];
   p=[-3,-2,-1];
   k=2;
   [num,den]=residue(r,p,k)
```

结果显示

```
num=
        2.0000   5.0000   3.0000   6.0000
den=
        1.0000   6.0000   11.0000   6.0000
```

应当指出，如果 $p_j=p_{j+1}=\cdots=p_{j+m-1}$，则极点 p_j 是一个 m 重极点。在这种情况下，部分分式展开式将包括下列诸项：

$$\frac{r_j}{s-p_j}+\frac{r_{j+1}}{(s-p_j)^2}+\cdots+\frac{r_{j+m-1}}{(s-p_j)^m}$$

【例 B-11】传递函数为

$$G(s)=\frac{s^2+2s+3}{(s+2)^3}=\frac{s^2+2s+3}{s^3+6s^2+12s+8}$$

则部分分式展开由以下命令获得：

```
>>clear all;
  v=[-2,-2,-2]
  num=[0,1,2,3];
  den=poly(v);
  [r,p,k]=residue(num,den)
```

结果显示

```
r=
     1.0000
    -2.0000
     3.0000
p=
    -2.0000
    -2.0000
    -2.0000
k=
       []
```

其中由 poly( )命令将分母化为标准降幂排列多项式系数向量 den，k=[ ]为空矩阵。可得展开式为

$$G(s)=\frac{1}{s+2}+\frac{-2}{(s+2)^2}+\frac{3}{(s+2)^3}+0$$

（5）由传递函数求零点和极点。在 MATLAB 控制系统工具箱中，给出了由传递函数对象 G 求出系统零点和极点的函数，其调用格式分别为

$$Z=\text{tzero}(G) \tag{B-18}$$

$$P=G.P\{1\} \tag{B-19}$$

注意：式（B-19）中要求的 G 必须是零极点模型对象，且出现了矩阵的点运算“.”和大括号{ }表示的矩阵元素。

【例 B-12】传递函数为

$$G(s)=\frac{6.8s^2+61.2s+95.2}{s^4+7.5s^3+22s^2+19.5s}$$

输入如下命令：

```
>> clear all;
   num=[6.8,61.2,95.2];
   den=[1,7.5,22,19.5,0];
   G=tf(num,den);
   G1=zpk(G);
```

```
Z=tzero(G)
P=G1.P{1}
```

结果显示

```
Z=
    -2.0000
    -7.0000
P=
     0.0000+0.0000i
    -3.0000+2.0000i
    -3.0000-2.0000i
    -1.5000+0.0000i
```

（6）零极点分布图。在 MATLAB 中，可利用 pzmap( )函数绘制连续系统的零、极点图，从而分析系统的稳定性，该函数调用格式为

$$\text{pzmap}(\text{num},\text{den}) \tag{B-20}$$

【例 B-13】 给定传递函数：

$$G(s)=\frac{3s^4+2s^3+5s^2+4s+6}{s^5+3s^4+4s^3+2s^2+7s+2}$$

利用下列命令可自动打开一个图形窗口，显示该系统的零、极点分布图，如图 B-8 所示。

```
>>clear   all;
  num=[3,2,5,4,6];
  den=[1,3,4,2,7,2];
  pzmap(num,den)
  title('Pole-Zero Map')   % 图形标题
```

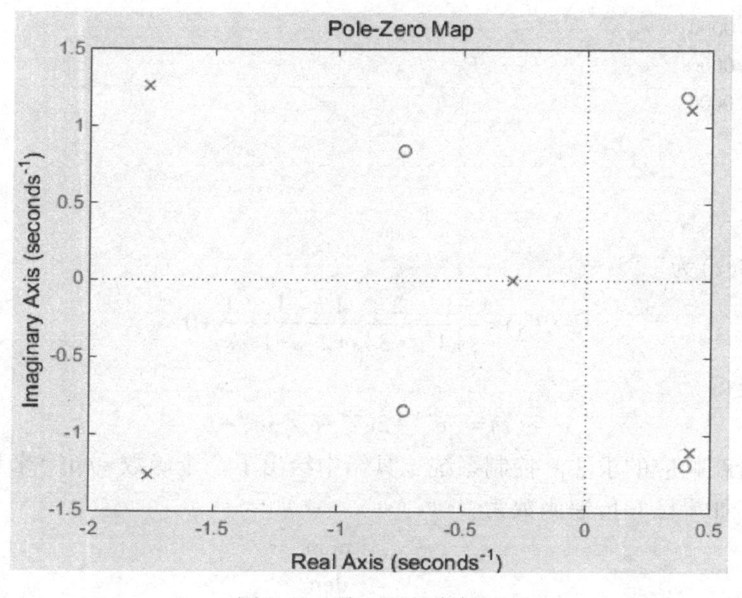

图 B-8　零、极点分布图

2. 系统动态特性分析

(1) 时域响应解析算法——部分分式展开法。用拉普拉斯变换法求系统的单位阶跃响应，可直接得出输出 $c(t)$ 随时间 t 变化的规律，对于高阶系统，输出的拉普拉斯变换象函数为

$$C(s)=G(s)\cdot\frac{1}{s}=\frac{M(s)}{N(s)}\cdot\frac{1}{s}=\frac{\text{num}}{\text{den}}\cdot\frac{1}{s} \tag{B-21}$$

【例 B-14】 给定系统的传递函数

$$G(s)=\frac{s^3+7s^2+24s+24}{s^4+10s^3+35s^2+50s+24}$$

用以下命令对$\dfrac{G(s)}{s}$进行部分分式展开。

```
>>clear   all;
   num=[1,7,24,24];
   den=[1,10,35,50,24];
   [r,p,k]=residue(num,[den,0])
```

输出结果为

```
r=
    -1.0000
     2.0000
    -1.0000
    -1.0000
     1.0000
p=
    -4.0000
    -3.0000
    -2.0000
    -1.0000
      0
k=
     []
```

输出函数 $C(s)$ 为

$$C(s)=\frac{-1}{s+4}+\frac{2}{s+3}-\frac{1}{s+2}-\frac{1}{s+1}+\frac{1}{s}+0$$

拉普拉斯反变换得

$$c(t)=-\mathrm{e}^{-4t}+2\mathrm{e}^{-3t}-\mathrm{e}^{-2t}-\mathrm{e}^{-t}+1$$

(2) 单位阶跃响应的求法。控制系统工具箱中给出了一个函数 step( )来直接求取线性系统的阶跃响应，如果已知传递函数为

$$G(s)=\frac{\text{num}}{\text{den}}$$

则该函数可有以下几种调用格式：

$$\text{step(num,den)} \tag{B-22}$$

$$\text{step(num,den,t)} \tag{B-23}$$

或

$$\text{step(G)} \tag{B-24}$$

$$\text{step(G,t)} \tag{B-25}$$

该函数将绘制出系统在单位阶跃输入条件下的动态响应图，同时给出稳态值。对于式（B-23）和式（B-25），t 为图像显示的时间长度，是用户指定的时间向量。式（B-22）和式（B-24）的显示时间由系统根据输出曲线的形状自行设定。

如果需要将输出结果返回到 MATLAB 工作空间中，则采用以下调用格式：

$$\text{c=step(G)} \tag{B-26}$$

此时，屏上不会显示响应曲线，必须利用 plot( ) 命令查看响应曲线。plot 可以根据两个或多个给定的向量绘制二维图形。

【例 B-15】 传递函数为

$$G(s)=\frac{4.8s^2+28.8s+24}{s^3+9s^2+26s+24}$$

利用以下 MATLAB 命令可得阶跃响应曲线，如图 B-9 所示。

```
>>clear all;
  num=[4.8,28.8,24];
  den=[1,9,26,24];
  step(num,den)
  grid   % 绘制网格线
  title('Unit-Step Response of G(s)=(4.8s^2+28.8s+24)/(s^3+9s^2+26s+24)') % 图像标题
```

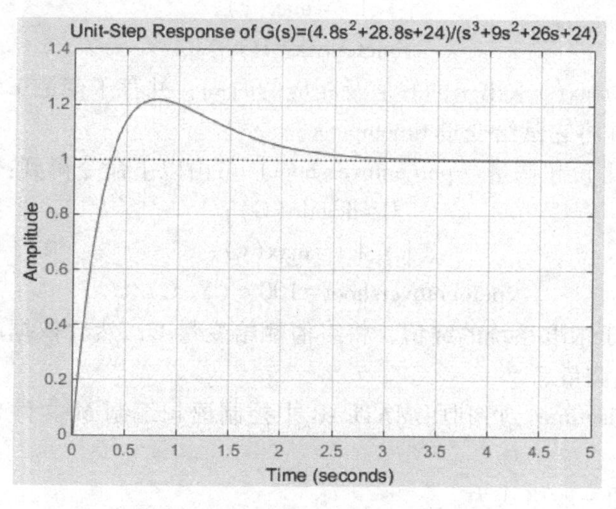

图 B-9 MATLAB 绘制的响应曲线

还可以用下面的语句来得出阶跃响应曲线：

```
>>clear all;
G=tf([4.8,28.8,24],[1,9,26,24]);
```

```
t=0:0.1:5;       % 从0到5每隔0.1取一个值
c=step(G,t);     % 动态响应的幅值赋给变量c
plot(t,c)        % 绘制二维图形,横坐标取t,纵坐标取c
Css=dcgain(G)    % 求取稳态值
```

系统显示的图形类似于上一个例子，在命令窗口中显示了如下结果：

```
Css=
     1
```

（3）求阶跃响应的性能指标。MATLAB 提供了强大的绘图计算功能，可以用多种方法求取系统的动态响应指标。对于例 B-15，当程序运行完毕，用鼠标左键点击时域响应图线任意一点，系统会自动跳出一个小方框，小方框显示了这一点的横坐标（时间）和纵坐标（幅值）。按住鼠标左键在曲线上移动，可以找到曲线幅值最大的一点——即曲线最大峰值，此时小方框中显示的时间就是此二阶系统的峰值时间，根据观察到的稳态值和峰值可以计算出系统的超调量。系统的上升时间和稳态响应时间可以依此类推。这种方法简单易用，但同时应注意它不适用于用 plot( )命令画出的图形。另一种比较常用的方法就是编程求取时域响应的各项性能指标，该方法比较复杂。

现在可以用阶跃响应函数 step( )获得系统输出量，若将输出量返回到变量 y 中，可以调用如下格式

[y,t]=step(G)　　　　(B-27)

该函数还同时返回了自动生成的时间变量 t，对返回的这一对变量 y 和 t 的值进行计算，可以得到时域性能指标。

1）峰值时间（timetopeak）可由以下命令获得：

[Y,k]=max(y);　　　　(B-28)

timetopeak=t(k)　　　　(B-29)

用取最大值函数 max( )求出 y 的峰值及相应的时间，并存于变量 Y 和 k 中。然后在变量 t 中取出峰值时间，并将它赋给变量 timetopeak。

2）最大（百分比）超调量（percentovershoot）可由以下命令得到：

C=dcgain(G);

[Y,k]=max(y);　　　　(B-30)

percentovershoot=100*(Y-C)/C　　　　(B-31)

dcgain( )函数用于求取系统的终值，将终值赋给变量 C，然后依据超调量的定义，由 Y 和 C 计算出百分比超调量。

3）上升时间（risetime）可利用 MATLAB 中控制语句编制 M 文件来获得。先介绍循环语句 while 的使用。

while 循环语句的一般格式为

```
while<循环判断语句>
      循环体
end
```

其中，循环判断语句为某种形式的逻辑判断表达式。

当表达式的逻辑值为真时，就执行循环体内的语句；当表达式的逻辑值为假时，就退出当前的循环体。如果循环判断语句为矩阵，当且仅当所有的矩阵元素非零时，逻辑表达式的值为真。为避免循环语句陷入死循环，在语句内必须有可以自动修改循环控制变量的命令。

求上升时间，可以用 while 语句编写以下程序得到：

```
C=dcgain(G);
n=1;
while y(n)<C
    n=n+1;
end
risetime=t(n)
```

在阶跃输入条件下，y 的值由零逐渐增大，当以上循环满足 y=C 时，退出循环，此时对应的时刻即为上升时间。

对于输出无超调的系统响应，上升时间定义为输出从稳态值的 10%上升到 90%所需时间，则计算程序如下：

```
C=dcgain(G);
n=1;
    while y(n)<0.1*C
        n=n+1;
    end
m=1;
    while y(n)<0.9*C
        m=m+1;
    end
risetime=t(m)-t(n)
```

4）调节时间（setllingtime）可由 while 语句编程得到：

```
C=dcgain(G);
i=length(t);
    while(y(i)>0.95*C)&(y(i)<1.05*C)
    i=i-1;
end
setllingtime=t(i)
```

用向量长度函数 length( )可求得 t 序列的长度，将其设定为变量 i 的上限值。

【例 B-16】已知二阶系统传递函数为

$$G(s)=\frac{3}{(s+1-\mathrm{j}3)(s+1+\mathrm{j}3)}$$

利用下面的 stepanalysis.m 程序可得到阶跃响应（见图 B-10）及性能指标数据。

```
>>clear all;
   G=zpk([ ],[-1+3*i,-1-3*i ],3);          % 计算最大峰值时间和它对应的超调量
   C=dcgain(G)
```

```
[y,t]=step(G);
plot(t,y)
grid
[Y,k]=max(y);
timetopeak=t(k)                                    % 计算峰值时间
percentovershoot=100*(Y-C)/C                       % 计算超调量
n=1;
while y(n)<C
    n=n+1;
end
risetime=t(n)                                      % 计算上升时间
i=length(t);
while(y(i)>0.95*C)&(y(i)<1.05*C)
    i=i-1;
end
setllingtime=t(i)                                  % 计算调节时间
```

运行后的响应图如图 B-10 所示，命令窗口中显示的结果为

```
C=
    0.3000
timetopeak=
    1.0592
percentovershoot=
    35.0670
risetime=
    0.6447
setllingtime=
    2.4868
```

3. 利用 MATLAB 绘制系统根轨迹

设开环传递函数为

$$G(s)=K\frac{b_m s^m+b_{m-1}s^{m-1}+\cdots+b_1 s+b_0}{s^n+a_{n-1}s^{n-1}+\cdots+a_1 s+a_0}=\frac{K(s-z_1)(s-z_2)\cdots(s-z_m)}{(s-p_1)(s-p_2)\cdots(s-p_n)}=KG_0(s)=K\frac{\text{num}}{\text{den}}$$

则闭环特征方程为

$$1+K\frac{\text{num}}{\text{den}}=0$$

特征方程的根随参数 K 的变化而变化，即为闭环根轨迹。控制系统工具箱中提供了 rlocus( ) 函数，用来绘制给定系统的根轨迹，它的调用格式有以下几种：

rlocus(num,den)　　(B-32)

rlocus(num,den,K)　　(B-33)

或者

rlocus(G)　　(B-34)

rlocus(G,K)　　(B-35)

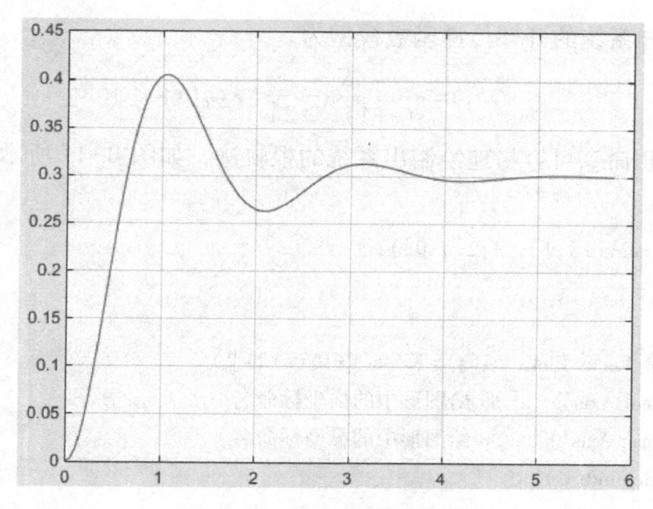

图 B-10　二阶系统阶跃响应

以上给定命令可以在屏幕上画出根轨迹图，其中 G 为开环系统 $G_0(s)$ 的对象模型，K 为用户自己选择的增益向量。如果用户不给出 K 向量，则该命令函数会自动选择 K 向量。如果在函数调用中需要返回参数，则调用格式将引入左端变量。如

$$[R,K]=\text{rlocus}(G) \tag{B-36}$$

此时屏幕上不显示图形，而生成变量 R 和 K。

R 为根轨迹各分支线上的点构成的复数矩阵，K 向量的每个元素对应 R 矩阵中的一行。若需要画出根轨迹，则需要采用以下命令：

$$\text{plot}(R,'') \tag{B-37}$$

plot( ) 函数里引号内的部分用于选择所绘制曲线的类型，详细内容见表 B-1。控制系统工具箱中还有一个 rlocfind( ) 函数，该函数允许用户求取根轨迹上指定点处的开环增益值，并将该增益下所有的闭环极点显示出来。这个函数的调用格式为

$$[K,P]=\text{rlocfind}(G) \tag{B-38}$$

这个函数运行后，图形窗口中会出现要求用户使用鼠标定位的提示，用户可以用鼠标左键点击所关心的根轨迹上的点。这样将返回一个 K 变量，该变量为所选择点对应的开环增益，同时返回的 P 变量为该增益下所有的闭环极点位置。此外，该函数还会自动将该增益下所有的闭环极点直接在根轨迹曲线上显示出来。

表 B-1　MATLAB 绘图命令的多种选项

选　项	意　义	选　项	意　义
'-'	实线	'--'	短画线
':'	虚线	'-.'	点画线
'r'	红色	'*'	用星号绘制各个数据点
'b'	蓝色	'o'	用圆圈绘制各个数据点
'g'	绿色	'.'	用点绘制各个数据点
'y'	黄色	'×'	用叉号绘制各个数据点

【例 B-17】已知系统的开环传递函数模型为

$$G(s)=\frac{K}{s(s+1)(s+2)}=KG_0(s)$$

利用下面的 MATLAB 命令可容易地绘制出系统的根轨迹，如图 B-11 所示。

```
>>clear all;
  G=tf(1,[conv([1,1],[1,2]),0]);
  rlocus(G);
  grid
  title('Root_Locus Plot of G(s)=K/[s(s+1)(s+2)]')
  xlabel('Real Axis')       % 给图形中的横坐标命名
  ylabel('Imag Axis')       % 给图形中的纵坐标命名
  [K,P]=rlocfind(G)
```

用鼠标点击根轨迹上与虚轴相交的点，在命令窗口中可发现如下结果。

```
select_point=
    0.0000+1.3921i
K=
    5.8142
p=
    -2.29830
    -0.0085+1.3961i
    -0.0085-1.3961i
```

所以，要想使此闭环系统稳定，其增益范围应为 $0<K<5.81$。

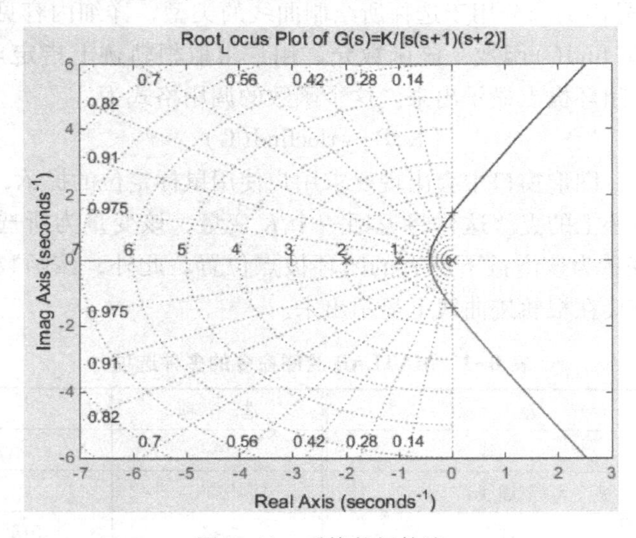

图 B-11　系统的根轨迹

参数根轨迹反映了闭环根与开环增益 K 的关系。可以编写下面的程序，通过 K 的变化，观察对应根处阶跃响应的变化。考虑 $K=0.1$、0.2、…、1、2、…、5，这些增益下闭环系统的阶跃响应曲线可由以下 MATLAB 命令得到。

```
>> hold off;  % 擦掉图形窗口中原有的曲线
   t=0:0.2:15;
     Y=[ ];
     for K=[0.1:0.1:1,2:5]
       GK=feedback(K*G,1);
       y=step(GK,t);
       Y=[Y,y];
     end
     plot(t,Y)
```

对于 for 循环语句，循环次数由 K 给出。系统画出的图形如图 B-12 所示。可以看出，当 K 的值增加时，一对主导极点起作用，且响应速度变快。一旦 K 接近临界值，振荡加剧，性能变坏。

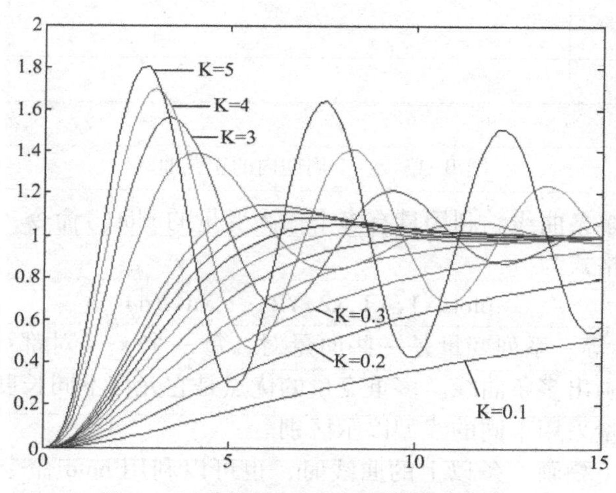

图 B-12　不同 K 值下的阶跃响应曲线

4. MATLAB 绘图的基本知识

MATLAB 具有丰富的获取图形输出的程序集。用命令 plot( ) 产生线性 x-y 图形（用命令 loglog、semilogx、semilogy 或 polar 取代命令 plot，可以产生对数坐标图和极坐标图）。所有这些命令的应用方式都是相似的，它们只是在如何给坐标轴进行分度和如何显示数据上有所差别。

（1）二维图形绘制。如果用户将 X 和 Y 轴的两组数据分别在向量 x 和 y 中存储，且它们的长度相同，则命令

$$\text{plot}(x,y) \tag{B-39}$$

将画出 y 值相对于 x 值的关系图。

【例 B-18】 如果想绘制出一个周期内的正弦曲线，则首先应该用 $t=0:0.01:2*\text{pi}$（pi 是系统自定义的常数）命令来产生自变量 t；然后由命令 $y=\sin(t)$ 对 t 向量求出正弦向量 y，这样就可以调用 plot(t,y) 来绘制出所需的正弦曲线，如图 B-13 所示。

```
>>clear all;
  t=0:0.01:2*pi;
  y=sin(t);
  plot(t,y)
  grid
```

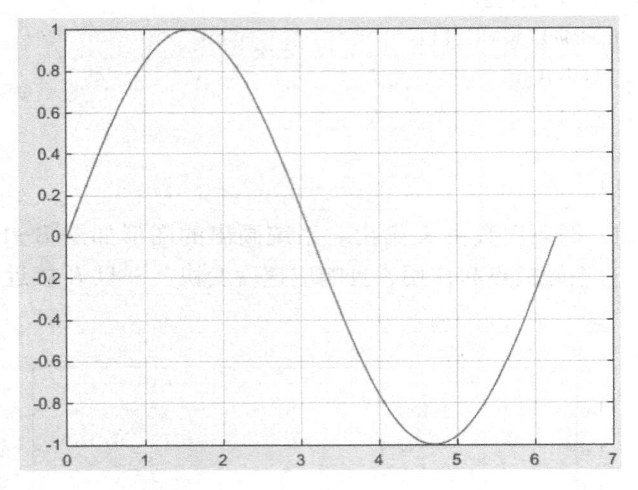

图 B-13　一个周期内的正弦曲线

（2）一幅图上画多条曲线。利用具有多个输入变量的 plot( )命令，可在一个绘图窗口上同时绘制多条曲线，格式为

$$\text{plot}(x1,Y1,x2,Y2,\cdots,xn,Yn) \tag{B-40}$$

x1、Y1、x2、Y2 等一系列变量是一些向量对，每一个 x-y 对都可以用图解表示出来，因而可以在一幅图上画出多条曲线。多重变量的优点是它允许不同长度的向量在同一幅图上显示出来。每一对向量采用不同的线型以示区别。

另外，在一幅图上叠画一条以上的曲线时，也可以利用 hold 命令。hold 命令可以保持当前的图形，并且防止删除和修改比例尺。因此，后来画出的那条曲线将会重叠在原曲线图上。当再次输入命令 hold，会使当前的图形复原。也可以用带参数的 hold 命令——hold on 和 hold off 来启动或关闭图形保持。

（3）图形的线型和颜色。为了区分多幅图形的重叠表示，MATLAB 提供了一些绘图选项，可以用不同的线型或颜色来区分多条曲线，常用选项见表 B-1。

表 B-1 中绘出的各个选项有一些可以并列使用，能够对一条曲线的线型和颜色同时作出规定。例如'--g'表示绿色的短画线。带有选项的曲线绘制命令的调用格式为

$$\text{plot}(X1,Y1,S1,X2,Y2,S2,\cdots) \tag{B-41}$$

（4）加进网格线、图形标题、x 轴和 y 轴标记。一旦在屏幕上显示出图形，就可以依次输入以下相应的命令将网格线、图形标题、x 与 y 轴标记叠加在图形上。命令格式如下：

grid(网格线)　　(B-42)

title('图形标题')　　(B-43)

xlabel('x 轴标记')　　(B-44)

ylabel('y 轴标记')　　(B-45)

函数引号内的字符串将被写到图形的坐标轴上或标题位置。

（5）在图形屏幕上书写文本。如果想在图形窗口中书写文字，可以单击按钮 A，选择屏幕上一点，点击鼠标，在光标处输入文字。另一种输入文字的方法是用 text( ) 命令。它可以在屏幕上以(x,y)为坐标的某处书写文字，命令格式如下：

text(x,y,'text')　　(B-46)

例如，利用语句 text(3,0.45,'sint')，将从点(3,0.45)开始，水平地写出 "sint"。

（6）自动绘图算法及手工坐标轴定标。在 MATLAB 图形窗口中，图形的横、纵坐标是自动标定的，在另一幅图形画出之前，这幅图形作为现行图将保持不变，但是在另一幅图形画出后，原图形将被删除，坐标轴自动重新标定。关于瞬态响应曲线、根轨迹、伯德图、奈奎斯特图等的自动绘图算法已经设计出来，它们对于各类系统具有广泛的适用性，但并非总是理想的。因此，在某些情况下，可能需要放弃绘图命令中的坐标轴自动标定特性，由用户自己设定坐标范围，可以在程序中加入下列语句：

v=[x-min　x-max　y-min　y-max]　　(B-47)

axis(v)　　(B-48)

式中，v 是一个四元向量。axis(v) 把坐标轴标定建立在规定的范围内。对于对数坐标图，v 的元素应为最小值和最大值的常用对数。

执行 axis(v) 会把当前的坐标轴标定范围保持到后面的图中，再次键入 axis 可恢复系统的自动标定特性。

Axis('square') 能够把图形的范围设定在方形范围内，对于方形长宽比，其斜率为 1 的直线恰位于 45°上，它不会因屏幕的不规则形状而变形。Axis('normal') 将使长宽比恢复到正常状态。

5. 线性系统的频域分析

（1）频率特性函数 $G(j\omega)$。设线性系统传递函数为

$$G(s)=\frac{b_m s^m+b_{m-1}s^{m-1}+\cdots+b_1+b_0}{a_n s^n+a_{n-1}s^{n-1}+\cdots+a_1+a_0},n\geqslant m$$

则频率特性函数为

$$G(j\omega)=\frac{b_m(j\omega)^m+b_{m-1}(j\omega)^{m-1}+\cdots+b_1(j\omega)+b_0}{a_n(j\omega)^n+a_{n-1}(j\omega)^{n-1}+\cdots+a_1(j\omega)+a_0}$$

由下面的 MATLAB 语句可直接求出 G(jω)。

i=sqrt(-1)　　%求取-1 的平方根　　(B-49)

GW=polyval(num,i*w)./polyval(den,i*w)　　(B-50)

其中(num,den)为系统的传递函数模型。而 w 为频率点构成的向量，点右除（./）运算符表示操作元素点对点的运算。从数值运算的角度来看，上述算法在系统的极点附近精度不会很理想，甚至出现无穷大值，运算结果是一系列复数，返回到变量 GW 中。

（2）用 MATLAB 作奈奎斯特图。控制系统工具箱中提供了一个 MATLAB 函数 nyquist( )，该函数可以用来直接求解奈奎斯特阵列或绘制奈奎斯特图。当命令中不包含左端返回变量时，nyquist( ) 函数仅在屏幕上产生奈奎斯特图，命令调用格式为

nyquist(num,den)　　(B-51)

nyquist(num,den,w)　　(B-52)

或

$$\text{nyquist}(G) \tag{B-53}$$

$$\text{nyquist}(G,w) \tag{B-54}$$

该命令将画出下列开环系统传递函数的奈奎斯特曲线：

$$G(s)=\frac{\text{num}(s)}{\text{den}(s)}$$

如果用户给出频率向量 ω，则 ω 包含了要分析的以 rad/s 表示的诸频率点。在这些频率点上，将对系统的频率响应进行计算，若没有指定的 ω 向量，则该函数自动选择频率向量进行计算。

对于式（B-51）和式（B-53）用户不必给定频率向量，系统会自动选择频率向量进行计算。式（B-52）和式（B-54）需要用户给出频率向量 ω。ω 包含了用户要分析的以rad/s 表示的诸频率点，MATLAB 会自动计算这些点的频率响应。

当命令中包含了左端的返回变量时，即

$$[\text{re},\text{im},w]=\text{nyquist}(G) \tag{B-55}$$

或

$$[\text{re},\text{im},w]=\text{nyquist}(G,w) \tag{B-56}$$

函数运行后不在屏幕上产生图形，而是将计算结果返回到矩阵 re、im 和 w 中。矩阵 re 和 im 分别表示频率响应的实部和虚部，它们都是由向量 w 中指定的频率点计算得到的。

在运行结果中，w 数列的每一个值分别对应 re、im 数列的每一个值。

【例 B-19】 考虑二阶典型环节

$$G(s)=\frac{2s+1}{s^2+3s+2}$$

试利用 MATLAB 画出奈奎斯特图。

利用下面的命令，可以得出系统的奈氏图，如图 B-14 所示。

```
>>clear all;
  num=[2,1];
  den=[1,3,2];
  nyquist(num,den)   % 设置坐标显示范围
  v=[-2,2,-2,2];
  axis(v)
  grid
  title('Nyquist Plot of G(s)=(2s+1)/(s^2+3s+2)')
```

（3）用 MATLAB 作伯德图。控制系统工具箱里提供的 bode( )函数可以直接求取、绘制给定线性系统的伯德图。

当命令不包含左端返回变量时，函数运行后会在屏幕上直接画出伯德图。如果命令表达式的左端含有返回变量，bode( )函数计算出的幅值和相角将返回到相应的矩阵中，这时屏幕上不显示频率响应图。命令的调用格式为

$$[\text{mag},\text{phase},w]=\text{bode}(\text{num},\text{den}) \tag{B-57}$$

$$[\text{mag},\text{phase},w]=\text{bode}(\text{num},\text{den},w) \tag{B-58}$$

或

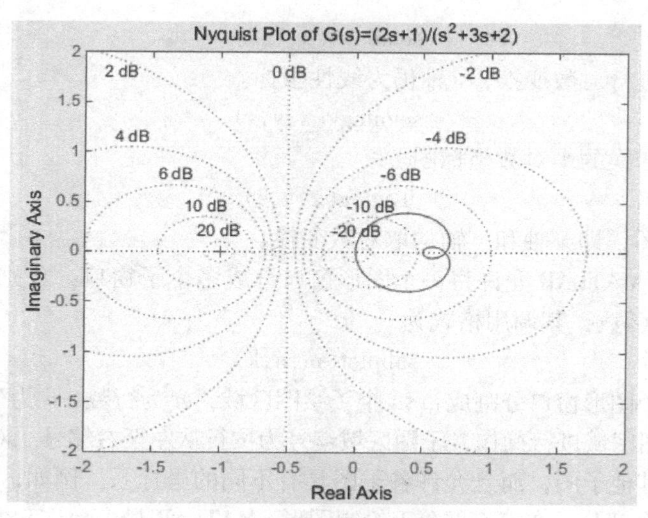

图 B-14　二阶环节奈奎斯特图

$$[mag, phase, w] = bode(G) \tag{B-59}$$

$$[mag, phase, w] = bode(G, w) \tag{B-60}$$

矩阵 mag、phase 包含系统频率响应的幅值和相角，这些幅值和相角是在用户指定的频率点上计算得到的。用户如果不指定频率 ω，MATLAB 会自动产生 ω 向量，并根据 ω 向量上各点计算幅值和相角。这时的相角是以度来表示的，幅值为增益值，在画伯德图时要转换成分贝值，因为分贝是作幅频图时常用单位。可以由以下命令把幅值转变成分贝：

$$magdb = 20 * log10(mag) \tag{B-61}$$

绘图时的横坐标是以对数分度的。为了指定频率的范围，可采用以下命令格式：

$$logspace(d1, d2) \tag{B-62}$$

或

$$logspace(d1, d2, n) \tag{B-63}$$

式（B-62）是在指定频率范围内按对数距离分成 50 等分的，即在两个十进制数 $\omega_1 = 10^{d1}$ 和 $\omega_2 = 10^{d2}$ 之间产生一个由 50 个点组成的分量，向量中的点数 50 是一个默认值。例如要在 $\omega_1 = 0.1\ \text{rad/s}$ 与 $\omega_2 = 100\ \text{rad/s}$ 之间的频区画伯德图，则输入命令时，$d_1 = \lg(\omega_1)$、$d_2 = \lg(\omega_2)$，在此频区自动按对数距离等分成 50 个频率点，返回到工作空间中，即

w=logspace(-1,2)

要对计算点数进行人工设定，则采用式（B-63）。例如，要在 $\omega_1 = 1\ \text{rad/s}$ 与 $\omega_2 = 1000\ \text{rad/s}$ 之间产生 100 个对数等分点，可输入以下命令：

w=logspace(0,3,100)

在画伯德图时，利用以上各式产生的频率向量 ω，可以很方便地画出期望频率的伯德图。

由于伯德图是半对数坐标图且幅频图和相频图要同时在一个绘图窗口中绘制，因此，要用到半对数坐标绘图函数和子图命令。

1）对数坐标绘图函数。利用工作空间中的向量 x，y 绘图，要调用 plot 函数，若要绘制对数或半对数坐标图，只需要用相应函数名取代 plot 即可，其余参数应用与 plot 完全一致。命令公式有：

$$\text{semilogx}(x,y,s) \tag{B-64}$$

上式表示只对 x 轴进行对数变换，y 轴仍为线性坐标。

$$\text{semilogy}(x,y,s) \tag{B-65}$$

上式是 y 轴取对数变换的半对数坐标图。

$$\text{Loglog}(x,y,s) \tag{B-66}$$

上式是全对数坐标图，即 x 轴和 y 轴均取对数变换。

2）子图命令。MATLAB 允许将一个图形窗口分成多个子窗口，分别显示多个图形，这就要用到 subplot( ) 函数，其调用格式为

subplot(m,n,k)

该函数将把一个图形窗口分割成 $m\times n$ 个子绘图区域，m 为行数，n 为列数，用户可以通过参数 k 调用各子绘图区域进行操作，子图区域编号为按行从左至右编号。对一个子图进行的图形设置不会影响到其他子图，而且允许各子图具有不同的坐标系。例如，subplot(4,3,6) 表示将窗口分割成 4×3 个部分。在第 6 部分上绘制图形。MATLAB 最多允许 9×9 的分割。

【例 B-20】 给定单位负反馈系统的开环传递函数为

$$G(s)=\frac{1}{s^3+3s^2+2s}$$

试画出伯德图。

利用以下 MATLAB 程序，可以直接在屏幕上绘出伯德图，如图 B-15 所示。

```
>>clear all;
  num=[1];
  den=[1,3,2,0];
  bode(num,den)
  grid
  title('Bode Diagram of G(s)= 1/(s^3+3s^2+2s)')
```

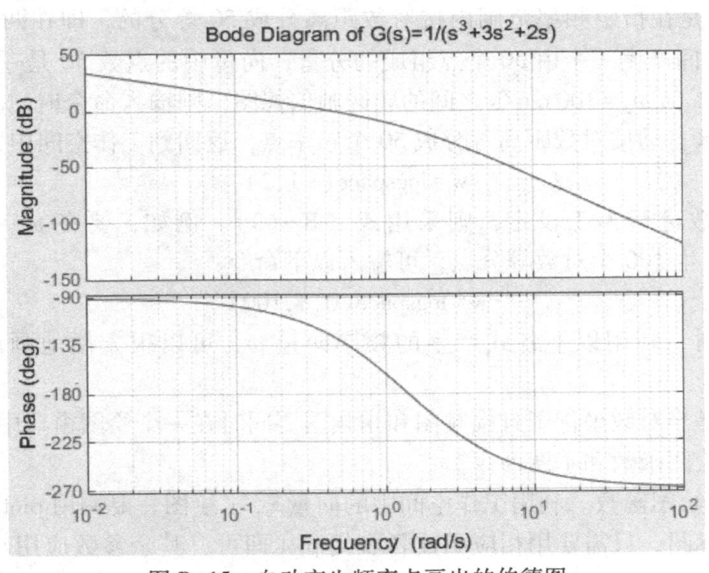

图 B-15　自动产生频率点画出的伯德图

该程序绘图时的频率范围是自动确定的，从 0.01 rad/s 到 100 rad/s，且幅值取分贝值，ω 轴取对数，图形分成 2 个子图，均是自动完成的。

如果希望显示的频率范围宽一点，则程序修改为

```
>>clear all;
  num=[1];
  den=[1,3,2,0];
  w=logspace(-1,3,150);          % 从 0.1 至 100,取 150 个点
  [mag,phase,w]=bode(num,den,w);
  magdB=20*log10(mag);           % 增益值转化为分贝值。第一个图画伯德图幅频部分
  subplot(2,1,1);
  semilogx(w,magdB,'-b')         % 用蓝线画
  grid
  title('Bode Diagram of G(s)=1/(s^3+3s^2+2s)')
  xlabel('Frequency(rad/s)')
  ylabel('Gain(dB)')             % 第二个图画伯德图相频部分
  subplot(2,1,2);
  semilogx(w,phase,'-r');        % 用红线画
  grid
  xlabel('Frequency(rad/s) ')
  ylabel('Phase(deg)')
```

修改程序后画出的伯德图如图 B-16 所示。

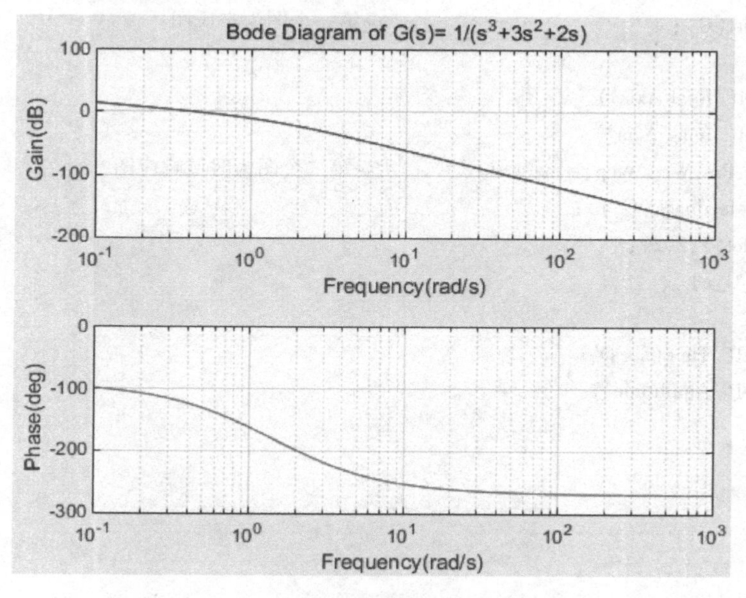

图 B-16　按用户指定的频率点画出的伯德图

（4）用 MATLAB 求取稳定裕量。同前面介绍的求时域响应性能指标类似，由 MATLAB 里 bode( ) 函数绘制的伯德图也可以采用游动鼠标法求取系统的幅值裕量和相位裕量。在幅频曲线上按住鼠标左键游动鼠标，找出纵坐标（Magnitude）趋近于零的点，从提示框图中

读出其频率。然后在相频曲线上用同样的方法找到横坐标（Frequency）最接近的点，可读出其相角，由此可得此系统的相角裕量。

此外，控制系统工具箱中提供了 margin( ) 函数来求取给定线性系统的幅值裕量和相位裕量，该函数可以由下面格式来调用：

$$[Gm,Pm,Wcg,Wcp]=margin(G); \tag{B-67}$$

可以看出，幅值裕量与相位裕量可以由对象 G 求出，返回的变量(Gm,Wcg)为幅值裕量的值与相应的相角穿越频率，而(Pm,Wcp)则为相位裕量的值与相应的幅值穿越频率。若得出的裕量为无穷大，则其值为 Inf，这时相应的频率值为 NaN（表示非数值），Inf 和 NaN 均为 MATLAB 软件保留的常数。

如果已知系统的频率响应数据，还可以由下面的格式调用此函数：

$$[Gm,Pm,Wcg,Wcp]=margin(mag,phase,w);$$

其中 mag,phase,w 分别为频率响应的幅值、相位与频率向量。

【例 B-21】 系统开环传递函数为

$$G(s)=\frac{3.5s+1}{s^3+2s^2+3s+2}$$

利用下面的 MATLAB 程序，画出系统的奈氏图，求出相应的幅值裕量和相位裕量，并求出闭环单位阶跃响应曲线。

```
>>clear all;
  G=tf([3.5,1],[1,2,3,2]);
  subplot(1,2,1);
  nyquist(G);                          %第一个图为奈氏图
  grid
  xlabel('Real Axis')
  ylabel('Imag Axis')
  [Gm,Pm,Wcg,Wcp]=margin(G)            % 第二个图为时域响应图
  G_c=feedback(G,1);
  subplot(1,2,2);
  step(G_c)
  grid
  xlabel('Time(secs)')
  ylabel('Amplitude')
```

显示结果为：

```
Gm=
    Inf
Pm=
    58.8753
Wcg=
    Inf
Wcp=
    2.0979
```

系统的奈奎斯特图和阶跃响应图如图 B-17 所示。

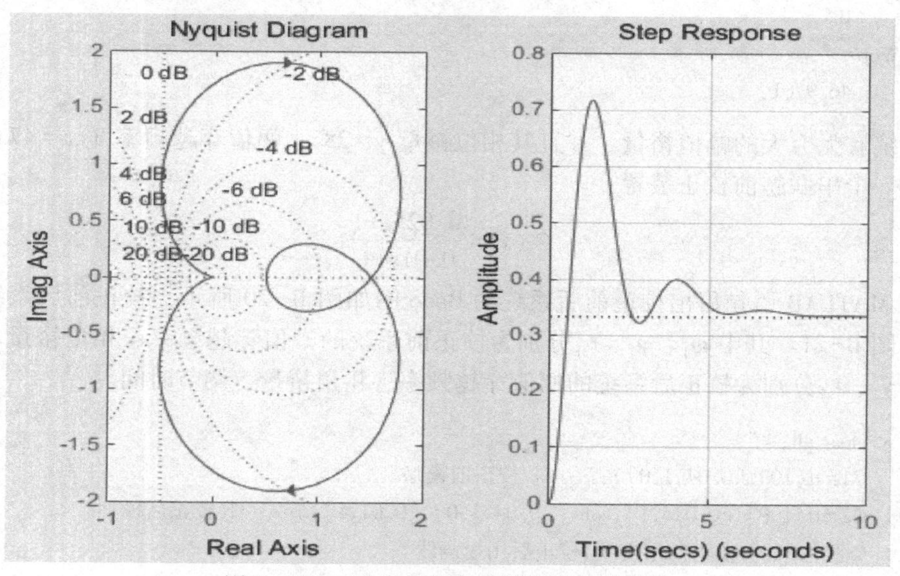

图 B-17　三阶系统的奈氏图和阶跃响应图

（5）频域法串联校正的 MATLAB 方法。利用 MATLAB 可以方便地画出 Bode 图并求出幅值裕量和相角裕量。将 MATLAB 应用到经典理论的校正方法中，可以方便地校验系统校正前后的性能指标。通过反复试探不同校正参数对应的不同性能指标，能够设计出最佳的校正装置。

【例 B-22】 给定系统如图 B-18 所示，试设计一个串联校正装置，使系统满足幅值裕量大于 10 dB，相位裕量大于或等于 45°。

解： 为了满足上述要求，可试探地采用超前校正装置 $G_c(s)$，使系统变为图 B-19 的结构。

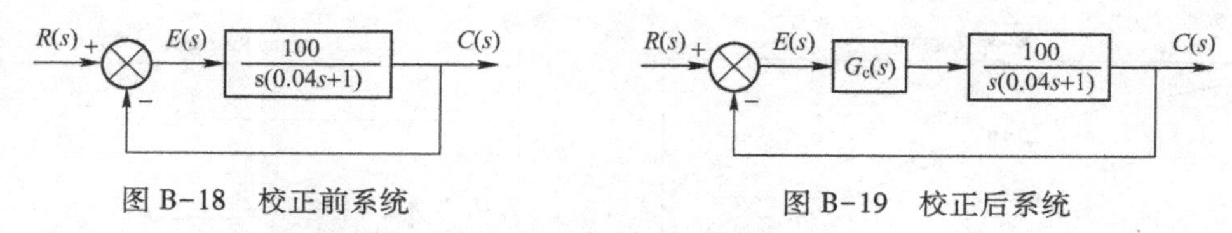

图 B-18　校正前系统　　　　图 B-19　校正后系统

首先用下面的 MATLAB 语句得出原系统的幅值裕量与相位裕量：

```
>>clear all;
  G=tf(100,[0.04,1,0]);
  [Gw,Pw,Wcg,Wcp]=margin(G)
```

在命令窗口中显示如下结果

```
Gw=
    Inf
Pw=
    28.0243
```

```
Wcg=
    Inf
Wcp=
    46.9701
```

该系统有无穷大的幅值裕量，并且其相位裕量 $\gamma=28°$，幅值穿越频率 $Wcp=47\ \mathrm{rad/s}$。

引入一个串联超前校正装置：

$$G_c(s)=\frac{0.025s+1}{0.01s+1}$$

通过 MATLAB 语句得出校正前后系统的 Bode 图如图 B-20 所示，校正前后系统的阶跃响应图如图 B-21。其中 ω_1、γ_1、t_{s1}分别为校正前系统的幅值穿越频率、相角裕量、调节时间，ω_2、γ_2、t_{s2}分别为校正后系统的幅值穿越频率、相角裕量、调节时间。

```
>>clear all;
  G1=tf(100,[0.04,1,0]);      % 校正前模型
  G2=tf(100*[0.025,1],conv([0.04,1,0],[0.01,1]))      % 校正后模型
  %画伯德图,校正前用实线,校正后用短画线
  bode(G1)
  hold
  bode(G2,'--')
  %画时域响应图,校正前用实线,校正后用短画线
  figure
  G1_c=feedback(G1,1)
  G2_c=feedback(G2,1)
  step(G1_c)
  hold
  step(G2_c,'--')
```

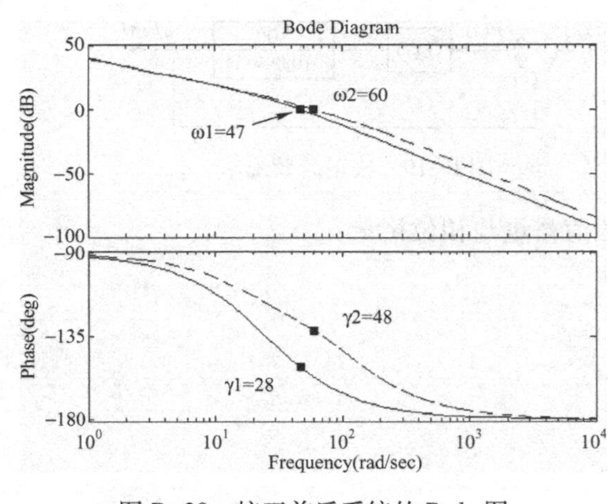

图 B-20　校正前后系统的 Bode 图

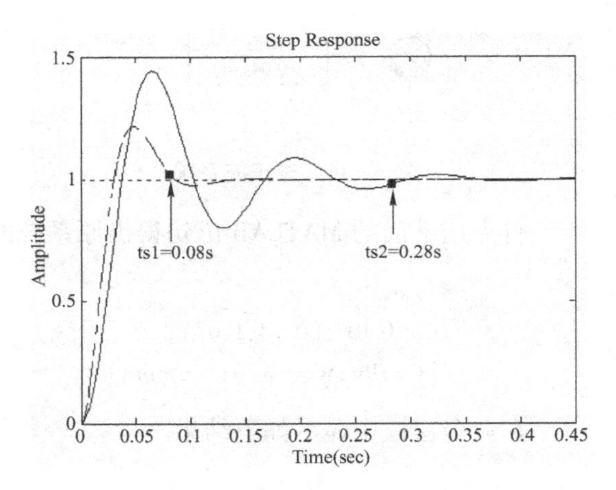

图 B-21　校正前后系统的阶跃响应图

可以看出，校正后系统的相位裕量由 28°增加到 48°，调节时间由 0.28 s 减少到 0.08 s。系统的性能有了明显的提高，满足了设计要求。

附录C 部分重要术语

PID控制器（PID controller）
被控量（Process Value，PV）
比例环节（proportional element）
闭环（closed-loop）
标准传递函数（transfer function standard form）
并联（parallel）
伯德图（Bode plot）
不接触回路（nontouching loop）
不稳定（unstable）
操作量（Manipulation Value，MV）
超前角（lead phase）
迟延环节（delay element）
出射角（angle of departure）
穿越频率（crossover frequency）
传递函数（transfer function）
传感器（sensor）
串联（series）
串联校正（series compensation）
单输入单输出（Single Input Single Output，SISO）
单位反馈系统（unit feedback system）
单位阶跃响应（unit-step response）
典型环节（typical element）
定常系统（time-invariant system）
动态特性（dynamic characteristic）
对数坐标图（logarithmic plot）
二阶系统（second-order system）
反馈（feedback）
反馈通道（feedback path）
非线性控制（nonlinear control）
非最小相位系统（nonminimum-phase system）
分点（pick-off point）
分离点（breakaway point）
峰值时间（peak time）
幅频特性（gain-frequency characteristic）
幅值条件（magnitude criterion）
幅值裕量（Gain Margin，GM）
复极点（complex pole）
高阶系统（higher-order system）
根轨迹（root locus）
根轨迹方程（root locus function）
根轨迹分析（root locus analysis）
根轨迹绘制规则（rule of root locus sketching）
根轨迹设计（root locus design）
根轨迹增益（root locus gain）
惯性环节（inertia element）
过阻尼（over-damping）
合点（summing junction）
恒值控制（constant control）
回路（loop）
机理建模（mechanism modeling）
积分环节（integral element）
极点（pole）
极坐标图（polar plot）
加速度误差系数（acceleration error coefficient）
检测量（measurement value）
渐近线（asymptotic approximation）
阶跃响应（step response）
阶跃信号（step signal）
节点（node）
经济性（economy）
开环（open-loop）
开环传递函数（open-loop transfer function）
开环增益（open-loop gain）
控制（control）
控制量（control value）
控制器（controller）
控制系统设计（control system design）
控制系统型次（control system type number）
控制装置（control device）
快速性（rapidity）
框图（block diagram）

劳斯判据（Routh criterion）
离散系统（discrete-time system）
连续系统（continuous-time system）
临界稳定（critically stable）
临界阻尼（critically-damping）
零点（zero）
鲁棒性（robustness）
脉冲响应（impulse response）
梅森公式（Mason rule）
奈氏图（Nyquist plot）
奈氏稳定性判据（Nyquist stability criterion）
尼柯尔斯图（Nichols chart）
偶极子（dipole）
抛物线信号（parabolic signal）
偏差值（Deviation Value，DV）
频率特性（frequency characteristic）
频率响应（frequency response）
前馈（feedforward）
前馈-反馈控制（feedforward-feedback control）
前向通道（forward path）
欠阻尼（under-damping）
扰动量（disturbance value）
入射角（angle of arrival）
上升时间（rise time）
设定值（Setpoint Value，SV）
时变系统（time-varying system）
实极点（real pole）
实际微分环节（practical derivative element）
实验建模（experimental modeling）
受控过程（controlled process）
输出方程（output equation）
数学模型（mathematical model）
速度误差系数（velocity error coefficient）
随动控制（servo control）
特征方程（characteristic equation）
特征根（characteristic root）
调整时间（settling time）
通道（path）
微分方程（differential equation）
微分环节（derivative element）
位置误差系数（position error coefficient）
稳定（stable）
稳定性（stability）
稳定性判据（stability criterion）
稳态特性（steady-state characteristic）
稳态误差（steady-state error）
稳态误差系数（steady-state error coefficient）
稳态响应（steady-state response）
线性化（linearization）
线性控制（linear control）
相对稳定性（relative stability）
相角条件（angle criterion）
相频特性（phase-frequency characteristic）
相似变换（similarity transformation）
相位超前（phase lead）
相位裕量（Phase Margin，PM）
相位滞后（phase lag）
斜坡响应（ramp response）
斜坡信号（ramp signal）
谐振峰值（resonant peak）
谐振频率（resonant frequency）
信号流图（signal-flow graphs）
一阶系统（first-order system）
暂态响应（transient response）
增益（gain）
振荡环节（oscillation element）
支路（branch）
执行器（actuator）
滞后-超前（lag-lead）
主导极点（dominant pole）
准确性（accuracy）
自动控制（automatic control）
自然振荡频率（natural frequency）
阻尼比（damping ratio）
最大超调量（maximum overshoot）
最小相位系统（minimum-phase system）

附录 D　部分习题答案

第 2 章

2-7　a） $\frac{U_c(s)}{U_r(s)}=-\frac{R_1}{R_0}(R_0C_0s+1)$

b） $\frac{U_c(s)}{U_r(s)}=-\frac{R_0R_1C_0C_1s^2+(R_0C_0+R_1C_1)s+1}{R_0C_1s}$

c） $\frac{U_c(s)}{U_r(s)}=-\frac{R_1}{R_0}\times\frac{R_2C_2s+1}{(R_1+R_2)C_2s+1}$

2-8　a） $\frac{C(s)}{R(s)}=\frac{G_1+G_2}{1+G_1G_3+G_2G_3-G_1G_4-G_2G_4}$

b） $\frac{C(s)}{R(s)}=\frac{2G_1G_2+G_2-G_1}{1+3G_1G_2+G_2-G_1}$

c） $\frac{C(s)}{R(s)}=\frac{G_1-G_2}{1-G_2G_3}$

d） $\frac{C(s)}{R(s)}=\frac{G_1G_2+G_2G_4}{1+G_1G_2G_3}$

e） $\frac{C(s)}{R(s)}=\frac{K_1K_3}{s^2+K_2K_3s+K_1K_3}$

f） $\frac{C(s)}{R(s)}=\frac{G_1G_2}{1+KG_1+G_1G_2}$

2-9　$\frac{C_1(s)}{R_1(s)}=\frac{G_1}{1-G_1G_2G_3G_4}$

$\frac{C_2(s)}{R_2(s)}=\frac{G_3}{1-G_1G_2G_3G_4}$

$\frac{C_1(s)}{R_2(s)}=\frac{-G_1G_3G_4}{1-G_1G_2G_3G_4}$

$\frac{C_2(s)}{R_1(s)}=\frac{-G_1G_2G_3}{1-G_1G_2G_3G_4}$

2-10　（1） $\frac{C(s)}{R(s)}=\frac{G_1G_2}{1+G_1G_2}$

$\frac{C(s)}{N(s)}=\frac{G_3-G_1G_2G_4}{1+G_1G_2}$

（2） $G_4(s)=\frac{G_3}{G_1G_2}$

2-11　$\frac{C(s)}{R(s)}=\frac{G_1G_2G_3+G_1+G_0G_1G_2G_3+G_0G_1}{1+G_1G_2G_3+G_1+G_1G_2H_1+G_2G_3H_2+H_2}$

$$\frac{E(s)}{R(s)}=\frac{1+G_1G_2H_1+G_2G_3H_2+H_2-G_0G_1G_2G_3-G_0G_1}{1+G_1G_2G_3+G_1+G_1G_2H_1+G_2G_3H_2+H_2}$$

2-12 a) $\frac{C(s)}{R(s)}=\frac{G_1G_2}{1+G_1G_2H_1+G_1G_2}$

$\frac{C(s)}{N(s)}=\frac{-1-G_1G_2H_1+G_2G_3}{1+G_1G_2H_1+G_1G_2}$

b) $\frac{C(s)}{R(s)}=\frac{G_2G_4+G_1G_2G_4+G_3G_4}{1+G_2G_4+G_3G_4}$

$\frac{C(s)}{N(s)}=\frac{G_4}{1+G_2G_4+G_3G_4}$

2-15 a) $\frac{C(s)}{R(s)}=\frac{G_1G_2G_3G_4G_5}{1+G_3H_1+G_2G_3H_2+G_3G_4H_3}+G_6$

b) $\frac{C(s)}{R(s)}=\frac{G_3G_4G_5G_6(G_1G_2+G_7)+G_6G_8(G_1-G_7H_1)(1+G_4H_2)}{\Delta}$

$$\begin{aligned}\Delta=&1+G_2H_1+G_4H_2+G_6H_3+G_3G_4G_5H_4+G_1G_2G_3G_4G_5G_6H_5\\&+G_3G_4G_5G_6G_7H_5+G_1G_6G_8H_5-G_6G_7G_8H_1H_5-G_8H_1H_4+G_2H_1G_6H_3\\&+G_4H_2(G_2H_1+G_6H_3+G_1G_6G_8H_5-G_6G_7G_8H_1H_5-G_8H_1H_4+G_2H_1G_6H_3)\end{aligned}$$

c) $\frac{C(s)}{R(s)}=15.128$

d) $\frac{C(s)}{R(s)}=\frac{abcd+de(1-bg)}{1-af-bg-ch-efgh+acfh}$

e) $\frac{C(s)}{R_1(s)}=\frac{bcde+ade+(a+bc)(1+eg)}{1+cf+eg+adeh+bcdeh+cefg}$

$\frac{C(s)}{R_2(s)}=\frac{el(1+cf-ah-bch)}{1+cf+eg+adeh+bcdeh+cefg}$

f) $\frac{C(s)}{R_1(s)}=\frac{ah+ae(j+gi)+bd(h+ej+egi)+ci+cdf(h+ej)}{1-defg}$

$\frac{C(s)}{R_2(s)}=\frac{i+df(h+ej)}{1-defg}$

$\frac{C(s)}{R_3(s)}=\frac{h+ej+egi}{1-defg}$

2-16 $\frac{C(s)}{R(s)}=\frac{G_1G_2G_3+G_1G_4}{1+G_1G_2G_3+G_1G_4+G_1G_2H_1+G_2G_3H_2+G_4H_2}$

第3章

3-1 $\sigma\%=9.5\%$；$t_p=1.96\text{ s}$；$t_s=2.92\text{ s}$（$\Delta=\pm5\%$）

3-2 $\sigma\%=18\%$；$t_p=3.156\text{ s}$；$t_s=7\text{ s}$（$\Delta=\pm5\%$）

3-3 $\zeta=1.43$；$\omega_n=24.5\text{ rad/s}$

3-4 $G(s)=3s-3+\frac{8s^2-s+6}{s^3+2s^2+s+2}$

3-5 （1）$K_1=4$；$K_2=0.457$

（2）$K_1=100$；$K_2=0.19$

（3）$\sigma\%=4.3\%$；$t_s=2.48\ \text{s}$；$t_r=1.667\ \text{s}$

3-7 （1）$G_a(s)=\dfrac{R_1R_2Cs+R_2}{R_1R_2Cs+R_1+R_2}$

$$G_b(s)=\frac{R_2Cs+1}{(R_1+R_2)Cs+1}$$

$$G_c(s)=\frac{(R_1C_1s+1)(R_2C_2s+1)}{R_1C_1R_2C_2s^2+(R_1C_1+R_1C_2+R_2C_2)s+1}$$

3-8 （1）$\omega_n=1\ \text{rad/s}$；$\zeta=0$；$t_p=3.142\ \text{s}$；$\sigma\%=100\%$

（2）$\omega_n=1\ \text{rad/s}$；$\zeta=0.5$；$t_p=2.418\ \text{s}$；$\sigma\%=29.9\%$；$t_s=7\ \text{s}$

（3）$\omega_n=1\ \text{rad/s}$；$\zeta=0.5$；$t_p=3.628\ \text{s}$；$\sigma\%=16.3\%$；$t_s=7\ \text{s}$

3-9 （1）该点在根轨迹上，$K^*=1.25$

（2）该点在根轨迹上，$K^*=1.25$

（3）该点不在根轨迹上

（4）该点不在根轨迹上

（5）该点不在根轨迹上

3-10 系统根轨迹图见“二维码 3.21”。

3-11 $K^*=10.767$

系统根轨迹图见“二维码 3.22”。

3-12 过阻尼：$0<K^*<0.0718$ 和 $K^*>13.928$；欠阻尼：$0.0718<K^*<13.928$

系统根轨迹图见“二维码 3.23”。

3-13 $K^*=44.35$；$\lambda_3=-7.6$

系统根轨迹图见“二维码 3.24”。

3-14 系统根轨迹图见“二维码 3.25”。

3-15 $0<K^*\leqslant 4.8$

系统根轨迹图见“二维码 3.26”。

3-16 $K^*=0.646$

系统根轨迹图见“二维码 3.27”。

3-17 系统根轨迹图见“二维码 3.28”。

3-18 系统根轨迹图见“二维码 3.29”。

3-19 $\Phi(s)=\dfrac{36}{s^2+13s+36}$

3-20 系统的对数幅频特性图和相频特性图见“二维码 3.30”。

3-21 系统的奈氏图见“二维码 3.31”。

3-22 $K=12.5$；$a=1/3$；$b=1/20$

3-23 （1）$K^*=52.5$

（2）$M_r=1$

（3）$\omega_r=1.585\ \text{rad/s}$

3-25　系统的开环幅相特性曲线见“二维码 3. 32”。

3-26　系统的渐近对数幅频特性曲线见“二维码 3. 33”。

3. 32

3. 33

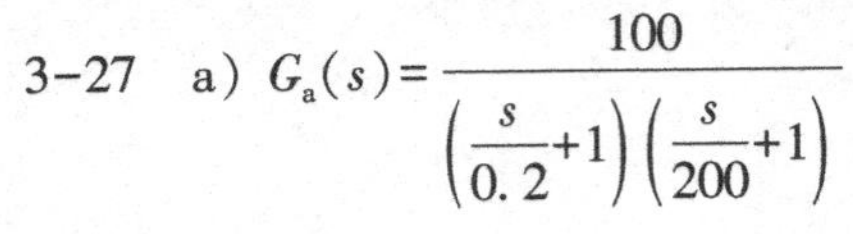

3-27　a）$G_a(s)=\dfrac{100}{\left(\dfrac{s}{0.2}+1\right)\left(\dfrac{s}{200}+1\right)}$

b）$G_b(s)=\dfrac{\dfrac{s}{0.5}+1}{s^2\left(\dfrac{s}{10}+1\right)}$

c）$G_c(s)=\dfrac{\dfrac{1}{2}s}{\left(\dfrac{s}{10}+1\right)\left(\dfrac{s}{60}+1\right)}$

d）$G_d(s)=\dfrac{0.1\left(\dfrac{s}{0.1}+1\right)}{s^2(s+1)}$

e）$G_e(s)=\dfrac{250000}{s(s^2+31s+2500)}$

f）$G_f(s)=\dfrac{2000(s^2+1.2858s+10)}{(s^2+63.246s+1000)(s+200)}$

第 4 章

4-1　（1）该系统稳定

（2）该系统稳定

（3）闭环系统临界稳定

（4）该系统不稳定

（5）该系统不稳定

各系统的特征方程的特征根见“二维码 4. 9”。

4. 9

4-2　$K=666.25$；$\omega=4.062\ \text{rad/s}$

4-3　$0.536<K<0.933$

4-4　$\dfrac{8}{15}<K<\dfrac{18}{15}$

4-5　$0<T<2+\dfrac{4}{K-1}$

4-6　（1）闭环系统不稳定

（2）闭环系统不稳定

（3）闭环系统临界稳定

（4）闭环系统稳定

4-7　$G(s)=\dfrac{1000[(0.2s)^2+0.3174s+1]}{s(0.01s+1)(10s+1)}$；闭环系统稳定

4-8 $G(s)=\frac{0.1[(0.3162s)^2+0.1271s+1]}{(0.0025s+1)[(0.03162s)^2+0.06252s+1]}$；闭环系统稳定

4-9 （1）a）图对应 $G_3(s)$，闭环系统稳定

（2）b）图对应 $G_1(s)$，闭环系统稳定

（3）c）图对应 $G_2(s)$，闭环系统不稳定

4-10 （1）a）图对应 $G_2(s)$，闭环系统稳定

（2）b）图对应 $G_3(s)$，闭环系统不稳定

4-11 a）闭环系统稳定

b）闭环系统不稳定

c）闭环系统稳定

d）闭环系统稳定

e）闭环系统不稳定

f）闭环系统不稳定

g）闭环系统稳定

h）闭环系统不稳定

i）闭环系统稳定

j）闭环系统不稳定

4-12 a）闭环系统不稳定

b）闭环系统稳定

c）闭环系统稳定

4-13 （1）闭环系统稳定

（2）闭环系统不稳定

（3）闭环系统不稳定

（4）闭环系统稳定

（5）闭环系统不稳定

（6）闭环系统稳定

各系统的特征方程的特征根见“二维码 4.10”。

4.10

第 5 章

5-1 $K_{1p}=1/6$，$K_{2p}=\infty$

$K_{1v}=0$，$K_{2v}=5$

$K_{1a}=0$，$K_{2a}=0$

$e_{ss1}=\infty$，$e_{ss2}=1$

5-2 （1）$e_{ss}=-\frac{K_2}{1+K_1K_2}$

（2）$e_{ss}=\frac{1-K_2}{1+K_1K_2}$

5-3 $a=\frac{T_1+T_2}{K_2}$，$b=\frac{1}{K_2}$

5-4 $G(\mathrm{j}\omega)=\dfrac{10(1-\mathrm{j}0.05\omega)}{\mathrm{j}\omega(2+\mathrm{j}20\omega)}$

5-5 （1）闭环系统稳定，$\gamma=89.7°$，$L=\infty$，$\omega_c=0.067\,\mathrm{rad/s}$，$\omega_g=\infty$

（2）闭环系统稳定，$\gamma=89.1°$，$L=49.6\,\mathrm{dB}$，$\omega_c=0.1\,\mathrm{rad/s}$，$\omega_g=14.1\,\mathrm{rad/s}$

（3）闭环系统稳定，$\gamma=40.7°$，$L=\infty$，$\omega_c=6\,\mathrm{rad/s}$，$\omega_g=\infty$

（4）闭环系统稳定，$\gamma=50.3°$，$L=6.02\,\mathrm{dB}$，$\omega_c=5\,\mathrm{rad/s}$，$\omega_g=10\,\mathrm{rad/s}$

（5）闭环系统不稳定，$\gamma\ -118°$，$L=\infty$，$\omega_c=2\,\mathrm{rad/s}$，$\omega_g=0\,\mathrm{rad/s}$

（6）闭环系统不稳定，$\gamma=-89.4°$，$L=\infty$，$\omega_c=0.2\,\mathrm{rad/s}$，$\omega_g=0\,\mathrm{rad/s}$

5-6 a）$G(s)=\dfrac{20\left(\dfrac{s}{2}+1\right)}{s\left(\dfrac{s}{0.2}+1\right)\left(\dfrac{s}{8}+1\right)}$，$K=20$，$K_p=\infty$，$K_v=20$，$K_a=0$，$\omega_1=0.2\,\mathrm{rad/s}$

b）$G(s)=\dfrac{17.78\left(\dfrac{s}{0.71}+1\right)}{\left(\dfrac{s}{1.26}+1\right)\left(\dfrac{s}{15}+1\right)^2}$，$K=17.78$，$K_p=17.78$，$K_v=0$，$K_a=0$，$\omega_2=1.26\,\mathrm{rad/s}$

c）$G(s)=\dfrac{8.96\left(\dfrac{s}{6}+1\right)}{s\left(\dfrac{s}{1.01}+1\right)\left(\dfrac{s}{14.93}+1\right)}$，$K=8.96$，$K_p=\infty$，$K_v=8.9$，$K_a=0$，$\omega_1=1.01\,\mathrm{rad/s}$，

$\omega_3=14.93\,\mathrm{rad/s}$

5-7 （1）$G(s)=\dfrac{50\left(\dfrac{s}{5}+1\right)}{s^2\left(\dfrac{s}{20}+1\right)\left(\dfrac{s}{50}+1\right)}$

（2）$\gamma=25.55°$，$L=13.16\,\mathrm{dB}$

（3）$K=227.5$

5-8 $a=\dfrac{5}{3}$，$K=\dfrac{3}{\sqrt{2}}$

5-9 $K=10$，$\gamma=90°$

5-10 系统不稳定

5-11 $K<10$ 或 $25K<10000$

5-12 （1）$G(s)=\dfrac{2\left(\dfrac{s}{0.2}+1\right)}{s\left(\dfrac{s}{0.1}+1\right)\left(\dfrac{s}{4}+1\right)}$

（2）闭环系统稳定

（3）$\sigma\%$不变，t_s为原来的 0.1 倍

5-13 系统不稳定，闭环特征方程正实部根的个数为 2

第6章

6-1 $K_I=5$，$K_P=2.7$

6-2 $M_r=38.7\,\text{dB}$

6-3 要求 $\omega_c=10\,\text{rad/s}$ 时采用超前校正装置，$\omega_c=4\,\text{rad/s}$ 时采用滞后校正装置

6-4 $G_c(s)=\dfrac{1.05(s+0.1)}{s+0.01}$

6-5 要求 $\omega_c=10\,\text{rad/s}$ 时，$G_c(s)=\dfrac{(s+8)(s+1)}{(s+40)(s+0.2)}$

要求 $\omega_c=4\,\text{rad/s}$ 时，$G_c(s)=\dfrac{0.056(s+0.1)}{s+0.0056}$

6-6 $G_{c1}(s)G_0(s)=\dfrac{20(s+1)}{s(0.1s+1)(10s+1)}$；$G_{c2}(s)G_0(s)=\dfrac{20}{s(0.01s+1)}$

6-7 $G_c(s)G_0(s)=\dfrac{K(T_2s+1)(T_3s+1)}{\left(\dfrac{s}{\omega_1}+1\right)\left(\dfrac{s}{\omega_2}+1\right)\left(\dfrac{s}{\omega_3}+1\right)(T_1s+1)(T_4s+1)}$

6-8 $G_c(s)=\dfrac{0.25(0.1s+1)}{0.01s+1}$或$G_c(s)=\dfrac{0.64(0.04s+1)}{0.01s+1}$

6-9 $G_c(s)=\dfrac{\left(\dfrac{s}{2}+1\right)\left(\dfrac{s}{10}+1\right)}{\left(\dfrac{s}{0.32}+1\right)\left(\dfrac{s}{63}+1\right)}$

6-10 均选方案（c）

6-11 $G_c(s)=\dfrac{s+0.1}{s+0.008}$

6-12 $K_t=0.05$、$T_2=0.06$

6-13 $H(s)=K_Hs^2$，$K_H\geq 0.00407$

6-14 $G_c(s)=2.22s$，$K=0.045$

参考文献

[1] 刘国海，杨年法．自动控制原理［M］．北京：机械工业出版社，2016.
[2] 陈祥光，孙玉梅，吴磊，等．自动控制原理及应用［M］．2 版．北京：清华大学出版社，2016.
[3] 翁正新，田作华，陈学中，等．工程控制基础［M］．2 版．北京：清华大学出版社，2016.
[4] 刘丁．自动控制理论［M］．2 版．北京：机械工业出版社，2016.
[5] 杨平，翁思义，王志萍．自动控制原理——理论篇［M］.2 版．北京：中国电力出版社，2014.
[6] 薛安克，彭冬亮，陈雪亭．自动控制原理［M］.3 版．西安：西安电子科技大学出版社，2014.
[7] 王万良．自动控制原理［M］.2 版．北京：高等教育出版社，2014.
[8] 刘小河．自动控制原理［M］．北京：高等教育出版社，2014.
[9] 杜继宏，王诗宓，窦日轩．控制工程基础［M］.2 版．北京：清华大学出版社，2014.
[10] 刘文定，谢克明．自动控制原理［M］.3 版．北京：电子工业出版社，2013.
[11] 陈复扬．自动控制原理［M］.2 版．北京：国防工业出版社，2013.
[12] 夏德钤，翁贻方．自动控制理论［M］.4 版．北京：机械工业出版社，2014.
[13] 马鸿雁．自动控制原理［M］．北京：中国建材工业出版社，2012.
[14] 孙亮．自动控制原理［M］.3 版．北京：高等教育出版社，2011.
[15] 程鹏．自动控制原理［M］.2 版．北京：高等教育出版社，2010.
[16] 卢京潮．自动控制原理［M］.2 版．西安：西北工业大学出版社，2009.
[17] 邹伯敏．自动控制理论［M］．3 版．北京：机械工业出版社，2007.
[18] 李素玲．自动控制原理［M］．西安：西安电子科技大学出版社，2007.
[19] 张德丰，等．MATLAB 自动控制系统设计［M］．北京：机械工业出版社，2010.
[20] 熊晓君．自动控制原理实验教程（硬件模拟与 MATLAB 仿真）［M］．北京：机械工业出版社，2009.
[21] 郑恩让，聂诗良．控制系统仿真［M］．北京：中国林业出版社，2006.
[22] Clarence Wde Silva. 工程系统的建模与控制［M］．席斌，译．北京：高等教育出版社，2016.
[23] 段晨东，张彦宁．电梯控制技术［M］．北京：清华大学出版社，2015.